U0214804

从零开始

Linux

运维实践

吴永袁　王霄◎著

清华大学出版社

北京

内 容 简 介

本书是一本针对 Linux 运维新手的入门书,通俗易懂地介绍入职 Linux 运维岗位需要掌握的各种知识与技能,全书共 29 章:第 1 章~第 3 章介绍 Linux 系统的安装、Linux 的命令以及 Linux 编辑器 Vim 的使用;第 4 章~第 11 章介绍 Linux 系统管理的基本内容,包括用户与用户组的管理、权限管理、文件归档、磁盘空间管理、RAID 磁盘阵列的搭建、LVM 存储空间的管理、Linux 网络协议及进程管理、软件包的管理与安装;第 12 章~第 23 章介绍各类服务的搭建和应用,包括 Samba 服务、FTP 服务、NFS 服务、NTP 服务、DNS 域名系统、DHCP 服务、企业级 Nginx 服务、Tomcat 服务、Cobbler 服务、Jenkins 服务、防火墙的配置、LAMP 架构搭建、Zabbix 监控系统的搭建;第 24 章~第 29 章介绍自动化运维工具 Ansible 的配置及应用、shell 及其命令的使用。

本书涵盖了 Linux 运维的大部分常见场景和诸多案例,适合 Linux 新手和 Linux 运维工程师使用,也可作为培训机构或大专院校的教学用书。

本书封面贴有清华大学出版社防伪标签,无标签者不得销售。

版权所有,侵权必究。举报:010-62782989,beiqinquan@tup.tsinghua.edu.cn

图书在版编目(CIP)数据

从零开始 Linux 运维实践 / 吴永袁,王霄著. -北京:清华大学出版社,2022.6(2022.12重印)
ISBN 978-7-302-60906-3

I. ①从… II. ①吴… ②王… III. ①Linux 操作系统 IV. ①TP316.85

中国版本图书馆 CIP 数据核字(2022)第 083319 号

责任编辑:王金柱
封面设计:王　翔
责任校对:闫秀华
责任印制:刘海龙

出版发行:清华大学出版社
　　　网　　址:http://www.tup.com.cn, http://www.wqbook.com
　　　地　　址:北京清华大学学研大厦 A 座　　　　邮　　编:100084
　　　社 总 机:010-83470000　　　　　　　　　　邮　　购:010-62786544
　　　投稿与读者服务:010-62776969, c-service@tup.tsinghua.edu.cn
　　　质量反馈:010-62772015, zhiliang@tup.tsinghua.edu.cn

印 装 者:三河市铭诚印务有限公司
经　　销:全国新华书店
开　　本:190mm×260mm　　　　　印　　张:25.25　　字　　数:681 千字
版　　次:2022 年 7 月第 1 版　　　　　印　　次:2022 年 12 月第 2 次印刷
定　　价:99.00 元

产品编号:086008-01

前　言

随着云计算和人工智能时代的到来，Linux 系统受到从未有过的欢迎。

得益于其开源、灵活、强大、可自由定制等特性，Linux 不仅可用于服务器，在个人电脑、移动设备、智能设备上也开始大行其道。可以这样说，Linux 已经成为我们工作、娱乐和生活等多个领域的支柱，人们已经越来越离不开它。

因此，掌握 Linux 可以帮助你解决日常使用 Linux 系统遇到的各种问题，让你成为让人羡慕的高手。

当然，Linux 仍然更多地被运用在企业服务器中，我们经常听说的 IT 运维，其实大部分指的是 Linux 系统运维，显而易见，你必须精通 Linux 系统，才能成为一名合格专业的运维人员。

笔者曾在很多大学讲解过 Linux 运维课程，有很多学生想成为运维工程师，他们迫切想掌握 Linux 运维技能，这也是促成笔者编写本书的原因。

本书大部分内容来自笔者多年的工作实践和教学积累，系统地介绍了一个 Linux 运维新手需要掌握的各种知识和操作技能，为便于读者理解，本书尽可能地使用通俗易懂的语言来描述，同时运用了丰富的示例来演示，读者可以边学边练，相信你很快会发现，学会 Linux 其实很简单。本书的另一个特点是给出很多运维实践以及一些面试 Linux 运维人员的问题解答，以使读者能够理解如何在实际运维中使用 Linux，并能够自己解决实践中遇到的各种问题。

基于 Linux 内核发行的 Linux 版本有很多，如 Unbuntu Linux、Red Had Linux、CentOS Linux 等，这些版本其实大同小异，对于读者来说掌握其中一个 Linux 版本，对其他各种版本稍加熟悉就可以使用了。本书以笔者工作中实际使用的 CentOS 7.x 编写，读者学习时可以参考安装相应的版本。

本书的主要内容：

本书共分 29 章，各章内容说明如下：

第 1 章~第 3 章主要介绍 Linux 系统的安装、Linux 的命令及使用以及 Linux 的编辑器 Vim 的使用，这是入门 Linux 的最基本的内容。

第 4 章~第 11 章主要介绍 Linux 系统管理的基本内容，包括用户与用户组的管理、权限管理、文件归档、磁盘空间管理、RAID 磁盘阵列的搭建、LVM 存储空间的管理、Linux 网络协议及进程管理、软件包的管理与安装，掌握这一部分内容，说明你已经上手 Linux 系统了。

第 12 章~第 24 章主要介绍各类服务的搭建和使用，包括 Samba 服务的搭建和使用、FTP 服务的搭建与应用、NFS 服务的搭建与应用、NTP 服务的搭建与应用、DNS 域名系统的搭建与应用、DHCP 服务的搭建和配置、防火墙的概念及配置、企业级 Nginx 服务的搭建与应用案例、LAMP 架构的搭建与应用案例、Tomcat 服务的搭建与应用案例、Cobbler 服务的搭建与应用案例、Jenkins 服务的搭建与应用、Zabbix 监控系统的搭建与应用，这一部分提供了企业服务器运维可能会遇到的各种服务的搭建和使用，是一个运维人员的日常工作，掌握了这一部分内容，你已经可以胜任一个运维人员的日常工作了。

第 25 章~第 29 章主要介绍自动化运维的相关工具及知识，包括 Ansible 工具的配置与应用、shell 及其常用命令和常用工具的使用，你可以使用 Ansible 工具实现运维的自动化，或通过编写 shell 运维脚本，使一些日常重复工作自动化，从而可大大提高运维效率。

本书在内容规划上尽可能地依据当前运维人员使用最多的场景，包括各种服务很多都是在企业中经常使用的，书中还给出了很多实际范例，可以有效地提高读者的运维能力，此外，本书还列出了一些 Linux 运维面试需要注意的问题，以帮助读者应对 Linux 运维岗的面试。

最后要特别感谢笔者的合作者王霄，他不仅编写了本书的部分内容，而且在"996"的百忙工作中修订了本书的很多错误，没有他的辛勤付出，本书不可能与读者见面。

尽管笔者已尽心竭力，但限于水平，书中仍难免有疏漏、不当之处，请读者朋友批评指正。

读者在使用本书的过程中，如遇到问题，请发邮件至 booksaga@126.com，邮件主题为"从零开始 Linux 运维实践"。

吴永衰

2022 年 3 月 31 日

目　　录

第1章

走进 Linux

Linux 系统的原型最初由芬兰在校学生 Linus Torvalds（林纳斯·托瓦兹）从 Minix 上开发而来，现在已发展成为著名的开源、免费操作系统软件。本章将从 Linux 系统的基本概念、系统环境搭建和基础命令这几个方面进行介绍和学习。

1.1　Linux 的历史和特点

因为 Linux 的开源、免费和安全性，其已得到广泛的应用，本节就 Linux 的基本概念进行介绍，主要涉及 Linux 的发展史、基本特点和版本的选择这几个方面的内容。

1.1.1　Linux 的前世今生

提到 Linux 操作系统，就需要先讲一讲 UNIX。UNIX 操作系统（Operating System，OS）是一个支持多种处理器架构，支持多用户、多任务的操作系统，按操作系统的分类它属于分时操作系统，最早是由 Ken Thompson（肯·汤普逊）、Dennis Ritchie（丹尼斯·里奇）和 Douglas Mcllroy（道格拉斯·麦克罗伊）于 1969 年在 AT&T 的贝尔实验室开发的。Linux 系统是一款类 UNIX 系统的延伸版。

Linux 系统的开发者 Linus Benedict Torvalds（林纳斯·本纳第克特·托瓦兹）是一个著名的电脑程序员、黑客。他在大学期间以 UNIX 为基础开发出 Linux 这个当今全球最流行的操作系统内核。Linux 已经成为与 Windows 系统一样流行的操作系统，成为程序员、运维人员、架构师必须掌握的开发工具。目前，流行的 Linux 系统（如 RedHat、CentOS、Ubuntu 等）都是基于 Linux 内核再次开发的，本书以 CentOS 7.X 版本为例进行讲解。

Linux 是从 UNIX 上发展起来的，与 UNIX 的设计风格颇为相似，且能够在 PC 上实现多用户、多任务、多线程和多 CPU 的特性。Linux 是一个性能稳定的多用户网络操作系统，主要运行在 Intel x86 系列 CPU 的计算机上，且支持 32 位和 64 位硬件，拥有较强的兼容性。作为开放源代码的 Linux

操作系统，其在提供免费使用、自由传播的同时也遵循由电气和电子工业学会制定的 POSIX（Portable Operating System Interface of UNIX，可移植性操作系统接口）标准。在设计上，其继承了 UNIX 以网络为核心的思想，且采用模块化结构，使系统拥有高效性和灵活性。

需要注意的是，通常人们对 Linux 都有一个错误的认识，就是已经习惯把 Linux 当作一个操作系统，实际上 Linux 仅仅表示的是一个内核而不是操作系统。那么，一个完整的 Linux 操作系统构成除了 Linux 内核之外，往往还包括文本编辑器、高级语言编译器等基于内核之外运行的应用软件和 X-Window 图形系统，且这些组件必须遵循 GNU 标准。

1.1.2　Linux 系统的特点

Linux 支持多用户和多任务，多用户是指各个用户对于文件设备有自己特殊的权利，且各用户之间互不影响。多任务是现在操作系统最主要的一个特点，Linux 能够支持多个程序并独立地运行。此外，Linux 还是一种嵌入式操作系统，可以运行在掌上电脑、机顶盒或游戏机上。2001 年 1 月份发布的 Linux 2.4 版内核已经能够完全支持 Intel 64 位芯片架构。同时，Linux 也支持多处理器技术，多个处理器同时工作，使系统性能大大提高。

在整体结构上，Linux 系统采用的是模块化的设计方式，系统的最底层是硬件层，最顶层是用户层。在用户层上对系统资源的监控和调用可分为直接执行 shell 命令和编写 shell 脚本以程序的方式完成。系统各层与用户之间的结构关系如图 1-1 所示。

Linux 系统一般包含有内核、shell 接口、文件系统和应用程序 4 个部分，它们之间的关系如图 1-2 所示。其中，内核、shell 和文件系统构成基本的操作系统结构，用户通过它们构成的基本系统就可以执行程序、管理文件系统并使用系统。

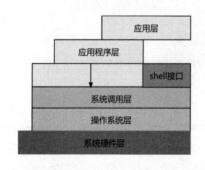　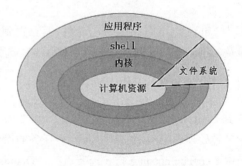

图 1-1　操作系统与用户层的关系结构　　　图 1-2　Linux 系统组成示意图

- 内核：内核是系统最重要的部分，是系统的心脏，能够实现操作系统的基本功能。在硬件上，其控制硬件设备并提供硬件接口、管理内存，处理基本 I/O；在软件上，管理文件系统，为程序分配内存和 CPU 时间等。
- shell 接口：shell 是命令解释器，是用户与操作系统内核交互的接口，能够解释用户输入的命令并传送到内核中执行，并把执行结果传送到用户终端显示。
- 应用程序：标准的 Linux 系统会自带一套应用程序，包括编辑器、X-Window、办公软件等，系统还支持应用程序的添加和删除。
- 文件系统：文件系统是系统的重要组成部分，存储于储存器或设备上，并按严格的层次进行组织。目前，Linux 系统的文件系统包括 ext、fat、nfs 等。

1.1.3　Linux 发行版 CentOS

　　CentOS（Community Enterprise Operating System，社区企业操作系统）是 Linux 发行版之一，是由 Red Hat Enterprise Linux 依照开放源代码规定释出的源代码再次编译而成的。由于出自同样的源代码且开源，因此不少企业、单位等的服务器以 CentOS 作为操作系统，以避开使用 Red Hat Enterprise Linux 时涉及的版权问题。

　　CentOS 是以 ISO 的格式通过各种途径发布的，其中在官网上发布是主要的手段之一，因此可以从官网上下载一个 CentOS 的 ISO 文件，版本为 CentOS 7.5 X64（镜像一般都是 xxx.iso 文件）。

　　在其官网上根据信息找到所需的项（见图 1-3）并选中，然后在打开的新页面中单击 DVD ISO 下载到本地。

图 1-3　官网首页

下载完成后查看下载文件夹是否已经存在 ISO 镜像（见图 1-4），在安装系统时会使用。

图 1-4　ISO 镜像文件

　　需要注意的一点是，Linux 的发行套件在发行版内核的基础上加入了办公软件、编辑器等应用程序，相对来说是比较混乱的。发行版主要由一些公司及组织发布，它们将 Linux 的内核与其他应用软件及文档包装起来并发到互联网上供下载。每个发行版本都有自己的特点，但发行版本号与内核版本号是独立的，所以发行版本号和内核版本号并不矛盾。

　　对于每个发行版的内核，它都有一个版本号且每个版本号都由主版本号、次版本号和修订次数号组成，其格式为"主版本号.次版本号.修订次数号（具有里程碑意义的内核版本号为 1.0.0）"。每个版本号都透露该版本的类型（如 2.5.64 和 2.6.24）：当次版本号为奇数时，说明此版本内核是一个测试版；次版本号为偶数时即为一个稳定版。修订次数号（如 64、24）表示该内核版本被修改的次数。

1.2 虚拟机平台安装配置

目前 Linux 运行平台主要有两种，物理机平台和虚拟机平台。就学习阶段而言，综合各个方面的因素，使用虚拟机平台来安装 Linux 系统是更好的选择。

- 物理机平台安装：使用物理机来安装 Linux 系统，就像安装 Windows 操作系统一样。
- 虚拟平台安装：通过一些特定的技术手段来模拟物理环境，以满足 Linux 系统安装和运行的条件，但这并不会影响当前计算机的真实操作系统。

实际上系统的安装过程基本一样，主要是系统运行平台的选择。本节主要介绍虚拟机平台安装和虚拟机创建及操作系统的安装。

1.2.1 虚拟机平台的搭建

在日常工作学习中，碍于使用物理机的代价太大，因此通常使用虚拟软件来模拟操作系统运行的环境。虚拟软件能够模拟真实计算机的运行方式并提供在其上操作系统运行的资源。

虚拟机软件目前有两个比较有名的产品，其中一个是 VMWare 开发的 VMWare Workstation（威睿工作站），另外一个是 Oracle 开发的 Virtual Box。本书以 VMWare Workstation 为例进行讲解。

1. VMWare 虚拟机软件安装

虚拟机是指通过虚拟软件模拟出来具有完整硬件系统功能的、运行在一个完全隔离环境中的完整计算机系统。

虚拟机是基于虚拟机软件之上的。虚拟机软件可以在计算机平台和终端用户之间建立一种离散环境，允许在现有的操作系统上划分出一个或多个独立的虚拟计算机环境，也可以在这些划分出来的计算机环境上搭建虚拟网络，使用虚拟网络进行信息交换。

VMware Workstation 是一款功能强大的桌面虚拟机软件，能够让用户在单一的桌面上同时运行多个不同的操作系统。它可以在实体机器上模拟完整的网络环境，具有实时快照、拖曳共享文件夹、支持 PXE 等功能，灵活性和先进性较好，并且采用 Unity 来集成客户机与宿主机，拥有更加强大的 VM 录制与回放功能，支持智能卡和相关读卡器以及 3D 图形。还允许操作系统和应用程序在一台虚拟机内部运行，支持同时运行多台虚拟机且虚拟机之间独立运行，允许挂起、恢复及退出虚拟机。

VMware Workstation 虚拟机软件的具体安装步骤如下（在安装的过程中若提示输入序列号，则输入正确的序列号）：

（1）下载 VMware Workstation 并找到安装软件（见图 1-5），然后进行安装（见图 1-6）。

图 1-5　要安装的虚拟机软件　　　　　　　　　　图 1-6　虚拟机软件的安装

（2）在如图 1-7 所示的界面中，同意许可协议并单击"下一步"按钮。

（3）根据需要决定是否更改软件的安装路径，如果要更改安装路径，请单击"更改"按钮进行变更，然后单击"下一步"按钮，如图 1-8 所示。

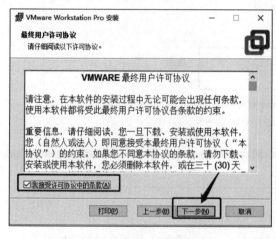

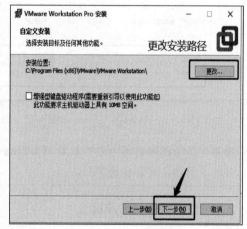

图 1-7　同意许可协议　　　　　　　　　　　　图 1-8　更改安装路径

（4）先选择新建安装包的文件夹，再单击"确定"按钮，如图 1-9 所示。

（5）依次单击"下一步"按钮，最后单击"安装"按钮开始安装，如图 1-10 所示。

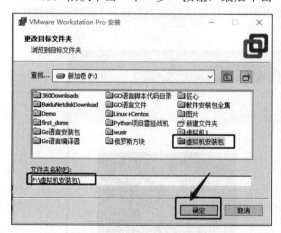

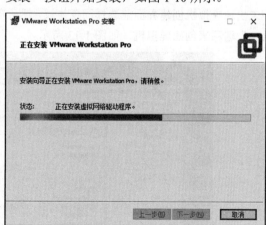

图 1-9　更改目标文件夹　　　　　　　　　　　图 1-10　选择安装路径后开始安装

（6）单击"完成"按钮，桌面上会出现如图 1-11 所示的图标，表示虚拟机环境安装完成。

图 1-11　VMware Workstation 快捷方式图标

运维前线

在安装完成后需要检查物理机，检查虚拟机软件是否安装了 2 个虚拟网卡（见图 1-12），如果是，就表示安装完毕。

图 1-12　出现 2 个虚拟网卡

没有这 2 个网卡的话会影响后期 Windows 系统与虚拟机中操作系统之间的相互通信（比如共享网络、文件传输等）。

2. 创建 VMWare 虚拟机

虚拟机软件安装完成后，就可以创建一个新的虚拟机了。虚拟机的创建过程比较简单，下面在虚拟机软件上创建一个新虚拟机，并选择之前下载的 CentOS 进行安装。

（1）在桌面上单击 VMware Workstation 快捷图标来运行虚拟机软件（也可以选择别的方式），在未出现虚拟机创建界面前选择同意协议，然后在虚拟机创建界面的左上角选择"文件→新建虚拟机…"选项来创建虚拟机，如图 1-13 所示。

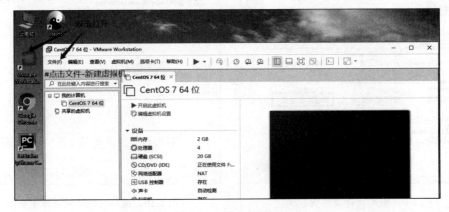

图 1-13　创建虚拟机

（2）在弹出的欢迎界面上，根据需要选择选项，然后单击"下一步"按钮，如图 1-14 所示。

（3）在如图 1-15 所示的虚拟机硬件兼容性选择界面上保持默认设置。

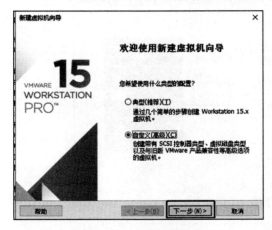

图 1-14 新建虚拟机向导

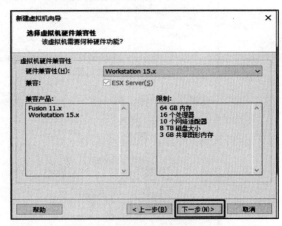

图 1-15 虚拟机硬件兼容性设置

（4）在安装客户机操作系统上，选择"稍后安装操作系统"选项并单击"下一步"按钮，如图 1-16 所示。

（5）在弹出的安装客户机操作系统界面先选择操作系统的类型，再选择操作系统的版本，然后单击"下一步"按钮，如图 1-17 所示。

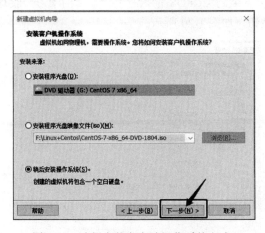

图 1-16 选择安装客户端操作系统方式

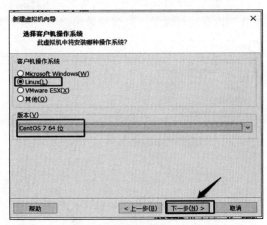

图 1-17 选择系统的类型和版本

（6）在命名虚拟机的界面上，可以对要安装的系统进行重命名，并选择要安装的系统类型和版本，如图 1-18 所示。

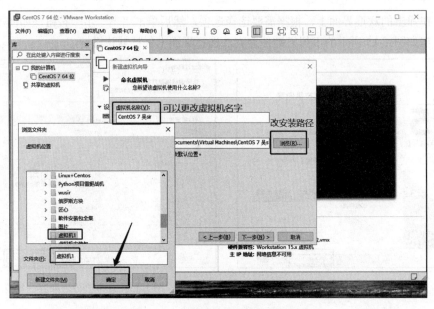

图 1-18　重命名系统并选择版本

（7）单击"下一步"按钮，并在处理器配置的界面上设定处理器，或者保持默认设置直接单击"下一步"按钮，如图 1-19 所示。

（8）设置虚拟机的内存（其实也是分配给将要安装的 CentOS 的内存）。日常的学习一般有 1~2GB 的内存就可以了，完成后单击"下一步"按钮，如图 1-20 所示。

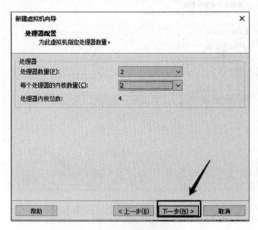

图 1-19　操作系统处理器设定

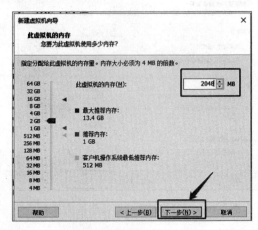

图 1-20　设定虚拟机的内存

（9）虚拟机的网络类型设置通常选择 NAT 即可，如图 1-21 所示。

（10）在 I/O 控制器类型的选择界面中，只需要保持默认选项即可，如图 1-22 所示。

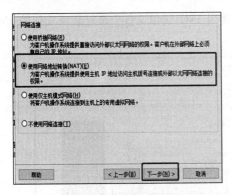

图 1-21　虚拟机类型设置

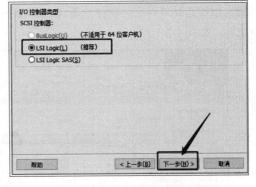

图 1-22　选择 I/O 控制器类型

（11）虚拟磁盘类型保持默认设置，如图 1-23 所示。

（12）在选择磁盘的界面上选择新建磁盘的选项，如图 1-24 所示。

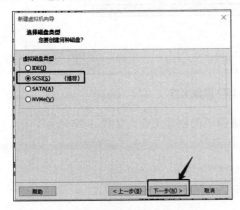

图 1-23　选择磁盘类型

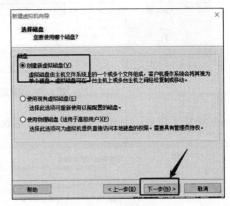

图 1-24　创建新的磁盘

（13）设置虚拟磁盘的容量，基本的学习一般 10~20GB 就够用了。同时，建议把多个磁盘文件合并为一个，以便于管理，如图 1-25 所示。

（14）创建虚拟机所产生的文件存储路径，并将虚拟机的文件都放在公共主文件夹下，便于管理。把文件分离，完成后单击"下一步"按钮，如图 1-26 所示。

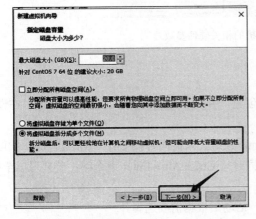

图 1-25　创建磁盘空间并合并磁盘文件

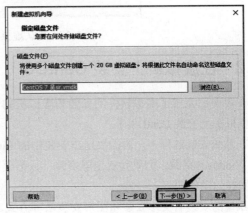

图 1-26　虚拟机文件存储路径

（15）依次选择"自定义硬件→新 CD/DVD→使用 ISO 镜像文件"来挂载要安装的 CentOS 的 ISO 文件，如图 1-27 所示。

图 1-27　指定 ISO 镜像文件

（16）确认无误后，单击"完成"按钮完成虚拟机的创建工作，如图 1-28 所示。

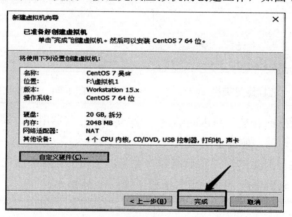

图 1-28　确认虚拟机的相关硬件参数

1.2.2　在虚拟机上安装 CentOS

在前面已完成了虚拟软件的安装和虚拟机的创建，并做了相应的设置工作，现在可以在设置好的虚拟机上安装 CentOS 了。

在系统安装过程中，若需要退出安装中的 Linux 系统，只需同时按 Ctrl + Alt 组合键，就可以回到 Windows 桌面。如果喜欢全屏安装，只需要同时按 Ctrl + Alt + Enter 组合键；若要退出全屏，只需同样的操作即可。

系统的安装有文本安装和图形安装两种方式，启动后根据需要选择。

运维前线
（1）启动后出现提示框时，勾选"不再提示"选项并确定。 （2）有些计算机 BIOS 默认没有开启 CPU 对 x64 虚拟化系统的安装，启动虚拟机时会出现错误提示且无法启动虚拟机。此时需要在 BIOS 中开启虚拟化支持。如果 BIOS 没有支持 VT 的功能，就只能安装 32 位的 Linux 系统。

下面开始介绍 CentOS 的安装。

（1）在打开的虚拟机主界面上打开电源来启动虚拟机，在安装方式选择页面中选择安装即可，如图 1-29 所示。

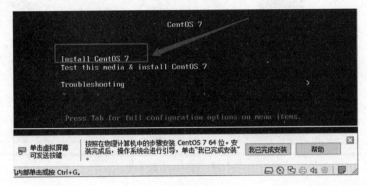

图 1-29　选择安装方式

（2）接着进行基本的初始化工作。初始化工作完成后可以看到语言的选择界面，可根据需要进行选择。为了安装工作更加简单易懂，建议选择简体中文，如图 1-30 所示。

图 1-30　系统安装过程中的语言选择

（3）在"安装信息摘要"界面上可以设定各种信息，先对安装方式进行设置。对于安装方式，默认是以最小方式安装，简单说就是安装最少的东西。要定制安装包，则需要打开"软件选择"选项，如图 1-31 所示。

图 1-31　选择安装方式

（4）打开"软件选择"选项后，在打开的新界面上根据需要选择要安装的软件。最小安装方式是没有图形界面的，因此要使用图形界面须选中"带 GUI 的服务器"选项，并选中"开发工具"选项，然后单击"完成"按钮，如图 1-32 所示。

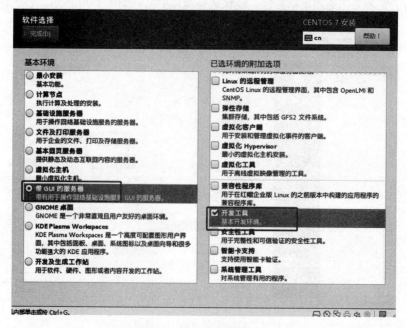

图 1-32　添加 GUI 软件包

（5）设置完成后只需要单击"开始安装"按钮就可以进行安装了，如图 1-33 所示。

（6）在安装系统的同时会弹出如图 1-34 所示的 root 用户密码设置和创建新用户的界面，此时需要设置 root 并在需要时新建普通用户账号。

图 1-33　开始安装操作系统

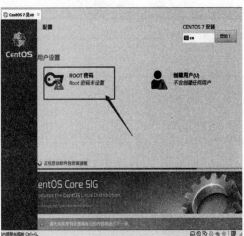

图 1-34　设置密码和创建新用户

（7）等待系统安装。可以通过安装进度条的变化来及时了解系统安装的进度，如图 1-35 所示。

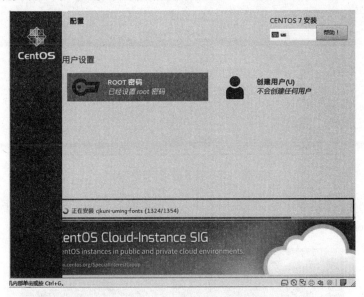

图 1-35　系统安装进度

（8）安装完成后需要重启，首次重启后会看到系统的用户使用协议，同意协议即可。

接着在下一个界面单击"前进"按钮，如图 1-36 所示。然后设置系统的时区，这里设置为"上海"，如图 1-37 所示。

图 1-36　单击"前进"按钮　　　　　　　　图 1-37　设置系统的时区

然后设置普通用户的相关信息，如图 1-38 所示。

图 1-38　设置普通用户信息

（9）配置完成后就会弹出配置完成的界面，在此界面上单击"开始使用"按钮，就会进入如图 1-39 所示的 CentOS 桌面环境。

图 1-39　CentOS 桌面环境

1.2.3　使用 VMWare 备份操作系统

为保证系统出现故障便于及时恢复，我们需要对操作系统做好备份。在 VMWare 中备份系统的方式有两种，即快照和克隆。

（1）快照：又称还原点，就是保存在拍快照时系统的状态（包含所有的内容），在后期随时可以恢复。快照侧重于短期备份，需要频繁备份时可以使用快照，做快照时虚拟的操作系统一般处于开启状态。

要做系统快照，可以依次选择"虚拟机→快照→拍摄快照"命令（见图 1-40），并在弹出的信息框中设定一些基本的备注性信息（见图 1-41），完成后即可开始创建虚拟机快照。

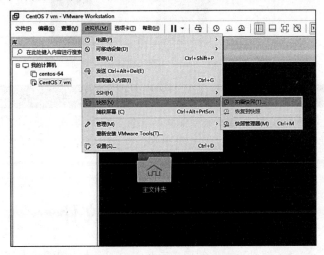

图 1-40　创建虚拟机系统快照

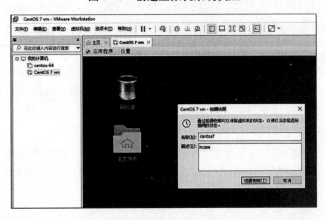

图 1-41　备注快照信息

（2）克隆：简单地说就是复制。在对虚拟进行克隆时，建议先关闭虚拟机后再克隆，以减少克隆的时间。

克隆时，先选择要克隆的虚拟机，并在右击后依次选择"管理→克隆"命令（见图 1-42），并在弹出的界面中根据提示信息进行设置。

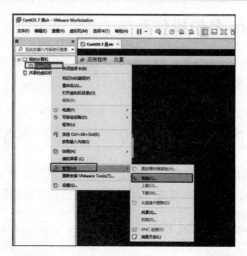

图 1-42　克隆虚拟机

> **运维前线**
>
> 克隆好的虚拟机（系统）相关密码账号等信息与被克隆的系统一致，使用时需要对主机名、IP 地址这些信息进行更改，以免发生冲突。在生产环境下，建议进入单用户模式下更改，以免影响到线上服务器的正常运行。

1.3　Linux 系统的文件

Linux 系统下的一切设备都是以文件的形式存在的，这些功能相同或不同的文件组成文件系统，通过虚拟文件系统接口对外提供服务。目前，由虚拟文件系统支持的文件系统主要包括磁盘文件系统、网络文件系统和特殊文件系统这三大类，它们共同协作完成系统的运行。

1.3.1　文件系统的基本组成

在 Linux 系统下，文件的来源通常是通过图像工具、文档工具、归档工具等相关的应用程序来创建的。在这些文件中，普通文件占了比较大的数量。除了普通文件之外，还有常见的设备文件、链接文件等，这些文件之间共同协作完成系统的正常运行。

Linux 系统提供一种通用的文件处理方式，它将所有的软件、硬件都视为文件来管理，并将映射成文件的不同物理设备放在层次相同或不同的目录下，然后通过文件的方式来管理所有的设备，从而简化对物理设备的管理和访问。

在 Linux 系统的一切设备都被映射成不同类型的文件，并按照一定的组织结构分布在系统的各个层次中（在不同的层次中，文件名称允许相同，其长度可达 255 个字符），这种有序的组织结构为用户的访问、管理和维护提供了便捷性。

比较常见的文件类型有普通文件、目录文件等。

普通文件（ordinary file）是一种出现在路径末端且不能再继续往下延伸的文件，主要由文本文件和二进制文件组成，是 Linux 系统下最常见、数量最多的文件。Linux 系统中大多数的配置文件、代码文件都是以普通文件形式存在的。

普通文件以 "-" 作为标识，标识符后是相关用户对该文件所具有的权限，而后是其他相关的信息，最后是该文件的名称，其组成如图 1-43 所示。

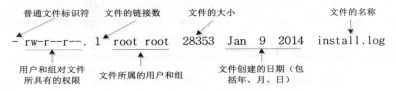

图 1-43　普通文件的构成

对于多数的普通文件而言，它们的内容都是可读的，即使文件的扩展名不同。因此，单从文件名本身区别普通文件所属的类型并不容易（如带 ".sh" 扩展名的通常是 shell 脚本文件，但是去掉扩展名不会造成影响），不过可以借助系统提供的相关命令来识别，例如：

```
[root@system ~]# file install.log
install.log:    ASCII text
[root@system ~]# file install.log*
install.log:            ASCII text
install.log.syslog:     ASCII text
```

目录文件（directory file）通常称为目录。根目录是所有目录的起点，系统中所有的目录都是根目录的子目录。目录是一种特殊类型的文件，是一系列文件名及信息节点号。

目录以 "d" 作为标识符，每个目录项通过信息节点号实现文件名与文件数据之间的映射。每个目录都包含有两个特殊目录：当前目录，也称工作目录，以 "." 来表示，是登录到系统的字符界面时所处的目录；父目录，以 ".." 来表示，是当前目录的上层目录。

我们一般用 ls 命令来查询目录与文件信息，如下所示：

```
[root@localhost ~]# ls -lh
总计 14M
-rw-r--r-- 1 root root     2 03-27 02:00 fonts.scale
-rw-r--r-- 1 root root   53K 03-16 08:54 install.log
…
drwxr-xr-x 2 root root  4.0K 04-19 10:53 mydir
drwxr-xr-x 2 root root  4.0K 03-17 04:25 Public
```

其中，最后两行显示的信息首字母 "d" 代表目录文件。

除上述文件外，Linux 还有链接文件、块设备文件、字符设备文件等，我们将在第 6 章介绍。

1.3.2　文件系统的目录结构

文件系统是文件命名、存储和组织的结构总称，经过格式化后用于存储数据、运行进程间的通信机制和触发设备。文件系统还提供对存储空间进行组织和分配，以及对这些文件进行保护和控制的机制。

操作系统下的一切文件都是数据的集合，在文件中不仅包含数据也包含各类文件之间的层次关系，而这种层次间关系的权限是被严格分开的。在这种严格的等级关系中，位于最高层次的称为根（/）目录，其他的是它的子目录，子目录下既可以是上层目录的子目录也可以是文本或者是文件和子目录并存，其层次结构如图 1-44 所示。

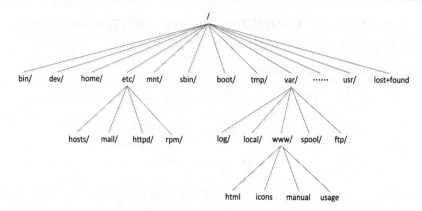

图 1-44　文件系统层次结构示意图

下面对操作系统中的各个常用目录进行简单介绍。

- 根（/）目录：整个 Linux 文件系统的顶层目录，也是文件系统的入口。
- /media 目录：用于挂载 USB、CD 等设备。
- /var 目录：用于保存系统运行时所需要改变的数据，数据的大小不定。
- /etc 目录：该目录下含有系统的各种配置文件，如网络、安全、进程等。
- /etc/rc.d/init.d 目录：该目录存放系统启动时自动执行的一些可执行脚本。
- bin：binary，含义是二进制。该目录中存储的都是一些二进制文件，每个文件相当于一个命令，都是可以被运行的。
- dev：device，主要存放的是外接设备，比如盘、其他的光盘等。在其中的外接设备是不能直接被使用的，需要挂载（类似于 Windows 下的分配盘符）。
- home：表示除了 root 用户以外其他用户的"家"目录，类似于 Windows 下的 User/用户目录。
- proc：process，表示进程，存储的是系统运行时的进程。此目录下不能建立和删除文件（某些文件可以修改）。
- root：该目录是 root 用户自己的家目录。
- sbin：super binary，存储一些可以被执行的二进制文件，但是必须有来自 root 的权限。
- tmp：表示"临时"的目录，系统运行时产生的临时文件会在这个目录暂存。
- usr：存放的是用户自己安装的软件及相关的帮助文档，类似于 Windows 下的 program files/program files（x86）文件夹。
- mnt：当外接设备需要挂载的时候，临时挂载用的设备挂载点（如磁盘分区、网络共享）。
- boot：系统在启动时需要加载的文件存储目录。
- lib：library，函数库目录，专门存储计算机系统在启动时以及其他软件在运行时需要加载的函数库文件。
- lost+found：Linux 也很难避免不出现断电、宕机等情况，断电时有些文件可能并没有完全保存好，此时对应文件就会存储在该目录中，以备下次启动时来恢复。

1.4   Linux 系统的命令

命令是操作 Linux 系统的主要手段之一，其可以对系统资源进行调整，因此掌握 Linux 命令是运维人员的基本技能。

1.4.1   认识系统终端

Linux 系统作为服务器端使用时绝大多数都是以纯命令行的形式完成操作的，在桌面模式下也有命令输入的地方，即可以在终端输入命令。方法是在任意空白处右击，选择"在终端中打开"命令，在打开的终端窗口中可以看到相关的选项和符号，如图 1-45 所示。

图 1-45   终端窗口中的命令选项与符号含义

同样，在对 Linux 系统远程维护时也是进入终端界面操作。在字符界面下终端提示符是直接出现的，不需要打开终端窗口。终端是日常维护系统必要的工作环境，因此很有必要了解它。当然，更重要的是要了解和熟悉日常维护工作的命令。

1.4.2   Linux 命令的基本格式

Linux 系统中的命令使用权并不是对系统的所有用户开放，与系统对用户权限的管理方式有着不可分割的关系。对于 Linux 的内置命令，可将每个命令看作一个文件的名称，因此在执行这些命令时实际上是调用对应的可执行文件。

简单地说，命令就是一些在系统中具有特殊功能、能被系统识别且能够对系统进行操作的字符或字符串。对于这些命令的执行，是由用户在终端提示符下输入并执行，但并不是每个字符或字符串都能够被执行，比如：

```
[root@localhost 桌面]# fghjkkl
bash: fghjkkl: command not found
```

也就是说，如果输入的字符串不能识别，系统就会提示找不到。系统中的命令都有通用的标准格式，具体如下：

```
command [options] [arguments]
```

其中，command 属于命令的主题，[options]是选项，而[arguments]是操作对象。一条命令可以包含零个或多个选项，操作对象也可以是多个。例如，需要让张三同学帮忙去楼下小卖铺买一瓶农夫山泉水和清风餐巾纸，在这个命令中"买东西"是命令的主体，买的水和餐巾纸是操作的对象，农夫山泉、清风是操作的选项。

1.4.3   Linux 命令的使用

Linux 系统中基础命令的使用率比较高，我们需要知道它有什么作用和基本的使用方法。

1. ls（list，显示）命令

（1）语法 1：#ls

含义：列出当前列表清单。

常用选项：

- -a: all，表示显示所有的文件清单（包含隐藏文件在内）。
- -d: 列出目录本身，但不包含目录中的文件。
- -h: 和-l 一起使用，文件大小人类易读。

示例：列出当前目录下的文件清单，但不包括隐藏文件。

```
[root@TestWu ~] # ls
anaconda-ks.cfg hostname initial-setup- ks.cfg
```

（2）语法 2：#ls 路径

含义：使用 ls 命令列出指定路径下的文档名称。

路径分为绝对路径和相对路径。

- 绝对路径：不管当前工作路径在哪儿，目标路径都会从"/"（磁盘根）下开始，并指向文件的具体路径。
- 相对路径：除绝对路径之外的路径。相对路径要有一个相对物（当前工作目录），简单地说就是在当前的工作目录下还有其他的子目录，把当前目录表示的目录作为相对路径。

示例：列出目录。

```
 [root@testwu ~]# mkdir Test
[root@testwu ~]# ls
anaconda-ks.cfg  initial-setup- ks.cfg  hostname  Test
[root@testwu ~]# touch Test/{1..5}.txt      # 创建 5 个文件
[root@testwu ~]# ls -ld Test/     # -d 表示只看 Test 文件信息
drwxr-xr-x 2 root root 71 Dec 17 08:53 Test/
[root@testwu ~]# ls -l Test    #查看 Test 目录下面的信息
total 0
-rw-r--r-- 1 root root 0 Dec 17 08:53 1.txt
-rw-r--r-- 1 root root 0 Dec 17 08:53 2.txt
-rw-r--r-- 1 root root 0 Dec 17 08:53 3.txt
-rw-r--r-- 1 root root 0 Dec 17 08:53 4.txt
-rw-r--r-- 1 root root 0 Dec 17 08:53 5.txt
[root@testwu ~]# ls -l /home/
total 0
-rw-r--r-1wusir wusir  4009  5月   7 08:53    wusir
```

其中，-l 表示 list，以详细列表的形式显示文件信息。通过-l 选项可以列出除了文件名称以外的其他信息，包含权限、创建日期/时间等。

（3）语法 3：#ls -la

示例：使用 ls -la 列出"/"目录下的隐藏文件及详细信息。

```
[root@testwu ~]# ls -la /
total 16
dr-xr-xr-x. 17 root root  244 Nov  1 13:44 .
dr-xr-xr-x. 17 root root  244 Nov  1 13:44 ..
-rw-r--r--  1 root root    0 Nov  1 13:44 .autorelabel
lrwxrwxrwx. 1 root root    7 Nov  1 11:38 bin -> usr/bin
dr-xr-xr-x. 4 root root 4096 Nov  1 12:31 boot
drwxr-xr-x 19 root root 3080 Dec 17 09:29 dev
drwxr-xr-x 76 root root 8192 Dec 17 09:29 etc
drwxr-xr-x. 2 root root    6 Nov  5 2016 home
...
```

说明：

- 在 Linux 中隐藏文档一般都是以 "." 开头。
- "." 表示当前路径，".." 表示上级路径（相对当前路径）。
- 第一列的第一个字符表示文件的类型。其中，"d" 表示文件夹（目录），"-" 表示文件，"l" 表示链接文件。
- 普通文件和目录在 ls 输出的结果中显示的颜色不一样，目录的颜色一般都是蓝色的，普通文件一般是黑色的（所说的颜色均是指在终端中的默认颜色，也可通过改变终端配置进行颜色改变）。

扩展命令：ll
该命令等价于 "ls -l"。

（4）语法 4：#ls -lh 路径
含义：列出指定路径下的文档结构，以指定的方式进行显示。

选项说明：

- -l: 表示以列表的形式进行显示。
- -h: 表示以较高可读性（文档大小）的形式列出文件详细信息。

示例：列出用户自己主目录中的文件详细信息。

```
[root@testwu ~]# ls -lh /root
-rw-r--r-1wusir wusir  4009  5月   7 08:53   wusir
```

注意，单位不一定是 KB，系统会在获取其大小之后为文档找到一个合适的单位，可能是 KB、MB、GB、TB 等。

2. pwd（print working directory，打印当前工作目录）命令

用法：#pwd
含义：显示用户当前所在的路径（位置）。
示例：使用 pwd 命令输出当前的工作路径。

```
[root@testwu ~]# pwd
/root
[root@testwu ~]# cd /home/
[root@testwu home]# pwd
/home
```

3. cd（change directory，改变目录）命令

含义：用于切换当前的工作目录。
语法：#cd 路径
说明：路径可写可不写，但是含义是不一样的，写路径的话表示切换到指定路径，不写则表示切换到当前登录用户的家目录中。

补充：

① 在 Linux 中有一个特殊的符号"~"，表示当前用户的家目录。

切换的方式：#cd ~　　　　　（表示切换到当前用户家目录中）

```
[root@localhost /]# cd ~
[root@localhost ~]# cd /
```

② cd .. 返回上一级所处的目录：

```
[root@testwu ~]# cd /home/
[root@testwu home]# cd ..
[root@testwu /]#
```

4. mkdir（make directory，创建目录）命令

（1）语法 1：#mkdir 路径

含义：用于创建目录。

示例：使用 mkdir 命令创建目录。

```
[root@testwu ~]# mkdir /1/2/3
mkdir: cannot create directory '/1/2/3': No such file or directory
```

执行失败，因为/1/2/3 是不存在的，不能隔级创建目录。

注意，语法 1 形式只能创建一层目录（从已经存在的目录位置开始往后数），对于创建多层不存在的路径（目录）会报错，并且无法创建。

（2）语法 2：#mkdir -p 路径

含义：用于创建多层不存在的路径，主要是补充语法 1。其中，-p 表示 parent。

示例：完善语法 1 中创建失败的命令，创建多个目录。

```
[root@testwu ~]# mkdir -p /1/2/3
[root@testwu ~]# ls /1/2/
3
```

（3）语法 3：#mkdir [-p] 路径 1 路径 2 路径 3 …

示例：在当前用户家目录中创建 a、b、c 三个目录（同级）。

```
[root@testwu ~]#mkdir a b c
```

5. touch 命令

含义：用于创建文件。

语法：#touch 文件路径 [文件路径 2　文件路径 3　…]

示例 1：创建文件 a.txt 到根目录下。

```
[root@testwu ~]# touch /a.txt
[root@testwu ~]# ls /
1 bin  dev home lib  media opt  root sbin sys usr
a.txt boot etc h.txt lib64 mnt  proc run  srv  tmp var
```

示例 2：创建 root 用户 d 目录下的 a.txt、b.txt、c.txt 文件（d 目录必须存在）。

```
[root@testwu ~]# touch /root/d/a.txt /root/d/b.txt /root/d/c.txt
```

问题：路径中包含了不存在的文件夹时能否创建成功？回答是/否。示例如下：

```
[root@localhost ~]# touch ~/d/e/f/x.txt
touch: cannot touch '/root/d/e/f/x.txt': No such file or directory
```

注意，在这种情形下是不支持类似于 mkdir 命令的-p 选项的。

6. cp（copy，复制）命令

含义：复制文件/目录到指定的位置。

语法：#cp [-r] 被复制的文档路径　文档被复制到的路径选项

其中，-r（recursion）表示以递归的方式复制目录及其子目录。如果是使用 cp 命令来复制文件夹，则-r 不是可选项，而是必选项。

注意，复制过程中文档的名称是不变的。

示例 1：创建文件 a.txt 并移动到/home/目录下。

```
[root@testwu ~]# touch a.txt
[root@testwu ~]# cp a.txt /home/
[root@testwu ~]# ls /home/
a.txt  wusir
```

示例 2：在/home 目录下创建子目录 H，并在子目录 H 下创建 h.txt 文件，然后移动 h.txt 文件到 home 目录下。

```
[root@testwu ~]# cd /home/
[root@testwu home]# mkdir H
[root@testwu home]# cd H/
[root@testwu H]# touch h.txt
[root@testwu H]# cp h.txt ../
[root@testwu H]# ls ../
H  h.txt
```

示例 3：复制 A 目录到/（根）目录中去。

```
[root@TestWu ~]# mkdir A
[root@TestWu ~]# ls
A    initial-setup-ks.cfg    anaconda-ks.cfg    hostname
[root@TestWu ~]# cp A /
cp：略过目录“A”
[root@TestWu ~]# cp -r A /
[root@TestWu ~]# ls /
A  bin dev home lib  media opt  root sbin sys usr
boot etc h.txt lib64 mnt  proc run  srv  tmp var
```

针对文件夹的复制需要进行递归操作，因此需要进行命令修改，添加-r 选项。

7. mv（move，移动、剪切）命令

含义：移动文档到新的位置，同时也可以重命名文件/目录。

语法：#mv 需要移动的文档路径　需要保存的位置路径

注意，mv 与 cp 命令不一样，不管是针对文件还是文件夹都不需要加类似-r 的选项；在移动的过程中文档名称是不变的。

示例 1：将 A 目录移动到/下面的 home 目录下面。

```
[root@testwu ~]# mv A /home/
[root@testwu ~]# ls
anaconda-ks.cfg hostname initial-setup- ks.cfg
[root@testwu ~]# ls /home/
A  H  h.txt  wusir
```

补充：在 Linux 中，重命名的命令也是 mv，语法和移动命令的语法一样，区别在于重命名时一般路径不变，但是也可以在移动位置的同时重命名。

示例 2：将名为 aaa.txt 的文件重命名为 bbb.txt。

```
[root@localhost ~]# ls
aaa.txt  anaconda-ks.cfg  install.log  install  log.syslog
[root@localhost ~]# mv aaa.txt bbb.txt
[root@localhost ~]# ls
anaconda-ks.cfg  bbb.txt  install.log  install  log.syslog
```

8. rm（remove，移除、删除）命令

含义：移除、删除文档。

语法：#rm [选项] 需要移除的文档路径 [路径 2 路径 3 …]

选项说明：

- -f: force，强制删除，不提示是否删除。
- -r: recursion，表示递归。如果操作对象是目录，则-r 是必选项。

示例 1：删除/aaa.txt 文件，同时需要确认是否删除文件。

```
[root@localhost ~]# ls
anaconda-ks.cfg bbb.txt install  log  install.log.syslog
[root@localhost ~]# rm bbb.txt
Rm: 是否删除普通空文件 "bbb.txt"？
```

示例 2：使用 rm 命令删除/d 目录，同时需要显示提示信息。

```
[root@localhost ~]# cd /home/
[root@localhost home]# ls
a aaa.txt
[root@localhost home]# rm a
rm: 无法删除 "a"：是一个空目录
[root@localhost ~]# rm -r a
rm: 是否删除目录 "a"？y
[root@localhost ~]# rm -rf a
```

问题：在 Linux 终端中输入 "rm -rf /" 会怎么样？请看以下示例：

```
[root@localhost ~]# rm -rf /
rm: 在 "/" 进行递归操作十分危险
rm: 使用 --no-preserve-root 选项跳过安全模式
```

选项--no-preserve-root 从语法上看没有问题，但是这个命令是比较危险的，不建议执行。在有的 Linux 分支中设有安全模式，误操作的时候会有提示。需要谨慎执行该命令。

使用 rm 命令时要小心，因为删除文件后不能恢复。为了防止文件误删，可以在 rm 后使用-i 参数以逐个确认要删除的文件。

　　可以使用 rmdir 命令删除一个目录。执行时必须离开目录，并且目录必须为空目录，提示删除失败。

　　参数说明：

- **-i:** 以进行交互方式执行。
- **-f:** 强制删除，忽略不存在的文件无须提示。
- **-r:** 递归删除目录下面的内容，删除文件夹时是必需项。

示例：

```
[root@localhost ~]# rmdir test
rmdir:删除"test"失败：目录非空
[root@localhost ~]# mkdir k
[root@localhost ~]# rmdir k
```

9. History 命令

含义：查看历史命令，即执行过的命令。
示例：

```
[root@testwu ~]# history
    1  vi /etc/selinux/config
    2  shu-h now
    3  shutdown -h now
    4  cat /etc/yum.repos.d/CentOS-Base.repo
    5  shutdown -h now
    6  tar vzxf redis-5.0.5.tar.gz
    7  cd redis-5.0.5
    8  ll
    9  ll src/
   10  ll
...
```

10. vim 命令

vim 是一款文本编辑器，是 vi 的升级版。
语法：#vim 文件的路径
含义：打开一个文件（可以不存在，也可以存在）。
示例 1：用 vim 打开一个已经存在的文件（root/install.log）。

```
[root@testwu ~]# vim /root/install.log
```

提示，在 vim 中退出已经打开的文件时，可输入":q"（q 表示 quit）。
示例 2：使用 vim 打开 aaaa.txt。

```
[root@testwu ~]#vim aaaa.txt
```

被打开的文件如果不存在，在终端的左下角会有"[新文件]"的提示。

11. cat 命令

含义：cat 有直接打开一个文件的功能，只查看不编辑。
语法：#cat 文件的路径

示例：使用 cat 打开/etc/passwd。

```
-n, --number 对输出的所有行编号
 [root@testwu ~]# cat -n /etc/passwd
      1  root:x:0:0:root:/root:/bin/bash
      2  bin:x:1:1:bin:/bin:/sbin/nologin
      3  daemon:x:2:2:daemon:/sbin:/sbin/nologin
      4  adm:x:3:4:adm:/var/adm:/sbin/nologin
      5  lp:x:4:7:lp:/var/spool/lpd:/sbin/nologin
      6  sync:x:5:0:sync:/sbin:/bin/sync
      7  shutdown:x:6:0:shutdown:/sbin:/sbin/shutdown
      8  halt:x:7:0:halt:/sbin:/sbin/halt
      9  mail:x:8:12:mail:/var/spool/mail:/sbin/nologin
     10  operator:x:11:0:operator:/root:/sbin/nologin
...
```

12. 输出重定向

场景：一般命令的输出都会显示在终端，但有时需要将一些命令的执行结果保存到文件中进行后续的分析/统计，此时可使用输出重定向。

语法：#需要执行的有输出的命令　输出重定向符号　输出到的文件路径

其中，输出重定向符号有以下两种：

● >: 覆盖输出，会覆盖原来的文件内容。
● >>: 追加输出，不会覆盖原始文件内容，会在原始文件内容的末尾继续添加。

提示，文件路径中的文件可以是不存在的文件（文件路径要符合 touch 创建的要求）。

创建 a.txt：

```
[root@testwu ~]# touch a.txt
[root@testwu ~]# vim a.txt
[root@testwu ~]# cat a.txt
Hello I am is a.txt
```

创建 b.txt：

```
[root@testwu ~]# touch b.txt
[root@testwu ~]# vim b.txt
[root@testwu ~]# cat b.txt
Hello I am is b.txt
```

示例 1：使用覆盖输出重定向。

```
[root@testwu ~]# cat a.txt > b.txt
[root@testwu ~]# cat b.txt
Hello I am is a.txt
```

示例 2：使用追加输出重定向。

```
[root@testwu ~]# cat a.txt >> b.txt
[root@testwu ~]# cat b.txt
Hello I am is a.txt
Hello I am is b.txt
```

第2章

Linux 命令进阶

Linux 系统的命令可分为内置命令和外部命令。内置命令主要是一些可执行的二进制文本文件,外部命令主要是一些可执行的普通文本文件。同时,这些命令还支持一些符号结合,在一定程度上增加了系统外部命令的数量。

无论是内置命令还是外部命令,它们都会由 shell 处理后传送到内核中执行,最后返回结果。

上一章我们初步介绍了几个 Linux 的命令,本章将进一步介绍 Linux 命令的类型、执行过程和一些常用及高级命令。

2.1 命令的类型与执行过程

Linux 命令是一种以字母组合且具有特殊功能的字符串,能够对目标系统进行操作以达到想要的效果。是在 Linux 系统下最为有力的管理工具。本节将对命令的基本类型和命令的执行过程进行介绍。

2.1.1 命令的类型

在 Linux 系统下的命令虽有内置命令和外部命令之分,但是这些命令的使用权并不是对系统的所有用户开放。Linux 的内置命令可看作是一个文件的名称,因此在执行这些命令时实际上是在调用对应的可执行文件。

可以通过 man、type 和 file 命令来辨别系统下哪些是内置命令。例如:

```
[root@localhost ~]# man type
BASH_BUILTINS(1)                                          BASH_BUILTINS(1)

NAME
      bash, :, ., [, alias, bg, bind, break, builtin, caller, cd, command,
```

```
compgen, complete,
        compopt, continue, declare, dirs, disown, echo, enable, eval, exec, exit,
export, false,
        fc, fg, getopts, hash, help, history, jobs, kill, let, local, logout,
mapfile, popd,
        printf, pushd, pwd, read, readonly, return, set, shift, shopt, source,
suspend, test,
        times, trap, true, type, typeset, ulimit, umask, unalias, unset, wait -
bash built-in com-
        mands, see bash(1)

    BASH BUILTIN COMMANDS
        Unless otherwise noted, each builtin command documented  in  this
section  as  accepting
        options  preceded  by - accepts -- to signify the end of the options.  The :,
true, false,
        and test builtins do not accept options and do not treat -- specially.
The exit,  logout,
        break,  continue,  let,  and  shift builtins accept and process arguments
beginning with -
        ...
```

从 man 命令输出的内容来看，在 "BASH BUILTIN COMMANDS" 下所输出的 NAME 下的是一些系统的内置命令，这些系统内置命令对应于系统/usr/bin/目录下一个可执行的二进制文本文件。

```
[root@localhost ~]# ll /usr/bin/
...
-rwxr-xr-x.  1 root root   2953   Oct 11  2008  zipgrep
-rwxr-xr-x   2 root root   164128 Nov 11  2010  zipinfo
-rwxr-xr-x   1 root root   101856 Nov 11  2010  zipnote
-rwxr-xr-x   1 root root   105280 Nov 11  2010  zipsplit
-rwxr-xr-x.  1 root root   1731   May 27  2013  zless
-rwxr-xr-x.  1 root root   2605   May 27  2013  zmore
-rwxr-xr-x.  1 root root   5246   May 27  2013  znew
lrwxrwxrwx 1 root root     6      Oct 21  14:21 zsoelim -> soelim
```

type 命令的语法格式如下：

```
type [-aftpP] name [name ...]
```

在使用 type 命令时，常用的选项主要有如下几个：

- -a: 列出包含别名（alias）在内的指定命令名的命令。
- -p: 显示完整的文件名称。
- -t: 显示文件类型，主要有 builtin 和 file 两种。

如使用 type 命令来验证 pwd 命令：

```
[root@localhost ~]# type pwd
pwd is a shell builtin
```

输出结果显示，pwd 命令属于系统的一个内置命令，而不是外部命令。

除了通过 type 命令来识别命令的类型外，还可以使用 file 命令来区别，如使用 file 命令来显示 ls 命令的信息：

```
[root@localhost ~]# file /bin/ls
/bin/ls: ELF 64-bit LSB executable, x86-64, version 1 (SYSV), dynamically linked
(uses shared libs), for GNU/Linux 2.6.18, stripped
```

从 file 命令输出的结果可以看出，/bin/ls 是一个可执行文件，也就是外部命令。这就意味着，在执行 ls 命令时可以使用/bin/ls 的方式直接调用该文件来执行。

2.1.2　命令的执行过程

Linux 系统的 shell 介于系统内核与用户之间，相当于系统与用户间的桥梁，负责解析输入的命令和输出的二进制码。另外，shell 也属于一种程序设计语言，为用户提供操作机器的交互接口，使用户输入的命令能够传送到内核执行并把处理结果反馈回来。

对于 Linux 系统每个被执行的命令，系统都会从所执行的命令中获取相关的参数来创建对应的子进程。随命令执行而产生的子进程会根据命令行的参数来执行，并在返回结果时终止或暂停。

Linux 命令的执行过程基本上按如下步骤进行：

（1）读取用户从输入设备输入的命令行。

（2）将命令转为文件名，并将其他参数改造为系统调用 execve()内部处理所要求的形式。

（3）终端进程调用 fork()建立新的子进程。

（4）终端进程用系统调用 wait()来等待子进程执行完成（如果是后台命令，则不等待）。

（5）如果命令末尾没有&（后台命令符号），则终端进程不执行系统调用 wait()等待，而是立即执行并返回提示符等待继续执行其他的命令。如果命令末尾有&，则终端进程要一直等待直到命令执行完成后才返回终端提示符。

（6）当子进程完成处理后向父进程（终端进程）报告时，终端进程醒来，并在做必要的判别等相关工作后终止子进程并返回提示符，让用户输入新的命令。

2.2　常用命令

命令是日常维护系统不可缺少的，特别是在远程维护的环境下。现在很多的 Linux 系统出于资源和安全方面的考虑仅有文本工作界面，因此必须要使用命令来做日常维护。本节主要介绍系统维护中的一些基础命令。

2.2.1　df 命令

含义：查看磁盘的空间（disk free）。

语法：#df -h（#-h 表示以可读性较高的形式展示大小）

示例：

```
[root@testwu ~]# df -h
Filesystem              Size    Used    Avail   Use%    Mounted on
/dev/mapper/cl-root     8.0G    1.3G    6.8G    16%     /
devtmpfs                478M    0       478M    0%      /dev
tmpfs                   489M    0       489M    0%      /dev/shm
```

```
tmpfs                           489M    6.6M    482M    2%      /run
tmpfs                           489M    0       489M    0%      /sys/fs/cgroup
/dev/sda1                       1014M   139M    876M    14%     /boot
tmpfs                           98M     0       98M     0%      /run/user/0
```

这几列依次是磁盘名称、总大小、被使用的大小、剩余大小、使用百分比、挂载路径。

2.2.2 free 命令

含义：查看内存使用情况。

语法：#free -m（#-m 表示以 MB 为单位查看）

示例：

```
[root@testwu ~]# free -m
              total        used        free      shared  buff/cache   available
Mem:            976         117         728           6         130         710
Swap:          1023           0        1023
```

- total：总大小。
- used：使用过的大小。
- free：空闲的空间。
- shared：共享内存。
- buff：输出缓冲区。
- cache：缓存内存。
- 第一行 Mem 是内存的真实使用情况，包含了已经被分配的共享内存、输出缓冲区、缓存内存等。
- 第二行 Swap 表示交换空间内存。交换空间内存可以在内存不够使用的情况下当临时内存来使用。交换分区并不是越大越好，一般等同于实际内存的大小。

如果要查看实际剩余内存，只需要看 728 这个位置的数字即可。

2.2.3 head 命令

含义：查看一个文件的前 n 行，如果不指定 n，则默认显示前 10 行。

语法：#head -n 文件路径（n 表示数字）

示例 1：显示 anaconda-ks.cfg 文件的前 3 行。

```
[root@testwu ~]# head -3 anaconda-ks.cfg
#version=DEVEL
# System authorization information
auth --enableshadow --passalgo=sha512
```

示例 2：不添加指定的行数，默认显示前 10 行。

```
[root@testwu ~]# head anaconda-ks.cfg
#version=DEVEL
# System authorization information
auth --enableshadow --passalgo=sha512
# Use CDROM installation media
cdrom
```

```
# Use graphical install
graphical
# Run the Setup Agent on first boot
firstboot --enable
ignoredisk --only-use=sda
```

2.2.4　tail 命令

含义：查看一个文件的末 n 行，如果不指定 n，默认显示末 10 行。

语法：#tail -n 文件的路径（n 同样表示数字）

示例 1：显示 anaconda-ks.cfg 文件的内容，默认显示末 10 行（包括空行在内）。

```
[root@testwu ~]# tail anaconda-ks.cfg

%addon com_redhat_kdump --enable --reserve-mb='auto'

%end

%anaconda
pwpolicy root --minlen=6 --minquality=50 --notstrict --nochanges --notempty
pwpolicy user --minlen=6 --minquality=50 --notstrict --nochanges --notempty
pwpolicy luks --minlen=6 --minquality=50 --notstrict --nochanges --notempty
%end
```

示例 2：只显示 anaconda-ks.cfg 文件末 5 行的信息（包括空行在内）。

```
[root@testwu ~]# tail -5 anaconda-ks.cfg
%anaconda
pwpolicy root --minlen=6 --minquality=50 --notstrict --nochanges --notempty
pwpolicy user --minlen=6 --minquality=50 --notstrict --nochanges --notempty
pwpolicy luks --minlen=6 --minquality=50 --notstrict --nochanges --notempty
%end
```

2.2.5　less 命令

含义：以页查看文件，以较少的内容进行输出，按下辅助功能键（数字+回车、空格键+上下方向键）查看更多。

其中，空格是一页一页翻，上下键是一行一行翻，数字 1 是往下 1 行、10 是往下 10 行。

语法：#less 需要查看的文件路径

示例：使用 less 命令查看 anaconda-ks.cfg。

```
[root@testwu ~]# less anaconda-ks.cfg
...
# Root password
rootpw --iscrypted
$6$DGIFLuyasK7MnCe0$mjsBFdzJCCyq8mkmkuUT4lwPzgk6Hg5l4jWkG4EgL2X0T0MxLCwyOC1RYp
A3d0.aMQQR0uBgxPctZjDsaVLuD.
# System services
services --disabled="chronyd"
# System timezone
timezone Asia/Shanghai --isUtc --nontp
anaconda-ks.cfg
```

在退出时只需要按下 q 键（quit）即可（此时 Ctrl+C 键不管用）。

提示，也可以使用 more 命令查看文件的内容，与 less 命令相差不大，都是以页的形式显示，最大的差别是 more 命令是按空白键（space）往下一页显示，按 b 键就回退（back）一页显示，而且还有搜寻字串的功能（与 vim 相似）。如果使用该命令查看文件时从指定的页数如第 20 行开始看，可以使用以下命令行：

```
[root@testwu ~]# more +20 anaconda-ks.cfg
```

2.2.6　wc 命令

含义：统计文件内容信息（包含行数、单词数、字节数），wc = word count。

语法：#wc -lw 需要统计的文件路径

参数说明：

● -l：表示 lines，行数（以回车/换行符为标准）。

● -w：表示 words，单词数，依照空格来判断单词数量。

示例：使用 wc 命令测试 install.log。

① 测试文件有多少行：

```
[root@testwu ~]# wc -l /etc/passwd
20 /etc/passwd
```

② 测试文件有多少个单词：

```
[root@testwu ~]# wc -w /etc/passwd
40 /etc/passwd
```

2.2.7　date 命令

含义：表示操作时间日期（读取、设置）。

语法 1：#date
输出的形式为：2019 年 3 月 24 日 星期六 15:54:28 CST。

语法 2：#date　"+%F"（等价于#date　"+%Y-%m-%d"）
输出的形式为：2019-03-24。

语法 3：#date　"+%F %T"（引号表示让"年月日与时分秒"成为一个不可分割的整体，等价操作为#date　"+%Y-%m-%d %H:%M:%S"）
输出的形式为：2019-03-24 16:01:00。

语法 4：#date -d '-1 day' "+%Y-%m-%d %H:%M %S"
获取之前或者之后的某个时间（备份）数据库，一般是一天备份一次。
符号的可选值：+（之后）或者-（之前）。
单位的可选值：day（天）、month（月份）、year（年）。
参数说明：

- %F: 表示完整的年、月、日，形如 2019-12-31。
- %T: 表示完整的时、分、秒，形如 08:00:00。
- %Y: year，表示四位年份。
- %m: month，表示两位月份（带前导 0）。
- %d: day，表示日期（带前导 0）。
- %H: hour，表示小时（带前导 0）。
- %M: minute，表示分钟（带前导 0）。
- %S: second，表示秒数（带前导 0）。

示例 1：输出格式为"日/月/年 时:分:秒"的时间。

```
[root@testwu ~]# date '+%d/%m/%Y %T'
17/12/2019 17:32:18
```

示例 2：获取 7 天之前的时间，格式为年-月-日 时:分:秒。

```
[root@testwu ~]# date -d '-7 day' '+%F %T'
2019-12-10 17:34:49
```

2.2.8　cal 命令

含义：用来操作日历（只有 1 和 3）。

语法 1：#cal（等价于 #cal -1，直接输出当前月份的日历）

语法 2：#cal -3（表示输出上一个月+本月+下个月的日历）

示例：

```
[root@redis ~]# cal -3
    November 2019      December 2019       January 2020
Su Mo Tu We Th Fr Sa  Su Mo Tu We Th Fr Sa  Su Mo Tu We Th Fr Sa
                1  2   1  2  3  4  5  6  7            1  2  3  4
 3  4  5  6  7  8  9   8  9 10 11 12 13 14   5  6  7  8  9 10 11
10 11 12 13 14 15 16  15 16 17 18 19 20 21  12 13 14 15 16 17 18
17 18 19 20 21 22 23  22 23 24 25 26 27 28  19 20 21 22 23 24 25
24 25 26 27 28 29 30  29 30 31              26 27 28 29 30 31
```

语法 3：#cal -y 年份数字（表示输出某一个年份的日历）

示例：

```
[root@redis ~]# cal -y 2020
                      2020
      January             February               March
Su Mo Tu We Th Fr Sa  Su Mo Tu We Th Fr Sa  Su Mo Tu We Th Fr Sa
       1  2  3  4               1   1  2  3  4  5  6  7
 5  6  7  8  9 10 11   2  3  4  5  6  7  8   8  9 10 11 12 13 14
12 13 14 15 16 17 18   9 10 11 12 13 14 15  15 16 17 18 19 20 21
19 20 21 22 23 24 25  16 17 18 19 20 21 22  22 23 24 25 26 27 28
26 27 28 29 30 31     23 24 25 26 27 28 29  29 30 31
...
```

2.2.9　clear/Ctrl+L 命令

含义：清除终端已经存在的命令和结果（信息）。

语法：#clear

或者按 Ctrl+L 组合键。

需要注意的是，该命令并不是真的清除了之前的信息，而是把之前的信息隐藏到了最上面，通过滚动条还可继续查看以前的信息。

2.2.10　管道

管道符：|

含义：管道一般可以用于"过滤"或做特殊的"扩展处理"。

语法：管道不能单独使用，必须配合前面所讲的一些命令来一起使用，主要是辅助作用。

（1）过滤示例（100%使用）：通过管道查询出根目录下包含"y"字母的文档名称。

```
#ls / | grep "y"
```

管道命令 grep 用于"过滤"。

针对上面示例的说明：

① 以管道作为分界线，前面的命令有一个输出，后面需要先输入再过滤，最后输出。通俗地讲，就是管道前面的输出是后面命令的输入（前面的输出就是后面命令的操作对象）。

② grep 命令主要用于过滤，其语法格式如下：

```
#grep  [选项]"搜索关键词"搜索范围
```

示例 1：查找根目录下有 y 字符的目录或文件。

```
[root@testwu ~]# ls / |grep y
sys
```

示例 2：查找文件中含有 y 字符的行。

```
[root@testwu ~]# ls / > ~/bba.txt
[root@testwu ~]# grep 'y' ~/bba.txt
sys
```

（2）特殊用法：通过管道的操作方法来实现 less 的等价效果。

例如，源命令是"less xxx.txt"，使用管道的话则可以写成 cat xxx.txt | less。

```
[root@redis ~]# cat sentinel.log | less
[root@redis ~]# less sentinel.log
```

之前，可以使用"#less 路径"的方式来查看文件，使用管道后，就可以通过命令行来查看，例如：

```
cat 路径 | less
```

（3）扩展处理：使用学过的命令统计某个目录下文档的总个数。

示例 1：统计"/"下的文档个数。

```
[root@redis /]# ls / | wc -l
19
```

示例 2：在计算机中有一个配置文件（/etc/passwd），一般情况下一个用户会占用一行配置，试统计当前计算机中一共有多少个用户信息。

```
[root@redis ~]# cat /etc/passwd | wc -l
20
```

2.3　高级命令

Linux 系统中一些比较高级的命令是系统日常维护不可缺少的，能够对系统的配置进行更改，因此我们有必要熟悉这些命令的使用。

2.3.1　hostname 命令

Linux 系统的/etc/hosts 文件提供的是域名解析的功能（类似于 DNS 的功能），当 Linux 系统向 DNS 服务器发出域名解析请求之前会查询/etc/hosts 文件，如果里面有相应的记录，就会使用 hosts 里面的记录。

通常，改主机名时除了通过更改相关的配置文件的方式外，还可以使用 hostname 命令来更改，也就是说该命令可以显示和设置主机名。

示例：

```
[root@testwu ~]# hostname
testwu
[root@testwu ~]# hostname testwu-2
[root@testwu ~]# hostname
testwu-2
```

为什么要修改主机名？其实在生产环境下有些时候需要更改主机名，比如说克隆虚拟机、为了便于管理将主机名设置为与应用系统对应等。通常的做法是将主机名和 IP 地址互绑，更利于名称的解析。

当然，使用 hostname 命令修改的主机名只是保存在了内存空间中，也就是说，重启系统就会失效。如果希望更改的主机名是永久性存在，可以使用 hostnamectl 命令来更改，并在更改后重启系统。

```
[root@TestWu ~]# hostnamectl set-hostname test
[root@TestWu ~]# reboot
```

2.3.2　id 命令

含义：查看一个用户的基本信息（包含用户 id、用户组 id、附加组 id 等）。如果不指定用户，则默认当前用户。

语法 1：#id（默认显示当前执行该命令的用户的基本信息）

语法 2：#id 用户名（显示指定用户的基本信息）

```
[root@test ~]# id
uid=0(root) gid=0(root) groups=0(root)
```

要验证上述信息是否正确，可以在/etc/passwd 文件中找到关于 root 用户的相关信息。

```
[root@test ~]# cat /etc/passwd | grep root
root:x:0:0:root:/root:/bin/bash
operator:x:11:0:operator:/root:/sbin/nologin
```

或在/etc/group 文件中找到关于该用户的组的相关信息。

```
[root@test ~]# cat /etc/group | grep root
root:x:0:
```

要确认当前登录系统的用户是谁，也可以使用 whoami 命令来查看。该命令的作用是显示当前用户，也就是当前登录系统的用户名。

语法 3：#whoami

```
[root@test ~]# whoami
root
```

2.3.3　ps -ef 命令

含义：主要是查看服务器的进程信息，查询的结果相当于在 Windows 的资源管理器上显示的信息。

命令格式：ps（process　show）

参数说明：

- -e: 等价于 "-A"，表示列出全部进程。
- -f: 表示 full，显示全部列（显示全字段）。

示例 1：

```
[root@test ~]# ps -ef
UID        PID  PPID  C  STIME  TTY  TIME      CMD
root         1     0  0  18:38  ?    00:00:00  /usr/lib/systemd/systemd
--switched-r
root         2     0  0  18:38  ?    00:00:00  [kthreadd]
root         3     2  0  18:38  ?    00:00:00  [ksoftirqd/0]
root         6     2  0  18:38  ?    00:00:00  [kworker/u256:0]
root         7     2  0  18:38  ?    00:00:00  [migration/0]
root         8     2  0  18:38  ?    00:00:00  [rcu_bh]
root         9     2  0  18:38  ?    00:00:00  [rcu_sched]
root        10     2  0  18:38  ?    00:00:00  [watchdog/0]
...
```

上述示例结果中列的含义如下：

- UID: 该进程执行的用户 id。
- PID: 进程 id。

- PPID: 该进程的父级进程 id, 如果一个程序的父级进程找不到, 那么该程序的进程称为僵尸进程(parent process ID)。
- C: CPU 的占用率, 其形式是百分数。
- STIME: 进程的启动时间。
- TTY: 终端设备, 发起该进程的设备识别符号, 如果显示 "?" 则表示该进程并不是由终端设备发起的。
- TIME: 进程的执行时间。
- CMD: 该进程的名称或者对应的路径。

示例 2: 在监视系统的资源使用上会经常使用 ps 命令。当然, 该命令还支持针对某个进程状态的查看, 如查看进程 "kthreadd" 的状态。

```
[root@test ~]# ps -ef | grep kthreadd
root         2       0  0 18:38 ?        00:00:00 [kthreadd]
root      2165    2096  0 19:03 pts/0    00:00:00 grep --color=auto kthreadd
```

注意, 查询结果中, 如果只有一条, 则表示没有查到对应的进程(这 1 条表示 ps 命令自身); 只有查到的结果多于 1 条, 才表示有对应的进程。

提示, 针对上述情况的优化, 如果没有对应的进程, 则什么都不显示。

在现有的基础之上再次使用管道做处理。

```
[root@test ~]# ps -ef | grep "crond" | grep -v "grep"
root      2116    2099  0 08:17 pts/0    00:00:00 grep --color=auto "crond"
[root@test ~]# ps -ef | grep crond
root       613       1  0 08:06 ?        00:00:00 /usr/sbin/crond -n
root      2119    2099  0 08:17 pts/0    00:00:00 grep --color=auto crond
```

其中的-v 选项表示 "排除"。

2.3.4　top 命令

含义: 查看服务器的进程占用的资源(100%使用)。

语法:

- 进入命令: #top(动态显示, 实时显示进程使用资源的状态)。
- 退出命令: 按下 q 键。

示例:

```
[root@test ~]# top
top - 08:22:16 up 16 min,  1 user,  load average: 0.00, 0.01, 0.03
Tasks:  87 total,   1 running,  86 sleeping,   0 stopped,   0 zombie
%Cpu(s):  0.0 us,  0.3 sy,  0.0 ni, 99.7 id,  0.0 wa,  0.0 hi,  0.0 si,  0.0 st
KiB Mem :  999940  total,  749888 free,  116700 used,   133352 buff/cache
KiB Swap: 1048572  total, 1048572 free,       0 used,   731112 avail Mem

   PID USER      PR  NI    VIRT    RES    SHR S  %CPU %MEM     TIME+ COMMAND
  2143 root      20   0  157636   2128   1532 R   0.3  0.2   0:00.01 top
     1 root      20   0  125112   3572   2412 S   0.0  0.4   0:00.69 systemd
     2 root      20   0       0      0      0 S   0.0  0.0   0:00.00 kthreadd
```

```
       3 root       20   0    0         0    0 S  0.0  0.0   0:00.02 ksoftirqd/0
       6 root       20   0    0         0    0 S  0.0  0.0   0:00.04 kworker/u256:0
       7 root       rt   0    0         0    0 S  0.0  0.0   0:00.00 migration/0
       8 root       20   0    0         0    0 S  0.0  0.0   0:00.00 rcu_bh
...
```

示例输出结果中的表头含义如下：

- PID: 进程 id。
- USER: 该进程对应的用户。
- PR: 优先级，最高的 RT。
- VIRT: 虚拟内存。
- RES: 常驻内存。
- SHR: 共享内存。一个进程实际使用的内存等于常驻内存（RES）减去共享内存（SHR）。
- S: 表示进程的状态（其中，S 表示睡眠，R 表示运行）。
- %CPU: 表示 CPU 的占用百分比。
- %MEM: 表示内存的占用百分比。
- TIME+: 执行的时间。
- COMMAND: 进程的名称或者路径。

其他输出选项如下：

- top: 表示当前命令。
- up: 当前计算机运行时间。
- uesr: 活跃用户。
- load average: 负载情况，压力情况。
- tasks: 任务数。
- running: 运行。
- sleeping: 休眠。
- stopped: 停止。
- zombie: 僵尸进程（未响应）。

在运行 top 命令时，可以使用如下快捷键：

- M: 表示将结果按照内存（MEM）从高到低进行降序排列。
- P: 表示将结果按照 CPU 使用率从高到低进行降序排列。
- 1: 当服务器拥有多个 CPU 时可以使用 "1" 快捷键来切换获取各个 CPU 的详细信息。

2.3.5　du -sh 命令

含义：统计目录的真实大小，即该目录占用的磁盘空间。

语法：#du -sh 目录路径

参数说明：

- -s: summaries，只显示汇总的大小。

● -h: 表示以高可读性的形式进行显示。

示例 1：统计"/root"目录的实际大小。

```
[root@test ~]# du -sh /root/
119M    /root/
```

示例 2：统计"/etc"目录的实际大小。

```
[root@test ~]# du -sh /etc/
30M /etc/
```

2.3.6　find 命令

含义：用于查找文档（具体路径）。

语法：#find　路径范围选项 1　选项 1 的值

选项：-name，按照文档名称进行搜索（支持模糊搜索）。

示例 1：使用 find 来搜索 host。

```
[root@test ~]# find / -name host
/usr/lib/modules/3.10.0-514.el7.x86_64/kernel/drivers/memstick/host
/usr/lib/modules/3.10.0-514.el7.x86_64/kernel/drivers/mmc/host
/usr/lib/modules/3.10.0-514.el7.x86_64/kernel/drivers/nvme/host
/usr/lib/modules/3.10.0-514.el7.x86_64/kernel/drivers/usb/host
```

示例 2：使用 find 来搜索/usr/local/目录下所有的文件。

```
[root@test ~]# find /usr/local/ -type f
/usr/local/bin/redis-server
/usr/local/bin/redis-benchmark
/usr/local/bin/redis-cli
/usr/local/bin/redis-check-rdb
/usr/local/bin/redis-check-aof
```

示例 3：使用 find 来搜索/etc/目录下所有的文件夹。

```
[root@test ~]# find /usr/local/ -type d
/usr/local/
/usr/local/bin
/usr/local/etc
/usr/local/games
/usr/local/include
/usr/local/lib
/usr/local/lib64
...
```

2.3.7　systemctl 命令

作用：用于控制一些软件的服务启动/停止/重启。

语法：#systemctl　start/stop/restart/status 服务名

服务和进程：服务≠进程，进程是指运行的程序（状态不一定是正在运行：run/sleep/stop/zombie），服务是进程的一个"外壳"。

示例：查看本机防火墙的状态，其服务名为 firewalld。

```
[root@test ~]# systemctl status firewalld
● firewalld.service - firewalld - dynamic firewall daemon
   Loaded: loaded (/usr/lib/systemd/system/firewalld.service; enabled; vendor
preset: enabled)
   Active: active (running) since Thu 2019-12-19 08:06:07 CST; 4h 33min ago
     Docs: man:firewalld(1)
 Main PID: 624 (firewalld)
   CGroup: /system.slice/firewalld.service
           └─624 /usr/bin/python -Es /usr/sbin/firewalld --nofork --nopid

Dec 19 08:06:06 test systemd[1]: Starting firewalld - dynamic firewall daemon...
Dec 19 08:06:07 test systemd[1]: Started firewalld - dynamic firewall daemon.
```

从命令输出的信息来看，防火墙处于运行状态。要停止防火墙，可以使用以下命令进行，并在关闭后查看它的状态。

```
[root@test ~]# systemctl stop firewalld
```

2.3.8 kill 命令

含义：杀死进程（遇到僵尸进程或者出于某些原因需要关闭进程时执行）。

语法：#kill 进程 ID（需要配合 ps 命令一起使用；如果需要杀死子进程，则可以直接杀父进程）

示例：杀死 Apache 进程。

```
#ps -ef |grep "httpd"（查询 apache 的进程 id，如果有多个并且是父子关系，那么在选进程
id 的时候要选父级 id）
#kill PID
```

运维前线

杀子进程的时候需要杀死父进程。在杀死进程前需要先获取进程 ID，再杀死进程。例如，杀死防火墙进程：

```
[root@test ~]# ps -ef | grep firewalld
root  3008  1  0 12:48 ? 00:00:00 /usr/bin/python -Es /usr/sbin/firewalld
--nofork --nopid
root  3089  2837  0 12:49 pts/2   00:00:00 grep --color=auto firewalld
[root@test ~]# kill 3008
```

杀死进程后再次查看防火墙的状态，将会看到原来 ID 为 3008 的进程已经不存在。

```
[root@test ~]# ps -ef | grep firewalld
root  3129  2837  0 12:51 pts/2   00:00:00 grep --color=auto firewalld
```

与 kill 命令作用相似但是比 kill 更好用的杀死进程的命令是 killall。语法是"#killall 进程名称"。使用该命令时可以不知道进程的 ID，而是可在知道进程名称的状态下直接执行。

运维前线

建议尽量使用 kill PID 的形式杀死进程。

(1) kill

```
[root@test ~]# kill
kill: usage: kill [-s sigspec | -n signum | -sigspec] pid | jobspec ...
or kill -l [sigspec]
kill -9 pid
```

kill -9 pid 等于 kill -s 9 pid，表示强制，尽快终止一个进程。admin 使用这个命令的概率较大。

(2) kill -l（查看 Linux/UNIX 的信号变量）

```
[root@test ~]# kill -l
 1) SIGHUP    2) SIGINT    3) SIGQUIT  4) SIGILL    5) SIGTRAP
 6) SIGABRT   7) SIGBUS    8) SIGFPE    9) SIGKILL 10) SIGUSR1
11) SIGSEGV 12) SIGUSR2 13) SIGPIPE 14) SIGALRM 15) SIGTERM
16) SIGSTKFLT   17) SIGCHLD 18) SIGCONT 19) SIGSTOP 20) SIGTSTP
21) SIGTTIN 22) SIGTTOU 23) SIGURG   24) SIGXCPU 25) SIGXFSZ
26) SIGVTALRM   27) SIGPROF 28) SIGWINCH   29) SIGIO   30) SIGPWR
31) SIGSYS 34) SIGRTMIN     35) SIGRTMIN+1 36) SIGRTMIN+2 37)
SIGRTMIN+3
38) SIGRTMIN+4 39) SIGRTMIN+5 40) SIGRTMIN+6 41) SIGRTMIN+7 42)
SIGRTMIN+8
43) SIGRTMIN+9 44) SIGRTMIN+10 45) SIGRTMIN+11 46) SIGRTMIN+12 47)
SIGRTMIN+13
48) SIGRTMIN+14 49) SIGRTMIN+15 50) SIGRTMAX-14 51) SIGRTMAX-13 52)
SIGRTMAX-12
53) SIGRTMAX-11 54) SIGRTMAX-10 55) SIGRTMAX-9  56) SIGRTMAX-8  57)
SIGRTMAX-7
58) SIGRTMAX-6  59) SIGRTMAX-5  60) SIGRTMAX-4  61) SIGRTMAX-3  62)
SIGRTMAX-2
63) SIGRTMAX-1  64) SIGRTMAX
```

2.3.9　ip addr 命令

含义：用于操作网卡相关的命令。

语法：#ip addr 　　（获取网卡信息）

示例：

```
[root@test ~]# ip addr
1: lo: <LOOPBACK,UP,LOWER_UP> mtu 65536 qdisc noqueue state UNKNOWN qlen 1
    link/loopback 00:00:00:00:00:00 brd 00:00:00:00:00:00
    inet 127.0.0.1/8 scope host lo
       valid_lft forever preferred_lft forever
    inet6 ::1/128 scope host
       valid_lft forever preferred_lft forever
2: ens32: <BROADCAST,MULTICAST,UP,LOWER_UP> mtu 1500 qdisc pfifo_fast state
UP qlen 1000
```

```
     link/ether 00:0c:29:36:61:60 brd ff:ff:ff:ff:ff:ff
     inet 192.168.254.130/24 brd 192.168.254.255 scope global dynamic ens32
        valid_lft 1707sec preferred_lft 1707sec
     inet6 fe80::944f:d85c:153b:2994/64 scope link
        valid_lft forever preferred_lft forever
```

在上述的命令结果中，可以得知以下信息：

- 这里有 1 个网卡。
- IP 地址是 inet 192.168.254.130（框住的地方）。

2.3.10 reboot 命令

含义：重新启动计算机。

语法：#reboot

2.3.11 shutdown 命令

含义：关机（慎用）。

语法：#shutdown -h now"关机提示"

或者

#shutdown　-h　+分钟数　"关机提示"

示例：设置 Linux 系统关机时间在 12:00。

```
[root@test ~]# shutdown -h 13:23 "维护系统"
Shutdown scheduled for Thu 2019-12-19 13:23:00 CST, use 'shutdown -c' to cancel.

Broadcast message from root@test (Thu 2019-12-19 13:22:04 CST):

维护系统
The system is going down for power-off at Thu 2019-12-19 13:23:00 CST!
```

如果想要取消关机计划，则可以按照以下方式：

① 针对 CentOS 7.x 之前的版本：按 Ctrl+C 组合键。

② 针对 CentOS 7.x（包含）之后的版本：执行#shutdown –c 命令。

除了 shutdown 关机以外，还有以下几个关机命令：

```
#init 0       #关机
#halt         #停止系统运行，但不关闭电源
#poweroff     #停止系统运行，同时关闭电源
init 3        #完全多用户（不带桌面的，纯命令行模式）
init 5        #图形化
```

在 Windows 下的关机命令为"shutdown -s -t 3600"。

2.3.12 uptime 命令

含义：输出计算机的持续在线时间（计算机从开机到现在运行的时间）。

语法：#uptime

示例：

```
[root@test ~]# uptime
 14:49:51 up 2 min,  2 users,  load average: 0.02, 0.02, 0.01
```

从获取的信息中可以知道，系统当前的时间、系统已经运行了 2 分钟、有两个用户同时在线以及系统的负载状态。

扩展：在 Windows 下看开机到现在的持续时间。

```
C:\Users\Administrator>systeminfo
```

```
主机名:              FS-YWZY
OS 名称:             Microsoft Windows 8.1 专业版
OS 版本:             6.3.9600 暂缺 Build 9600
OS 制造商:           Microsoft Corporation
OS 配置:             独立工作站
OS 构件类型:         Multiprocessor Free
注册的所有人:         1
注册的组织:
产品 ID:             00261-50000-00000-AA989
初始安装日期:         2019-12-04, 11:51:41
系统启动时间:         2019-12-18, 8:11:36
系统制造商:          System manufacturer
...
```

2.3.13　uname 命令

含义：获取计算机操作系统相关信息。

语法：#uname 参数

该命令有以下两个参数：

- -a: 显示所有信息。
- -r: 显示操作系统发行版本。

例如：

```
[root@test ~]# uname -a
 Linux test 3.10.0-514.el7.x86_64 #1 SMP Tue Nov 22 16:42:41 UTC 2016 x86_64
x86_64 x86_64 GNU/Linux
```

查看内核版本：

```
[root@test ~]# uname -r
 3.10.0-514.el7.x86_64
```

查看系统版本：

```
[root@test ~]# cat /etc/redhat-release
CentOS Linux release 7.3.1611 (Core)
```

2.3.14 netstat-tnlp 命令

含义：查看网络连接状态。

语法：#netstat –tnlp

示例：

```
[root@test ~]# netstat -tnlp
Active Internet connections (only servers)
Proto  Recv-Q Send-Q  Local Address   Foreign Address  State    PID/Program name
tcp     0      0       0.0.0.0:22      0.0.0.0:*        LISTEN   1054/sshd
tcp     0      0       127.0.0.1:25    0.0.0.0:*        LISTEN   1860/master
tcp6    0      0       :::22           :::*            LISTEN   1054/sshd
tcp6    0      0       ::1:25          :::*            LISTEN   1860/master
```

参数说明：

- -t: 表示只列出 TCP 协议的连接。
- -n: 表示将地址从字母组合转化成 IP 地址，将协议转化成端口号来显示。
- -l: 表示过滤出 state（状态）列中其值为 LISTEN（监听）的连接。
- -p: 表示显示发起连接的进程 pid 和进程名称。

2.3.15 man 命令

含义：manual，手册，能够在线查看命令的相关信息，包括 Linux 中的全部命令。

语法：#man 命令　　　　（退出按 q 键）

示例：通过 man 命令查询 cp 命令的用法。

```
#man cp
```

2.3.16 别名机制

含义：相当于创建一些属于自己的自定义命令。例如，在 Windows 下有 cls 命令，在 Linux 下可能会因为没有这个命令而不习惯清屏。现在可以通过别名机制来解决这个问题，自己创造出 cls 命令。

别名机制依靠一个别名映射文件：~/.bashrc。

对于关系文件：

青青的	鲜花
绿绿的	天空
蓝蓝的	小草

把以上内容进行连线就是映射文件。

示例如下：

```
[root@test ~]# alias "wusir=ls -l"     # 定义别名
[root@test ~]# alias
alias cp='cp -i'
alias egrep='egrep --color=auto'
alias fgrep='fgrep --color=auto'
alias grep='grep --color=auto'
alias l.='ls -d .* --color=auto'
```

```
alias ll='ls -l --color=auto'
alias ls='ls --color=auto'
alias mv='mv -i'
alias rm='rm -i'
alias which='alias | /usr/bin/which --tty-only --read-alias --show-dot
--show-tilde'
alias wusir='ls -l'
```

从输出的信息上看，别名定义已经成功，此时执行 wusir 就相当于执行带有选项-1 的 ls 命令，
比如查看当前目录下的信息：

```
[root@test ~]# wusir
total 1940
-rw-------. 1 root root    1244 Nov  1 11:42 anaconda-ks.cfg
-rw-r--r--  1 root root       0 Dec 17 10:11 a.txt
-rw-r--r--  1 root root      99 Dec 18 18:09 bba.txt
-rw-r--r--  1 root root       0 Dec 17 10:09 dls
drwxrwxr-x  6 root root     334 May 16  2019 redis-5.0.5
-rw-r--r--  1 root root 1975750 Nov  5 14:23 redis-5.0.5.tar.gz
drwxr-xr-x  2 root root      71 Dec 17 08:53 Test
```

取消别名后再查询信息：

```
[root@test ~]# unalias wusir
[root@test ~]# wusir
-bash: wusir: command not found
```

2.3.17　ping 命令

含义：向网络主机发送 ICMP（检测主机是否在线）。

语法：#ping 选项

常用选项：

- -c: 发送包的数量。
- -w: 等待时间（当试图检测不可达主机时此选项很有用）。
- -i<间隔秒数> 指定收发信息的间隔时间。

示例：

```
[root@test ~]# ping -c 3 -w 3 www.baidu.com
PING www.a.shifen.com (14.215.177.38) 56(84) bytes of data.
64 bytes from 14.215.177.38 (14.215.177.38): icmp_seq=1 ttl=128 time=11.3 ms
64 bytes from 14.215.177.38 (14.215.177.38): icmp_seq=2 ttl=128 time=11.6 ms
64 bytes from 14.215.177.38 (14.215.177.38): icmp_seq=3 ttl=128 time=11.5 ms

--- www.a.shifen.com ping statistics ---
3 packets transmitted, 3 received, 0% packet loss, time 2021ms
rtt min/avg/max/mdev = 11.388/11.524/11.656/0.165 ms
```

2.4　执行计划任务的命令

在日常生活中，总会有一些事情是重复发生或者在固定时间进行的行为，比如每天 9 点钟上

班、18 点下班、每月 5 日为工资发放日等。此类重复发生或固定发生的行为、操作在 Linux 系统下称为计划任务。对于计划任务，Linux 有相应的命令工具进行管理与维护。

计划任务的作用是做一些周期性的任务，例如在生产中用来定期备份数据。其安排方式可分为两种：一种是突发性的，就是这次做完了没有下一次，临时决定只执行一次，由 at 命令实现与管理；一种是定时性的，也就是每隔一定的周期就重复执行，由 crontab 命令实现与管理。

2.4.1　at 命令的使用

at 是一个可以处理仅执行一次就结束的任务，需要在后台服务运行的前提下使用。

语法格式：　at　时间　；

后台服务：atd

先检查后台服务是否运行，如没有运行，先启动：

```
[root@localhost ~]# systemctl start atd      #开启 atd 服务
[root@localhost ~]# systemctl status atd     #查看 atd 服务状态
```

查看是否开始开机启动服务，如果弹出 enabled，就说明开机启动此服务：

```
[root@localhost ~]# systemctl is-enabled atd
```

示例：使用 at 创建计划任务。

这是一个简单的演示，为了能够及时看到结果，需要根据系统当前的时间来设定 at 任务，故需要先获取系统的时间。

获取系统当前时间使用 date 命令：

```
[root@localhost ~]# date
2019 年 05 月 21 日 星期一 20:43:29 CST
```

从时间的显示得到系统当前的时间为 20:43。为了在一定的时间内有足够的时间来设置 at 任务，设定 at 任务应该往后推迟几分钟，在 at 打开任务设置窗口后就开始设定要执行的任务。注意，如果采用 12 小时计时方式，后面需加上 am/pm，比如 9:20am。

```
[root@localhost ~]# at 20:46
at> mkdir /tmp/yun    #输入你要执行的命令
at> touch /tmp/yun/a.txt
at> <EOT>          #结束：Ctrl+d
```

完成后，可以使用以下的命令来查看任务的情况：

```
[root@localhost ~]# at -l     #查看计划任务
[root@localhost ~]# atq       #查看计划任务
```

at -l 与 atq 命令功能一致。

检查 at 计划任务的运行结果：

```
 [root@localhost ~]# ls /tmp/yun
a.txt
```

查看和删除 at 将要执行的计划任务。注意，只能查看还没有执行的计划任务，如果任务已经开始执行或者执行完成了，那么这个任务是看不到的。

```
[root@localhost ~]# at -l
1 Sat Nov 10 20:46:00 2019 a root
```

说明：

任务编号	执行的时间	队列	执行者
1	Fri Oct 28 20:55:00 201	a	root

可以使用参数 -c 将 1 号计划任务的具体内容打印到标准输出上：

```
[root@localhost ~]# at -c 1
#!/bin/sh
# atrun uid=0  git=0
# mail root 0
Umask 22
[root@localhost ~]# ls /var/spool/at/
a00003018452cb  a0000501845084  spool
[root@localhost ~]# tail -5 /var/spool/at/a0000501845084
${SHELL:-/bin/sh} << 'marcinDELIMTER3ea6208c'
mkdir /tmp/yunjisuan
touch /tmp/hello/aa.txt

marcinDELTER3ea6208c
```

at 计划任务有一些特殊写法，具体如下：

```
[root@localhost ~]# at 20:00 2018-10-1（在某天）
[root@localhost ~]#at now +10min（在 10 分钟后执行）
[root@localhost ~]# at 17:00 tomorrow（明天下午 5 点执行）
[root@localhost ~]#at 6:00pm +3 days（在 3 天以后的下午 6 点执行）
```

如果要删除 at 计划任务，语法为"atrm 任务编号"，示例如下：

```
 [root@localhost ~]# at -l
1 Sat Nov 10 20:46:00 2019 a root
3 Sat Nov 10 20:46:00 2019 a root
5 Sat Nov 10 23:00:00 2019 a root
[root@localhost ~]# atrm 3
[root@localhost ~]# at -l
1 Sat Nov 10 20:46:00 2019 a root
5 Sat Nov 10 23:00:00 2019 a root
```

2.4.2　crontab 命令的使用

每个用户的计划任务都是以文件形式存在的，这些任务也可以进行相应的配置，与计划任务相关的文件和目录如下：

- /var/spool/cron/目录：此目录下存放的是每个用户的任务，每个任务以创建者的名字命名。
- /etc/crontab 文件：此文件的主要作用是存储要调度的各种任务，简单来讲就是要执行的定时任务都在这里设置。
- /etc/cron.d/目录：用于存放任何要执行的 crontab 文件或脚本。

当然，计划任务的脚本也可以放在/etc/cron.hourly、/etc/cron.daily、/etc/cron.weekly、

/etc/cron.monthly 目录中，让它以小时/天/星期/月为单位来执行。

我们可以使用 corntab 命令来查看计划任务的内容，编辑指定用户的计划任务或删除指定用户的计划任务等。

语法格式：#crontab -u

常用选项：

● -l: list，列出指定用户的计划任务列表。

● -e: edit，编辑指定用户的计划任务列表。

● -u: user，指定的用户名，如果不指定，则表示当前用户。

● -r: remove，删除指定用户的计划任务列表。

比如，我们要查看计划任务的格式，该计划任务的格式在/etc/crontab 文件中已有定义，文件内容如下：

```
SHELL=/bin/bash
PATH=/sbin:/bin:/usr/sbin:/usr/bin
MAILTO=root

# For details see man 4 crontabs

# Example of job definition:
# .---------------- minute (0 - 59)
# |  .------------- hour (0 - 23)
# |  |  .---------- day of month (1 - 31)
# |  |  |  .------- month (1 - 12) OR jan,feb,mar,apr ...
# |  |  |  |  .---- day of week (0 - 6) (Sunday=0 or 7) OR
sun,mon,tue,wed,thu,fri,sat
# |  |  |  |  |
# *  *  *  *  * user-name  command to be executed
```

① 列出系统当前已存在的计划任务。

```
[root@centos7 ~]# crontab -l
no crontab for root
```

上述提示表示系统当前没有设定计划任务。

② 编辑计划任务（重点）。

计划任务的规则语法格式以行为单位，一行为一个计划：

分 时 日 月 周 需要执行的命令

取值范围（常识）：

● 分：0~59

● 时：0~23

● 日：1~31

● 月：1~12

● 周：0~7，0 和 7 表示星期天

相关的 4 个符号：

- *: 表示取值范围中的每一个数字。
- -: 做连续区间表达式的，要想表示 1~7，则可以写成 "1-7"。
- /: 表示每多少个，例如想每 10 分钟一次，则可以在分的位置写 "*/10"。
- ,: 表示多个取值，比如想在 1 点、2 点、6 点执行，则可以在时的位置写 "1,2,6"。

如果想要每天 0 点 0 分执行 reboot 命令，则可以写成：

```
0 0 * * * reboot
```

示例 1：每月 1、10、22 日的 4:45 重启 network 服务。

```
45  4  1,10,22  *  *  systemctl network restart    （每月，周没有制定）
```

示例 2：每周六、周日的 1:10 重启 network 服务。

```
10  1  *  *  6,7   systemctl network restart   （日、月没有指定）
```

示例 3：每天 18:00 至 23:00 之间每隔 30 分钟重启 network 服务。

```
*/30  18-23  *  *  *   systemctl network restart  （日、月、周没有指定）
```

示例 4：每隔两天的上午 8 点到 11 点的第 3、15 分钟执行一次重启。

```
3,15  8-11  */2  *  *   reboot     （月和周没有指定）
```

示例 5：每 1 分钟往 root 家目录的 test.txt 中输一个 hello。为了看到效果使用追加输出。

```
[root@localhost ~]# crontab -e
*/1 * * * * echo hello >> /root/test.txt
```

可以使用 tail 命令来查看每分钟执行的结果：

```
[root@localhost ~]# tail -f /root/test.txt
hello
hello
...
```

对于不再需要的计划任务，可以使用带-e 选项的 crontab 命令打开计划任务列表文件后注销或删除，如要清空全部的计划任务，则可以使用带有选项-r 的 crontab 命令。

如果是多个任务，支持#号注释，示例如下：

```
[root@localhost ~]# crontab -e
crontab: installing new crontab
[root@localhost ~]# crontab -l
* * * * echo "123" >> /root/wusir.txt
#*/1 * * * * echo hello >> /root/linux.txt
[root@localhost ~]# tail -f /root/eusir.txt
123
123
...
```

文件也可以写在路径下面：

```
[root@test ~]# find / -name "root"^C
[root@test ~]# cd /var/spool/cron/
```

注意，在计划任务中，默认的最小单位是分，不能再小了。

第 3 章

编辑器之神——vim

vi 是 Linux 标准的编辑器，可用于编辑文件，其功能类似于 Windows 系统下的记事本，可用来编辑文本，而 vim 编辑器则相当于 Windows 下的 notepad++ 等高级编辑器，其是 vi 编辑器的加强版，使用 vim 可大大提升代码的开发效率。本章我们主要介绍 Linux 系统环境下的 vim 编辑器。

3.1　vi/vim 编辑器概述

vi（Visual Interface）编辑器是 UNIX/Linux 系统下标准的编辑器，也是最基本的文本全屏编辑器。该编辑器工作在字符模式下，它在运行时不需要图形界面的支持，同时所占的内存也远比其他多数编辑器要少，因此运行速度也非常快，效率很高。

不过在很多 Linux 系统中执行 vi 时，实际上是调用 vim 编辑器来工作的。简单地说，表面上所执行的是 vi 但实际上是使用 vim，只不过 vim 是运行在 vi 兼容模式下的。事实上，vim（vi improved）是 vi 改良版的编辑器，它在 vi 的基础上增加了很多新的特性，如在编写程序文件时使用不同的颜色显示不同层次的代码，在打开文档时将光标放在最后一次退出文件时所在位置的功能等。图 3-1 所示的是 vim 的图标。

尽管 vim 是从 vi 中改良而来，而且还增加了不少的功能，但 vim 仍然是全屏编辑而且仍然使用键盘来操作。在键盘上的每个按键几乎都有固定的用法，而且在普通模式下（命令模式）可以完成大部分操作。其实，vim 与其他编辑器的一个很大的区别在于它可以完成复杂的编辑与格式化功能。如图 3-2 所示是 vim 的初始化界面。

图 3-1　vim 编辑器图标

图 3-2　vim 的初始化界面

vi 编辑器的使用非常简单，在终端提示符下输入 vi 后接所要编辑文件的名称就可以。若该文件不存在则会新建一个文件，若文件已存在就把该文件的内容读取到缓冲区中等待编辑。

3.2　vim 的三种模式

vim 有三种模式，即命令模式、编辑模式（输入模式）、末行模式（尾行模式），各模式的功能说明如下：

- 命令模式：在该模式下是不能对文件直接编辑的，可以输入快捷键（命令）进行一些操作（删除行、复制行、移动光标、粘贴等）（打开文件之后默认进入的模式）。
- 编辑模式：在该模式下可以对文件的内容进行编辑。
- 末行模式：可以在末行输入命令来对文件进行操作（搜索、替换、保存、退出、撤销、高亮等）。

可以使用 vim 打开文件，打开文件的方式有以下 4 种：

```
vim 文件路径                          （作用：打开指定的文件）
vim +数字　文件的路径                  （作用：打开指定的文件，并且将光标移动到指定行）
vim +/关键词　文件的路径                （作用：打开指定的文件，并且高亮显示关键词）
vim 文件路径 1 文件路径 2 文件路径 3…    （作用：同时打开多个文件）
```

提示，在学习阶段，建议在更改配置文件前先对该文件进行备份再修改，以防止由于直接修改源文件出错造成无法恢复的问题。

```
[root@test ~]# cp /etc/passwd ~/
[root@test ~]# ls ~
anaconda-ks.cfg a.txt bba.txt dls passwd redis-5.0.5
redis-5.0.5.tar.gz Test
```

后续一切 vim 命令都是基于/root/passwd 文件进行操作的。

退出方式：输入“:q”按下回车键即可。

提示，在后期使用的 Linux 系统中，有些分支可能没有初始自带 vim，而自带了 vi，那么 vim 命令是不能直接使用的，需要先安装。

3.2.1　命令模式

该模式是打开文件时第一个看到的模式（打开文件即可进入）。

从不严格的意义上说，命令模式算是一种只读模式，但这种只读模式下可以控制光标的移动、删除行及对某段字符（串）进行复制等操作。在命令模式下，可以通过各种命令来修改文件中的内容而且同时显示在屏幕上，但所输入的内容一定是合法的（就是能够被识别的字符/字符串），否则会被拒绝输入。

使用 vi/vim 编辑器对文件进行编辑时，若所编辑的文件存在则文件中的内容会被读取到缓冲区并进入命令模式；如果打开的文件不存在，那么在进入到命令模式后就会看到空白的编辑界面，并在窗口左下角看到文件的名字和提示这是新文件的信息。

1．光标移动

由于在 Linux 系统的文本界面下无法使用鼠标，因此在移动光标时就需要通过键盘来完成。实现这个操作的方式有使用组合键和键盘的方向键这两种，相对来说键盘的方向键更加容易操作但有些场合还是需要组合键来协助才能更好地完成工作。

以下是这些组合键和方向键的作用。

- 向上翻屏：按键 Ctrl+B（before）或 PageUp。
- 向下翻屏：按键 Ctrl+F（after）或 PageDown。
- 向上翻半屏：按键 Ctrl+U（up）。
- 向下翻半屏：按键 Ctrl+D（down）。

2．复制操作

（1）复制光标所在行

按键：yy。

粘贴：在想要粘贴的地方按下 p 键（将粘贴在光标所在行的下一行）。如果想粘贴在光标所在行之前，则使用 p 键。

（2）以光标所在行为准（包含当前行）向下复制指定的行数

按键：数字 yy。

（3）可视化模式下复制

按键：Ctrl＋v（可视块）或 V（可视行）或 v（可视），然后按上、下、左、右方向键来选中需要复制的区块，按 y 键进行复制（不要按 yy），最后按 p 键粘贴。

退出可视化模式按 Esc 键。

3．剪切/删除

（1）剪切/删除光标所在行

按键：dd（删除之后下一行上移）。

注意，dd 从严格意义上说是剪切命令，但是如果剪切了不粘贴就是删除的效果。

（2）以剪切/删除光标所在行为准（包含当前行）向下删除/剪切指定的行

按键：数字 dd（删除之后下一行上移）。

（3）剪切/删除光标所在的当前行（光标所在位置）之后的内容，删除后一行不自动上移

按键：D（删除之后当前行会变成空白行）。

（4）可视化删除

按键：Ctrl+v（可视块）或 V（可视行）或 v（可视），上下左右移动，按下 D 表示删除选中行，d 表示删除选中块。

退出可视化模式按 Esc 键。

4. 撤销/恢复

撤销：输入"：u"（不属于命令模式）或者 u（undo）。

恢复：Ctrl +r 恢复（取消）之前的撤销操作。

5. vi 模式间的切换

vi 有命令模式、编辑模式和末行模式，这三种模式之间可以相互切换，如图 3-3 所示。

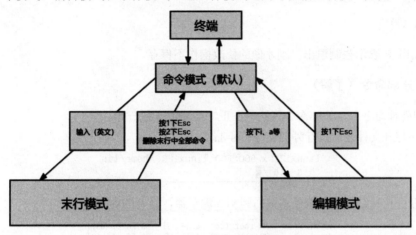

图 3-3　vi 三种编辑模式的切换

在终端界面下使用 vi 编辑器打开一个文件时，默认情况下进入的就是命令模式，在该模式下仅可查阅文件的内容，如果此时输入冒号（：）vi 就进入到末行模式，那么在该模式下按一次 Esc 键就会从末行模式返回命令模式；如果同时按两次 Esc 键，就会删除文本末行中的整行命令。

在命令模式下输入 i 或 a 键并执行时就会进入编辑模式，在编辑模式下按 Esc 键一次就会从编辑模式返回到命令模式。

3.2.2　末行模式

末行模式相当于命令模式，以"："或"/"开始的命令为标志，作用是用于反馈编辑的结果，包括一些提示信息或错误消息。

从命令模式进入到末行模式时按 Esc 键或使用组合键 Ctrl+C，进入末行时一般说明文件编辑完成。如果担心编辑的文件来不及保存或丢失，可以在该模式下以"：w"的方式来保存退出。

进入方式：由命令模式进入，按下"："或者"/（表示查找）"即可进入。

退出方式：按下 Esc 键；连按两次 Esc 键。

1. 保存（write）

● 输入"：w"，保存文件。
● 输入"：w 路径"，将文件另存到别的位置。

2. 退出（quit）

输入 ":q"，退出文件。

默认情况下，退出的时候需要对已经进行修改的文件进行保存（:w），然后才能退出。

3. 保存并退出

输入 ":wq" 保存并且退出。

4. 强制（!）

输入 ":q!"，表示强制退出，刚才做的修改操作不保存。

5. 调用外部命令（了解）

输入 ":!外部命令"，外部命令写法与在正常终端中执行一样。

例如，在打开文件之后执行外部命令 "ls -la /"：

```
linux123: x: 500: 500: linux123: /home/lin
:!ls -la /
```

当外部命令执行结束之后按任意键回到 vim 编辑器，打开的内容如下：

```
drwxr-xr-x.  12 root root  4096 3月   23 23:05 usr
drwxr-xr-x.  22 root root  4096 3月   23 23:16 var

请按 ENTER 或其他命令继续
```

6. 搜索/查找

输入 "/关键词" 按下，也是进入末行模式的方式之一。

例如，在 passwd 文件中搜索 "sbin" 关键词，先打开文件，并在输入 "/" 后输入关键字，并在按 Enter 键后开始自动搜索：

```
/sbin          # 输入要搜索的关键字
```

在搜索结果中切换上/下结果：N/n（N 向上，n 向下）。

如果需要取消高亮，就需要输入 ":nohl"（no highlight）。

7. 替换

- :s/搜索的关键词/新的内容：替换光标所在行第一处符合条件的内容。
- :s/搜索的关键词/新的内容/g：替换光标所在行全部符合条件的内容。
- :%s/搜索的关键词/新的内容：替换整个文档中每行第一个符合条件的内容。
- :%s/搜索的关键词/新的内容/g：替换整个文档符合条件的内容。

其中，%表示整个文件，g 表示全局（global）。

（1）s 替换

```
:%s/bin/jj/h
```

（2）加/g

```
:s/bin/jj/h/g
```

（3）:%s/搜索的关键词/新的内容

```
:%s/ntp/yy
```

（4）替换整个文档的符合条件的内容

```
:%s/bin/yy/g
```

8. 显示行号（临时）

输入 ":set nu" [number]。
如果想取消显示，则输入 ":set nonu"。

9. 扩展 1：使用 vim 同时打开多个文件，在末行模式下切换文件

查看当前已经打开的文件名称 ":files"：

```
files
 1 %a   "passwd"                     第 35 行
 2      "group"                      第 0 行
 3      "install.log"                第 0 行
```

在%a 的位置有两种显示可能：

- %a：a=active，表示当前正在打开的文件。
- #：表示上一个打开的文件。

```
[root@yuwei ~]# vim aa.txt bbb.txt ccc.txt
```

还有 3 个文件等待编辑。

```
:files
 1 %a   "aa.txt"                     第 1 行
 2      "bbb.txt"                    第 0 行
 3      "ccc.txt"                    第 0 行
请按 ENTER 或其他命令继续█
```

切换文件：
如果需要指定切换文件的名称，则可以输入 ":open 已经打开的文件名"：

```
:open ccc.txt
```

可以通过其他命令来切换上一个文件/下一个文件。

- 输入： ":bn" 切换到下一个文件（back next）。
- 输入： ":bp" 切换到上一个文件（back prev）。

10. 扩展 2：部分命令模式操作使用末行模式实现

（1）末行模式下的复制（yy）、删除（dd）操作
复制语法： ":开始行号,结束行号 y"。
剪切/删除语法： ":开始行号,结束行号 d"。

扩展：

● 一步到位的复制语法——":开始行号，结束行号 co 粘贴到的行号"。
● 剪切粘贴一步到位语法——":开始行号，结束行号 m 粘贴到的行号"。

（2）末行模式下的快速移动方式：移动到指定的行
按键：输入英文 ":"，其后输入行数数字，按下回车键。

3.2.3　编辑模式

编辑模式是用来编辑、存盘和退出文件内容的模式，在该模式下输入的任何字符都被保存并显示在屏幕上（前提是被编辑的文件可读写）。要进入编辑模式，在命令模式下按 i/s 等按键就可以，不过所编辑的内容只是存在缓冲区内，只有经过保存后的信息才被写入真正的文件。

在编辑文件时，若因某些原因无法保存，则再次打开该文件时会首先看到一些提示信息，在按下任何键后才能看到文件的内容。出现这个问题是系统把缓冲区中异常的数据暂存起来（它以"文件名.swap"的格式保存在被编辑文件的同路径下）。如果这个.swap 文件未被删除，那么每次打开它的源文件时都会出现一些提示信息。

可以按照图 3-4 所示的方法进入编辑模式。

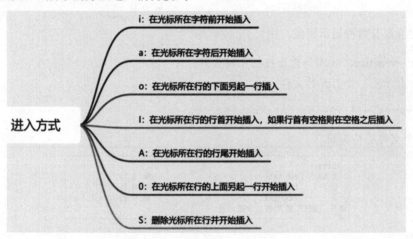

图 3-4　进入编辑模式的方式

重点看前两个进入方式：i（insert）、a（after）。
退出方式：按 Esc 键。

3.3　vim 的应用扩展

在本节将介绍 vim 编辑器的一些个性化基本配置、退出方式（包括使用过程中出现异常后如何退出，以及一些实用小技巧）。

3.3.1 vim 的配置

vim 是一款编辑器，编辑器是可配置的，配置的好处是在文件行数很多的时候利用命令迅速找到你需要的某一行。

vim 配置有三种情况：

● 在文件打开的时候在末行模式下输入的配置（临时的）。

案例：

显示出行号之后我们怎么隐藏行号呢，敲命令

:set nonumber 或者 :set nonu

然后回车

● 个人配置文件（~/.vimrc，如果没有可以自行新建）。
● 全局配置文件（vim 自带，/etc/vimrc）。

这三种情况是一个递进的关系，即针对本次→针对个人→针对整个操作系统。

a 方式如上操作即可，b 方式操作如下：

① 新建好个人配置文件之后进入编辑。

```
[root@test ~]# touch ~/.vimrc
[root@test ~]# vi .vimrc
```

② 在配置文件中进行配置。

如需显示行号，输入"set nu"。

注意，配置好之后 vim 打开文件就会永远显示行号且只针对当前用户。

c 方式需要编辑全局配置文件，进行设置即可。

① 以编辑器打开全局配置文件：/etc/vimrc，并在该文件末尾处增加一行，该行的配置代码是"set nonu"，如图 3-5 所示，之后保存退出。

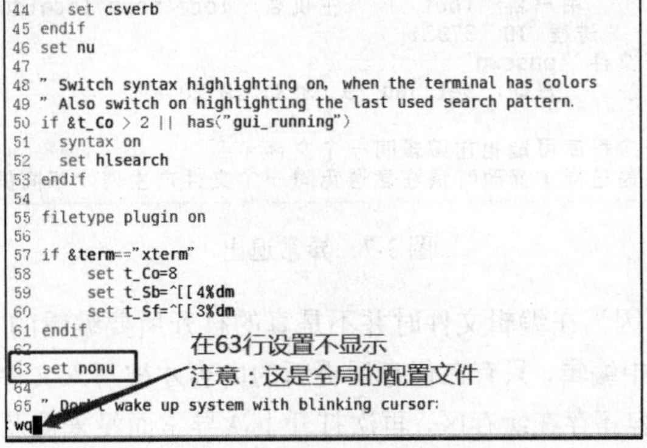

图 3-5　在文件末尾处增加行

② 查看是否显示，使用 vim 编辑器打开 inistall.log 文件，将看到文件中每行前都以数字开始，且按顺序以升序的形式出现。如图 3-6 所示。

```
 1 安装 libgcc-4.4.7-4.el6.x86_64
 2 warning: libgcc-4.4.7-4.el6.x86_64: Header V3 RSA/SHA1 Signature, k
   05b9de: NOKEY
 3 安装 fontpackages-filesystem-1.41-1.1.el6.noarch
 4 安装 m17n-db-1.5.5-1.1.el6.noarch
 5 安装 setup-2.8.14-20.el6_4.1.noarch
 6 安装 liberation-fonts-common-1.05.1.20090721-5.el6.noarch
 7 安装 xkeyboard-config-2.6-6.el6.noarch
 8 安装 xml-common-0.6.3-32.el6.noarch
 9 安装 iso-codes-3.16-2.el6.noarch
10 安装 filesystem-2.4.30-3.el6.x86_64
11 安装 dejavu-fonts-common-2.30-2.el6.noarch
12 安装 control-center-filesystem-2.28.1-39.el6.x86_64
13 安装 paktype-fonts-common-2.0-8.el6.noarch
14 安装 mesa-dri-filesystem-9.2-0.5.el6.x86_64
15 安装 autocorr-zh-4.0.4.2-9.el6.noarch
16 安装 autocorr-en-4.0.4.2-9.el6.noarch
17 安装 mailcap-2.1.31-2.el6.noarch
18 安装 tzdata-2013g-1.el6.noarch
19 安装 mozilla-filesystem-1.9-5.1.el6.x86_64
```

图 3-6　每行前都以数字开始

如果某个配置项，在个人配置文件与全局配置文件产生冲突的时候应该以谁为准？

测试步骤：在两个配置文件中针对同一个配置项设置不同的值。

① 先在全局的配置中设置不显示行号，在个人的配置文件中设置显示行号，观察结果，最后显示行号：说明以个人为准。

② 先在全局中配置显示行号，在个人中设置不显示行号观察结果，最后的显示是不显示行号，说明以个人为准。

结论：如果针对同一个配置项，个人配置文件中存在，则以个人配置文件为准，如果个人配置文件中不存在这一项，则以全局配置文件为准。（个人>全局）

3.3.2　vim 的异常退出

在使用编辑器编辑文件的过程中，因外部（如断电、断网等）原因导致被编辑的文件没有正常保存就退出，再次打开该文件时会显示如图 3-7 所示的效果，这种情况就称为异常退出。

```
E325: 注意
发现交换文件 ".passwd.swp"
            所有者: root      日期: Sat Jun  9 04:09:35 2018
            文件名: ~root/passwd
            修改过: 是
            用户名: root          主机名: localhost.localdomain
          进程 ID: 37931
正在打开文件 "passwd"
              日期: Sat Jun  9 03:31:29 2018

(1) 另一个程序可能也在编辑同一个文件。
    如果是这样，修改时请注意避免同一个文件产生两个不同的版本。
```

图 3-7　异常退出

出现这样的问题，是因为在编辑文件时并不是真的打开所要编辑的文件，而是把被编辑文件的内容复制一份到缓存区中编辑，只有在保存后更新的内容才被写入文件中。如果在异常情况下没有来得及保存，文件的内容还存在缓存区，再次打开上次异常而没来得及保存的文件，系统就会出现以上提示信息。

解决的办法其实比较简单，只需要把存在缓存区中的文件删除就可以。根据提示的信息得知，被编辑的文件名称为 passwd，被保存为.passwd.swp 格式，删除此隐藏文件就能够正常打开 passwd 文件。

3.3.3　vim 的退出方式

之前在 vim 中退出编辑的文件时可以使用 ":q" 或者 ":wq"。除了这种方式之外，vim 还支持另外一个保存退出方法 ":x"。

参数说明：

- ":x" 在文件没有修改的情况下表示直接退出，在文件修改的情况下表示保存并退出。
- 如果文件没有被修改，但是使用 wq 进行退出，则文件的修改时间会被更新；如果文件没有被修改，使用 x 进行退出，则文件修改时间不会被更新，主要是会混淆用户对文件修改时间的认定。

因此，建议以后使用 ":x" 来进行对文件的保存退出。

但是，不要使用 X（表示加密），X 表示对文件进行加密操作。

3.3.4　vim 实用小技巧

1. 代码着色应用

在图形界面下打开文件时，默认这些文件的内容是根据类型、设置显示不同的颜色，有无色也有带颜色的，如使用编辑器 vim 打开/etc/passwd 文件，就会看到不同意义的代码段的字体颜色不一样，如图 3-8 所示。

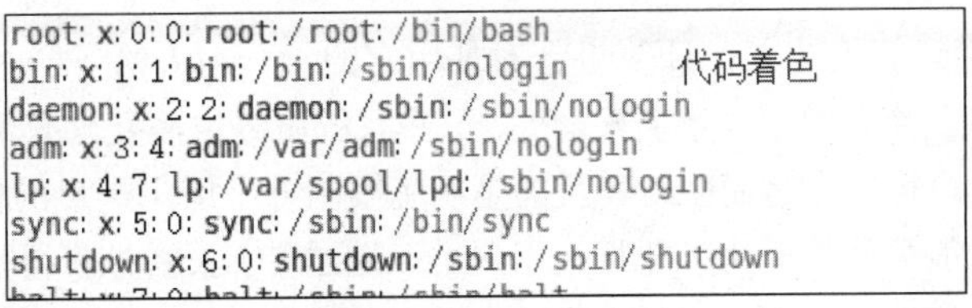

图 3-8　不同颜色的代码

对于字体颜色，如何控制着色显示呢？vim 有专用的颜色配置项，编辑模式下输入以下参数即可：

:colorscheme 颜色主题名字

保存退出即可。

2. vim 中计算器的使用

当在编辑文件的时候突然需要使用计算器去计算一些公式时，则需要用计算器，当需要退出时 vim 自身集成了一个简易的计算器。

① 进入编辑模式。
② 按 Ctrl + r 组合键，然后输入 "="，此时光标会到最后一行。
③ 输入需要计算的内容，按下回车键。

第4章

用户与用户组管理

用户和用户组是系统最为重要的组成之一，是系统资源的分配者。在本章中，我们将学习系统中用户和用户组的管理，通过用户与用户组的学习使大家对 Linux 系统中的用户和用户组有进一步的了解。

4.1　用户与用户组管理

用户一般是指使用计算机的人，计算机针对使用它的每一个人给了一个特定的名称，用户可以使用这些名称来登录使用计算机。除了人之外，一些系统服务也需要含有部分特权的用户账户运行。出于安全考虑，用户管理应运而生，其目的是明确限制各个用户账户的权限。root 在计算机中拥有至高特权，所以一般只做管理用，非特权用户可以通过 SU 来临时获得特权。要想实现用户账号的管理，需要完成的工作主要有如下几个方面：用户账号的添加、删除、修改以及用户密码的管理。

用户组（group）就是具有相同特性的用户（user）集合。有时我们需要让多个用户具有相同的权限，比如查看、修改某一个文件或目录，如果不用用户组，这种需求在授权时就很难实现。使用用户组就方便多了，只需要把授权的用户都加入同一个用户组里，然后通过修改该文件或目录对应的用户组权限，让用户组具有符合需求的操作权限，这样用户组下的所有用户对该文件或目录就会具有相同的权限，这就是用户组的用途。

4.1.1　系统用户的分类

对于"用户"这个概念，可以把它理解为能够获取系统资源权限相同特征的逻辑集合。Linux 系统下的用户分为管理员、虚拟用户和普通用户这三类。每个用户都有唯一的 UID。UID 的最大数量在 2.6 系列内核版本时已经达到 2^32-1 个，不管 UID 个数有多少，在同一个范围内 UID 的用户拥有相同的权限，但系统中每个用户的 UID 都具有唯一性。

在系统中一般把 UID 的范围划分为 3 个部分，按数值从小到大排列，0 作为一个部分，1~499 作为第二部分，500 之后作为第三部分。其中，UID 是 0 的用户拥有系统最高的权限，只属于 root 用户所有；1~499 属于系统的虚拟用户所有；500 之后的 UID 属于系统的普通用户所有。

1. 系统管理员用户账号

系统管理员的 UID 是 0，默认的用户名是 root（不要尝试更改名称，这会在执行命令时引起很多权限错误的问题）。系统管理员拥有除内核之外的系统最高权限，可对整个系统的所有文件、目录和进程及其他的资源进行控制。因此，它可以执行系统中的所有程序，任何文件的权限对于它都是无效的。由于系统管理员是所有用户中权限最高的，因此又称为超级管理员。

root 用户拥有非常大的权限，操作不当就可能会对整个系统造成灾难性的损失，因此在工作中除非必要，应该尽量避免使用 root 用户登录系统。在日常的系统检查工作和学习中，尽可能不使用 root 用户来操作。

2. 系统普通用户账号

普通用户是指那些可以登录系统、拥有属于自己独立目录且能够控制属于自己目录和文件的用户。普通用户受控于来自系统管理员的权限，而且只拥有极少数的系统级资源但具有能够独立执行属于自己任务的权限。

由于普通用户对系统造成的危害不大且基本可以满足日常的学习需要，因此日常的学习中建议使用普通账户。

3. 系统虚拟用户账号

虚拟用户又称伪用户，此类账号是在系统安装过程中创建的一些与安装包对应的账号，它们没有登录系统的权限且不属于任何人，主要用于特定的系统目的（如用来执行特定子系统完成服务所需要的进程等）。

虽然虚拟用户不具有登录系统的权限，但是这类用户都没有设置密码，因此它们常被非法人员作为获取系统登录权限的主要"跳板"，并利用/tmp 目录来使用（该目录对所有用户都开放使用用权）。

4.1.2　用户和组的关系

Linux 系统本身就是一个支持多用户的系统，而且这些系统往往有着自己对应的组，如图 4-1 所示。

图 4-1　用户与组

用户与组之间的关系主要存在一对一和多对一的关系。

● 一对一：一个用户可以存在一个组中。
● 多对一：多个用户可以存在一个组中。
● 一对多：一个用户可以存在多个组中。
● 多对多：多个用户可以存在多个组中。

在使用用户与组时，有三个文件值得注意，如表 4-1 所示。

表4-1 用户与组相关的文件

名 称	账号信息	说 明
用户配置文件	/etc/passwd	记录了每个用户的一些基本属性，并且对所有用户可读。每行记录对应一个用户，并通过冒号进行分隔
用户组文件	/etc/group	用户组的所有信息存放地，并且组名不能重复
用户对应的密码信息	/etc/shadow	passwd 文件对所有用户是可读的，为安全起见把密码从 passwd 中分离出来放入这个单独的文件中。该文件只有 root 用户拥有读权限，以保证密码安全性

4.2 系统用户管理

用户是使用操作系统的主要手段之一，没有用户就无法使用系统，因此用户的存在是非常重要的。本节将学习用户的管理，以及对用户的基本添加和查询等操作。

4.2.1 添加用户

1. 语法

创建或向系统添加用户，可使用 useradd 命令，语法格式如下：

```
#useradd 选项 用户名
```

常用选项：

● -g: 指定用户的用户主（主要）组，选项的值既可以是用户组的 id，也可以是组名。
● -G: 指定用户的用户附加（额外）组，选项的值既可以是用户组的 id，也可以是组名。
● -u: uid，用户的 id（用户的标识符），系统默认会从 1000 之后按顺序分配 uid。如果不想使用系统分配的，就可以通过该选项自定义（类似于腾讯 QQ 的自选靓号情况）。
● -c: comment，添加注释。
● -s: 指定用户登录后所使用的 shell 解释器（专门的接待员）。
● -d: 指定用户登录时的启始目录（家目录位置）。
● -n: 取消建立以用户名称为名的群组。

2．示例

创建用户 test，不带任何选项：

```
[root@test ~]# useradd test
```

创建新用户时，系统会在/home/目录下创建对应于用户名称的一个目录：

```
[root@test ~]# ll /home/
drwx------ 2 test test 62 Dec 20 09:44 test
```

验证是否成功：

① 验证/etc/passwd 的最后一行，查看是否有新建账号 test 的信息：

```
[root@test ~]# cat /etc/passwd | grep test
test:x:1000:1000::/home/test:/bin/bash
```

② 验证是否存在家目录（在 CentOS 下创建好用户之后产生一个同名家目录）。

3．认识 passwd 文件

在 passwd 文件中，每个用户对应于一行记录信息，格式相同，但内容不一定相同。如图 4-2 所示是该文件的部分记录信息。

```
1 root: x: 0: 0: root: /root: /bin/bash
2 bin: x: 1: 1: bin: /bin: /sbin/nologin
3 daemon: x: 2: 2: daemon: /sbin: /sbin/nologin
4 adm: x: 3: 4: adm: /var/adm: /sbin/nologin
5 lp: x: 4: 7: lp: /var/spool/lpd: /sbin/nologin
6 sync: x: 5: 0: sync: /sbin: /bin/sync
7 shutdown: x: 6: 0: shutdown: /sbin: /sbin/shutdown
8 halt: x: 7: 0: halt: /sbin: /sbin/halt
```

图 4-2 用户对应信息

每行记录的信息格式为"用户名:密码:用户 ID:用户组 ID:注释:家目录:解释器 shell"，具体含义如下：

- 用户名：创建新用户名称，后期登录的时候需要输入。
- 密码：一般都是"x"，表示密码的占位。
- 用户 ID：用户的识别符。
- 用户组 ID：用户所属的主组 ID。
- 注释：解释该用户是做什么用的。
- 家目录：用户登录进入系统之后默认的位置。
- 解释器 shell：等待用户进入系统，用户输入命令之后，该解释器会收集用户输入的命令，传递给内核处理。如果解释器是/bin/bash，就表示用户可以登录到系统；如果解释器是/sbin/nologin 就表示该用户不能登录到系统。

4.2.2 添加登录用户

本小节演示在 Linux 环境下如何添加登录用的用户账号。
例如，添加一个名为 harry 的用户，并使用 bash 作为登录的 shell 系统。

```
[root@localhost ~]# useradd harry
[root@localhost ~]# tail -1 /etc/passwd
harry:x:1001:1001::/home/harry:/bin/bash
```

说明：此命令会自动创建 harry 组，并成为 harry 用户的默认主组，同时默认的登录 shell 是 bash。

用户账户的全部信息被保存在/etc/passwd 文件中。这个文件以如下格式保存了每一个系统账户的所有信息（字段以 ":" 分割）。

```
harry:x:1001:1001::/home/harry:/bin/bash
```

- harry: 用户名。
- x: 密码占位符。
- 1001: 用户的 uid，它都是用数字来表示的。
- 1001: 用户所属组的 gid，都是用数字来表示的。
- 用户描述信息: 对用户的功能或其他进行一个简要的描述。
- /home/harry: 用户主目录（shell 提示符中 "~" 代表的那个）。
- /bin/bash: 用户登录系统后使用的 shell。

用如下命令查看系统中支持哪些 shell：

```
[root@localhost ~]# cat /etc/shells        #查看系统中支持哪些 shell
/bin/sh
/bin/bash
/sbin/nologin
/usr/bin/sh
/usr/bin/bash
/usr/sbin/nologin
```

4.2.3 修改用户

语法：

```
#usermod 选项 用户名
```

其中，usermod 表示 user modify，即用户修改。

常用选项：

- -g: 表示指定用户的用户主组，选项的值可以是用户组的 id，也可以是组名。
- -G: 表示指定用户的用户附加组，选项的值可以是用户组的 id，也可以是组名。
- -u: uid，用户的 id（用户的标识符）。
- -l: 修改用户名。
- -c<备注>: 修改用户账号的备注文字。
- -d<登入目录>: 修改用户登录时的目录。
- -s<shell>: 修改用户登录后所使用的 shell。

示例：将 zhangsan 的用户名改为 wangerma。

```
[root@localhost ~]# usermod -l wangerma zhangsan        [新名字在前，旧名字在后]
```

4.2.4 设置密码

Linux 不允许没有密码的用户登录到系统，因此前面创建的用户目前都处于锁定状态，需要设置密码之后才能登录计算机。

语法：#passwd [用户名]（如果不指定用户名则修改自己的密码）

示例：设置 wangerma 用户的密码。

```
[root@localhost ~]# passwd wangerma
Changing password for user wangerma.
New password:
BAD PASSWORD: The password is a palindrome
Retype new password:
passwd: all authentication tokens updated successfully.
```

在设置密码的时候是没有任何输入提示的，请放心输入，但要确保两次输入的密码一致，按回车键即可。

也可以使用弱密码，但是不建议。设置密码之后的 shadow 文件如图 4-3 所示，说明 wangerma 用户是没有密码的。

```
[root@localhost ~]# tail -3 /etc/shadow
linux123:$6$k/VBhsmsYWsNqZ11$aHsJYZUJyV840JiWctB6hXo2P2ghh5ejZtkG1GpuV9tAIzLMmeu
rgeHAzusanIVCc7E.FykOJpXJEZA7Q0rlF0:17613:0:99999:7:::
lisi:!!:17615:0:99999:7:::
wangerma:$6$19U/1NvS$qVjUzXf9i0HaNTx1nT/iJvo7fQYjRT8cdzhaaYVh2ler434cylwXbR9vUDa
GSDu/7qJ4BfFfy77VFrckHePT0.:17615:0:99999:7:::
```

图 4-3　设置密码之后的 shadow 文件

在设置用户密码之后可以登录账号，例如登录 wangerma。

切换用户命令：#su [用户名]（switch user）

如果不指定用户名则表示切换到 root 用户。

例如，切换用户到 zhangsan，如图 4-4 所示。

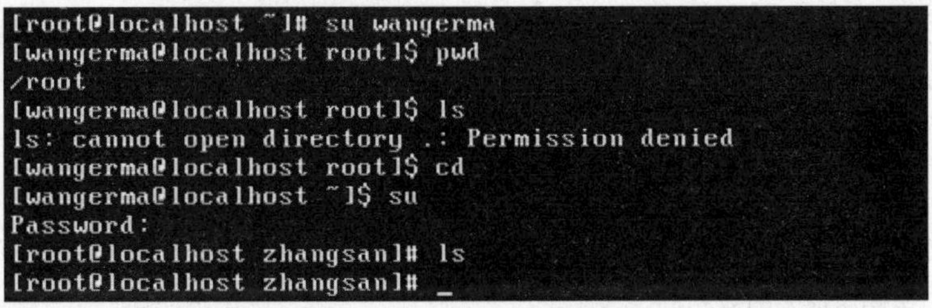

```
[root@localhost ~]# su wangerma
[wangerma@localhost root]$ pwd
/root
[wangerma@localhost root]$ ls
ls: cannot open directory .: Permission denied
[wangerma@localhost root]$ cd
[wangerma@localhost ~]$ su
Password:
[root@localhost zhangsan]# ls
[root@localhost zhangsan]# _
```

图 4-4　切换用户的操作

切换用户时需要注意以下事项：

- 从 root 向普通用户切换不需要密码，反之则需要 root 密码。
- 切换用户之后前后的工作路径是不变的。
- 普通用户没有办法访问 root 用户目录，反之则可以。

4.2.5 用户密码管理

对于系统上的每个用户账号，如果系统是在生产环境下使用，那么这些账号就有必要设置密码，否则会出现账号被非法使用，危及系统的安全。当然，即使是在测试环境，也建议给账号配置密码，在一定程度上保障系统的安全。

给用户添加密码，使用 password 命令，如图 4-5 所示。

```
[root@localhost ~]# useradd oracle
[root@localhost ~]# id oracle
uid=1001(oracle) gid=1001(oracle) 组=1001(oracle)
[root@localhost ~]# passwd oracle        交互
更改用户 oracle 的密码。
新的 密码：
无效的密码： 密码少于 8 个字符
重新输入新的 密码：
passwd：所有的身份验证令牌已经成功更新。
[root@localhost ~]#
[root@localhost ~]# useradd linux
[root@localhost ~]# id linux
uid=1002(linux) gid=1002(linux) 组=1002(linux)  #不交互
[root@localhost ~]# echo 123456 | passwd --stdin linux
更改用户 linux 的密码。
passwd：所有的身份验证令牌已经成功更新。
[root@localhost ~]#
```

图 4-5　给用户添加密码

在日常使用系统的过程中，有时需要用户定期更改密码，这种变更密码状态的需求由 chage 命令实现：

命令：chage

常用参数 -d：表示上一次更改的日期，如-d 后跟 0 表示强制在下次登录时更新密码。

例如，让用户 Linux 首次登录系统时更改其密码：

```
[root@localhost ~]# chage -d 0 linux
[root@localhost ~]# ifconfig
[root@localhost ~]# ssh  linux@192.168.0.106
...
Are you sure you want to continue connecting (yes/no)? yes
Warning: Permanently added '192.168.1.63' (ECDSA) to the list of known hosts.
mk@192.168.1.63's password: 123456
You must change your password now and login again!  # 提示必须改密码
更改用户 linux 的密码 。
为 Linux 更改 STRESS 密码。
（当前）UNIX 密码：
新的密码：
无效的密码：这个密码和原来的相同。
新的密码：
无效的密码：密码与原来的太相同。
新的密码：
重新输入新的密码：
passwd：所有的身份验证令牌已经成功更新。
```

4.2.6　删除用户

语法：#userdel 选项 用户名

Userdel：user delete（用户删除）

常用选项：

-r：删除用户的同时删除其家目录。

示例：删除 test 用户。

```
[root@localhost ~]# userdel -r test
```

如不使用**-r**参数，在新建相同用户时会报错，示例如下：

```
[root@test ~]# useradd test
[root@test ~]# ls /home/
test
[root@test ~]# userdel test
[root@test ~]# ls /home/
test
[root@test ~]# useradd test
useradd: warning: the home directory already exists.
Not copying any file from skel directory into it.
Creating mailbox file: File exists
```

解决方案：

为了解决以上问题，我们新建账号 test2 来模拟以上问题的解决过程。

```
[root@test ~]# useradd test2
[root@test ~]# id test2
uid=1001(test2) gid=1001(test2) groups=1001(test2)
[root@test ~]# userdel test2
[root@test ~]# ls /home/
test2
```

删除用户账号后其主目录还存在，因此在创建同名用户账号时就会提示目录已经存在。为了解决这个问题，需要删除一些目录。

```
[root@test ~]# rm -rf /home/test2/
[root@test ~]# rm -rf /var/spool/mail/*
```

删除完毕后，就可以重新创建同名账号了。

```
[root@test ~]# useradd test2
[root@test ~]# id test2
uid=1001(test2) gid=1001(test2) groups=1001(test2)
```

4.3　用户组管理

每个用户都有一个用户组，系统可以对一个用户组中的所有用户进行集中管理。不同 Linux 系统对用户组的规定有所不同，如 Linux 下的用户属于与它同名的用户组，这个用户组在创建用户时同时创建。

用户组的管理涉及用户组的添加、删除和修改，实际上就是对/etc/group 文件的更新。以下为该文件的部分内容：

```
root:x:0:
bin:x:1:
daemon:x:2:
```

```
sys:x:3:
adm:x:4:
tty:x:5:
disk:x:6:
lp:x:7:
mem:x:8:
...
```

文件结构为"用户组名:密码:用户组 ID:组内用户名"。

● 密码：x 表示占位符，虽然用户组可以设置密码，但是绝大部分情况下不设置密码。

● 组内用户名：表示附加组是该组的用户名称。

4.3.1 用户组添加

语法：#groupadd 选项 用户组名
常用选项：

-g：类似用户添加里的"-u"，表示自己设置一个自定义的用户组 id 数字，如果自己不指定，则默认从 1000 之后递增。

示例：使用 groupadd 命令创建一个新的用户组，命名为 test。

```
[root@localhost ~]# groupadd test
```

验证：

```
[root@test ~]# cat /etc/group | grep test3
test3:x:1002:
```

4.3.2 用户组编辑

语法：#groupmod 选项 用户组名
常用选项：

● -g, --gid GROUP：更新使用者新的起始登入群组，群组名必须已存在。

● -G, --groups GROUP1[,GROUP2,...[,GROUPN]]]：定义使用者为一堆 groups 的成员。每个群组使用 "," 分隔。

● -u, --uid UID：使用者 id 值，必须为唯一的 id 值。

● -s, --shell SHELL：指定新登入 shell。如果此栏留白，就将选用系统预设 shell。

● -l, --login NEW_LOGIN：变更使用者 login 时的名称为 login_name。

● -g：类似用户修改里的"-u"，表示自己设置一个自定义的用户组 id 数字。

● -n：类似于用户修改"-l"，表示设置新的用户组名称。

示例：修改 test 用户组，将组 id 改成 1020，将名称改为 admin。

```
[root@test ~]# groupmod -g 1020 -n admin test
```

验证：
使用 vi 编辑器打开用户组的配置文件就可以编辑。

4.3.3 用户组删除

语法：#groupdel 用户组名

示例：删除 admin 组。

为了模拟如何删除用户组，先创建一个名称为 admin 的组，并确定该组已经创建。

```
[root@test ~]# groupadd admin
[root@test ~]# cat /etc/group | grep admin
admin:x:1003:
```

此时可以使用删除组的命令，删除后从/etc/group 文件中清除出去。

```
[root@test ~]# groupdel admin
```

扩展：创建一个用户，并指定该用户的 uid 和组。

先创建两个组 g1 和 g2。

```
[root@test ~]# groupadd g1
[root@test ~]# groupadd g2
```

创建用户 test4，并指定用户的 uid 和组。

```
[root@test ~]# useradd -r -u 520 -s /sbin/nologin -g g1 -Gg2 test4
```

确认该用户的信息是否为指定的信息。

```
[root@test ~]# id test4
uid=520(test4) gid=1003(g1) groups=1003(g1),1004(g2)
```

4.4 系统网络设置

网络功能是操作系统具备的功能之一，也是一个业务系统必须具备的功能。本节对 Linux 系统的网络设置进行介绍，内容涉及网络的基本配置和一些工具的使用，了解这些内容后就能够解决常见的网络问题。

4.4.1 网卡配置文件

网卡配置文件位于/etc/sysconfig/network-scripts 目录下，在该目录下能够找到网卡配置文件及相关的配置文件，包括网卡进程管理文件、路由配置的文件等。这些文件包括普通文本文件、可执行文件和链接文件。

```
[root@test ~]# cd /etc/sysconfig/network-scripts/
[root@test network-scripts]# ls
ifcfg-ens32 ifdown-ipv6  ifdown-TeamPort ifup-ippp  ifup-routes
network-functions
   ifcfg-lo  ifdown-isdn ifdown-tunnel  ifup-ipv6 ifup-sit
network-functions-ipv6
   ifdown     ifdown-post  ifup          ifup-isdn  ifup-Team
   ifdown-bnep ifdown-ppp   ifup-aliases   ifup-plip  ifup-TeamPort
   ifdown-eth ifdown-routes ifup-bnep      ifup-plusb ifup-tunnel
```

```
ifdown-ib      ifdown-sit    ifup-eth       ifup-post   ifup-wireless
ifdown-ippp    ifdown-Team   ifup-ib        ifup-ppp    init.ipv6-global
```

其中，普通文本文件中的 ifcfg-ens32 和 ifcfg-lo 是网卡配置文件。要配置系统的网卡，可以对 ifcfg-ens32 文件进行编辑，该文件中的配置信息（这是静态 IP 地址的默认配置信息）如下：

```
TYPE="Ethernet"
BOOTPROTO="none"
DEFROUTE="yes"
IPV4_FAILURE_FATAL="no"
IPV6INIT="yes"
IPV6_AUTOCONF="yes"
IPV6_DEFROUTE="yes"
IPV6_FAILURE_FATAL="no"
IPV6_ADDR_GEN_MODE="stable-privacy"
NAME="ens32"
UUID="a03cadbe-e4d9-4bca-bd69-804660b5bea6"
DEVICE="ens32"
ONBOOT="yes"
IPADDR="10.0.3.104"
PREFIX="24"
GATEWAY="10.0.3.1"
IPV6_PEERDNS="yes"
IPV6_PEERROUTES="yes"
IPV6_PRIVACY="no"
```

下面对该文件中的部分参数进行说明。

- Device: 设备名称。
- Type: 网络类型，以太网。
- UUID: 通用唯一标识符。
- ONBOOT: 是否开机启动。
- BOOTPROTO: IP 地址分配方式，DHCP 表示动态主机分配协议。
- HWADDR: 硬件地址，MAC 地址。

在更改网卡参数后需要重启才能生效，重启网卡可以使用以下命令：

```
[root@localhost ~]# systemctl restart network
```

查看网卡进程状态：

```
[root@tset ~]# systemctl status network
network.service - LSB: Bring up/down networking
   Loaded: loaded (/etc/rc.d/init.d/network; bad; vendor preset: disabled)
   Active: active (exited) since Fri 2019-12-20 21:59:55 CST; 15min ago
     Docs: man:systemd-sysv-generator(8)
  Process: 795 ExecStart=/etc/rc.d/init.d/network start (code=exited,
status=0/SUCCESS)

Dec 20 21:59:52 tset systemd[1]: Starting LSB: Bring up/down networking...
Dec 20 21:59:55 tset network[795]: Bringing up loopback interface: [  OK  ]
Dec 20 21:59:55 tset network[795]: Bringing up interface ens32: [  OK  ]
Dec 20 21:59:55 tset systemd[1]: Started LSB: Bring up/down networking.
```

扩展：如何重启单个网卡？

- 停止某个网卡：#ifdown 网卡名。
- 开启某个网卡：#ifup 网卡名。

例如，停止-启动（重启）ens33 网卡，则可以输入：

```
[root@localhost ~]# ifdown ens33
[root@localhost ~]# ifup ens33
连接已经成功激活 （(DBus 活动路径：/org/freedesktcet/ActiveConnection/21)
```
提示，在实际工作的时候不要随意禁用网卡。

4.4.2　Linux 自有服务——SSH 服务

SSH（secure shell，安全外壳）是一种用于远程连接的工具，有两个常用的作用：远程连接和远程文件传输。

该协议使用的端口号默认是 22（见图 4-6）。如果需要修改，则可以使用如下命令修改 SSH 服务的配置文件：

```
#/etc/ssh/ssh_config
```

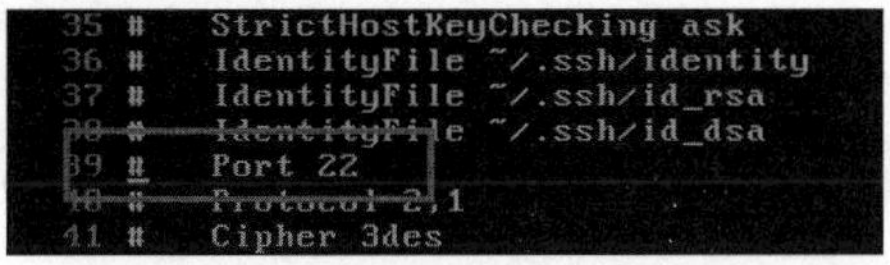

图 4-6　修改 SSH 服务的配置文件

修改端口号时注意以下事项：

（1）端口范围是 0~65535。

（2）不能使用别的服务已经占用的端口（常见的不能使用 20、21、23、25、80、443、3389、3306、11211 等）。

服务启动/停止/重启（服务名中的 d 全称 daemon，守护进程）：

```
[root@localhost ~]# systemctl start sshd
```

sshd 服务一般默认已经启动，可以在修改完其配置的情况下重启。

```
[root@localhost ~]# ps -ef | grep sshd
root      1052     1  0 21:59 ?        00:00:00 /usr/sbin/sshd
root     10236  1052  0 22:11 ?        00:00:00 sshd: root@pts/0
root     10262 10240  0 22:23 pts/0    00:00:00 grep --color=auto sshd
```

4.4.3　远程终端应用

终端工具主要帮助运维人员连接远程的服务器，常见的终端工具有 xshell、putty 等，本节以 putty 为例：

（1）获取服务器 IP 地址，可以通过 ifconfig 命令进行查看，然后顺手测试 IP 的连接相通性。

```
[root@tset ~]# ip addr
1: lo: <LOOPBACK,UP,LOWER_UP> mtu 65536 qdisc noqueue state UNKNOWN qlen 1
    link/loopback 00:00:00:00:00:00 brd 00:00:00:00:00:00
```

```
    inet 127.0.0.1/8 scope host lo
        valid_lft forever preferred_lft forever
    inet6 ::1/128 scope host
        valid_lft forever preferred_lft forever
 2: ens32: <BROADCAST,MULTICAST,UP,LOWER_UP> mtu 1500 qdisc pfifo_fast state
UP qlen 1000
    link/ether 00:0c:29:fd:cd:d3 brd ff:ff:ff:ff:ff:ff
    inet 192.168.0.108/24 brd 192.168.0.255 scope global ens32
        valid_lft forever preferred_lft forever
    inet6 fe80::9117:962c:2d3e:706c/64 scope link
        valid_lft forever preferred_lft forever
```

此处获取的 IP 地址是：

```
[root@localhost ~]# ping 192.168.0.108
```

测试连通性：

```
[root@localhost ~]# ping 192.168.0.108
PING 192.168.0.108 (192.168.0.108) 55(84) bytes of data.
64 bytes from 192.168.0.108: icmp_seq=1 rrl=64 time=0.040 ms
^C
64 bytes from 192.168.0.108: icmp_seq=1 rrl=64 time=0.040 ms
--- 192.168.0.108 ping statistics ---
1 packets transmitted, 1 received, 0% packet loss, time 0ms
rtt min/avg/max/mdev = 0.040/0.040/0.040/0.000 ms
```

（2）打开 putty，输入相关的信息，如图 4-7 所示。

更改 putty 字体大小：https://blog.csdn.net/u012810488/article/details/41597395

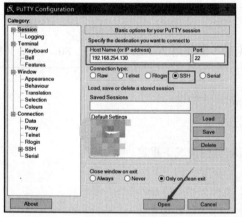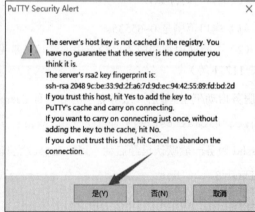

图 4-7 在 putty 工具中输入相关的信息

（3）在弹出 key 确认的对话框时单击"是"按钮，以后不会再提示。

（4）输入登录信息，如图 4-8 所示。

图 4-8 输入登录信息

在虚拟机 CentOS 中的全部命令在远程终端中都可以执行。

4.4.4　Filezilla 工具

FileZilla 是一个免费开源的 FTP 软件，有客户端和服务器端版本，并且具备所有 FTP 软件的功能，具体的特点包括但不限于以下几点：

- 可以断点续传但需要服务器支持。
- 自定义命令。
- 可进行站点管理。
- 防发呆功能（工作界面在一定的时间内没有操作，就会自动断开连接）。
- 超时侦测。
- 支持防火墙。
- 支持 FTP、FTPS（FTP over SSL/TLS）、SFTP（SSH File Transfer Protocol）等多种协议。
- 支持远程文件搜索。

需要使用时可下载安装，安装好的 FileZilla 能够在桌面上看到图标，其工作界面如图 4-9 所示。

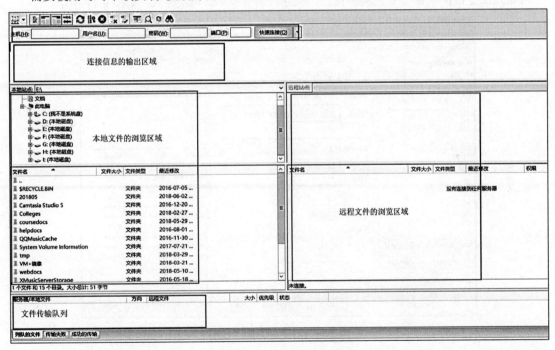

图 4-9　Filezilla 的工作界面

如果使用 Filezilla 远程登录服务器，则可按照以下步骤进行：

（1）选择"文件"→"站点管理器"，打开"站点管理器"对话框，如图 4-10 所示。

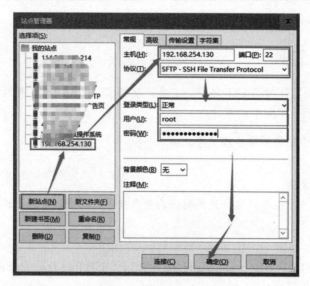

图 4-10　站点管理器

Filezilla 支持保存 IP 地址之类的信息，保存后下次就不必再次输入，如图 4-11 所示。

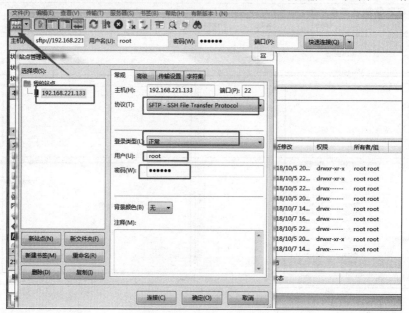

图 4-11　自动保存站点信息

（2）单击"文件"菜单下方的"▽"，选择需要连接的服务器，连接好之后的工作环境如图 4-12 所示。

图 4-12 连接服务器的工作环境

（3）从本地 Windows 上传文件到 Linux 中的方式：支持直接拖曳文件，也可以右击本地需要
上传的文件，然后选择"上传"按钮，如图 4-13 所示。

图 4-13 上传的文件

第5章

权限管理

权限是 Linux 系统下的一个重要概念，它是保证文件内容安全的另外一道屏障，因此应该对权限的管理有一定的了解。本章主要介绍 Linux 权限管理操作，包括什么是权限、有什么作用和如何设置。

5.1 概 述

Linux 系统一般将文件可存/取访问的身份分为 3 个类别，即 owner（拥有者）、group（和所有者同组的用户）、others（其他人，除了所有者、同组的用户及超级管理员外），并且 3 种身份各有 read（读）、write（写）、execute（执行）的权限。

5.1.1 用户权限介绍

在多用户（可以不同时）计算机系统的管理中，权限是指某个特定的用户具有特定的系统资源的使用权力，比如文件夹、特定系统命令的使用或存储量的限制。

在 Linux 系统中，用户对文件的权限分别有读权限、写权限和执行权限。

- 读权限：对于目录来说，读权限影响用户是否能够进入目录；对于文件来说，读权限影响用户是否可以查看文件内容。
- 写权限：对于目录来说，写权限影响用户是否可以在文件夹下"创建/删除/复制到/移动到"文档；对于文件来说，写权限影响用户是否可以编辑文件内容。
- 执行权限：对于目录来说，执行权限影响用户是否可以执行 cd 操作；对于文件（特别是脚本文件）来说，执行权限影响文件是否可以运行。

5.1.2 用户身份介绍

1. owner 身份（文件所有者，默认为文档的创建者）

由于 Linux 是多用户、多任务的操作系统，因此可能常常有多人同时在某台主机上工作，但是每个人均可在主机上设置文件的权限，让其成为个人的"私密文件"，即个人所有者。因为设置了适当的文件权限，所以除本人（文件所有者）之外的用户无法查看文件内容。

例如，某个 MM 给你发了一封邮件，你将邮件转为文件之后存在自己的主文件夹中。为了不让别人看到邮件的内容，你就能利用所有者的身份去设置文件的适当权限，这样即使别人想偷看内容也是做不到的。

2. group 身份（与文件所有者同组的用户）

与文件所有者同组最有用的功能体现在多个团队在同一台主机上开发资源的时候。例如，主机上有 A、B 两个团体（用户组），A 中有 a1、a2、a3 三个成员，B 中有 b1、b2 两个成员，这两个团体要共同完成一份报告 F。由于设置了适当的权限，A、B 团体中的成员都能互相修改对方的数据，团体 C 的成员则不能修改 F 的内容，甚至连查看的权限都没有。同时，团体的成员也能设置自己的私密文件，让团队的其他成员读取不了文件数据。在 Linux 中，每个账户支持多个用户组，比如用户 a1、b1 既可属于 A 用户组也可属于 B 用户组（主组和附加组）。

3. others 身份（其他人，相对于所有者与同组用户）

这是一个相对概念。打个比方，大明、二明、小明三兄弟同住一栋房，房产证上的登记者是大明（owner），那么大明一家就是一个用户组，这个组有大明、二明、小明三个成员。另外，有个人叫张三，和他们都没有关系，那么张三就是其他人（Others）。大明、二明、小明有各自的房间，三者虽然能自由进出各个房间，但是小明不能让大明看到自己的情书、日记等，这就是文件所有者（用户）的意义。

4. root 用户（超级用户）

在 Linux 系统中，root 用户拥有最大的权限，管理着普通用户。

5.1.3 Linux 的权限介绍

要设置权限，需要知道文件的一些基本属性和权限的分配规则。在 Linux 中，常用 ls 命令来查看文件的属性，例如：

#ls -l 路径（ls -l 等价于 ll）

具体示例如图 5-1 所示。

```
[root@localhost ~]# touch {1..3}.txt
[root@localhost ~]# ls -l
总用量 8
-rw-r--r--. 1 root root    0 5月   9 07:39 1.txt
-rw-r--r--. 1 root root    0 5月   9 07:39 2.txt
-rw-r--r--. 1 root root    0 5月   9 07:39 3.txt
-rw-------. 1 root root 1536 5月   7 23:47 anaconda-ks.cfg
-rw-------. 1 root root 1584 5月   8 08:50 initial-setup-ks.cfg
drwxr-xr-x. 2 root root    6 5月   8 21:40 公共
drwxr-xr-x. 2 root root    6 5月   8 21:40 模板
drwxr-xr-x. 2 root root    6 5月   8 21:40 视频
drwxr-xr-x. 2 root root    6 5月   8 21:40 图片
drwxr-xr-x. 2 root root    6 5月   8 21:40 文档
```

图 5-1　显示文件信息

下面对 Linux 的文档权限属性信息组成进行简单介绍。

Linux 中存在用户（owner）、用户组（group）和其他人（others）的概念，各自有不同的权限。对于一个文档来说，其权限具体分配如图 5-2 所示。

d（第1位）	rwx（第2~4位）	r-x（第5~7位）	---（第8~10位）	user1	user1	time	FILENAME
文件类型	拥有者的权限	所属组的权限	其他人的权限	拥有者	属组	最后修改时间	对象

图 5-2　文档权限分配

文档权限有 10 位字符，其含义如下：

● 第1位：表示文档类型，取值常见的有"d"（表示文件夹）、"-"（表示文件）、"l"（表示软连接）、"s"（表示套接字）、"c"（表示字符设备）、"b"（表示块状设备）等。

● 第2~4位：表示文档所有者的权限情况。第2位表示读权限的情况，取值有"r""-"；第3位表示写权限的情况，"w"表示可写，"-"表示不可写；第4位表示执行权限的情况，取值有"x"和"-"。

● 第5~7位：表示与所有者同在一个组的用户的权限情况。第5位表示读权限的情况，取值有"r""-"；第6位表示写权限的情况，"w"表示可写，"-"表示不可写；第7位表示执行权限的情况，取值有"x"和"-"。

● 第8~10位：表示除了前两部分的用户之外的其他用户的权限情况。第8位表示读权限的情况，取值有"r"和"-"；第9位表示写权限的情况，"w"表示可写，"-"表示不可写；第10位表示执行权限的情况，取值有"x"和"-"。

下面可以通过查看/dev/目录下文件的权限组成来进行深入了解。

```
[root@yunwei ~]# ll /dev/
总用量 0
crw-rw----.  1  root video    10, 175 10月 14 09:09 agpgart
crw-rw----.  1  root root     10,  57 10月 14 09:09 utofs
…
```

可见，权限分配均是由 r、w、x 三个参数组合实现，且位置顺序不会变化，如果没有对应权限就用"–"代替。

例如，有一个文档，权限分配情况如下：

```
drwxr-xr-x.  2  root root  6 Nov 5 2016 /media/
```

该文档类型是文件夹，所有者拥有读写执行权限，同组用户拥有读执行权限，其他人拥有读执行权限，管理员拥有全部权限。

其他文档权限的解读如下：

● - rwx --- ---：文件所有者对文件具有读取、写入和执行的权限。

● - rwx r-- r--：文件所有者具有读、写与执行的权限，用户组里的用户及其他用户具有读取的权限。

● - rw- rw- r-x：文件所有者与同组用户对文件具有读写的权限，其他用户仅具有读取和执行的权限。

- drwx--x--x: 目录所有者具有读写与进入目录的权限, 其他用户只能进入该目录却无法读取任何数据。
- drwx------: 除了目录所有者具有完整的权限之外, 其他用户对该目录完全没有任何权限。

当前是什么用户, 在该用户下创建文件或目录时就自动将所属主设置为该用户所有, 下面通过例子来说明。如图 5-3 所示是在两个系统上做一样的操作, 即使用相同的用户创建相同的目录和文件, 以此来验证文件的权限所属是系统默认, 而不因系统不同而改变。为了演示本次操作, 分别在两个系统上以 root 用户创建 yw 用户, 并分别以这两个用户各创建一个文件, 以此来对文件的所属主进行对比。

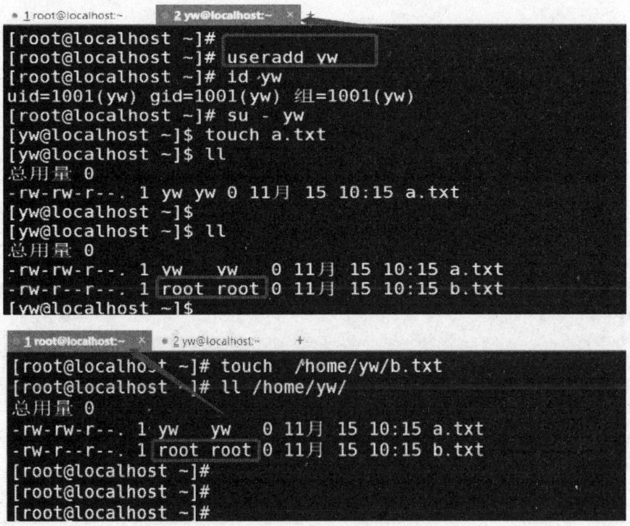

图 5-3 权限分配示例

以上图是分别在不同的系统上操作截取的, 在两个不同的系统上以 root 用户先创建 yw 用户, 然后使用 root 创建 b.txt 文件, yw 用户创建 a.txt 文件。最后在两个不同的系统上将文件的权限做对比, 发现它们所属的属主是相同的。这就说明, 权限是系统根据用户的级别并在创建文件时默认分配的属主。

通过下面的例子来了解文件权限的组成。

```
dr-xr-xr-x.   2 root root    12288   8月   5  00:00  sbin
drwxr-xr-x.   7 root root        0   8月  11  08:54  selinux
```

- 文件的类型: d, 表示是一个目录。
- 所有者: r 和 x 表示读和执行权限, -表示没有权限。
- 同组用户: r 和 x 表示读和执行权限, -表示没有权限。
- 其他人: r 和 x 表示读和执行权限, -表示没有权限。

如果文件的权限是 rwx, 说明该用户对文件具有可读、可写和可执行权。

5.2　权限的设置

本节来学习权限的设置、如何给用户权限和如何取消权限。我们将通过数字和字母两种形式来讲解。

语法：#chmod 选项 权限模式 文档

- 选项：-R，递归设置权限（当文档类型为文件夹的时候）。
- 权限模式：就是该文档需要设置的权限信息。
- 文档：既可以是文件也可以是文件夹，既可以是相对路径也可以是绝对路径。

注意，如果想要给文档设置权限，那么操作者要么是 root 用户要么是文档的所有者。

5.2.1　字母形式的权限

在权限设置中既有用字符形式也有用数字形式，如果是字符形式，其涉及的字符主要有如图 5-4 所示的几个。

选项	字母	介绍
（谁）	u	用户
（谁）	g	所属群体
（谁）	o	其他人
（谁）	a	所有人（"全部"）
（作用）	+	增加权限
（作用）	-	减少权限
（作用）	=	确定权限
（权限）	r	可读
（权限）	w	可写
（权限）	x	执行

图 5-4　权限设置字符

这些字符按用户群体、作用、权限分为以下 3 类。

（1）用户群体字符

- u：表示所有者身份 owner（user）。
- g：表示给所有者同组用户（group）设置权限。
- o：表示 others，给其他用户设置权限。
- a：表示 all，给所有人（包含 ugo 部分）设置权限。

如果在设置权限的时候不指定给谁设置，那么默认给所有用户设置。

（2）权限字符

- r：表示读。
- w：表示写。
- x：表示执行。
- -：表示没有权限。

（3）权限分配方式字符

- +: 表示给具体的用户新增权限（相对当前）。
- -: 表示删除用户的权限（相对当前）。
- =: 表示将权限设置成具体的值（注重结果），即赋值。

例如，需要给/root/anaconda-ks.cfg 文件(-rw-------.)设置权限，要求所有者拥有全部权限(rwx)，同组用户拥有读和写权限（rw），其他用户拥有只读权限（r）。

```
[root@localhost ~]# chmod u+x,g+rw,o+r anaconda-ks.cfg
-rw------. 1 root root 1716 10月 30 06:37 anaconda-ks.cfg
```

还原：

```
[root@localhost ~]# chmod u=rw,g-rwx,o-rwx anaconda-ks.cfg
-rw------. 1 root root 1716 10月 30 06:37 anaconda-ks.cfg
```

提示，当文档拥有执行权限（任意部分）时，则其颜色在终端中是绿色的。

如果有两部分权限一样则可以合在一起写，例如"#chmod ug=rwx"等价于"#chmod u=rwx,g=rwx"。

如果 anaconda-ks.cfg 文件什么权限都没有，那么可以使用 root 用户设置所有人都有执行权限：

```
#chmod a+x anaconda-ks.cfg    等价于  #chmod +x anaconda-ks.cfg
#chmod a=x anaconda-ks.cfg
#chmod ugo=x anaconda-ks.cfg
#chmod u+x,g+x,o+x anaconda-ks.cfg
```

设置文件"~/yunwei/yunwei.txt"的权限，要求所有者拥有全部权限，同组用户拥有读写权限，其他人拥有读权限，如图 5-5 所示。

```
[root@localhost ~]# mkdir yunwei
[root@localhost ~]# touch yunwei/yunwei.txt
[root@localhost ~]# ll yunwei/yunwei.txt
-rw-r--r--. 1 root root 0 11月 15 10:39 yunwei/yunwei.txt
[root@localhost ~]# chmod u=rwx,g=rw,o=r yunwei/yunwei.txt
[root@localhost ~]# ll yunwei/yunwei.txt
-rwxrw-r--. 1 root root 0 11月 15 10:39 yunwei/yunwei.txt
```

图 5-5　设置权限

将其他人的权限更改为读写权限，其他用户权限不变：

```
[root@localhost ~]# ll yunwei/yunwei1.txt
-rwxrw-r---. 1 root root 0 11月 15 10:39 yunwei/yunwei1.txt
[root@localhost ~]# chmod o+w yunwei/yunwei1.txt
-rwxrw-rw--. 1 root root 0 11月 15 10:39 yunwei/yunwei1.txt
```

设置文件夹/tmp/yunwei 的权限（如果文件夹不存在就自行创建），要求权限为递归权限，并且所有者拥有全部权限，同组用户拥有读执行权限，其他用户拥有只读权限：

```
[root@yunwei ~]# chmod -R u=rwx,g=rx,o=r yunwei/
```

设置文件/tmp/yunwei/class03.txt 权限（文件如果不存在就自行创建），要求权限为所有者拥有全部权限，同组用户拥有读和执行权限，其他用户没有权限。

```
[root@localhost ~]# touch yunwei/class03.txt
-rw-r--r--. 1 root root 0 11月 15 10:43 yunwei/class03.txt
```

```
[root@localhost ~]# chmod u=rwx,g=rx,o-r ./yunwei/class03.txt
-rwxr-r---.  1  root  root  0  11月  15  10:43 yunwei/class03.txt
```

5.2.2 数字形式

经常会在一些技术性的网页上看到类似于"#chmod 777 a.tx"这样的权限，这种称为数字形式的权限（777）。其与字符形式的权限效果一致，各数字与字符有一定的对应关系，如下所示：

- 读：r，4。
- 写：w，2。
- 执行：x，1。
- 没有任何权限：0，---。

具体如图 5-6 所示。

数值	权限	目录列表
0	不能读，不能写，不能执行	---
1	不能读，不能写，可执行	--x
2	不能读，可写，不能执行	-w-
3	不能读，可写，可执行	-wx
4	可读，不能写，不能执行	r--
5	可读，不能写，可执行	r-x
6	可读，可写，不能执行	rw-
7	可读，可写，可执行	rwx

图 5-6 各数字对应的权限

例如，需要给 anaconda-ks.cfg 设置权限，要求所有者拥有全部权限，同组用户拥有读执行权限，其他用户拥有只读权限。

- 所有者权限=全部权限=读权限+写权限+执行权限=4 +2 +1=7。
- 同组用户权限=读权限+执行权限=4+1=5。
- 其他用户权限=读权限=4。

最终得出的结果是 754，具体权限设置命令如下：

```
[root@localhost ~]# chmod 754 anaconda-ks.cfg
-rwxr-xr---.  1  root  root  1716  10月  30  06:37 anaconda-ks.cfg
```

面 试 题

用超级管理员设置文档的权限命令是"#chmod -R 731 aaa"，请问这个命令有没有什么不合理的地方？

解答：

所有者 = 7 = 4 + 2 + 1 = 读 + 写 + 执行

同组用户 = 3 = 2 + 1 = 写 + 执行

其他用户 = 1 = 执行

在权限 731 中，3 表示"写+执行"权限，但是必须要打开之后才可以写，因此必须具备读权限，这里的权限不合理。

注意，单独出现 2、3 的权限数字一般都是有问题的权限。在写权限的时候千万不要设置类似于上面的这种"奇葩权限"。

在 Linux 中，如果要删除一个文件，不是看文件有没有对应的权限，而是看文件所在的目录是否有写权限，如果有才可以删除。

5.3　属主与属组设置

本节主要学习属主和属组的设置，在学习之前大家一定要清楚两者的区别：

- 属主：所属的用户（文件的主人），文档所有者。
- 属组：所属的用户组。

在图 5-7 中，前面的 root 是属主，后面的 root 是属组。这两项信息在文档创建的时候会使用创建者的信息（用户名放在前面的 root 中、用户所属的属组名称放在后面的 root 中）。这样设置的原因是，有时候删除某个用户，则该用户对应的文档属主和属组信息也需要修改（类似离职之前的工作交接），以达到关联修改的目的。

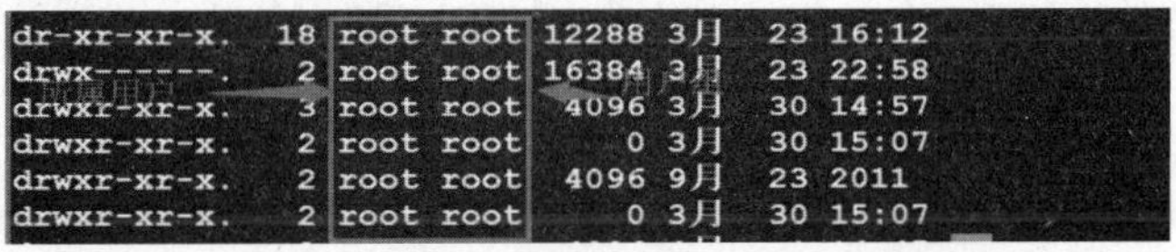

图 5-7　属主与属组的区别

5.3.1　chown 命令应用

chown 命令的作用是更改文档的所属用户（change owner），语法如下：

```
#chown  -R  新的 username 文档路径
```

其中，-R 表示选项，文件不需要-R，目录需要加-R。

示例 1：更改目录的所有者。

有一个原目录，如图 5-8 所示。

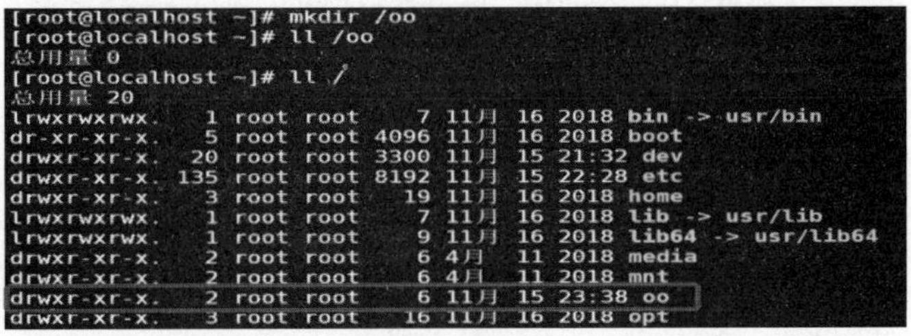

图 5-8　原目录

执行下述命令更改所有者：

```
# chown -R yw03 /oo/
```

结果如图 5-9 所示。

```
[root@localhost ~]# useradd yw03
[root@localhost ~]# chown -R yw03 /oo/
[root@localhost ~]# ll /
总用量 20
lrwxrwxrwx.   1 root root    7 11月 16 2018 bin -> usr/bin
dr-xr-xr-x.   5 root root 4096 11月 16 2018 boot
drwxr-xr-x.  20 root root 3300 11月 15 21:32 dev
drwxr-xr-x. 135 root root 8192 11月 15 23:54 etc
drwxr-xr-x.   4 root root   31 11月 15 23:54 home
lrwxrwxrwx.   1 root root    7 11月 16 2018 lib -> usr/lib
lrwxrwxrwx.   1 root root    9 11月 16 2018 lib64 -> usr/lib64
drwxr-xr-x.   2 root root    6  4月 11 2018 media
drwxr-xr-x.   2 root root    6  4月 11 2018 mnt
drwxr-xr-x.   2 yw03 root   20 11月 15 23:41 oo
drwxr-xr-x.   3 root root   16 11月 16 2018 opt
```

图 5-9　更改结果

示例 2：更改 hr，san 用户的属主和属组。

chown user:group filename　比如：chown hr:san a.txt　把文件的属主和属组改为 hr,san

chown user filename　　比如：chown san a.txt　把文件的属主改为 san 用户

chown :group filename　比如：chown :miao a.txt　把文件的属组改为 miao 这个组

chown user: filename　比如：chown san: a.txt　自动继承这个用户所有的组

示例 3：文件组关系的演变。

下面通过三个文件来演示文件的组关系的转变过程。首先，创建 a.txt、b.txt 和 c.txt 三个文件：

```
[root@test ~]# ll *.txt
-rw-r--r-- 1 root root 0 Dec 20 17:26 a.txt
-rw-r--r-- 1 root root 0 Dec 20 17:26 b.txt
-rw-r--r-- 1 root root 0 Dec 20 17:26 c.txt
```

然后创建用户 yw，并确认用户已经成功创建。

```
[root@test ~]# useradd yw
[root@test ~]# cat /etc/passwd | grep yw
yw:x:1002:1006::/home/yw1:/bin/bash
```

接着进行的用户和用户组变更操作。先更改 a.txt 文件的所有者（由 root 更改为 yw）。

```
[root@test ~]# chown yw a.txt
[root@test ~]# ll a.txt
-rw-r--r-- 1 yw root 0 Dec 20 17:26 a.txt
```

再更改文件的用户组（将 b.txt 文件的用户组更改为 yw）。

```
[root@test ~]# chown :yw b.txt
[root@test ~]# ll b.txt
-rw-r--r-- 1 root yw 0 Dec 20 17:26 b.txt
```

最后更改文件的所有者和用户组（将 c.txt 文件的所有者和用户组更改为 yw）。

```
[root@test ~]# chown yw:yw c.txt
[root@test ~]# ll c.txt
-rw-r--r-- 1 yw yw 0 Dec 20 17:26 c.txt
```

5.3.2　chgrp 命令应用

chgrp 命令的作用是更改文档的所属用户组（change gro up），语法如下：

```
#chgrp  -R  groupname   文档的路径
```

例如，将上一小节的 oo 目录改为 yw03（见图 5-10）：

```
[root@localhost ~]# chgrp -R yw03 /oo/
```

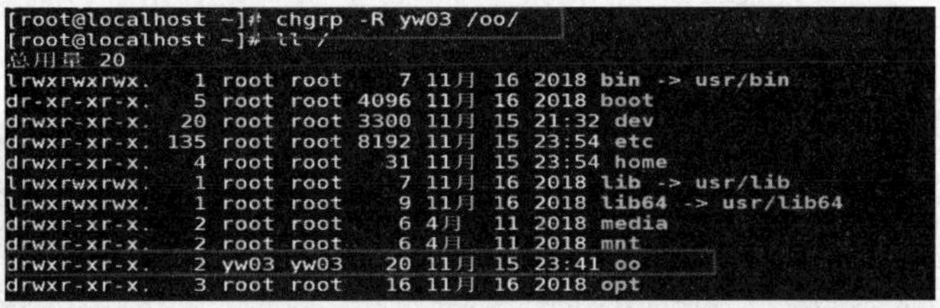

图 5-10　将 oo 目录更改为 yw03

前面所讲的 chown 命令既可以更改所属的用户，也可以用于修改所属的用户组，语法如下：

```
#chown  -R  username:groupname   文档路径
```

例如，将 oo 文档所属组的所属用户修改为 root：

```
#chown -R root:root /oo
```

执行结果如图 5-11 所示。

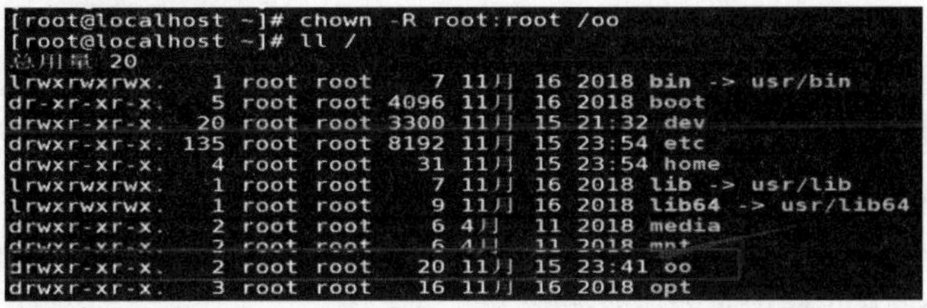

图 5-11　执行结果

5.4　文件的特殊权限

在 Linux 系统中，常见的权限是读、写和可执行，其实文件与目录可设置的权限不止这些，还有一种特殊的权限，即 suid 和 sgid，下面分别进行介绍。

5.4.1　suid（set uid，设置用户 ID）权限应用

suid 的功能：程序运行时的权限从执行者变更成程序所有者。

suid 一般用在二进制可执行文件上，当用户执行该文件时，会临时拥有该执行文件的所有者权限，但对目录无效。使用 "ls –l" 或者 "ll" 命令浏览文件时，如果可执行文件所有者权限的第三位是一个小写的 "s"，就表明该执行文件拥有 suid 权限。比如，/usr/bin/passwd 文件就有 "s" 的权限参数：

```
[root@test ~]# ll /usr/bin/passwd
-rwsr-xr-x. 1 root root 27832 Jun 10  2014 /usr/bin/passwd
```

示例：提升到用户权限。

本示例是针对"s"权限基本应用的介绍，目的就是通过对文件授予"s"权限后再使用不同的用户来执行文件，以验证拥有该权限的文件是否能被其他非所属用户拥有临时权限。以下是普通用户 yw 和 root 用户用 less 命令查看文件的内容，并对比添加"s"权限先后的操作结果，如图 5-12 所示。

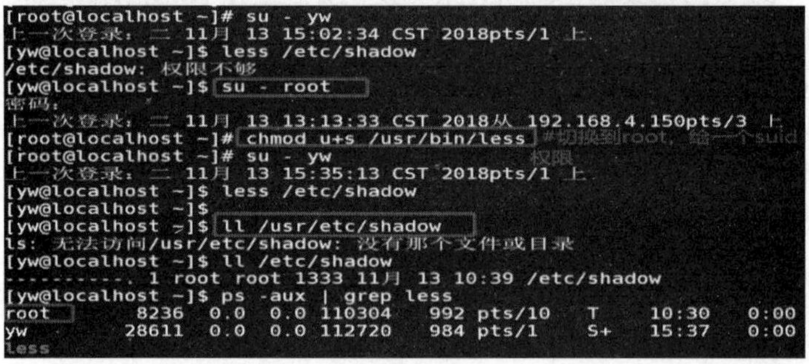

图 5-12　权限提升

从命令执行的先后顺序来看，先从 root 切换到 yw 用户，再使用 less 命令查看/etc/shadow 文件的内容，最终发现 yw 用户对该 less 命令没有查看内容的权限。

重新切换回 root 用户，给 less 命令授予"s"权限（/usr/bin/less 文件），添加后再次切换到 yw 用户并执行 less 命令查看/etc/shadow 文件的内容，这次执行的结果显示的是空。这就意味着 yw 用户已经能够执行 less 命令，看不到内容则与 yw 对/etc/shadow 文件的权限有关。

使用 ll 命令查看/etc/shadow 文件的权限组成，就会发现该文件中的权限参数全都是"-"，也就是说 yw 用户没有查看该文件内容的权限，因此 less 命令执行后没有获取到相关内容。当然，因文件大小为 1333KB，所以肯定是有内容的。

5.4.2　sgid 权限应用

sgid 权限的功能：该权限既可以对二进制可执行程序进行设置，也可以对目录进行设置。在设置了 sgid 权限的目录下建立文件时，新创建的文件所属组会继承上级目录的所属组。

为了验证上述说法，下面通过实例来演示。图 5-13 演示的是给目录所属组添加"s"权限，并验证目录所属组被添加"s"后在其下所创建文件自动添加"s"权限的问题。

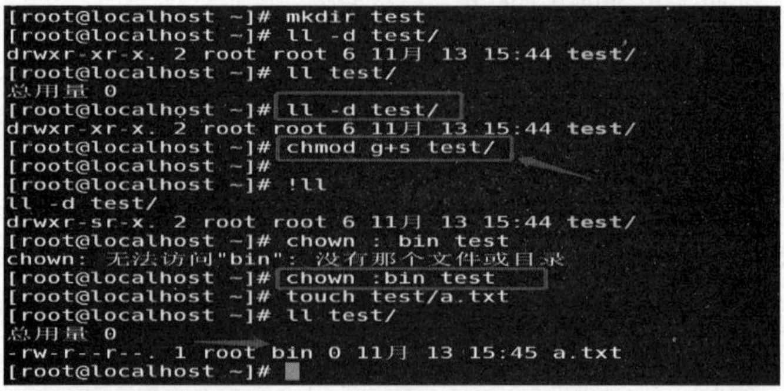

图 5-13　目录所属组 s 权限应用

这里首先创建一个目录 test 并确定该目录 test 的权限组成，通过带有-d 选项的 ll 命令输出的信息可以确定没有"s"权限。

接着执行 chmod 命令给 test 目录添加"s"权限，添加后确认一下，之后使用 chown 命令更改 test 目录的所属组为 bin。至此，准备工作已经完成，然后验证在拥有"s"权限的目录下创建文件时该文件是否集成其父目录中所属组 bin 组。最后使用 touch 命令在 test 目录下新建 a.txt 文件，并使用 ll 命令查看新建的文件，能够看到该文件继承了其父目录中的所属组。

5.4.3 案例：文件扩展权限 acl

acl（access control list，访问控制列表）主要用于针对某些目录或文件授予某个用户 rwx 权限的细节设置。

示例 1：设置用户 yw 对文件 a.txt 拥有 rwx 权限；yw 不属于 a.txt 的所属主和组，是 other。

先以 root 身份创建文件 a.txt：

```
[root@localhost ~]# touch /tmp/a.txt
```

再通过 getfacl 命令查看 a.txt 的权限（拥有者和属组都是 root）：

```
[root@localhost ~]# getfacl /tmp/a.txt
```

然后使用 setfacl 命令让 yw 用户对 a.txt 拥有 rwx 权限：

```
[root@localhost ~]# setfacl -m u:yw:rwx /tmp/a.txt
```

其中，-m 表示修改文件或目录的扩展 acl 设置信息；u 表示设置某个用户拥有的权限。再次查看 acl 权限，yw 用户已经有 a.txt 文件的 rwx 权限了，如图 5-14 所示。

图 5-14　yw 用户对 a.txt 文件具备 rwx 权限

切换到 yw 用户，发现其具备编辑并且查看 a.txt 的权限，如图 5-15 所示。

图 5-15　yw 用户对 a.txt 文件有编辑和查看权限

示例 2：给目录下所有文件都加扩展权限。注意，-R 选项（操作递归到所有子目录和文件）一定要在-m 前面或者授权目录的前面（否则会报语法错误），表示目录下所有文件。

```
[root@localhost ~]# setfacl -R -m
u:yw:rw- testdirectory/或者 setfacl -m
u:lee:rw- -R testdirectory/
[root@localhost ~]# setfacl -x u:yw
/tmp/a.txt        # 去掉单个权限
[root@localhost ~]# setfacl -b
/tmp/a.txt           # 去掉所有 acl 权限
```

在图 5-16 中，先给 a.txt 文件分别设置了 readonly、work、yw 三个用户的 acl 权限，然后演示去掉单个 yw 用户的 acl 权限的效果，接着演示去掉 yw、work、readonly 三个用户的 acl 权限的效果。

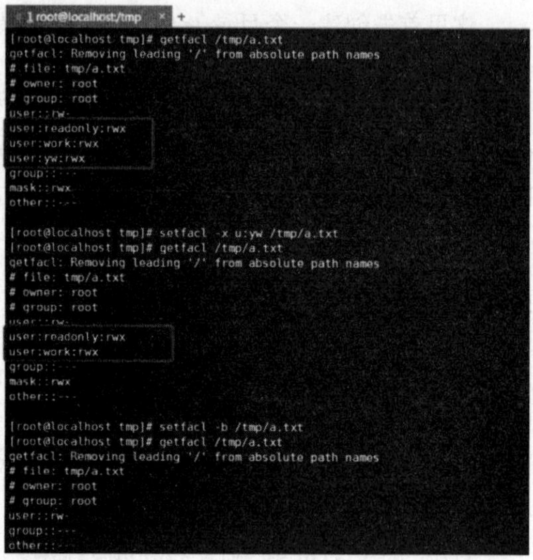

图 5-16　去掉单个 acl 权限和去掉所有 acl 权限

5.5　实战 sudo 命令

普通用户身份无法操作 reboot、shutdown、init、halt、user 这些管理命令，但某些特殊情况下又需要有执行权限，此时可以使用 sudo（switch user do）命令来进行权限设置。sudo 可以让管理员（root）事先定义某些特殊命令谁可以执行。

默认情况下，sudo 命令的配置文件中仅配置 root 用户的规则，规则所定义的参数在/etc/sudoers 这个配置文件中，该文件也是 sudo 的配置文件。配置文件默认为只读（不允许修改），但可以使用 cat 等命令来查看其内容，如下是部分内容：

```
...
## Allow root to run any commands anywhere
root    ALL=(ALL)        ALL

## Allows members of the 'sys' group to run networking, software,
## service management apps and more.
# %sys ALL = NETWORKING, SOFTWARE, SERVICES, STORAGE, DELEGATING, PROCESSES,
LOCATE, DRIVERS

## Allows people in group wheel to run all commands
%wheel  ALL=(ALL)        ALL

## Same thing without a password
# %wheel        ALL=(ALL)        NOPASSWD: ALL

## Allows members of the users group to mount and unmount the
## cdrom as root
# %users  ALL=/sbin/mount /mnt/cdrom, /sbin/umount /mnt/cdrom

## Allows members of the users group to shutdown this system
# %users  localhost=/sbin/shutdown -h now
```

```
## Read drop-in files from /etc/sudoers.d (the # here does not mean a comment)
#includedir /etc/sudoers.d
```

对于该配置文件的修改，建议使用 visudo 命令，不过用户对该文件仅有可读权，因此要编辑该文件须先授予可写权，并在打开该文件后使用和 vim 编辑器一样的命令来操作。

之前讲过，/etc/sudoers 默认情况下仅配置 root 用户的规则，对于规则的配置格式可以在该文件中找到，以下是配置格式和信息：

```
## The COMMANDS section may have other options added to it.
##
## Allow root to run any commands anywhere
root    ALL=(ALL)       ALL
```

下面按照先后顺序对这些信息进行说明：

● root: 表示用户名，如果是用户组，则可以写成 "%组名"。
● ALL: 表示允许登录的主机（地址白名单）。
● (ALL): 表示以谁的身份执行，ALL 表示 root 身份。
● ALL: 表示当前用户可以执行的命令，多个命令可以使用 "," 分隔。

如果需要配置其他用户的 sudo 规则，可参考 root 用户的配置规则进行。

示例：创建 test 用户，并以 test 用户的身份来新建用户。

```
[root@localhost ~]# useradd test
[root@localhost ~]# passwd test
更改用户 test 的密码
新的 密码：              # 密码为 123456
无效的密码： 密码少于 8 个字符
重新输入新的 密码：
passwd：所有的身份验证令牌已经成功更新。
```

实际上，平台用户 test 并不能添加用户，这是因为它没有创建用户的权限，因此使用它来创建 test1 用户时会提示权限不够的问题。

```
[root@localhost ~]# su - test
[root@localhost ~]# useradd test1
-bash: /user/sbin/useradd: 权限不够
```

要是需要使用普通用户 test 来创建用户，需要在 sudo 的配置文件中进行配置，使其具备添加新用户的权限。

注意，在写 sudo 规则的时候不推荐以相对路径的方式设置命令，建议以绝对路径的方式设置（直接指定命令的完整路径）。

路径可以使用 which 命令来查看，语法如下：

```
#which 命令名称
```

接着在 visudo 打开的文件中配置普通用户的权限，配置信息如下：

```
test    ALL+(ALL)               /usr/sbin/useradd
```

在添加好对应的规则之后，就可以切换到普通用户 test，然后再执行：

```
[root@yunwei /]# su - test
```

```
[test@yunwei /]# useradd test1
bash: /user/sbin/useradd: 权限不够
```

此时要想使用刚才的规则，则以下命令进行：

```
#sudo 需要执行的命令
[root@localhost ~]# sudo useadd test1
[sudo] test 的密码:
```

在输入 sudo 命令之后需要输入当前的用户密码进行确认操作（不是 root 用户密码），输入之后在接下来的 5 分钟内再次执行 sudo 命令则不需要密码。

如果要删除用户则会提示：

```
[test@localhost ~]# sudo userdel test1
对不起，用户 test 无权以 root 的身份在 localhost.localdomian 上执行/sbin/userdel test1
```

因此，要想实现删除则必须先配置 sudo 规则，即打开/etc/sudoers 配置文件或直接执行 visudo 命令打开配置文件（建议使用 visudo 命令打开），并在该文件中以绝对路径的方式增加命令 /usr/sbin/userdel，添加如下行：

```
test    ALL=(ALL)         /usr/sbin/useradd, /usr/sbin/userdel
```

保存后退出，此时使用 test 用户来删除 test1 用户就不会提示无权限的问题了。

扩展：在普通用户下可以使用下述命令查看自己具有哪些特殊权限。

```
#sudo -l            表示 list
```

已经添加 sudo 权限后的 test 普通用户可以查看自己具有的特殊权限，如图 5-17 所示。

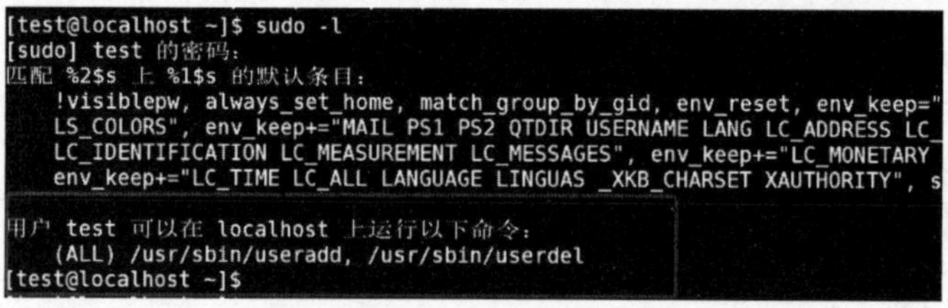

图 5-17　普通用户查看自己的特殊权限

注意，sudo 不是任何 Linux 系统都有的命令，但常用的 CentOS 与 Ubuntu 都有 sudo 命令。

第6章

文件归档

本章我们开始学习文件的归档处理，因为 Linux 系统都是以文件的形式存在的，所以在处理文件时有时会因为文件太多导致传输速度慢等问题，为了方便使用并提高效率，常把文件归档（就是把多个文件变成一个归档文件）。

6.1 文件的类型

在 Linux 系统下，常见的文件类型主要有目录文件、普通文件、链接文件等，它们相互协作以完成各项工作，使系统能够正常工作，本节我们针对 Linux 这些文件进行详细介绍。

6.1.1 目录文件

形象地说，目录更像是一个数据库，在其下存储着文本文件、设备文件及目录文件等各类文件。目录是至今为止依然不能直接写入数据的文件，因此要在目录下存储数据时需要先创建普通文件，再以向普通文件写入数据的形式存储数据。

在 Linux 系统下的目录以层级的等级关系组成一种"分布式"的结构，这种"分布式"的结构就像是一棵倒置的树，树的最顶层是根目录（用"/"来表示），其下的子目录可以一直向下延伸，理论上没有终点。

文件是组成 Linux 系统的主要成分，是系统不可缺少的。其中，目录是文件体系中的基础，系统的文件以目录为依托而存在。

根（/）目录是整个 Linux 系统最顶层的目录，是系统其他文件存在的基础和入口，因此根目录是一个非常重要的目录。系统以根目录为起点，并与其他目录或文件形成一个层次等级严格的文件系统，不过默认情况下与根目录有直接关系的这层等级中只存在目录（根目录的子目录），可以在根目录下执行 tree 命令来获取根目录与子目录之间这种严格的等级关系图。

6.1.2　普通文件

在 Linux 系统下，普通文件主要包含文本文件和特殊文件这两类。普通文件是系统中数量最多、使用频率最高的文件，是系统中相关数据存放的最终归宿。

1. 文本文件

文本文件以 "-" 作为标识符，包括纯文本文件（ASCII，其内容可以直接读取，如自编的 shell 脚本文件）、二进制文件（这些都经过编译且内容不可读）和数据格式的文件（在程序运行中使用特定格式的文件）这三类。

其中，纯文本文件是 Linux 系统中数量最多的一种类型，之所以称为纯文本文件，是因为可以直接读懂它的内容；二进制文件主要以可执行的状态存在，是一些经过特殊处理的文件，处理过后的内容仅有系统能读懂，系统大多数的命令其实对应的就是一个二进制文件；数据格式文件是系统中某些程序在运行的过程中会读取的某些特定格式的文件，这些文件以不可读的方式来记录数据，但所记录的数据可以通过特定的命令来读取，如使用 last 命令读取/var/log/wtmp 的内容。

2. 特殊文件

特殊文件包括块设备文件、套接字文件、字符设备文件及命名管道文件，这类文件不包含任何数据，而是提供一种用于在文件系统中建立一个物理设备与文件名之间映射的机制，系统必须支持每个设备且每个设备至少与一个特殊文件相关联。

特殊文件是通过 mknod 命令或系统调用来创建的，在创建这类文件时必须提供相应的驱动程序并在创建后集成到系统内核中。特殊文件被 Linux 系统用于作为用户与 I/O 设备间的接口，使用户能够像读写普通文件一样使用设备 I/O 接口。

- 字符设备文件：这类文件以 "c" 作为标识符，是一些如鼠标、键盘等串口设备的接口，这些设备通常是一次性读取且不能截断输出。
- 块设备文件：块设备文件以 "b" 作为标识符，是文件系统的组成单位，是储存数据以供系统随机存取的接口设备。
- 套接字文件：或称数据接口文件，以 s 作为标识符。这种文件通常用于网络上的数据承接，具体说就是应用程序用于给客户端进行数据的沟通。
- 命名管道文件：或称数据输送文件，用于解决多个程序同时存取一个文件所造成的错误问题，以 "p" 为标识符。

块设备文件、套接字文件等与我们日常工作的内容交集较少，仅做展示。例如，进入/dev 目录后，会看到如下文件：

```
[root@localhost ~]# ls -la /dev/tty
crw-rw-rw- 1 root tty 5, 0 04-19 08:29 /dev/tty
[root@localhost ~]# ls -la /dev/hda1
brw-r----- 1 root disk 3, 1 2006-04-19 /dev/hda1
```

其中，/dev/tty 的展示结果为 crw-rw-rw-，第一个字母 "c" 表示字符设备文件，如猫等串口设备；/dev/hda1 的展示结果为 brw-r-----，第一个字母 "b" 表示块设备，如硬盘、光驱等。

还有一种特殊的文件，就是/dev/null，是被称为"黑洞"的空设备文件，任何进入到该设备的数据都会被"吞并"，基本读不出来，可以说是有进无出。

6.1.3　链接文件

在 Linux 系统中，链接文件有软、硬链接两种。其中，软链接文件相当于一个文件的影子，比如快捷方式文件；硬链接文件相当于一个文件的副本，就好比是对一个文件进行复制后得到的文件，但这并不是独立存在的文件。

软/硬链接文件有各自的特点，下面对这两种文件的特点进行简单介绍。

（1）文件创建后，源文件、软/硬链接文件均可以查看到文件内容。

（2）编辑源文件，软/硬链接文件的内容也会随着变化。

（3）删除源文件，软链接失效，硬链接无影响。再重新建一个与源文件同名的文件，软链接就直接链接到新的文件，而硬链接不变，因为软链接是按名称进行链接的。

软链接文件可以在一定的程度上解决配置文件管理的问题，比如说有些服务有多个分布在不同位置的配置文件，通过软链接方式就可以对这些文件做一个软链接文件到统一的目录下，能够在很大程度上减轻查找文件所需的时间。

软链接文件就好比是 Windows 系统下的快捷文件，在 Windows 系统下创建快捷文件时需要先选择目标文件（创建快捷文件的源文件）再创建快捷文件。在 Linux 系统下要创建软链接文件，同样需要先指定源文件后才能创建软链接文件。

创建软链接文件使用的是 ln 命令且常带-s 选项，软链接文件的名称可以自定义。下面是创建/a/source.txt 文件的软链接文件/b/des.txt 的过程。

```
[root@localhost ~]# ln -s /a/source.txt /b/des.txt
[root@localhost ~]# ll /b/des.txt
Lrwxrwxrwx  root root 13 10月  8 19:04 /b/des.txt -> /a/source.txt
```

这种软链接文件的源文件和目标文件内容上是一致的。为了验证这个结论，对目标文件/b/des.txt 进行编辑后保存，接着查看源文件/a/source.txt 的内容，会发现源文件的内容就是刚改过的/b/des.txt 文件的内容。也就是说，这类文件的数据是自动同步的，更改其中一个文件的内容相当于同时更改两个文件的内容。

同理，要对源文件/a/source.txt 的内容进行更改，目标文件/b/des.txt 的内容也会被同步成与源文件的内容一致。因此，从本质上可以把这类文件看作是一个文件。

源文件相当于是"根基"所在，把它删除后目标文件因找不到"根基"其内容也不存在了，因此目标文件仅是以一个名字存在而没有任何实质性的内容。反过来讲，删除目标文件就相当于删除文件的影子，对源文件并不会造成丝毫影响。

以上内容通过下面的例子来验证。直接删除目标文件并查看源文件：

```
[root@localhost ~]# rm -rf /b/des.txt
[root@localhost ~]# ll /a/source.txt
-rw-r-r--. 1  root  root  25 10月 8 19:18  /a/source.txt
```

此时发现源文件还存在，内容还是没有发生改变，因此可以说删除目标文件不会对源文件造成实质性的影响。

反过来，删除源文件时尽管目标文件没有被删除，但此时目标文件只是以名字的形式存在，实际上已经没有内容了。

```
[root@localhost ~]# rm -rf /a/source.txt
[root@localhost ~]# ll /b/des.txt
Lrwxrwxrwx. 1 root root 13 10月 8 19:21 /b/des.txt —> /a/source.txt
```

以上示例输出的信息以很显眼的颜色显示，如果查看它的内容，就会提示文件不存在。

6.2 文件归档和归档技术

文件归档就是把多个文件变成一个归档文件，集中在一起，归档的目的是为了方便备份、还原及文件的传输操作，简单讲就是便于管理。

6.2.1 用 tar 命令归档文件

对文件的归档打包管理使用的是 tar 命令（工具），格式是：

```
tar cf 存储路径 打包文档
```

tar 命令的功能是将多个文件（也可能包括目录，因为目录本身也是文件）放在一起，存放到一个磁带或磁盘归档文件中，并且将来可以根据需要只还原归档文件中某些指定的文件。

tar 命令有以下几个常用选项：

- c: 创建一个新的 tar 文件。
- t: 列出 tar 文件中目录的内容。
- x: 从 tar 文件中抽取文件。
- f: 指定归档文件或磁带（也可能是软盘）设备（一般都要选）。
- v: 显示所打包的文件的详细信息，v 是 verbose 的第 1 个字母。
- z: 使用 gzip 压缩算法来压缩打包后的文件。
- j: 使用 bzip2 压缩算法来压缩打包后的文件。

例如，需要将"/etc"下的文件归档则需要输入"tar cf etc.tar /etc"。

示例：归档文件。为便于操作，先创建目录 test 并创建 1~5 这 5 个 txt 文件。

```
[root@localhost ~]# mkdir test
[root@test ~]# cd test/
[root@test test]# touch {1..5}.txt
[root@test test]# ll
total 0
-rw-r--r-- 1 root root 0 Jan 10 17:02 1.txt
-rw-r--r-- 1 root root 0 Jan 10 17:02 2.txt
-rw-r--r-- 1 root root 0 Jan 10 17:02 3.txt
-rw-r--r-- 1 root root 0 Jan 10 17:02 4.txt
-rw-r--r-- 1 root root 0 Jan 10 17:02 5.txt
```

使用 tar 命令归档文件：

```
[root@test test]# tar -vcf test.tar 1.txt 2.txt 3.txt 4.txt 5.txt
1.txt
2.txt
3.txt
4.txt
5.txt
```

其中，test.tar 是最终归档后的文件的名字，所有的.txt 后缀的文件都是被归档的文件，命令中使用的 v、c 和 f 三个选项分别表示输出详细信息、创建归档文件和指定要归档的文件。

此时，查看当前目录会发现多出了一个 test.tar 的归档文件。

```
[root@localhost test]# ls
1.txt  2.txt  3.txt  4.txt  5.txt  test.tar
```

实际上，通过这种方式进行归档后，归档文件会占用更多的磁盘空间。本来磁盘空间资源就有限，因此如何将存放在系统上的数据在保证数据完整性的条件下减少占据磁盘空间是一个非常重要的问题。

对于 tar 命令，它有一个选项是可以对归档文件进行压缩的，这个选项就是-z。在归档时使用该选项能够对归档文件进行压缩，示例如下：

```
[root@test test]# tar -zvcf test2.tar 1.txt 2.txt 3.txt 4.txt 5.txt
1.txt
2.txt
3.txt
4.txt
5.txt
[root@test test]# ll -h
total 16K
-rw-r--r-- 1 root root    0  Jan 10 17:02 1.txt
-rw-r--r-- 1 root root    0  Jan 10 17:02 2.txt
-rw-r--r-- 1 root root    0  Jan 10 17:02 3.txt
-rw-r--r-- 1 root root    0  Jan 10 17:02 4.txt
-rw-r--r-- 1 root root    0  Jan 10 17:02 5.txt
-rw-r--r-- 1 root root  132  Jan 10 17:51 test2.tar
-rw-r--r-- 1 root root  10K  Jan 10 17:03 test.tar
```

其中，-h 选项是以 K 单位的形式归档文件大小的。

对比是否使用-z 选项后的归档文件就会发现，使用-z 选项后的归档文件大小都不到 1K，远比不使用-z 选项归档的文件小很多，这样就能够节省大量的磁盘空间。

6.2.2 解压 tar 格式归档文件

对于.tar（.tar.gz）后缀归档的（解压）文件，使用带有选项的 tar 命令就可以解压，常用的选项及功能说明如下：

- -x：从 tar 文件中抽取文件。
- -f：指定归档文件或磁带（也可能是软盘）设备（一般都要选）。
- -c：表示指定目录。

为了能够更加直接地反映出解压的效果，先将当前目录（/root/test/）下所有以.txt 为后缀的文

件全部删除（其中，*符号是通配符，意思就是匹配当前目录下所有符合条件的文件），之后通过
ll 命令查看删除结果。

```
[root@test test]# rm -rf *.txt
[root@test test]# ll
total 16
-rw-r--r-- 1 root root   132 Jan 10 17:51 test2.tar
-rw-r--r-- 1 root root 10240 Jan 10 17:03 test.tar
```

根据输出的信息可以确定所有的.txt 文件已经被删除，接下来开始对压缩文件进行解压，所解
压的文件是 test2.txt，并查看操作结果。执行下面的命令：

```
[root@test test]# tar -vxf test2.tar
1.txt
2.txt
3.txt
4.txt
5.txt
[root@test test]# ll
total 16
-rw-r--r-- 1 root root     0 Jan 10 17:02 1.txt
-rw-r--r-- 1 root root     0 Jan 10 17:02 2.txt
-rw-r--r-- 1 root root     0 Jan 10 17:02 3.txt
-rw-r--r-- 1 root root     0 Jan 10 17:02 4.txt
-rw-r--r-- 1 root root     0 Jan 10 17:02 5.txt
-rw-r--r-- 1 root root   132 Jan 10 17:51 test2.tar
-rw-r--r-- 1 root root 10240 Jan 10 17:03 test.tar
```

通过输出的信息可以确定，test2.tar 文件已经被解压。

6.2.3 压缩/解压缩多种格式文件

对于压缩文件，除了.tar、.gz 格式之外，还有 zip、gz 及 xz 等格式，对于这类（压缩）归档文
件，通常被使用的概率比较少，但在系统迁移、数据还原等场合常使用，因此有必要了解这类文件
的压缩和解压缩过程。

接下来将介绍 gz 和 bz2 这两种格式文件的压缩和解压缩，首先介绍.gz 格式文件的压缩和解压
缩。

为了演示对文件的压缩和解压缩操作，先做一下准备工作，即使用 cat 命令把/etc/passwd 文件
的内容复制一份出来并重命名文件为 test.txt（其中的>用于重定向，相当于新建一个文件，也具备
清空文件内容的功能），然后使用 gzip 命令对它进行压缩。

```
 [root@test ~]# cat /etc/passwd > test.txt
[root@test ~]# gzip test.txt
[root@test ~]# ll
total 4
-rw-r--r-- 1 root root 960 Jan 10 20:50 test.txt
[root@test ~]# gzip test.txt
[root@test ~]# ll
total 4
-rw-r--r-- 1 root root 448 Jan 10 20:50 test.txt.gz
```

　　从输出的信息来看，确实出现了 gz 格式的文件，但源文件已经不存在了，说明该命令在压缩文件的时候就把源文件删除了。另外，压缩文件比源文件小一些（源文件为 960，压缩后为 448），有利于数据的存储。

　　对于 gz 格式文件的解压缩，其命令为 gunzip，且在执行解压缩时不需要选项的辅助，因此使用也是比较简单的。需要注意的是，解压缩时会把源文件删除。对此类压缩文件的解压缩过程如下：

```
[root@test ~]# gunzip test.txt.gz
[root@test ~]# ll
total 4
-rw-r--r-- 1 root root 960 Jan 10 20:50 test.txt
```

　　上面介绍的是.gz 类压缩文件的操作，接下来介绍.bz2 类格式的文件的压缩与解压的。这类文件的压缩使用的命令是 bzip2，比较简单。

```
[root@test ~]# bzip2 test.txt
[root@test ~]# ll test.txt.bz2
-rw-r--r-- 1 root root 713 Jan 10 20:50 test.txt.bz2
```

　　从输出的信息可以确定，bz2 格式的压缩文件已经生成，仅从现在的信息看该命令对文件的压缩率并没有 gzip 命令的压缩率高。

　　对于 bz2 类格式的压缩文件，要解压缩时需要使用 bunzip2 命令。下面对 test.txt.bz2 压缩文件进行解压缩，并在解压后查看该文件的信息。

```
[root@test ~]# bunzip2 test.txt.bz2
[root@test ~]# ll test.txt
-rw-r--r-- 1 root root 1621 Jan 10 21:50 test.txt
```

第7章

磁盘空间管理

系统中的数据主要储存在磁盘空间上，每块磁盘通常被划分成一个或以上的分区，每个分区都是磁盘中独立的空间，在这些分区上需要创建文件系统后才可以储存数据，也就是说在磁盘上先创建分区，再创建文件系统，每层之间协同来保证数据的安全。

7.1 磁盘分区的概念

硬盘属于随机存储设备，比较常见的接口可归纳为串行接口和并行接口这两大类。由于硬盘的类型不同，因此在系统下命名的方式也不同。通过命名的组成就可以判断出硬盘的类型，在 Linux 系统下硬盘通常是以"/dev/sd+字母"的方式命名，并以数字来表示分区的数目。

7.1.1 硬盘的物理结构

磁盘是一片以坚硬金属材料制成并被永久密封在固定位置上的磁性介质，通常每个盘有两面并且每面都可记录信息。要了解磁盘的物理结构，就需要对磁道、扇区、柱面等这几个概念有所了解。注意，磁盘只是硬盘的一部分，不同容量硬盘的盘片数也有所不同。

磁盘是计算机最为宝贵的资源之一，计算机及相关应用所产生的数据绝大部分都被永久保存在磁盘的盘片之上。对于磁盘的盘片，可以视每个盘片由若干个磁道和扇区组成，这些磁道和扇区在盘片的表面空间上形成多个同心圆柱面，在读写数据时需要磁盘片不断高速旋转，如果数据具有一定的量，数据的查找时间就消耗更多。也就是说，磁盘的转速和数据储存量都会对数据的读写速度和系统运行的速度有所影响。

磁盘中的磁道、扇区等都具有一定的空间限制，这些限制可以为磁盘中数据的正常读写提供可行性，否则会引起磁道间的相互干扰。

● 磁道：磁盘片被划分为等分的同心圆，这些同心圆就是磁道。磁道是被磁头磁化的同心圆，为了避免磁盘单元之间相互干扰，每个磁道之间都要存在一定的间隔。

● 扇区：磁盘的磁道中等份的区域，是数据存储的最小单位。

● 柱面：具有相同磁道编号的同心圆组成的面。柱面是磁盘分区的最小单位，数量与磁盘上的磁道数相等。

7.1.2 分区的基本组成方式

分区是指在磁盘上建立用于储存数据和文件的独立空间，要了解磁盘分区的结构，需要对 MBR、主分区、扩展分区、逻辑分区的相关概念有所掌握。系统下的磁盘分区（安装系统的磁盘，不包括后来新添加的磁盘）由主分区（Primary Partition）和扩展分区（Extended Partition）组成。其中，主分区可直接使用，扩展分区则需要先划分成逻辑分区（Logical Partition）才可以使用。

对于磁盘的分区，其划分的组合方式有多种，但不管怎么划分都要至少存在一个主分区。对于扩展分区，可以不划分，由于扩展分区不能直接使用，因此需要在扩展分区上再创建逻辑分区，理论上逻辑分区的数量是没有上限的。

每个磁盘上最多有 4 个主分区（整个磁盘都划分成主分区），实际上不建议将整个磁盘划分成 4 个主分区（由于磁盘本身的原因，划分成 4 个主分区并不能把全部的空间都使用到，而且剩下的空间也没有多余的分区表来记录），这会造成空间的浪费。

实际上扩展分区并不能直接使用，而是需要在其上再创建逻辑卷才可以。那么何必要先创建扩展分区再创建逻辑卷而不是直接创建逻辑卷呢？主要是因为在扩展分区上创建分区时不受限制，即可以创建无限个逻辑分区。

除了主分区和扩展分区之外，系统会自动保留一个只有 512 字节大小的主引导（Master Boot Recorder，MBR）分区（图 7-1 所示的是 MBR 的位置及结构示意图）。这个分区是实际文件数据放置的地方，保存着磁盘系统启动的引导信息、磁盘分区表等重要信息。这些数据非常重要，如果 MBR 物理实体损坏，那么这块磁盘基本无法使用了。

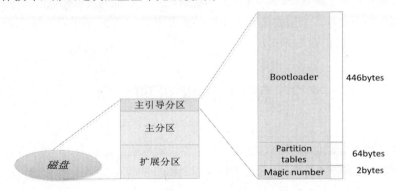

图 7-1 磁盘分区

主引导分区中主要有 Bootloader 和 Partition tables 这两个部分：Bootloader 占据 446 字节，用于存放引导代码；Partition tables 占据 64 字节，用于存放磁盘分区表，因为磁盘每个分区的信息需要用 16 个字节来记录，所以最多只能记录 4 个分区的信息。

另外，在每个分区表中记录着每个分区的大小（始终点）、所处磁盘的位置、柱面等信息。如果重新分区，实际上就是重新更改分区表的记录信息，比如分区表中定义了第 n 个分区是从"第

x 个柱面到第 y 个柱面",当系统要读取第 n 个磁盘时就根据分区表中定义的信息去操作。

7.1.3 磁盘分区的命名规则

在 Linux 系统下有 SCSI 和 IDE 这两种类型的硬盘,其中,SCSI 是以/dev/sdx 格式命名的,IDE 是以/dev/hdx(x 表示的是硬盘的块数,比如第 1 块为 a,则第 2 块则为 b)的格式命名。相对来说,SCSI 类硬盘使用较为广泛。

硬盘中的磁盘空间虽然可以划分成多个分区,但是分区之间不能重叠(也就是分区号不能相同),而且每个分区的名称总与该分区所属的(磁盘)位置有关(如/dev/sda1 表示第一块磁盘的第一个分区),而对于不同类型的硬盘它所支持的分区数量也有所不同。磁盘设备(包括 U 盘、光盘等)在系统下都被视为文件系统并被映射到/dev/目录下。不同类型的设备被映射后的名称存在差异,可通过表 7-1 来说明。

表7-1　不同设备映射后的名称

设 备 名	相关说明
/dev/hdc	第三块 IDE 磁盘
/dev/sda	第一块 SCSI 磁盘
/dev/sda1	第一块 SCSI 磁盘上的第一个分区
/dev/sda2	第一块 SCSI 磁盘上的第二个分区
/dev/sda3	第一块 SCSI 磁盘上的第三个分区
/dev/sda5	第一块 SCSI 磁盘上的第一个逻辑分区

磁盘的分区编号等于或超过 5(如/dev/sda5、/dev/sda6 等)时就说明这块磁盘一定存在逻辑分区,如/dev/sda5 表示第一块 SCSI 类磁盘上的第一个逻辑分区,/dev/sda6 则表示第二块逻辑分区。

另外,在 Linux 主机上做 XEN 或 KVM 虚拟化时,这些虚拟机所用磁盘的命名格式也有所不同。XEN 类虚拟机的磁盘格式采用的是/dev/xvdb 的命名方式,KVM 则采用的是/dev/vdb 的命名方式,光盘采用的是/dev/sr0 的命名方式。

7.2　使用 fdisk 管理分区

在实际工作环境下对磁盘分区的划分通常是把整块新增的磁盘划分为一个分区,并对磁盘进行格式化。本节就从磁盘分区的获取、分区的创建以及磁盘挂载和卸载几个方面介绍硬盘分区的管理。

7.2.1 获取磁盘分区信息

要对系统的磁盘空间进行维护,首先要做的就是获取磁盘空间的相关信息。要获取怎么样的信息应该根据实际的维护需要而定(例如要扩展磁盘空间则应先了解是哪个分区空间不足,分区是否支持扩容,即分区的文件系统类型是否为 Linux LVM),通过对信息的获取就可以对需要维护的磁盘空间进行维护。

对于系统中的磁盘分区，最基本的应该有根（/）分区、/boot 分区和/swap 分区。根分区是一个特殊的分区，是系统根目录所在的区，储存系统正常运行时所需的数据；/boot 分区储存的是用于引导系统启动时所需的数据（如果这些数据被损坏，那么系统将无法正常启动）；swap 分区是磁盘上一个用于暂存数据的虚拟内存区，所储存的数据是从物理内存中调出来的，并在系统需要时再调出该区。

在系统上要获取磁盘有多少块，可以在/dev/目录下或通过 fdisk 命令来查看。如果只是获取磁盘的块数和每块磁盘上有多少个分区，可以通过下面的 ll 命令来查看，比如查看在/dev/下 SCSI 类磁盘和其分区：

```
[root@system ~]# ll /dev/sd*
brw-rw---- 1 root disk 8,  0 May 9 22:05 /dev/sda
brw-rw---- 1 root disk 8,  1 May 9 22:05 /dev/sda1
brw-rw---- 1 root disk 8,  2 May 9 22:05 /dev/sda2
brw-rw---- 1 root disk 8, 16 May 9 22:05 /dev/sdb
brw-rw---- 1 root disk 8, 32 May 9 22:05 /dev/sdc
```

从输出的结果可以看到，当前系统已挂载有 sda、sdb 和 sdc 三块硬盘，其中 sda 磁盘上有两个分区，即 sda1 和 sda2。

要获取某个磁盘更为详细的信息，可以执行 fdisk 命令，这个命令支持对指定或输出系统所有磁盘的信息。例如：

```
[root@system ~]# fdisk -l /dev/sda

Disk /dev/sda: 10.7 GB, 10737418240 bytes
255 heads, 63 sectors/track, 1305 cylinders
Units = cylinders of 16065 * 512 = 8225280 bytes
Sector size (logical/physical): 512 bytes / 512 bytes
I/O size (minimum/optimal): 512 bytes / 512 bytes
Disk identifier: 0x00024798

   Device Boot      Start         End      Blocks   Id  System
/dev/sda1   *           1          26      204800   83  Linux
/dev/sda2              26        1306    10279936   8e  Linux LVM
```

使用带有-l 选项的 fdisk 命令查看磁盘/dev/sda 的信息，可以获取关于/dev/sda 磁盘两个部分的信息：前半部分的内容包括磁盘的总容量、头部容量、I/O 速度和它在系统上的唯一标识码；后半部分的内容是磁盘分区的相关信息，包括磁盘的分区数、分区的起止位置、分区的总容量和分区的类型等。

对于系统当前的磁盘中的各个分区，在系统运行的过程中会因数据不断增加而消耗磁盘资源，此时要想了解分区的使用情况，可以通过 df 命令来获取相关的信息（选项不同，输出的单位不同）。例如：

```
[root@system ~]# df -h
Filesystem            Size  Used Avail Use% Mounted on
/dev/mapper/vg_cent6-LogVol01
                      8.7G  1.2G  7.1G  15% /
tmpfs                 244M     0  244M   0% /dev/shm
/dev/sda1             194M   25M  159M  14% /boot
```

输出的信息包括文件系统、文件系统的容量、已使用的容量、空闲容量、使用率和挂载点这几个部分。

其中，根分区总容量为 8.7GB（加上自身损耗那就是 9GB），其使用 1.2GB（使用率为 15%）。如果存在多个分区，就可以看到其他分区的相关信息。

要知道系统中已经挂载的分区及相关的信息（如分区名称、挂载点、分区的文件系统类型等），可以查看/etc/fstab 文件中的配置内容。例如：

```
# /etc/fstab
# Created by anaconda on Tue May  6 21:48:15 2014
#
# Accessible filesystems, by reference, are maintained under '/dev/disk'
# See man pages fstab(5), findfs(8), mount(8) and/or blkid(8) for more info
#
/dev/mapper/vg_cent6-LogVol01   /                  ext4 defaults          1 1
UUID=3b4ff1ef-46c4-4b74-ac8e-8e6dc2990e4f /boot      ext4    defaults
1 2
/dev/mapper/vg_cent6-LogVol00 swap            swap  defaults          0 0
tmpfs                  /dev/shm        tmpfs defaults          0 0
devpts                 /dev/pts        devptsgid=5,mode=620    0 0
sysfs                  /sys            sysfs defaults          0 0
proc                   /proc           proc  defaults          0 0
```

在/etc/fstab 文件中记录的是系统当前所挂载且开机自动挂载的磁盘分区、挂载点、文件系统类型等信息。

下面对该文件中设置自动挂载的配置格式进行简单介绍。

第一段参数：设备的名称（或被挂载的设备），所指的设备可以是逻辑卷、逻辑卷和特殊的文件系统。

第二段参数：挂载点，就是某个设备要挂载到的地方（或目录）。

第三段参数：文件系统的类型，是在格式化分区时指定的。

第四段参数：指定挂载后谁有权限使用，可以指定某个用户或组员使用或拥有读写权限等参数，要是使用默认的方式就是开放使用权。

第五段参数：启动时是否备份，其中 0 表示不做备份，1 表示每天进行备份，2 表示不定期备份。

第六段参数：启动是否检查扇区，其中 0 表示不检查，1 表示启动时就检查，2 表示在 1 级别后进行检查。

要获取系统中存在的物理卷、卷组、逻辑卷及相关信息（如这些卷的名称、路径及相关的信息等），可以通过相应的命令来对系统中这些卷的信息进行扫描并显示出来。

以下使用 pvscan 命令扫描系统中存在的物理卷：

```
[root@system ~]# pvscan
  PV /dev/sdb1   VG vgsdb    lvm2 [50.00 GiB / 0    free]
  PV /dev/sda2   VG vg_sam   lvm2 [7.80 GiB / 0    free]
  Total: 2 [57.80 GiB] / in use: 2 [57.80 GiB] / in no VG: 0 [0    ]
```

通过输出的信息可获知到物理机所在的分区、名称、容量及物理卷的总容量等。

以下使用 vgscan 命令扫描系统中存在的卷组：

```
[root@system ~]# vgscan
  Reading all physical volumes.  This may take a while...
  Found volume group "vgsdb" using metadata type lvm2
  Found volume group "vg_sam" using metadata type lvm2
```

通过输出的信息可获知，系统中的卷组名称及分区的文件系统类型。

以下使用 lvscan 命令扫描系统中存在的逻辑卷：

```
[root@system ~]# lvscan
  ACTIVE              '/dev/vgsdb/lvsdb' [50.00 GiB] inherit
  ACTIVE              '/dev/vg_sam/LogVol01' [6.80 GiB] inherit
  ACTIVE              '/dev/vg_sam/LogVol00' [1.00 GiB] inherit
```

通过输出的信息可获知系统中的逻辑卷名称及各自的容量。

7.2.2 创建磁盘分区

在磁盘上创建分区可使用 fdisk 命令进入交互模式后划分，如需要将新添加的磁盘/dev/sdc 划分出一个大小为 5GB（大概为 652 cylinders）的新分区/dev/sdc1，该分区为主分区且分区号为 1。可以执行下述命令：

```
[root@system ~]# fdisk /dev/sdc
Device contains neither a valid DOS partition table, nor Sun, SGI or OSF disklabel
Building a new DOS disklabel with disk identifier 0x79a40d2d.
Changes will remain in memory only, until you decide to write them.
After that, of course, the previous content won't be recoverable.

Warning: invalid flag 0x0000 of partition table 4 will be corrected by w(rite)

WARNING: DOS-compatible mode is deprecated. It's strongly recommended to
         switch off the mode (command 'c') and change display units to
         sectors (command 'u').

Command (m for help): n          # n（new）表示创建新分区
Command action
   e   extended
   p   primary partition (1-4)
p                                # 指定分区为主分区
Partition number (1-4): 1        # 分区号为1
First cylinder (1-1305, default 1):     # 分区的起点，默认为从第一个柱面开始
Using default value 1
#分区的终止位置
Last cylinder, +cylinders or +size{K,M,G} (1-1305, default 1305): 652

Command (m for help): p     # 显示新分区信息

Disk /dev/sdc: 10.7 GB, 10737418240 bytes
255 heads, 63 sectors/track, 1305 cylinders
Units = cylinders of 16065 * 512 = 8225280 bytes
Sector size (logical/physical): 512 bytes / 512 bytes
I/O size (minimum/optimal): 512 bytes / 512 bytes
Disk identifier: 0x79a40d2d
```

```
    Device   Boot     Start      End      Blocks      Id  System
 /dev/sdc1                1      652     5237158+      83  Linux

 Command (m for help): w       # 保存分区信息
 The partition table has been altered!

 Calling ioctl() to re-read partition table.
 Syncing disks.
```

至此，已经完成在磁盘/dev/sdc 上创建新的分区/dev/sdc1，如果是把整个磁盘划分成一个分区就不需要指定分区的终止柱面，使用默认的参数即可（也就是在设定分区的终止柱面时直接按"回车"键）。

下面是在交互模式下通过 m 命令获取的命令及相关信息。

- a: toggle a bootable flag（设置可引导的标记）。
- b: edit bsd disklabel（修改 bsd 磁盘的标签）。
- c: toggle the dos compatibility flag（设置 dos 的兼容性）。
- d: delete a partition（删除一个分区）。
- l: list known partition types（列出被支持的所有分区类型）。
- m: print this menu（显示帮助列表信息）。
- n: add a new partition（添加一个新的分区）。
- o: create a new empty DOS partition table（创建一个新的空 DOS 分区表）。
- p: print the partition table（显示当前的分区列表）。
- q: quit without saving changes（退出操作但不保存修改）。
- s: create a new empty Sun disklabel（创建一个新的空 Sun 磁盘标签）。
- t: change a partition's system id（更改分区的系统 id 号）。
- u: change display/entry units（更改显示记录）。
- v: verify the partition table（对分区表进行核实）。
- w: write table to disk and exit（保存新的分区表参数后退出）。
- x: extra functionality (experts only)（特殊功能，建议初学者不要用）。

7.2.3 分区卸载报错解决方案

对于磁盘分区，在需要维护时需要把它们卸载下来，不过有时候在卸载磁盘分区时会出现错误，其中的错误之一就是无法卸载，这种情况一般是提示设备忙。

为了模拟过程，先执行命令把分区挂载，并在切换到挂载点后在其他终端窗口上执行 umount 命令来卸载分区：

```
[root@localhost ]# mount /dev/sdb1 /sdb1/
[root@localhost ~]# cd /sdb1/
[root@localhost ~]# umount /sdb1
umount: /sdb1: 目标忙
```

通过输出的信息可知道被卸载的目标设备处于忙碌状态，简单地说就是该设备在被使用中无法停止，也就无法被卸载。这种情况就好比是在 Windows 下要卸载 U 盘时提示设备在使用。

如果要卸载该设备，那么首先要找到使用该设备的进程，并将它退出。要查找是谁在使用某个设备时可以使用 lsof 命令，比如查看是谁在使用磁盘分区 sdb1：

```
[root@localhost ~]# lsof /sdb1
COMMAND  PID USER   FD   TYPE DEVICE SIZE/OFF NODE NAME
bash    3322 root  cwd   DIR   8,17      20   64 /sdb1
lsof    4242 root  cwd   DIR   8,17      20   64 /sdb1
lsof    4243 root  cwd   DIR   8,17      20   64 /sdb1
```

此时就可以知道是谁在使用 sdb1 这个分区（或目录）了，将对应的进程杀死或退出后就可以卸载 sdb1。例如，使用 kill 命令杀死正在使用 sdb1 分区的进程：

```
[root@localhost  sdb1]# kill -9 3322
Connection closing ... Socket close.
Connection closed by foregin host.
Disconnected from remote host (centos7-1) at 10:21:23.
Type 'help' to learn how to use Xshell prompt.
```

如果知道执行什么命令占用了分区资源，可直接停止退出。例如，在本例中出现不能卸载设备的原因是由于切换到了 sdb1 目录下，因此找到执行切换到 sdb1 目录下的终端后，执行退出目录的命令就可以卸载了。

```
[root@localhost sdb1]# cd
[root@localhost ~]# umount /dev/sdb1
```

7.2.4　利用/etc/fstab 文件挂载分区

在挂载磁盘分区时会涉及/etc/fstab 文件，该文件在系统启动时读取并根据其中的配置来挂载指定的分区。如果出现配置错误，那么系统就无法启动。本节主要介绍该文件配置出错时的修复、基本应用和分区挂载的其他方式。

1. /etc/fstab 文件配置错误修复

通常，在配置磁盘空间时都采取开机自动挂载的方式，这样可以避免系统重启后可能因磁盘没法及时挂载而导致数据无法同步的问题，毕竟无法做到及时对每台服务器重启后手动挂载磁盘。但挂载也可能出现错误，比如在修改/etc/fstab 文件后重启系统的过程中因/etc/fstab 文件修改格式等问题导致系统报错，这时系统就无法继续启动而是等待修复，因此在启动到某个阶段时就会提示输入认证信息并进入单用户模式进行维护。

如图 7-2 所示的界面，这是由于/etc/fstab 文件修改出错导致启动失败的错误提示，此时输入 root 用户密码并进入单用户模式就可以进行修复工作。

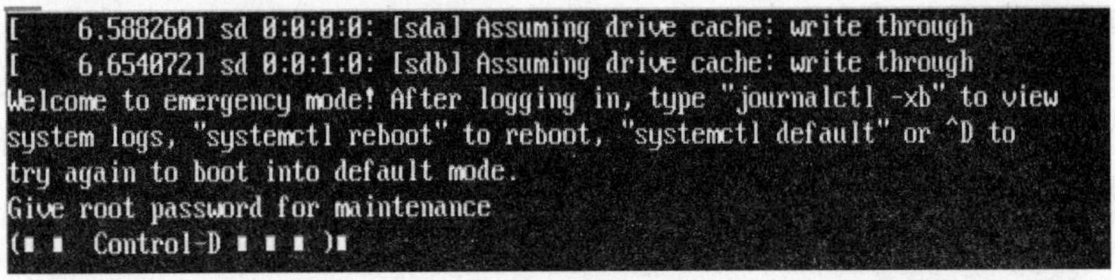

图 7-2　进入单用户模式

造成开机失败的原因是因为在配置磁盘开机自动挂载时命令行出错，只需在进入单用户模式后使用编辑器（如 vi/vim）打开/etc/fstab 文件，并把刚刚添加的自动挂载磁盘分区的命令行删除即可解决问题。如图 7-3 所示是删除后的/etc/fstab 文件配置信息。

```
# /etc/fstab
# Created by anaconda on Wed Nov 21 20:27:51 2018
#
# Accessible filesystems, by reference, are maintained under '/dev/disk'
# See man pages fstab(5), findfs(8), mount(8) and/or blkid(8) for more info
#
/dev/mapper/centos-root /                       xfs     defaults        0 0
UUID=030270c4-312f-4b00-8b83-9437c22c787d /boot  xfs     defaults        0 0
/dev/mapper/centos-swap swap                    swap    defaults        0 0
```

把刚刚添加的自动挂载给删除

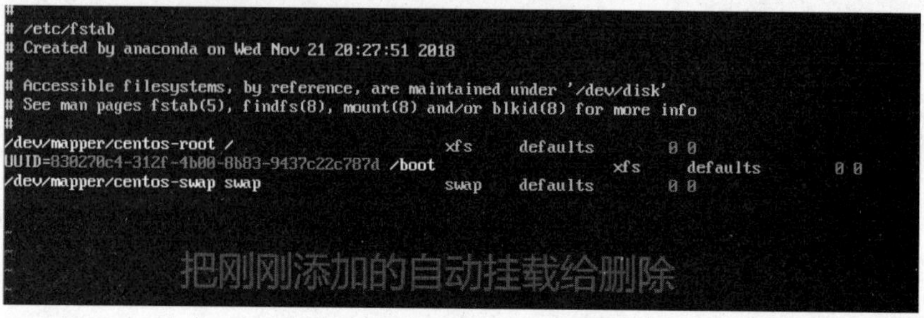

图 7-3　删除后的/etc/fstab 文件配置信息

完成后保存退出，执行 reboot 命令重启系统，这样就处理了自动挂载出现的问题。

2. 挂载分区的方式补充

磁盘分区挂载的方式分为手动挂载和自动挂载，手动挂载更多的是用于日常维护和测试。

通常，使用 mount 命令来将指定的磁盘分区挂载到指定的挂载点上，这是一个比较常见的挂载命令。当然可以直接执行带有选项-a 的 mount 命令挂载磁盘分区，但该命令在/etc/fstab 文件中指定的分区没被挂载时执行才有效。下面是在/etc/fstab 文件中配置的分区没有自动挂载时执行带-a 选项的 mount 命令的执行结果：

```
[root@localhost ~]# mount -a
[root@localhost ~]# df -h
文件系统                      容量  已用  可用 已用% 挂载点
/dev/mapper/centos-root  17G  3.8G   14G   23% /
devtmpfs                 895M     0  895M    0% /dev
tmpfs                    911M     0  911M    0% /dev/shm
tmpfs                    911M   11M  901M    2% /run
tmpfs                    911M     0  911M    0% /sys/fs/cgroup
/dev/sda1               1014M  170M  845M   17% /boot
tmpfs                    183M   32K  183M    1% /run/user/1000
/dev/sr0                 4.2G  4.2G     0  100% /run/media/gavin/CentOS 7 x86_64
/dev/sdb1               1014M   33M  982M    4% /sdb1
tmpfs                    183M     0  183M    0% /run/user/0
```

通过 df 命令的输出可以确定新建的磁盘分区已经被挂载。

对于设置磁盘分区在系统启动时的自动挂载，还可以使用 UUID 来代替该磁盘分区的名称。UUID 是系统分配给每个分区的一个特殊标号或标识码，这个符号所指向的是分区的具体类型或路径，如逻辑卷所在的绝对路径等。

UUID（Universally Unique Identifier）称为通用唯一识别码，因此在使用上相当于磁盘分区的名称，也就是说要在/etc/fstab 文件上设置磁盘分区开机自动挂载可使用它来代替分区的名称，不过在使用前需要获取 UUID。对于分区所对应的 UUID，可以使用 blkid 命令来获取：

```
[root@localhost ~]# blkid
/dev/sda1: UUID="bac2ebef-26d2-4a61-9c27-bad2d7290120" TYPE="xfs"
```

```
/dev/sda2: UUID="QCYxLM-ukM3-wQq1-rTdS-1RJ3-YO0e-R7qdtT" TYPE="LVM2_member"
/dev/sdb1: UUID="6ff67883-8e92-4d57-8743-1293611b9a0e" TYPE="xfs"
/dev/sr0: UUID="2018-05-03-20-55-23-00" LABEL="CentOS 7 x86_64"
TYPE="iso9660" PTTYPE="dos"
/dev/mapper/centos-root: UUID="92493bdd-6684-4145-beb1-eccf09bad290"
TYPE="xfs"
```

通过命令的输出可以获取系统当前所有磁盘分区与其所对应的 UUID 及文件系统类型等信息。比如，要将磁盘分区/dev/sdb1 通过/etc/fstab 文件来设置开机自动挂载，配置时所需的命令行中要指定分区名称、挂载点、文件系统类型等，使用 UUID 时就不需要使用分区名称。

```
[root@localhost ~]# echo "6ff67883-8e92-4d57-8743-1293611b9a0e  /sdb1 xfs
defaults  0 0" >> /etc/fstab
```

echo 命令把 "6ff67883-8e92-4d57-8743-1293611b9a0e /sdb1 xfs defaults 0 0" 写入/etc/fstab 文件中，设置分区开机自动挂载。

需要注意的是，">>" 符号（重定向符）可以把信息写入指定文件的末尾处，并保持原有内容不变，而执行 ">" 符号时意味着要先清空文件的内容再写入。请注意这两个符号的区别。

7.3　gdisk 磁盘分区工具

gdisk 是一个用于创建分区的工具，主要用来划分容量大于 4TB 的硬盘。大于 4TB 的磁盘使用 fdisk 命令来创建分区时明显存在不足。

分区表有两种类型：GPT（GUID Partition Table，全局唯一标识分区表）和 MBR。其中，MBR 不支持 4TB 以上。

GPT 分区使用 128 位 GUID 来唯一标识每个磁盘和分区，与 MBR 存在单一故障点不同。GPT 提供分区表信息的冗余，一个在磁盘头部，一个在磁盘尾部；它通过 CRC 校验和来检测 GPT 头和分区表中的错误与损坏；默认一个硬盘支持 128 个分区。

示例：对 sdb 做 GPT 分区，创建一个 sdb1。

执行 gdisk 命令进入创建磁盘分区的交互界面，比如创建/dev/sdb 磁盘分区。

```
[root@localhost ~]# gdisk /dev/sdb
…
Command (? for help): ?     #查看帮助
b    back up GPT data to a file
c    change a partition's name
d    delete a partition     #删除分区
i    show detailed information on a partition
l    list known partition types
n    add a new partition        #添加一个分区
o    create a new empty GUID partition table (GPT)
p    print the partition table      #打印分区表
q    quit without saving changes     #退出不保存
r    recovery and transformation options (experts only)
s    sort partitions
t    change a partition's type code
v    verify disk
```

```
w   write table to disk and exit    #  # 写入分区表并退出
x   extra functionality (experts only)
?   print this menu

Command (? for help): n    #新建分区表
Partition number (1-128, default 1):      #直接按回车键
#直接按回车键，从头开始划分空间
First sector (34-41943006, default = 2048) or {+-}size{KMGTP}:
#给 1GB 空间
Last sector (2048-41943006, default = 41943006) or {+-}size{KMGTP}: +1G
Current type is 'Linux filesystem'
Hex code or GUID (L to show codes, Enter = 8300):      #分区类型直接按回车键
注: 8300 Linux filesystem ; 8e00 Linux LVM     想查看，可以按 L 键显示
Changed type of partition to 'Linux filesystem'

Command (? for help): p   #查看
...
Number  Start (sector)    End (sector)  Size      Code  Name
  1          2048          2099199    1024.0 MiB  8300  Linux filesystem
Command (? for help): w   #保存
Do you want to proceed? (Y/N): y     #确定写入
OK; writing new GUID partition table (GPT) to /dev/sdb.
The operation has completed successfully.
```

通过上述操作，创建了名为/dev/sdb1 的磁盘分区。

分区创建后是不能直接挂载的，需要先对新建的分区进行格式化，否则挂载时会出错。要对分区进行格式化，可以使用 mkfs.xfs4 命令并指定要格式化的分区名称，如对/dev/sdb1 分区进行格式化。执行下述命令：

```
[root@localhost ~]# mkfs.xfs4 /dev/sdb1
```

结果显示如图 7-4 所示。

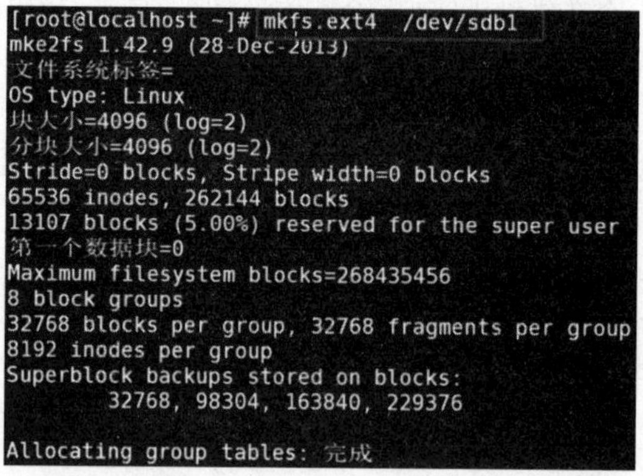

图 7-4 分区格式化的结果

完成对分区的格式化之后，就可以在挂载后使用。

第8章

RAID 磁盘阵列的搭建

RAID（Redundant Array of Inexpensive Disks，廉价磁盘冗余阵列）提出的理由是提高磁盘存储容量和改善磁盘的存储性能，目前在服务器中已经得到普及性应用。本章主要学习 RAID 的搭建，包括软 RAID（通过操作系统软件来实现）和硬 RAID（使用硬件阵列卡）及其 RAID 的配置。

8.1　RAID 概述

RAID 于 1987 年由美国 Berkeley 大学的两名工程师提出，最初目的是把多个容量较小的廉价硬盘合并成为一个大容量的"逻辑盘"或磁盘阵列，实现提高硬盘容量和性能的功能。

随着 RAID 的普及，其各方面的技术都得到了发展，再加上大数据信息化时代的推动，磁盘阵列已经是服务器的标配。通过磁盘阵列能够保证单盘故障有替换盘，最大限度地保证数据的安全，同时它还能利用同位检查（Parity Check）技术在数组中任意一个硬盘故障时读出数据，保证数据的完整性。

RAID 的实现有软件和硬件两种方式，软件实现需要操作系统的支持，硬件实现就是用专用的 RAID 卡。

1. 软件实现的 RAID

目前，有的网络操作系统可以使用标准的 SCSI 适配卡支持和管理驱动器，也能够支持 RAID0、RAID1 和 RAID5 等类型的阵列。

软件实现的 RAID 不能保护系统盘，因为有些操作系统会把 RAID 的配置信息存在系统信息中，一旦系统发生故障就意味着 RAID 的信息丢失，还有些操作系统并不支持热插拔或热交换，因此在硬盘出现故障时无法在线更换，这都是软件 RAID 的弊端。

2. 硬件实现的 RAID

硬件实现的 RAID 采用集成的阵列卡或专用的阵列卡来控制硬盘驱动器，它的控制器直接接入主系统的存取接口，是一个独立的直接存取储存体，也就是说操作系统是不会看到或直接管理硬盘的。

硬件实现的 RAID 在安装操作系统之前就已完成配置，安装系统时只是看到一块大容量的磁盘。硬件 RAID 技术的使用可以极大地节省系统的资源，从而使服务器的性能获得很大的提高。更重要的是，这种方式实现的 RAID 能够支持硬盘在线更换、热插拔或热交换，并且还可以通过后台系统来实现对它们的监控和管理。

8.2　常见的 RAID 类型

目前，RAID 已由最初的 RAID0~RAID5 扩展到了 RAID0+1 和 RAID0+5 等不同的组合方式，并且可以根据实际需要来设置，包括扩大储存空间、提供数据冗余和提高磁盘系统的 I/O 能力等。这几类阵列组合是目前比较常见的，而且都有自己的优缺点，在实际的生产环境下须根据实际需要综合衡量出一种"最合适"的 RAID。RAID 的基本类型和特点如表 8-1 所示。

表8-1　几种常见的RAID类型

RAID 类型		最低磁盘个数	空间利用率	各自的优缺点
级　别	说　明			
RAID0	条带卷	2+	100%	读写速度快，不容错
RAID1	镜像卷	2	50%	读写速度一般，容错
RAID5	带奇偶校验的条带卷	3+	(n-1) /n	读写速度快，容错，允许坏一块盘
RAID10	RAID1 的安全+RAID0 的高速	4	50%	读写速度快，容错

8.2.1　RAID0

RAID0 可用于两个或更多硬盘或 SSD（至少需要两块盘），目的是提高访问的性能，有效平衡 I/O 问题。

在 RAID0 中储存数据时，数据以特定大小（通常是 6KB）的块存储，并由 RAID 阵列控制器平均分配到每块硬盘上，其分配的原理是：第一块数据块写入硬盘 1，第二块数据块写入硬盘 2，第三块数据块写入硬盘 1，第四块数据块写入硬盘 2，以此类推，直到数据写完。对于这类阵列，可以把它们理解成"与"的关系。

由于数据分布均匀，因此在取数据时会在硬盘 1~硬盘 2 之间进行，并把提取到的数据拼接在一起形成一个完整的数据。RAID0 阵列的储存空间可用率能够达到 100%，而且由于是多块硬盘同时读取数据，因此其访问数据的速度会成倍增加，理论上访问能力与磁盘数量成正比。

当然，RAID0 也有缺点，没有采用冗余技术，无法对硬盘在线维护。数据均匀放在每块盘上，如果其中一个磁盘出现故障，就意味着得到的数据不是完整的。另外，磁盘越多，发生故障的可能性越高，所以建议将 RAID0 上的重要数据备份到其他地方。

8.2.2　RAID1

RAID1 中的硬盘是一种镜像关系，它会将同一份数据写入两个单独的硬盘，并在一块硬盘发生故障时使用另外一块硬盘上的数据。

这里需要明白的是，镜像不是备份，简单来讲，硬盘 HDD1 和 HDD2 上的数据是一样的，在 HDD1 上的数据出问题后，HDD2 的数据也会出现同样的问题，也就是说数据是一致的，只有硬盘出现故障时数据才会存在差异。备份是保持源数据不变，除非是数据被更新。

RAID1 的读性能通常与单独的硬盘差不多，在需要数据时会同时读镜像盘，先读取到哪块盘的数据就用哪块的，但在写数据时是同时写入的。因此，使用 RAID1 来获得额外的读写性能是不太可能的。另外，对于 RAID1 而言，在一定的程度上是为保证系统的正常工作，但数据的完整性会受到影响；从空间可用率的角度上来看，其存储空间使用率只有 50%。

8.2.3 RAID10 和 RAID01

RAID10（或称 RAID1+0，组合架构如图 8-1 所示）实际上就是 RAID1 和 RAID0 这两种磁盘阵列的组合，这种组合先做 RAID1，并在此基础上做 RAID0。同理，RAID0+1（或称 RAID01）先做 RAID0，并在此基础上做 RAID1。无论是 RAID10 还是 RAID01，都至少需要 4 块硬盘。

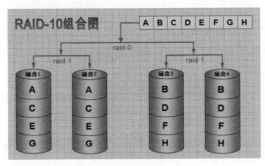

图 8-1　RAID10 磁盘阵列

8.2.4 RAID3

RAID3 的实现至少需要三块盘，实现的原理是：如果有 N（N 大于等于 3）块硬盘，其中拿出一块作校验盘，剩余（N-1）块相当于作 RAID0 同时读写，当（N-1）中的某块盘出现故障时，可以通过校验码还原出坏掉盘的原始数据。

这种校验方式是奇偶检验，在校验后发现中间有缺失数据时就会通过其他盘的数据和校验数据推算出来。由于这是在 RAID0 上实现的，因此每一次读写数据时全部硬盘上的数据都会被更新，如果校验盘损坏就意味着数据找不回来了。

8.2.5 RAID5 或 RAID6

RAID5 算是多种阵列技术的集合，数据的保存与 RAID0 一样，是分成块并执行写入处理；把 RAID3 的"校验盘"也分成块分散到所有盘里，产生并写入称为"奇偶校验"的冗余代码。因此，即使其中的一个硬盘出现故障，也可以根据剩余的数据和奇偶校验来计算出丢失的数据，这样就可以把数据还原。

由于是多个驱动器同时处理数据的读取，因此 RAID5 模式下硬盘读取数据的速度很快，速度与驱动器的数量成比例增加，但数据的写入及奇偶校验会慢一些。RAID5 已经提供一定程度的可靠性，也牺牲了一定的读取速度。另外，RAID5 只允许一块硬盘故障，如果是两块或两块以上的硬盘同时发生故障，RAID5 就无能为力了，于是出现了 RAID6。

与 RAID5 对比，RAID6 最大的区别就是在 RAID5 的基础上除了具有 P 校验位以外，还加入了第二个校验位 Q 位。在这种情况下，当一块磁盘出现数据错误或丢失的时，恢复方法同 RAID5（不需要使用 Q 校验位），当两块磁盘上的数据都出现错误或丢失时，可利用给出的 P、Q 校验数据进行恢复。

基于 RAID5 和 RAID6 的基础上也出现了 RAID5+0 和 RAID6+0 的组合阵列。

RAID5+0（或称 RAID50）是在 RAID5 的基础上再建立 RAID0。同理，RAID6+0（也称 RAID60）是在 RAID6 的基础上再建立 RAID0。

当服务器的硬盘数量达到 10 块或更多时，可以通过 RAID50 或 RAID60 来解决，至于使用哪一种，可以综合硬盘数量、设备运行的业务等各方面的信息来决定。

8.3 案例：华为 2U 机架式服务器 RAID5 配置

在实际的工作环境下很少涉及软 RAID 的配置，再加上虚拟化的普及和 LVM 的应用和数据的远程备份，能够使用软 RAID 的环境很少，因此这里主要就硬 RAID 进行介绍。硬 RAID 一直在使用，毕竟每台服务器上都需要使用。

在服务器上使用硬 RAID 须阵列卡的支持。阵列卡有集成型和独立型，在一些对设备要求不高且考虑到成本等问题的环境中，通常采用集成型的阵列卡，有些阵列卡需要安装驱动，否则无法配置 RAID。以下我们以华为的服务器作为例子来讲解 RAID5 配置的基本过程。

示例：这是一台 2U 的机架式服务器（或称网络服务器），运行的是公司的业务系统，数据库和应用系统都在其上运行，所配置的是集成阵列卡和三块硬盘，在现有的资源条件下尽最大可能保证数据的安全，因此采取 RAID5 的方式。

具体 RAID5 的配置过程如下：

（1）启动服务器，在启动的过程中出现如图 8-2 所示的 Press<Ctrl><R> to Run MegaRAID Configuration Utitity 界面时按 Ctrl+R 组合键来配置 RAID。

图 8-2　Press<Ctrl><R> to Run MegaRAID Configuration Utitity 界面

（2）在如图 8-3 所示的 Virtual Drives Management 界面中，将看到被阵列卡识别的硬盘及相关的概要信息。由于接下来要配置 RAID，因此将光标移动到 SAS 3108（Bus 0x01, Dev 0x00）后。

图 8-3　Virtual Drives Management 界面

（3）根据界面提示，按 F2 键打开如图 8-4 所示的虚拟磁盘配置菜单。

图 8-4　打开虚拟磁盘配置菜单

（4）由于要配置 RAID，因此需要选择 Create Virtual Drive 选项并按回车键，之后打开创建
RAID 的界面，在此界面中可以看到 RAID 级别的选择、可用的硬盘和相关的描述信息等。接下来
在 RAID Level 处选择 RAID 的级别，将光标移动到此处后按回车键，并在下拉菜单中选择 RAID-5。
在其右侧以按空格符的方式将所有的硬盘都选中，并单击 OK 按钮确认，如图 8-5 所示。

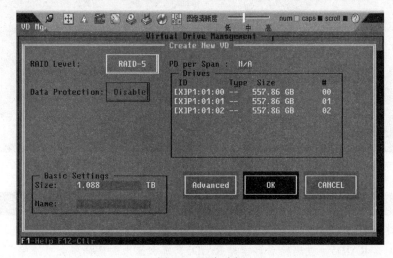

图 8-5　硬盘选择

（5）在接下来的界面中单击 OK 按钮，返回 Virtual Drives Management 界面，会看到 RAID5，说明 RAID5 已经配置完成，如图 8-6 所示。

图 8-6　在 Virtual Drives Management 界面配置完成 RAID5

如果要删除创建的 RAID，可在 Virtual Drives Management 界面选择第一项并按回车键，在弹出的菜单中选择如图 8-7 所示的 Clear Configuration 选项，并在弹出的警告信息界面中单击 YES 按钮就可以删除 RAID。

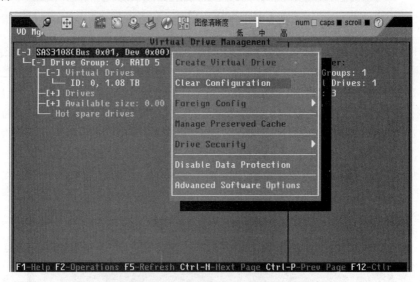

图 8-7　选择 "Clear Configuration" 选项

运维前线

删除并创建 RAID 时，如果重建的是一样级别的 RAID，那么原先的数据是不会被清除的。例如，原来是 RAID5，被删除后再重建 RAID5，那么原来的数据不会被清除，只有重建的不是 RAID5 时原来的数据才会被清除。

第9章

LVM 存储空间的管理

磁盘资源是数据存储的主要载体，对于这种在数据存储不确定环境下对有限磁盘资源的合理规划是很不容易做到的，而 LVM（Logicd Volume Manager，逻辑卷管理）的出现在很大程度上解决了这些问题，本章将介绍 LVM 的基本概念、LVM 的创建和常用命令及维护方法。

9.1 LVM 概述

9.1.1 LVM 的原理

每个磁盘可分成多个分区，每个分区为一个物理卷（physical volume，PV），这些物理卷是使用大小固定的物理区段来定义的。若干个物理卷可组成一个卷组（volume group，VG），形成一个共享池，而在卷组上可以创建一个或多个逻辑卷（logical volumes，LV），并在这些逻辑卷上创建文件系统。如图 9-1 所示是这三者之间的关系。

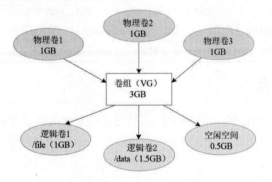

图 9-1 PV、VG 和 LV 的关系

一直以来磁盘空间使用完后都是添加磁盘块数或者把数据迁移到空间更大的地方，可选的余地很少。随着技术的发展，数据量爆发式增加，对磁盘存储空间的要求也在不断增加，再加上应用场合的多样化，因此往往出现初期不需要过大的磁盘空间，而后期需要不停扩容空间的情况，再加上资金方面等问题，就需要有一种灵活多变的存储空间管理方式，LVM 随即出现了。

LVM 是在磁盘分区和文件系统之间添加的一个逻辑层，这个层为文件系统屏蔽下层磁盘分区布局提供一个抽象的盘卷，并允许在盘卷上建立文件系统。管理员利用 LVM 可以在磁盘不用重新分区的情况下动态调整文件系统的大小，并且可以跨越磁盘。当服务器添加了新的磁盘后，管理员不必将原有的文件移动到新的磁盘上,而是通过 LVM 直接扩展文件系统跨越磁盘。

LVM 将底层的物理硬盘封装起来,以逻辑卷的方式呈现给上层应用,当我们对底层的物理硬盘进行操作时,不再是针对分区进行操作,而是通过逻辑卷来对其进行底层的磁盘管理操作。

9.1.2 LVM 常用术语

- 物理存储介质(physical media):LVM 的存储介质既可以是磁盘分区,也可以是整个磁盘、RAID 阵列或 SAN 磁盘,不管是哪种设备都必须先被初始化为 LVM 物理卷才能使用。
- 物理卷(physical volume,PV):物理卷是 LVM 的基本存储逻辑块,但和基本的物理存储介质(如分区、磁盘等)比较,它包含有与 LVM 相关的管理参数。例如,创建物理卷可以用硬盘分区,也可以用硬盘本身。
- 卷组(volume group,VG):一个 LVM 卷组由一个或多个物理卷组成。
- 逻辑卷(logical volume,LV):LV 建立在 VG 之上,可以在 LV 之上建立文件系统。
- PE(physical extents):PV 物理卷中可以分配的最小存储单元,大小可以自己指定,默认值为 4MB。
- LE(logical extent):LV 逻辑卷中可以分配的最小存储单元,在同一个卷组中 LE 的大小和 PE 是相同的,并且是一一对应的关系。

最小存储单位如表 9-1 所示。

表9-1　最小存储单位

名　称	最小存储单位
硬盘	扇区(512 字节)
文件系统	block(1K 或 4K)# mkfs.ext4　-b 2048　/dev/sdb1,最大支持到 4096
RAID	chunk(512K)#mdadm -C -v /dev/md5 -l 5 -n 3 -c 512 -x 1 /dev/sde{1,2,3,5}
LVM	PE(4M)# vgcreate -s 4M　vg1 /dev/sdb{1,2}

9.1.3 LVM 的优点

LVM 主要是基于虚拟化环境下的应用,与传统的磁盘空间管理方式相比发生了很大的变化,比如其可以在线更改磁盘空间的大小。对于中小企业来说,这将为起步阶段的服务器应用节省不少的成本。

相对于传统的磁盘管理方式,LVM 具有以下优点:

- 能够随时更改磁盘空间的大小,即使后期增加磁盘空间,这些磁盘所组成的磁盘组看起来也像是一个大的磁盘。
- 使用逻辑卷,可以跨多个硬盘空间的分区。
- 在使用逻辑卷时,可以在空间不足时动态调整大小。
- 在调整逻辑卷大小时,不需要考虑逻辑卷在硬盘上的位置,不用担心磁盘空间的连续性。
- 可以在线创建、删除及调整 LV、VG 的空间大小,而不影响系统的运行。
- 允许创建磁盘快照,可以用来保存文件系统的备份。

> **运维前线**
>
> RAID 和 LVM 可以一起用，LVM 是软件的卷管理方式，RAID 是磁盘管理的方法。对于重要的数据，使用 RAID 来保护物理磁盘不会因为故障而中断业务，再用 LVM 来实现对卷的可伸缩性管理，可更好地利用磁盘资源。

9.2　创建 LVM 的基本步骤

9.2.1　LVM 的创建

创建 LVM 的具体方法如下：

（1）物理磁盘被格式化为 PV，空间再被划分为一个或多个 PE。

（2）不同的 PV 加入同一个 VG 中，不同 PV 的 PE 全部进入 VG 池内。

（3）在 VG 中创建 LV，组成 LV 的 PE 可能来自不同的物理磁盘。

（4）LV 可以直接格式化后挂载使用。

（5）LV 的扩充缩减实际上就是增加或减少 LV 的 PE 数量，不会丢失原始数据。

下面我们来看看具体的操作步骤。

在虚拟机上添加一块硬盘和一个 sdb 磁盘，并使用相同的方式添加 sdc 磁盘，如图 9-2 所示。

图 9-2　在虚拟机上添加一块硬盘

创建磁盘分区，使用 fdisk 命令进入交互模式后进行磁盘分区的创建，即使用 fdisk 命令进入 /dev/dbc 磁盘创建分区。

设定分区类型代码：fdisk /dev/sdb ===> t ===> 选择分区号 ====> 8e ====> w。

```
[root@localhost ~]#fdisk /dev/sdc
Device contains neither a valid DOS partition table, nor Sun, SGI or OSF disklabel
Building a new DOS disklabel. Changes will remain in memory only,
until you decide to write them. After that, of course, the previous
content won't be recoverable.

Warning: invalid flag 0x0000 of partition table 4 will be corrected by w(rite)

Command (m for help): n       # 创建磁盘分区
Command action
   e   extended
   p   primary partition (1-4)
p                             # 创建主分区
Partition number (1-4): 1
First cylinder (1-652, default 1):    # 保持默认，默认第一个分区编号
Using default value 1
# 保持默认，即默认第一个扇区开始位置，即整块盘都用于创建磁盘分区
Last cylinder or +size or +sizeM or +sizeK (1-652, default 652):
Using default value 652

Command (m for help): t       # 转换 System 类型
Selected partition 1
Hex code (type L to list codes): 8e      # 指定转换的代码
Changed system type of partition 1 to 8e (Linux LVM)

Command (m for help): p       # 显示分区信息

Disk /dev/sdc: 5368 MB, 5368709120 bytes
255 heads, 63 sectors/track, 652 cylinders
Units = cylinders of 16065 * 512 = 8225280 bytes

    Device  Boot     Start        End       Blocks     Id    System
/dev/sdc1              1          652      5237158+     8e    Linux LVM

Command (m for help): w       # 保存退出
The partition table has been altered!
```

　　上面是在/dev/sdc 分区上创建的。关于在交互模式下获取帮助，可以使用 h 命令。如果要查看 system 类型，可以执行 l 命令。

　　同样，可以在添加/dev/sdb 磁盘后创建 4 个分区，并在创建完成后使用以下命令查看磁盘分区的数量。

```
[root@localhost ~]# ls /dev/sdb*
/dev/sdb  /dev/sdb1  /dev/sdb2  /dev/sdb3  /dev/sdb4
```

　　从输出的信息看，/dev/sdb 共有 4 个分区。

　　物理卷是基于分区建立的，下面通过 pvcreate 命令为/dev/sdb 磁盘创建 4 个物理卷分区。

```
[root@localhost ~]#pvcreate /dev/sdb{1,2,3,4}
  Physical volume "/dev/sdb1" successfully created.
  Physical volume "/dev/sdb2" successfully created.
  Physical volume "/dev/sdb3" successfully created.
  Physical volume "/dev/sdb4" successfully created.
```

完成物理卷的创建后，可以使用 pvdisplay 命令查看物理卷的相关信息：

```
[root@localhost ~]#pvdisplay /dev/sdb1
  "/dev/sdb1" is a new physical volume of "1.00 GiB"
  --- NEW Physical volume ---
  PV Name              /dev/sdb1
  VG Name
  PV Size              1.00 GiB
  Allocatable          NO
  PE Size              0
  Total PE             0
  Free PE              0
  Allocated PE         0
  PV UUID              SHKFwf-WsLr-kkox-wlee-dAXc-5eL0-hyhaTV
```

卷组是建立在物理卷上的，因此完成物理卷的创建后就可以创建卷组了。使用 vgcreate 命令创建名称为 vg01 的卷组。

```
[root@localhost ~]# vgcreate vg01 /dev/sdb1
  Volume group "vg01" successfully created
```

查看卷组的相关信息。

```
[root@localhost ~]# vgs
  VG   #PV #LV #SN Attr   VSize    VFree
  vg01   1   0   0 wz--n- 1020.00m 1020.00m
[root@localhost ~]# vgdisplay vg01
  --- Volume group ---
  VG Name              vg01
  System ID
  Format               lvm2
  Metadata Areas       1
  Metadata Sequence No    1
  VG Access            read/write
  VG Status            resizable
  MAX LV         0
  Cur LV         0
  Open LV              0
  Max PV               0
  Cur PV               1
  Act PV               1
  VG Size              1020.00 MiB
  PE Size              4.00 MiB
  Total PE             255
  Alloc PE / Size      0 / 0
```

逻辑卷是建立在卷组之上的，创建命令为 lvcreate。创建逻辑卷时可以使用 -L 选项来指定空间大小。例如，创建名称为 lv01 和 lv02 的逻辑卷，大小为 16MB。

```
[root@localhost ~]# lvcreate -n lv01 -L 16M vg01
  Logical volume "lv01" created.
[root@localhost ~]# lvcreate -n lv02 -l 4 vg01
  Logical volume "lv02" created.
```

查看逻辑卷的信息：

```
[root@localhost ~]# lvs
  LV   VG   Attr   LSize  Pool Origin Data% Meta% Move Log Cpy%Sync Convert
  lv01 vg01 -wi-a----- 16.00m
  lv02 vg01 -wi-a----- 16.00m
```

查看/dev/sdb1 分区的信息：

```
[root@localhost ~]#pvdisplay /dev/sdb1
  --- Physical volume ---
  PV Name               /dev/sdb1
  VG Name               vg01
  PV Size               1.00 GiB / not usable 4.00 MiB
  Allocatable           yes
  PE Size               4.00 MiB
  Total PE              255
  Free PE               247
  Allocated PE          8
```

9.2.2　LVM 管理常用命令

在对 LVM 的管理和使用上，有不少的命令（工具），如表 9-2 所示。获取 LVM 相关信息常用的一些命令如表 9-3 所示。

表9-2　使用和管理LVM常用的命令

功　能	PV 管理命令	VG 管理命令	LV 管理命令
scan（扫描）	Pvscan	vgscan	lvscan
create（创建）	Pvcreate	vgcreate	lvcreate
Display（显示）	Pvdisplay	vgdisplay	lvdisplay
remove（移除）	Pvremove	vgremove	lvremove
extend（扩展）		vgextend	lvextend
Reduce（减少）		vgreduce	lvreduce

表9-3　获取LVM信息常用的命令

查看卷名	简单对应卷信息的查看	扫描相关的所有对应卷	详细对应卷信息的查看
物理卷	pvs	pvscan	pvdisplay
卷组	vgs	vgscan	vgdisplay
逻辑卷	lvs	lvscan	lvdisplay

9.2.3　逻辑卷的挂载

挂载逻辑卷到系统目录下，其原理相当于挂载磁盘分区。要挂载逻辑卷，首先要格式化逻辑卷，而在格式化逻辑卷前需要获取逻辑卷名称：

```
[root@test ~]# lvdisplay
  --- Logical volume ---
  LV Name               /dev/vgsdb1/lvsdb
  VG Name               vgsdb1
  LV UUID               WYoOGZ-KKgC-cnyi-cEsX-8KAV-t2wY-uJVi2t
```

```
LV Write Access           read/write
LV Status                 available
# open                0
LV Size                   1.00 GB
Current LE                256
Segments              1
Allocation                inherit
Read ahead sectors        0
Block device              253:0
```

如果系统中只有少量的逻辑卷，那么使用该命令时很快就能找到逻辑卷名称。若系统中有大量的逻辑卷，则可以使用 lvscan 命令来扫描系统的逻辑卷：

```
[root@test ~]# lvscan
  ACTIVE                '/dev/vgsdb1/lvsdb' [1.00 GB] inherit
```

从输出的信息中可知，逻辑卷的完整路径为'/dev/vgsdb1/lvsdb'。接着格式化逻辑卷，也就是在该逻辑卷上创建文件系统（文件系统为 ext4）。

```
[root@test ~]# mkfs -t ext4 /dev/vgsdb1/lvsdb
mke2fs 1.35 (28-Feb-2004)
max_blocks 268435456, rsv_groups = 8192, rsv_gdb = 63
Filesystem label=
OS type: Linux
Block size=4096 (log=2)
Fragment size=4096 (log=2)
131072 inodes, 262144 blocks
13107 blocks (5.00%) reserved for the super user
First data block=0
Maximum filesystem blocks=268435456
8 block groups
32768 blocks per group, 32768 fragments per group
16384 inodes per group
Superblock backups stored on blocks:
        32768, 98304, 163840, 229376

Writing inode tables: done
inode.i_blocks = 2528, i_size = 4243456
Creating journal (8192 blocks): done
Writing superblocks and filesystem accounting information: done

This filesystem will be automatically checked every 23 mounts or
180 days, whichever comes first.  Use tune2fs -c or -i to override.
```

挂载逻辑卷到系统的/opt 目录下。

```
[root@test ~]# mount /dev/vgsdb1/lvsdb /opt
[root@test ~]# mount        # 检查系统已挂载的文件系统
/dev/sda4 on / type ext4 (rw)
none on /proc type proc (rw)
none on /sys type sysfs (rw)
none on /dev/pts type devpts (rw,gid=5,mode=620)
usbfs on /proc/bus/usb type usbfs (rw)
/dev/sda1 on /boot type ext4 (rw)
none on /dev/shm type tmpfs (rw)
none on /proc/sys/fs/binfmt_misc type binfmt_misc (rw)
```

```
none on /proc/fs/vmblock/mountPoint type vmblock (rw)
sunrpc on /var/lib/nfs/rpc_pipefs type rpc_pipefs (rw)
/dev/mapper/vgsdb1-lvsdb on /opt type ext4 (rw)
```

结果显示逻辑卷/dev/vgsdb1/lvsdb 是以读写的方式挂载到/opt 目录下。

9.3 LVM 的日常维护

一些存储空间不足的服务器会通过 LVM 的方式来增加存储空间，本节将从 LVM 方面来介绍存储空间的扩容和移除。

9.3.1 LV 存储空间扩容

在 LVM 中，LV 存储空间的扩容使用的是 lvextend 命令。在扩容之前，需要知道是给谁扩容、使用的是谁的存储空间以及扩容多少。

接下来演示如何对 LV 的存储空间进行扩容。由于是对 LV 扩容，所需要的存储空间直接来自卷组（VG），因此要先获取系统中的卷组（可用空间）。

```
[root@localhost ~]# vgs
  VG   #PV #LV #SN Attr   VSize    VFree
  vg01   1   2   0 wz--n- 1020.00m 988.00m
  vg02   1   0   0 wz--n- 1008.00m 1008.00m
```

从输出的信息中可以看到有两个卷组，并且它们都有可用的存储空间。可以通过 lvscan 命令来获取逻辑卷的路径，之后使用 lvextend 命令来给逻辑卷扩容，比如给/dev/vg01/lv01 增加 30MB 的存储空间。

```
[root@localhost ~]# lvextend -L +30m /dev/vg01/lv01
```

说明：在指定大小的时候，扩容 30MB 和扩容到 30MB 的写法不一样。

- 扩容 30MB：-L+30M。
- 扩容到 30MB：-L 30M。

```
[root@localhost ~]# lvextend -L +30m /dev/vg01/lv02
  Rounding size to boundary between physical extents: 32.00 MiB.
  Size of logical volume vg01/lv01 changed from 16.00 MiB (4 extents) to 48.00
MiB (12 extents).
  Logical volume vg01/lv01 successfully resized.
```

执行 lvextend 命令对/dev/vg01/lv01 扩容后，实际上空间是没有发生变化的，还需要使用 resize2fs 命令来使更改生效。

```
[root@localhost ~]# resize2fs /dev/vg01/lv01
resize2fs 1.42.9 (28-Dec-2013)
Filesystem at /dev/vg01/lv01 is mounted on /lv01; on-line resizing required
old_desc_blocks = 1, new_desc_blocks = 1
The filesystem on /dev/vg01/lv01 is now 49152 blocks long.
```

ext4 文件系统扩容使用的命令语法如下：

resize2fs　逻辑卷名称

xfs 文件系统扩容使用的命令语法如下：

xfs_growfs　挂载点

resize2fs 和 xfs_growfs 的区别是传递的参数不一样，xfs_growfs 采用的是挂载点，resize2fs 是逻辑卷名称，而且 resize2fs 命令不能对 xfs 类型文件系统使用。

9.3.2　VG 存储空间扩容

卷组扩容需要的存储空间来自物理卷，因此首先要有空闲的物理卷。在给卷组扩容存储空间时，可以使用 vgscan 命令来获取卷组的路径，并在有空闲物理卷时加入卷组。

例如，使用物理卷/dev/sdb3 给卷组/dev/sdb3 增加存储空间：

```
[root@localhost ~]# pvcreate /dev/sdb3
[root@localhost ~]# vgextend vg01 /dev/sdb3
  Volume group "vg01" successfully extended
```

9.3.3　LVM 删除操作

可以按照"umount 卸载→lvremove lv 移出卷组中所有逻辑卷→vgremove vg 移出卷组→pvremove 移出 pv"的流程删除 LVM。

首先要说明的是，在实际的生产环境下对卷的移除需要非常谨慎，以免导致服务器宕机，除非是一些确认不再使用或用于测试的卷才能移除。

移除卷的操作步骤如下。

（1）卸载挂载到系统下的逻辑卷，即/lv01/。

```
[root@localhost ~]# umount /lv01
[root@localhost ~]# lvremove /dev/vg01/lv01
Do you really want to remove active logical volume vg01/lv01? [y/n]: y
  Logical volume "lv01" successfully removed
```

（2）使用 lvs 命令确认被移除的卷是否还存在。

```
[root@localhost ~]# lvs
  LV   VG   Attr LSize Pool Origin Data% Meta% Move Log Cpy%Sync Convert
  lv02 vg01 -wi-a----- 16.00m       #已经看不到 lv01
```

（3）逻辑卷移除后，接着对逻辑卷所在的卷组进行移除。

```
[root@localhost ~]# vgremove vg01
  Do you really want to remove volume group "vg01" containing 1 logical volumes?
[y/n]: y
  Do you really want to remove active logical volume vg01/lv02? [y/n]: y
    #如果卷组中还有 lv，移出时会提示是否也移出，这里直接移出
  Logical volume "lv02" successfully removed
  Volume group "vg01" successfully removed
```

（4）使用 vgs 命令确认卷组是否已经被移除。

```
[root@localhost ~]# vgs
  VG   #PV #LV #SN Attr   VSize    VFree
  vg02   1   0   0 wz--n- 1008.00m 1008.00m     #没有 vg01
```

（5）移除物理卷。

```
[root@localhost ~]# pvs
  PV         VG   Fmt  Attr PSize    PFree
  /dev/sdb1       lvm2 ---     1.00g    1.00g
  /dev/sdb2  vg02 lvm2 a--  1008.00m 1008.00m
  /dev/sdb3       lvm2 ---     1.00g    1.00g
  /dev/sdb4       lvm2 ---     1.00g    1.00g
```

（6）移除分区。

```
[root@localhost ~]# pvremove /dev/sdb1
  Labels on physical volume "/dev/sdb1" successfully wiped.
```

（7）查看物理卷，/dev/sdb1 卷已经不存在。

```
[root@localhost ~]# pvs
  PV         VG   Fmt  Attr PSize    PFree
  /dev/sdb2  vg02 lvm2 a--  1008.00m 1008.00m
  /dev/sdb3       lvm2 ---     1.00g    1.00g
  /dev/sdb4       lvm2 ---     1.00g    1.00g
```

第10章

Linux 网络协议及进程管理

本章主要介绍 OSI 和 TCP/IP 网络模型、网络协议、IP 地址的概念、TCP 的原理、基于 VMWare 的网络模式以及系统进程的概念和原理。

10.1 OSI 和 TCP/IP 的模型结构

随着 Linux 操作系统的不断发展，其影响力日趋增大。由于这类操作系统是随着网络的普及和广泛应用发展起来的，因此其具有非常强大的网络功能，特别是其对 TCP/IP 提供了完全的支持，也包括对下一代 IPv6 的支持。

就 Linux 系列操作系统来看，其网络的整体结构可以分成用户空间和内核空间两部分，在用户空间部分通常只有应用层，而内核空间部分则有系统调用接口层、协议无关接口层、网络协议层、设备无关接口层和设备驱动程序层五个部分组成。如图 10-1 所示。

为了学习 Linux 的网络功能，我们有必要了解基本的 OSI 和 TCP/IP 模型。

OSI 七层参考模型和 TCP/IP 四层参考模型与 Linux 系统的网络层次结构存在相似之处，如图 10-2 所示。

图 10-1 Linux 系统的网络结构

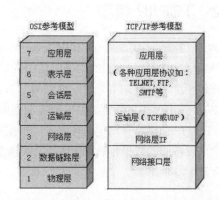

图 10-2 OSI（左）和 TCP/IP（右）参考模型

10.1.1　OSI 模型

OSI（Open System Interconnection，开放系统互连参考模型）是国际标准化组织（International Standardization Organization，ISO）制定的一个用于计算机或通信系统间互联的标准体系，该模型是多个协议的集合，通过它就可以在两个不同的系统间实现通信而不需要改变底层的硬件或软件。

OSI 采用七层模型，主要目的是解决异种网络互联时所遇到的兼容性问题。这种模型的最大特点是将服务、接口和协议这三个概念明确地区分开来，使网络的不同功能模块（不同层次）分担起不同的职责，这使得它在一定的程度上能够体现出自己独特的优点。

（1）把复杂的网络划分成为更容易管理的层（将整个庞大而复杂的问题划分为若干个容易处理的小问题）。

（2）没有一个厂家能完整地提供整套解决方案和所有的设备、协议。

（3）独立完成各自该做的任务，互不影响，分工明确，上层不关心下层的具体细节，分层同样有益于网络排错。

开放系统互连模型的七个层次都是采用独立的方式设计，由底层到顶层依次为物理层、数据链路层、网络层、传输层、会话层、表示层和应用层。其中，传输层到应用层之间负责处理数据源和数据目的地之间的通信问题，物理层到网络层负责处理网络设备间的通信。表 10-1 所示是对这七层模型的功能介绍。

表10-1　OSI七层模型的功能介绍

分　层	名　字	功　　能	工作在该层的设备
7	应用层	提供用户界面	QQ、IE 等应用程序
6	表示层	表示数据，进行加密等处理	
5	会话层	将不同应用程序的数据分离	
4	传输层	提供可靠或不可靠的传输，在重传前执行纠错	防火墙
3	网络层	提供逻辑地址，路由器使用它们来选择路径	三层交换机、路由器
2	数据链路层	将分组拆分为字节并将字节组合成帧，使用 MAC 地址提供介质访问，执行错误检测，但不纠错	二层交换机、网卡
1	物理层	在设备之间传输比特，指定电平、电缆速度和电缆针脚	集线器

10.1.2　TCP/IP 模型

TCP/IP（Transmission Control Protocol/Internet Protocol，传输控制协议/互联网协议）四层参考模型是 ARPANET 和其后继的因特网使用的参考模型，它的广泛使用在很大程度上与拥有七层模型的 OSI 过于庞大且复杂有关，这也使得只有四层模型的 TCP/IP 得到了广泛的应用。

TCP/IP 是由一些交互性的提供特定功能的模块组成的分层协议，是目前在计算机网络上的主要标准。TCP/IP 由网络接口层、网络层、传输层和应用层组成，各层次间并没有被严格地划分开，但非常注重设备间的数据传输，而且各层间包含一些相对独立的协议，这些协议可根据系统的需要进行混合和配套使用。

（1）网络接口层（Network Interface Layer）：位于 TCP/IP 模型中的第一层，主要功能是提供以太网、令牌环网络和异步传输模式等。在网络接口层中，TCP/IP 未定义任何特定的协议，只是提供支持所有标准和专门的协议功能。

（2）网络层（Internet Layer）：定义网际协议（IP）、互联网组管理协议（IGMP）和互联网控制报文协议（ICMP）这三个主要协议，主要用于解决主机到主机间的通信问题。网络层会将数据封装成 IP 数据包发往目标网络或主机，而这些数据包会根据协议在整个网络上进行逻辑传输。在此过程中，会重新赋予主机一个 IP 地址来完成寻址，负责数据包在多种网络中的路由。

（3）传输层（Transmission Layer）：位于 TCP/IP 的第三层，为应用层实体提供端到端的通信功能，还需要保证数据包的顺序传送和数据的完整性。在该层中，TCP/IP 定义传输控制协议（TCP，提供可靠、面向连接的数据传输）和用户数据报协议（UDP，提供不可靠、无连接的数据传输），负责将报文从一个进程交付到另一个进程，实现源主机和目标主机上对等实体间的会话。

（4）应用层（Application Layer）：TCP/IP 模型的顶层，是面向不同的网络应用而引入的为用户提供网络服务及专用端口的层，实现用户与计算机间的交流。

提示，为什么现代网络通信过程中用 TCP/IP 四层模型，而不是用 OSI 七层模型呢？

OSI 七层模型是理论模型，一般用于理论研究，它的分层有些冗余，实际应用时选择 TCP/IP 的四层模型。大多数人都认为 OSI 模型的层次数量与内容可能是最佳的选择，其实并非如此，OSI 自身也有缺陷。其中，会话层和表示层几乎是空的，而数据链路层和网络层包含的内容太多，有很多的子层，每个子层又都有不同的功能。

10.2　计算机的网络类型、协议及 IP 地址

本节将介绍各种网络协议的相关概念和作用，这些网络协议是各种服务能够正常提供服务的基础，也是必要的条件，因此对它们的了解在一定程度上有助于做好服务器的维护工作。

10.2.1　网络类型

关于网络类型，其实并没有严格意义上的划分，通常按地理范围划分的情况比较常见，例如把网络划分为局域网、城域网、广域网。

1. 局域网

局域网（Local Area Network，LAN）是最常见、应用最广的一种网络，是一种在局部地区范围内的网络，覆盖的范围比较小。在局域网内计算机的数量少则两台，多则几百台，一般位于一个建筑物或一个单位内，不存在寻径问题，不包括网络层的应用。

局域网具有连接范围小、用户数少、配置容易、连接速率高的特点。目前，局域网包括以太网（Ethernet）、令牌环网（Token Ring）、光纤分布式接口（Fiber Distributed Data Interface，FDDI）、异步传输模式网（Asynchronous Transfer Mode，ATM）及无线局域网（Wireless Local Area Network，WLAN）。随着计算机网络技术的发展，局域网已得到充分的应用和普及，比如一个家庭也属于局域网。

2. 城域网

城域网（Metropolitan Area Network，MAN）的连接距离可以在 10~100 千米，在地理范围上可以说是局域网的延伸，一般是一个城市但不同地理小区范围内的计算机互联，连接的计算机数量更多，通常是一个城域网连接多个局域网。

城域网多采用 ATM（Asynchronous Transfer Mode，异步传输模式）技术。ATM 包括一个接口和一个协议，该协议能够运行在常规的传输信道上，用于数据、语音、视频以及多媒体应用程序的高速数据传输。

由于 ATM 的成本太高，因此一般在政府城域网中应用，如银行、医院等。

3. 广域网

广域网（Wide Area Network，WAN）也称远程网，其所覆盖的范围（地理范围可从几百公里到几千公里）比城域网更广，一般用于不同城市、国家或洲之间的网络互联。由于信息传送距离较远，衰减比较严重，因此这种网络一般需要租用专线，并通过 IMP（Interface Message Processor，接口信息处理）协议和线路连接起来构成网状结构，解决寻径问题。

广域网的通信子网主要使用分组交换技术，可以利用公用分组交换网、卫星通信网和无线分组交换网，并将分布在不同地区的局域网或计算机系统互联起来，达到资源共享的目的（互联网就是世界范围内最大的典型的广域网）。广域网具有以下特点：

- 适应大容量与突发性数据的请求。
- 适应综合业务服务的请求。
- 开放的设备接口与规范化的协议。

10.2.2　常见网络协议

本节对一些常见的网络协议及基本概念进行介绍。

DNS（Domain Name System，域名解析协议）：因特网的一项核心服务，是用于将域名和 IP 地址相互映射的一个分布式数据库，能够帮助人们记住简单的域名（不需要记住复杂的 IP 地址）。

SNMP（Simple Network Management Protocol，简单网络管理协议）：由互联网工程工作小组（Internet Engineering Task Force，IETF）定义，目标是管理互联网上众多厂家生产的软硬件平台。SNMP 是由一组网络管理标准组成的，支持网络管理系统，用以监测连接到网络上的设备是否有任何引起管理上关注的情况。

DHCP（Dynamic Host Configuration Protocol，动态主机配置协议）：一个工作在 OSI 模型的应用层且应用于局域网的网络协议，主要用于向客户端动态分配 IP 地址和配置信息，也用于内部网管理员对所有电脑进行中央管理。

FTP（File Transfer Protocol，文件传输协议）：TCP/IP 组中的协议之一，是在计算机和网络之间交换文件最简单的方法。FTP 包括服务器端和客户端，服务器端主要是存储客户端发送来的文件，并提供给其他的客户端使用。

TFTP（Trivial File Transfer Protocol，简单文件传输协议）：TCP/IP 中一个用来在客户机与服务器间进行简单文件传输的协议，提供不复杂、开销不大的文件传输服务。

HTTP（Hypertext Tran sfer Protocol，超文本传输协议）：一个用于分布式、协作式和超媒体信息系统的应用层协议，是万维网数据通信的基础，也是互联网应用最为广泛的一种网络传输协议。HTTPS 是基于 HTTP 之上的一种安全协议，是对 HTTP 传输的数据进行加密/解密的应用，安全性远比 HTTP 高。

ICMP（Internet Control Message Protocol，Internet 控制信息协议）：TCP/IP 中的一个子协议，用于在 IP 主机、路由器之间传递控制消息。其中，控制消息是指网络通不通、主机是否可达、路由是否可用等网络本身的消息。这些控制消息虽然并不传输用户数据，但是对于用户数据的传递起着重要的作用。

SMTP（Simple Mail Transfer Protocol，简单邮件传送协议）：一个相对简单的文本传输协议，是数据在 Internet 传输 email 的标准。

Telnet Protocol（虚拟终端协议）：TCP/IP 的一员，是 Internet 远程登录服务的标准协议和主要方式。Telnet 为用户提供在本地计算机上完成远程主机工作的能力，并且使用起来就像是在本地电脑上工作一样。

10.2.3　IP 地址分类

IP 地址是 IP 协议提供的一种统一的地址格式，它为互联网上的每一个网络和每一台主机分配一个逻辑地址，以此来屏蔽物理地址的差异。

Internet 上的每台主机（Host）都有一个唯一的 IP 地址。IP 协议就是使用这个地址在主机之间传递信息，这是 Internet 能够运行的基础。IP 地址的长度为 32 位（共有 2^32 个 IP 地址），分为 4段，每段 8 位，用十进制数字表示，每段数字范围为 0～255，段与段之间用句点隔开，例如 159.226.1.1。

IP 地址分为网络号与主机号两部分，即前一部分为网络地址，后一部分为主机地址。从 A 类开始，前面网络号长度分别为 8 位、16 位、24 位。A 类由于网络号只有 8 位，所以能分配的网络号较少。

IP 地址分为 A、B、C、D、E 5 类，分别适用于大型网络、中型网络、小型网络、多目地址、备用。常用的是 B 和 C 两类。

① A 类地址：范围是从 0~127。0 是保留的，表示所有 IP 地址；127 也是保留的，用于测试环回口。因此，A 类地址的可用范围是 1~126，子网掩码为 255.0.0.0。

② B 类地址：范围是从 128~191，比如 172.168.1.1，子网掩码为 255.255.0.0。

③ C 类地址：范围是从 192~223，子网掩码为 255.255.255.0。

④ D 类地址：范围是从 224~239，用在多点广播（Multicast）中。多点广播地址用来一次寻址一组计算机，它标识共享同一协议的一组计算机。

⑤ E 类地址：范围是从 240~254，为将来使用保留。

在现在的网络中，IP 地址分为公网 IP 地址和私有 IP 地址。公网 IP 是在 Internet 使用的 IP 地址，而私有 IP 地址则是在局域网中使用的 IP 地址。

在 IPv4 中，私有地址的范围分别是：

A 类地址范围：10.0.0.0-10.255.255.255

B 类地址范围：172.16.0.0-172.31.255.555

C 类地址范围：192.168.0.0-192.168.255.255

10.3 TCP 与 UDP 协议

10.3.1 TCP 的概念

TCP（Transmission Control Protocol，传输控制协议）是一种面向连接、可靠、基于字节流的传输层通信协议。在简化的计算机网络 OSI 模型中，它完成第四层传输层所指定的功能，但不同主机的应用层间经常需要可靠的、像管道一样的连接，但是 IP 层不提供这样的流机制，而是提供不可靠的包交换。

当应用程序希望通过 TCP 与另一个应用程序通信时，它会发送一个通信请求，这个请求必须被送到一个确切的地址，在双方"握手"之后，TCP 将在两个应用程序之间建立一个全双工（full-duplex）的通信。

TCP 这种全双工（双方都可以收发信息）的通信将占用两个计算机之间的通信线路，直到它被一方或双方关闭为止。

10.3.2 TCP 三次握手

TCP 的三次握手简单来讲就是在相互连接前的一种身份和确定连接的验证，由客户端向服务端发起初次请求并由服务端做出最终的应答，这种确认在很大程度上保证了服务端对接可用的连接请求和双方在信息传输方面的安全。如图 10-3 所示是 TCP 三次握手的示意图。

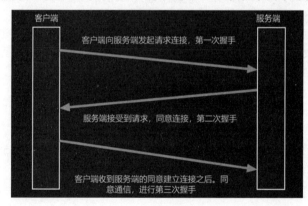

图 10-3 TCP 三次握手的示意图

（1）客户端对服务端说：我的序号是 x，我要向你请求连接。（第一次握手，发送 SYN 包，然后进入 SYN-SEND 状态。）

（2）服务端听到之后对客户端说：我的序号是 y，期待你下一句序号是 x+1（意思就是收到了序号为 x 的话，即 ack=x+1），同意建立连接。（第二次握手，发送 ACK-SYN 包，然后进入 SYN-RCVD 状态。）

（3）客户端听到服务端说同意建立连接之后，对服务端说：已确认你同意与我连接（ack=y+1，

ACK=1，seq=x+1）。（第三次握手，客户端已进入 ESTABLISHED 状态。）

（4）服务端听到客户端的确认之后，也进入 ESTABLISHED 状态。

10.3.3　TCP 四次挥手

挥手就是断开连接前的相互确认，是在双方完成信息的传输后发生的动作/行为。从资源的角度考虑，这种行为在资源的复用性上很有帮助，能够及时回收资源给其他请求使用。

四次挥手的过程如下：

（1）客户端与服务端交谈结束之后，客户端要结束此次会话，对服务端说：我要关闭连接了（seq=u，FIN=1）。（第一次挥手，客户端进入 FIN-WAIT-1。）

（2）服务端收到客户端的消息后说：确认，你要关闭连接了（seq=v,ack=u+1,ACK=1）。（第二次挥手，服务端进入 CLOSE-WAIT。）

（3）客户端收到服务端的确认后，等了一段时间，因为服务端可能还有话要对他说。（此时客户端进入 FIN-WAIT-2。）

（4）服务端说完了要说的话（可能还有话说）之后，对客户端说，我要关闭连接了（seq=w，ack=u+1，FIN=1，ACK=1）。（第三次挥手。）

（5）客户端收到服务端要结束连接的消息后说：已收到你要关闭连接的消息（seq=u+1，ack=w+1，ACK=1）。（第四次挥手，然后客户端进入 CLOSED。）

（6）服务端收到客户端的确认后，也进入 CLOSED。

TCP 四次挥手的示意图如图 10-4 所示。

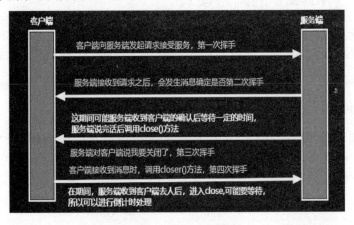

图 10-4　TCP 四次挥手

10.3.4　TCP 与 UDP 协议

UDP（User Datagram Protocol，用户数据报协议）是定义在互联网络环境中提供包交换的计算机通信协议，它为应用程序提供一种无须建立连接就可以发送封装 IP 数据报的方法。

TCP 和 UDP 这两个协议有着互补的作用，简单来讲 TCP 是建立在有应答的基础上的连接，只有对方应答后才开始传输数据；UDP 不需要应答，而是直接把数据发送到目的地，但不保证数据是否接收。形象地讲，TCP 就好比是打电话，而 UDP 就好比是发短信。两者的区别总结如下：

（1）基于连接与无连接。

（2）对系统资源的要求 TCP 较多，UDP 少。

（3）UDP 程序结构较简单，信息包的标题很短，只有 8 个字节，相对于 TCP 的 20 个字节信息包的额外开销很小，所以传输速度更快。

（4）TCP 可保证数据的正确性，UDP 可能丢包；TCP 可保证数据顺序，UDP 则不保证。

表 10-2 所示是 TCP 和 UDP 常用端口号名称。

表10-2　TCP 端口分配

端　口	对应的服务	功能说明
21	FTP	文件传输服务
22	SSH	安全远程连接服务
23	Telnet	远程连接服务
25	SMTP	电子邮件服务
53	DNS	域名解析服务，用 tcp53 或 udp53 端口传输
80	HTTP	Web 服务
443	HTTPS	安全 Web 服务

如果你不知道哪个端口对应哪个服务怎么办，比如 873 端口是哪个服务的？其实在/etc/services文件中就可以找到，需要注意的是该文件所包含的主要是一些常用的服务和对应的端口而不是全部。

10.3.5　基于 VMWare 的网络模式

VMWare 可给虚拟机提供桥接（Bridge）、NAT 和 Host-only 这三种类型的网络，能够提供这种功能得益于 VMWare 在宿主机上虚拟出两块网卡（VMnet1 和 VMnet8），本节将对这三种网络的基本功能进行介绍。

1. 基于桥接的网络模式

对于这种模式下的网络，虚拟机下系统的 IP 地址段与宿主机的 IP 地址段是相同的，也就是说虚拟机和它的宿主机属于一个局域网内，因此可以把这个虚拟机作为局域网组中的一员。这种桥连的网络所具备的一些基本特点如下：

● 虚拟机可以上外网。

● 可以和局域网内任意一台计算机通信。

● 可以和宿主机通信。

● 局域网内任意一台主机都可以和此虚拟机通信。

2. 基于 NAT 模式的网络

NAT 模式下的网络与宿主机不在同一个局域网中，它们的 IP 地址段是不同的。虚拟机使用的IP 地址是由虚拟机软件转换而来的（得益于安装虚拟机软件时在宿主机上创建的虚拟网卡），但这不影响虚拟机系统对网络的正常使用，这种类型的网络有以下几个特点：

- 物理机 vmnet8 这个网卡必须开启。
- 可以上外网。
- 可以宿主机通信。
- 局域网内不可以访问此虚拟机。

3. 仅主机模式

在这种模式下，每台虚拟机的系统之间都处于隔离状态，也就是说它们之间不能相互访问，而是单独与宿主机通信，但这不影响各个虚拟机对网络资源的使用。这种网络模式具备的特点如下：

- 可以和宿主机通信。
- 同一台宿主机上，仅主机模式下的虚拟机之间可以互相通信。
- 不可以上外网。
- 局域网内不可以相互访问。

10.4　网络相关调试工具

本节主要介绍 Linux 系统网络的基本配置，内容涉及 IP 地址查看、IP 地址类型的配置、服务端口监听这三个部分，另外还会介绍维护 IP 地址和监听服务端口的常用工具。

10.4.1　修改网卡 IP 地址

通常，每台物理服务器都配有两个或两个以上的网卡，也就是说会有两个或以上的 IP 地址。就学习环境使用的虚拟机下的 Linux 系统而言，通常只需要配置一个 IP 地址即可。

对于系统中 IP 地址的维护，首先要做的是获取关于网卡的相关信息。系统用于查看 IP 地址相关信息的工具有 ifconfig、ip addr 等。本书使用的 Linux 系统，在最小化安装的环境下默认是没有提供 ifconfig 这个工具的，如果需要使用该工具就要额外安装。下面我们使用 ip addr 工具来查看 IP 地址：

```
[root@tset ~]# ip addr
1: lo: <LOOPBACK,UP,LOWER_UP> mtu 65536 qdisc noqueue state UNKNOWN qlen 1
    link/loopback 00:00:00:00:00:00 brd 00:00:00:00:00:00
    inet 127.0.0.1/8 scope host lo
      valid_lft forever preferred_lft forever
    inet6 ::1/128 scope host
      valid_lft forever preferred_lft forever
2: ens32: <BROADCAST,MULTICAST,UP,LOWER_UP> mtu 1500 qdisc pfifo_fast state
UP qlen 1000
    link/ether 00:0c:29:fd:cd:d3 brd ff:ff:ff:ff:ff:ff
    inet 192.168.1.63/24 brd 192.168.1.255 scope global ens32
      valid_lft forever preferred_lft forever
    inet6 fe80::9117:962c:2d3e:706c/64 scope link
      valid_lft forever preferred_lft forever
```

从输出的信息看系统的 IP 地址是 192.168.1.63，因此通过使用这个 IP 地址就可以远程登录服务器并对服务器进行维护。如果需要更改 IP 地址，可使用专门的工具（命令）或进入到网卡设备的配置文件中更改。

网卡参数的配置文件为/etc/sysconfig/network-scripts/ifcfg-ens33，以下是该配置文件的配置信息和相关的说明（静态 IP 地址的配置参数）：

```
TYPE=Ethernet              #设置类型是以太网设备
PROXY_METHOD=none
BROWSER_ONLY=no
# 参数：static 静态 IP 或 dhcp 或 none 无（不指定），若是 none，则配上 IP 地址和 static 效果一样
BOOTPROTO=none
DEFROUTE=yes
IPV4_FAILURE_FATAL=no
IPV6INIT=yes
IPV6_AUTOCONF=yes
IPV6_DEFROUTE=yes
IPV6_FAILURE_FATAL=no
IPV6_ADDR_GEN_MODE=stable-privacy

NAME=ens33      #网卡名字
UUID=c713acec-674b-411d-9e61-646482a292ca    #网卡 UUID，全球唯一
DEVICE=ens33    #设备名字，在内核中识别的名字
ONBOOT=yes      #启用该设备，如果是 no，则表示不启动此网络设备

IPADDR=192.168.1.63        # IP 地址
PREFIX=24                  # 子网掩码，24 相当于 255.255.255.0
GATEWAY=192.168.1.1    # 默认网关
```

要更改网卡参数可以使用编辑器打开该配置文件并进行修改。修改网卡参数配置文件后，建议重启网卡的服务进程，可执行如下命令：

```
[root@tset ~]# systemctl restart network.service
```

10.4.2 新增网卡设备

要给虚拟机中的系统新增网卡设备，建议在关机模式下进行，或在开机的状态下进行时重启系统，以便新增的设备被系统识别。

给虚拟机新增网卡的方法是打开虚拟机的设置界面，在"虚拟机设置"界面上单击"添加"按钮，并在弹出的"添加硬件向导"界面上选择要新增的网卡设备，"网络适配器类型"界面则保持默认配置，如图 10-5 所示。

添加完成后重启系统，并登录到系统中检查网卡设备是否添加成功。因为添加网卡设备后远程登录缓慢，建议考虑使用控制端方式登录。登录后执行以下命令来查看系统的网卡设备（使用动态 IP 地址的系统在新增网卡后会自动分配 IP 地址和相关的参数信息）：

图 10-5　新增网络适配器

```
[root@tset ~]# ip addr
1: lo: <LOOPBACK,UP,LOWER_UP> mtu 65536 qdisc noqueue state UNKNOWN qlen 1
    link/loopback 00:00:00:00:00:00 brd 00:00:00:00:00:00
```

```
        inet 127.0.0.1/8 scope host lo
           valid_lft forever preferred_lft forever
        inet6 ::1/128 scope host
           valid_lft forever preferred_lft forever
    2: ens32: <BROADCAST,MULTICAST,UP,LOWER_UP> mtu 1500 qdisc pfifo_fast state
UP qlen 1000
        link/ether 00:0c:29:fd:cd:d3 brd ff:ff:ff:ff:ff:ff
        inet 10.0.3.104/24 brd 10.0.3.255 scope global ens32
           valid_lft forever preferred_lft forever
        inet6 fe80::9117:962c:2d3e:706c/64 scope link
           valid_lft forever preferred_lft forever
    3: ens34: <BROADCAST,MULTICAST,UP,LOWER_UP> mtu 1500 qdisc pfifo_fast state
UP qlen 1000
        link/ether 00:0c:29:fd:cd:dd brd ff:ff:ff:ff:ff:ff
        inet 10.0.3.105/24 brd 10.0.3.255 scope global dynamic ens34
           valid_lft 1351sec preferred_lft 1351sec
        inet6 fe80::46c1:8edd:4c62:3d44/64 scope link
           valid_lft forever preferred_lft forever
```

　　虽然通过 ip addr 命令可获取新增网卡的相关信息，但是实际上该新增的网卡是没有配置文件的，因此需要给该网卡创建配置文件。新增网卡配置文件的创建，其实可以原先那张网卡的配置参数作为基础，并进行针对性修改。

　　进入/etc/sysconfig/network-scripts/目录，对 ifcfg-ens33 文件进行复制，并重命名为 ifcfg-ens38，以此新文件来作为新增网卡的配置文件，如图 10-6 所示。

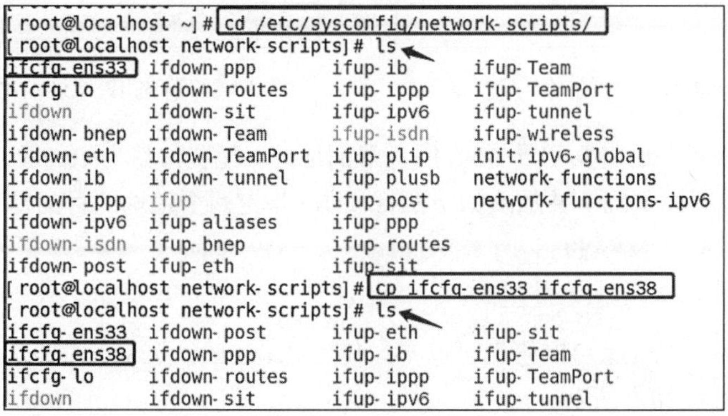

图 10-6　对 ifcfg-ens33 文件进行复制并重命名为 ifcfg-ens38

　　接着使用编辑器打开 ifcfg-ens38 文件，并对 IP 地址、MAC 地址、网卡配置文件名称进行更改。另外，UUID 可以不使用，完成更改后建议重启系统。

运维前线
如果新增网卡设备后出现远程登录慢的问题，建议对 SSH 配置文件/etc/ssh/sshd_config 进行更改，即将该配置文件中的 UseDNS 值更改为 no。

10.4.3　自动获取 IP 地址

　　在生产环境下服务器的 IP 地址主要采用的是静态 IP 地址，就是由我们指定特有的 IP 地址。

服务器是对外提供服务的，如果 IP 地址都不定，那么客户就无法正常使用服务器提供的服务。

虽然在生产环境中几乎不会使用到动态 IP 地址，但是在学习的过程中还是需要知道怎么配置动态 IP 地址。动态 IP 地址通常是使用 DHCP 服务器来分配的，这就需要有 DHCP 服务器端，并对 DHCP 客户端的网卡配置参数进行修改。如果网卡配置的是静态 IP 地址，需要修改配置参数。

配置动态 IP 地址时，需要把 BOOTPROTO 的值改为 dhcp，并注释掉原先的 IP 地址和网关，完成后保存并重启网络即可。如图 10-7 所示是动态 IP 地址的网卡配置参数。

10.4.4　配置静态 IP 地址

要配置静态 IP 地址，简单地讲就是给服务器指定固定的 IP 地址，即这个 IP 地址在局域网中是唯一的。配置静态 IP 地址必须配置 BOOTPROTO 的值、指定 IP 地址和网关，图 10-8 是静态 IP 地址的网卡配置参数。

```
 1 TYPE=Ethernet
 2 PROXY_METHOD=none
 3 BROWSER_ONLY=yes
 4 BOOTPROTO=dhcp
 5 DEFROUTE=yes
 6 IPV4_FAILURE_FATAL=no
 7 IPV6INIT=yes
 8 IPV6_AUTOCONF=yes
 9 IPV6_DEFROUTE=yes
10 IPV6_FAILURE_FATAL=no
11 IPV6_ADDR_GEN_MODE=stable-privacy
12 NAME=ens38
13 DEVICE=ens38
14 ONBOOT=yes
15
```

图 10-7　动态 IP 地址的网卡配置参数

```
TYPE=Ethernet
PROXY_METHOD=none
BROWSER_ONLY=yes
BOOTPROTO=none
DEFROUTE=yes
IPV4_FAILURE_FATAL=no
IPV6INIT=yes
IPV6_AUTOCONF=yes
IPV6_DEFROUTE=yes
IPV6_FAILURE_FATAL=no
IPV6_ADDR_GEN_MODE=stable-privacy
NAME=ens38
DEVICE=ens38
ONBOOT=yes
IPADDR=192.168.4.150
PREFIX=24
GATEWAY=192.168.4.1
```

图 10-8　静态 IP 地址的网卡配置参数

配置完网卡参数后，还需要配置 DNS 服务器的地址（配置文件为/etc/resolv.conf）。使用编辑器打开配置文件，指定 IP 地址，并加入如下两行代码（指定两个地址的目的是有一个作为备用）：

```
nameserver  172.16.254.110
nameserver  144.144.144.144
```

配置完成后重启系统（重启网络也可以），使用 ifconfig 命令或 ip addr 命令查看系统的 IP 地址，获取到的信息如图 10-9 所示。

```
[root@localhost network-scripts]#ifconfig
ens33: flags=4163<UP,BROADCAST,RUNNING,MULTICAST>  mtu 1500
       inet 192.168.4.179  netmask 255.255.255.0  broadcast 192.
       inet6 fe80::4c6e:4e99:d51:9de4  prefixlen 64  scopeid 0x2
       ether 00:0c:29:a2:46:73  txqueuelen 1000  (Ethernet)
       RX packets 20853  bytes 2704723 (2.5 MiB)
       RX errors 0  dropped 0  overruns 0  frame 0
       TX packets 2926  bytes 241227 (235.5 KiB)
       TX errors 0  dropped 0  overruns 0  carrier 0  collisions

ens38: flags=4163<UP,BROADCAST,RUNNING,MULTICAST>  mtu 1500
       inet 192.168.4.150  netmask 255.255.255.0  broadcast 192.
       inet6 fe80::85bc:f862:f9ce:576f  prefixlen 64  scopeid 0x
       ether 00:0c:29:a2:46:7d  txqueuelen 1000  (Ethernet)
```

图 10-9　获取到 IP 地址的相关信息

从输出的信息可知，刚配置的静态 IP 地址已经被系统识别，也就是说，这个 IP 地址是可以使用的。

10.4.5　案例：设置临时 IP 地址

通常，临时 IP 地址只是暂时使用，也就是说它的生命周期并不长。因此，在配置时把它暂时捆绑到某张网卡上，而不需要新增网卡设备和配置网卡参数。

设置临时 IP 地址，可以使用 ifconfig 命令并指定要绑定的网卡名称和临时 IP 地址。如图 10-10 所示是在 ens38 的网卡上绑定临时地址 192.18.1.2。

```
[root@localhost ~]# ifconfig ens38 192.168.1.2
[root@localhost ~]# ifconfig
ens33: flags=4163<UP, BROADCAST, RUNNING, MULTICAST>  mtu 1500
        inet 192.168.4.179  netmask 255.255.255.0  broadcast 192.16
        inet6 fe80::4c6e:4e99:d51:9de4  prefixlen 64  scopeid 0x20-
        ether 00:0c:29:a2:46:73  txqueuelen 1000  (Ethernet)
        RX packets 20886  bytes 2708972 (2.5 MiB)
        RX errors 0  dropped 0  overruns 0  frame 0
        TX packets 2943  bytes 242555 (236.8 KiB)
        TX errors 0  dropped 0 overruns 0  carrier 0  collisions 0

ens38: flags=4163<UP, BROADCAST, RUNNING, MULTICAST>  mtu 1500
        inet 192.168.1.2  netmask 255.255.255.0  broadcast 192.168.
        inet6 fe80::85bc:f862:f9ce:576f  prefixlen 64  scopeid 0x20
        ether 00:0c:29:a2:46:7d  txqueuelen 1000  (Ethernet)
```

图 10-10　在 ens38 的网卡上绑定临时地址 192.18.1.2

绑定后检查网络，即使用 ping 命令测试网络是否通：

```
[root@test ~]# ping 192.168.1.2
PING 192.168.1.2 (192.168.1.2) 56(84) bytes of data.
64 bytes from 192.168.1.2: icmp_seq=1 ttl=64 time=0.042 ms
64 bytes from 192.168.1.2: icmp_seq=2 ttl=64 time=0.101 ms
^C
--- 192.168.1.2 ping statistics ---
2 packets transmitted, 2 received, 0% packet loss, time 1000ms
rtt min/avg/max/mdev = 0.042 /0.071 /0.101/0.030 ms
```

根据输出的结果可知，绑定的 IP 地址网络是通的，也就是可以使用的。

10.4.6　端口的监听状态

通常，服务启动时就会启动对应的端口，通过这个端口可以使用相关的服务。系统中有几百上千个端口，要知道端口的状态信息，可以使用 netstat 命令来查看（查看系统中网络连接状态信息）。netstat 命令的格式及常用参数如下：

```
netstat -anutp
```

- -a, --all: 显示本机所有连接和监听的端口。
- -n, --numeric: 以数字形式显示当前建立的有效连接和端口。
- -u: 显示 UDP 协议连接。
- -t: 显示 TCP 协议连接。
- -p, --programs: 显示连接对应的 PID 与程序名。

端口监听状态扩展命令为 watch，作用是实时监测命令的运行结果，从中可以看到所有变化数据包的大小。

```
-d, --differences ['dɪfərəns]      #高亮显示命令输出信息不同之处
-n, --interval seconds   ['ɪntəvl]    #指定命令执行的间隔时间（秒）
```

例如，每隔 1 秒高亮差异显示 ens33 相关信息：

```
[root@localhost ~]# watch -d -n 3 "ifconfig ens33"
Ctrl+c 就可以退出～
```

10.5　系统进程管理

进程是服务的动态表现，是了解服务状态的指标之一，是对系统资源使用的表现，因此对于进程的管理是非常有必要的。

10.5.1　进程的概念

进程是已启动的可执行程序的运行实例，反映的是一种过程，一个进程由如下几个部分组成：

- 已分配内存的地址空间。
- 安全属性，包括所有权凭据和特权。
- 程序代码的一个或多个执行线程。
- 进程状态。

程序是一种由各种字符组成的具有特殊功能的字符串，它们以静态的状态存在，可以是可执行文件或一般文件，在不严格的意义上可以把程序理解成文件，比如/bin/date，/usr/sbin/sshd 这些文件都可以说是程序。

进程是程序运行的过程，是存在生命周期的，是进程的运行状态。对于进程而言，它的生命周期内都要完成某些事情，事情完成后生命周期也就结束了。如图 10-11 所示是进程的整个生命周期过程。

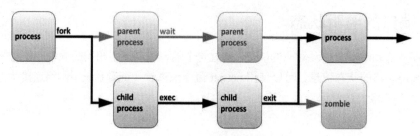

图 10-11　进程的整个生命周期

描述如下：

父进程 fork 自己的地址空间创建一个 child process（子进程）结构，每个子进程分配一个唯一的进程 ID（PID），用于安全性跟踪。子进程 ID（PID）和父进程 ID（PPID）是环境元素，任何进程都可以创建子进程，所有进程都是第一个系统进程的后代。

例如：

CentOS5 或 6 PID 为 1 的进程是 init。

CentOS7 PID 为 1 的进程是 systemd。

僵尸进程：一个进程使用 fork 创建子进程，如果子进程退出，而父进程并没有调用 wait 或 waitpid 获取子进程的状态信息从而对其进行处理，那么子进程的进程描述符仍然保存在系统中，这种进程称之为僵尸进程。

10.5.2　进程的属性

每个进程包括若干属性，如 UID、PID 等，这些属性决定了进程被处理的先后次序。进程的属性主要有以下几个：

- 进程 ID（PID）：唯一的数值，用来区分进程。
- 父进程的 ID（PPID）。
- 启动进程的用户 ID（UID）和所归属的组（GID）。
- 进程状态：分为运行（R）、休眠（S）、僵尸（Z）。
- 进程执行的优先级。
- 进程所连接的终端名。
- 进程资源占用，比如占用资源大小（内存、CPU 占用量）。

10.5.3　进程的优先级

进程的优先级包括静态优先级、动态优先级、实时优先级和基本时间片这 4 种类型。

1. 静态优先级（Static Priority）

之所以称为"静态"，是因为它不随时间而改变，内核也不会对它进行修改，而且由用户通过系统调用来更改进程的优先级。简单地讲，就是用户执行特定的命令更改原先的优先级数来实现进程优先级的变动。

每个普通进程都有一个静态优先级，内核为这类进程分配的优先级数为-139~100，数值越大，优先级越低。每个新建的进程通常要继承其父进程的优先级，不过在这些进程等待执行的过程中用户可以通过给 nice 调用传递"nice value"或 setpriority() 来改变它们的优先级。

2. 动态优先级（Dynamic Priority）

系统为了让每个进程运行，会为它们分配时间片（获取使用 CPU 资源的时间，也用于表示进程的动态优先级），只要进程执行 CPU 的时间片，这个时间片就会随着它的不断运行而减小，当这个进程的时间片为 0 时，CPU 的资源就被其他高优先级的进程抢占。

在进程调度时，调度器只认动态优先级。在进程从静态优先级切换到动态优先级时，进程动态优先级的数值是通过静态优先级数来计算的，可以使用以下公式算出动态优先级的值。

动态优先级=max（100 分钟（静态优先级-bonus+5，139））

其中，bonus 的值在 0~10 之间，动态优先级比 5 小时低，它的值与进程的平均睡眠时间有直接关系。

3. 实时优先级（Real time priority）

实时优先级只对实时进程有意义，在 Linux 系统中其把实时优先级与计算器值相加作为实时进程的优先权值，拥有较高权值的进程总是优先于较低权值的进程执行。如果一个进程不是实时进程，那么它的优先权值就远小于 1000，因此实时进程总是优先执行的。

4. 基准时间片（Base time quantum）

基准时间片是由静态优先级决定的，当进程耗尽当前的基准时间片后，内核就会重新为它分配一个基准时间片。静态优先级和基准基础时间片的关系如下：

（1）静态优先级小于 120

基准时间（毫秒）=（140-静态优先级）×20

（2）当静态优先级大于等于 120

基准时间（毫秒）=（140-静态优先级）×5

10.5.4　查看进程的命令 ps 与 lsof

在实际运维过程中，如果想查看进程的状况，通常的方法是使用相关工具来完成。下面介绍几款进程查看工具。

1. 使用 ps 命令查看进程状态

ps 命令用于报告当前系统的进程状态。其命令格式如下：

ps【选项】

常用选项：

- a: 显示跟当前终端关联的所有进程。
- u: 基于用户的格式显示（显示某用户 ID 所有的进程）。
- x: 显示所有进程，不以终端机来区分。

常用的选项组合是-aux。下面使用带有该组合选项的 ps 命令查看进程状态，命令输出以分页的形式显示，如图 10-12 所示。

```
[root@xuegod63 ~]# ps -axu | more
USER      PID %CPU %MEM    VSZ   RSS TTY      STAT START   TIME COMMAND
root        1  0.1  0.1 191036  4028 ?        Ss   20:21   0:03 /usr/lib/syste

root     2397  0.0  0.1 116692  3428 pts/0    Ss   20:25   0:00 bash
postfix  2954  0.0  0.1  91732  4024 ?        S    20:27   0:00 pickup -l -t unix
root     2985  0.0  0.0      0     0 ?        S    20:27   0:00 [kworker/3:0]
root     2994  1.2  0.0      0     0 ?        S    20:28   0:15 [kworker/u128:0]
root     3451  0.0  0.0      0     0 ?        S    20:33   0:00 [kworker/1:2]
root     3643  0.0  0.0      0     0 ?        S    20:35   0:00 [kworker/u128:1]
root     3778  0.1  0.0      0     0 ?        S    20:36   0:01 [kworker/0:1]
```

图 10-12　ps 命令查看进程状态

在最后一列使用方括号括起来的进程是内核态的进程，没有括起来的是用户态进程。

在带有-aux 选项的 ps 命令输出信息中，相关的参数意义如下：

- USER: 启动这些进程的用户。
- PID: 进程的 ID。
- %CPU: 进程占用的 CPU 百分比。
- %MEM: 占用内存的百分比。
- VSZ: 进程占用的虚拟内存大小（单位：KB）。
- RSS: 进程占用的物理内存大小（单位：KB）。
- STAT: 该进程目前的状态。Linux 进程有以下 5 种基本状态。
  - ◇ R: 该进程目前正在运作，或者是可被运作。
  - ◇ S: 该进程目前正在睡眠状态（或者说 idle 状态），但可被某些信号（signal）唤醒。
  - ◇ T: 该进程目前正在侦测或者是停止了。
  - ◇ Z: 该进程已终止，但其父程序却无法正常终止，从而造成 zombie（僵尸）状态。
  - ◇ D: 不可中断状态。

除了上述 5 个基本状态，还有一些其他特殊的表示方式，比如 Ss、R+等，如图 10-13 所示。

root	4394	0.0	0.1	116692	3284	pts/1	Ss	20:52	0:00 bash
root	4435	0.0	0.2	151752	5292	pts/1	S+	20:52	0:00 vim a.txt
root	4437	0.0	0.1	116692	3280	pts/2	Ss+	20:52	0:00 bash
root	4542	0.0	0.0	0	0	?	S	20:56	0:00 [kworker/3:1]
root	4559	0.0	0.0	0	0	?	S	20:58	0:00 [kworker/0:0]
root	4567	0.0	0.0	107904	608	?	S	20:58	0:00 sleep 60
root	4568	0.0	0.0	151064	1828	pts/0	R+	20:59	0:00 ps - axu
root	4569	0.0	0.0	110436	964	pts/0	S+	20:59	0:00 more

图 10-13　进程状态的其他表示方式

它们的含义如下：

- ◇ <: 表示进程运行在高优先级上。
- ◇ N: 表示进程运行在低优先级上。
- ◇ L: 表示进程有页面锁定在内存中。
- ◇ S: 表示进程是控制进程。
- ◇ L: 表示进程是多线程的。
- ◇ +: 表示当前进程运行在前台。
- START: 该 process 被触发启动的时间。
- TIME: 该 process 实际使用 CPU 运作的时间。
- COMMAND: 该程序的实际命令。

例如，使用编辑器打开一个 a.txt 文件，之后在另一个终端执行 ps 命令查看该文件的相关进程信息。对于进程的状态，执行结果如下：

```
[root@localhost ~]# ps -aux | grep a.txt
root   4435  0.0  0.2 151752  5292 pts/1  S+   20:52   0:00 vim a.txt
root   4661  0.0  0.0 112676   996 pts/0  S+   21:05   0:00 grep --color=auto
a.txt
```

在 ps 命令输出的信息中，关于进程状态的表示，其中 S 表示睡眠状态、+表示前台进程。

可以在 vim 编辑器使用快捷键操作进程，如在 vim a.txt 终端上按 Ctrl+Z 组合键，表示挂起一个进程并放入后台，使进程处于暂停状态：

```
[1]+  已停止              vim a.txt
```

在另一个终端执行：

```
[root@localhost ~]# ps -aux | grep a.txt     #查看状态 T 表示停止状态
root   4435  0.0  0.2 151752  5292 pts/1   T   20:52   0:00 vim a.txt
root   4675  0.0  0.0 112676   996 pts/0   S+  21:05   0:00 grep --color=auto
a.txt
```

其他快捷键的具体功能如下：

Ctrl+C 发送 SIGINT 信号，终止一个进程。

Ctrl+Z 发送 SIGSTOP 信号，挂起一个进程，将作业放置到后台（暂停）。

Ctrl+D 表示一个特殊的二进制值，代表输入完成或者注销。

2. ps 命令结合参数查看进程状态

使用 ps 命令查看进程状态时，常用的组合是 ps –ef，选项含义如下：

- -e: 显示所有进程。
- -f: 显示完整格式输出。

命令的执行结果如图 10-14 所示。

```
[root@panda ~]# ps -ef|head
UID        PID  PPID  C STIME TTY          TIME CMD
root         1     0  0 Oct23 ?        00:01:47 /usr/lib/systemd/systemd --switc
hed-root --system --deserialize 21
root         2     0  0 Oct23 ?        00:00:00 [kthreadd]
root         3     2  0 Oct23 ?        00:00:06 [ksoftirqd/0]
root         5     2  0 Oct23 ?        00:00:00 [kworker/0:0H]
root         7     2  0 Oct23 ?        00:00:01 [migration/0]
root         8     2  0 Oct23 ?        00:00:00 [rcu_bh]
root         9     2  0 Oct23 ?        00:01:23 [rcu_sched]
root        10     2  0 Oct23 ?        00:00:05 [watchdog/0]
root        11     2  0 Oct23 ?        00:00:04 [watchdog/1]
```

图 10-14 ps 命令的执行结果

包含的主要信息如下：

- UID: 启动进程的用户。
- PID: 进程的 ID。
- PPID: 父进程的进程号。
- C: 进程生命周期中的 CPU 利用率。
- STIME: 进程启动时的系统时间。
- TTY: 表明进程在哪个终端设备上运行。如果显示 "?"，表示与终端无关。这种进程一般是内核态进程。另外，tty1-tty6 是本机上面的登入者程序。若为 pts/0，则表示运行在虚拟终端上的进程。
- TIME: 运行进程，一共累计占用的 CPU 时间。
- CMD: 启动的程序名称。

例如，测试 CPU 的使用时间。

```
dd if=/dev/zero of=/a.txt count=10 bs=100M
[root@localhost ~]# ps -axu | grep dd
```

说明：

ps aux 用 BSD 的格式来显示进程。

ps -ef 用标准的格式显示进程。

3. lsof 命令

lsof 命令用于查看进程打开的文件、打开文件的进程、进程打开的端口（TCP、UDP），具体选项如下：

- -i<条件>：列出符合条件的进程。（4、6、协议、:端口、 @ip）
- -p<进程号>：列出指定进程号所打开的文件。

例如：

```
[root@localhost ~]# vim a.txt
[root@localhost ~]# ps -axu | grep a.txt
root  43641  0.8  0.2 151744  5280 pts/3  S+  18:19  0:00 vim a.txt
root  43652  0.0  0.0 112676   996 pts/1  S+  18:19  0:00 grep --color=auto
a.txt
[root@localhost ~]# lsof -p 43641
```

如果要查看端口或查看端口是哪个进程在使用可用以下命令：

```
[root@localhost ~]# lsof -i :22
```

10.5.5　pstree 工具的使用

pstree（display a tree of processes）是一个以树状图显示进程的工具，其只显示进程的名称，且相同进程合并显示。

命令格式：

pstree 或 pstree -p

例如，以树状图显示进程，并显示进程 PID，命令如下：

```
[root@localhost ~]# pstree -p
```

第11章

软件包的管理与安装

本章主要介绍软件包管理和安装,其中软件包的安装涉及 RPM 命令和 YUM 服务这两种方式,这两种方式是在系统维护中经常使用的,因此须重点掌握。

11.1　RPM 管理软件包

RPM(RPM Package Manager,RPM 软件包管理器)的作用类似于 Windows 电脑管家中的"软件管理"、安全卫士里面的"软件管家"等产品,其主要作用是对 Linux 服务器上的软件包进行管理,包括查询、卸载和安装等。

11.1.1　RPM 的使用

1. 查询某个软件的安装情况

格式:#rpm -qa|grep 关键词
选项说明:

- -q: 查询,query。
- -a: 全部,all。

例如,查询 Linux 上是否安装 firefox:

```
[root@test ~]# rpm -qa | grep "firefox"
firefox-52.7.0.1.el7.centos.x86_64
```

2. 安装软件包

格式: rpm -ivh 软件包名
选项说明:

- -i: 安装软件。

- -v: 显示安装过程。
- -h: 用#表示安装进度（比如# 2%）。

要想装软件，得先找到安装包，获得方式如下：

- 去官方网站下载。
- 不介意老版本的话，可以从光盘（或者镜像文件）中读取，所有的软件包都存储在光盘的 packages 下。

3. 卸载某个软件

格式：#rpm -e 软件的名称（建议写完整的名称）
例如，卸载火狐浏览器：

```
[root@localhost ~]# rpm -e firefox-52.7.0.1.el7.centos.x86_64
```

火狐没有依赖关系，所以可以直接卸载。

4. 挂载光盘

格式：#mount 设备原始地址 要挂载的位置路径
选项说明：

- 设备原始地址：地址统一在/dev 下，然后根据大小确定具体 name 值，拼凑在一起组成原始地址，例如 "/dev/sr0"。
- 要挂载的位置路径：挂载目录一般都在 mnt 下，也可以在 mnt 下建目录。此处以 "/mnt/dvd" 为例，如图 11-1 所示。

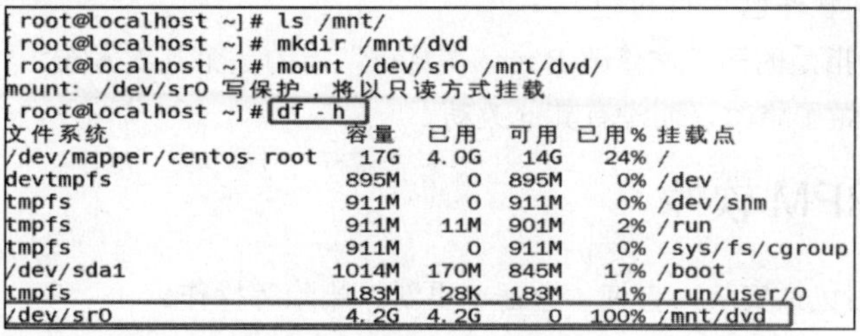

```
[root@localhost ~]# ls /mnt/
[root@localhost ~]# mkdir /mnt/dvd
[root@localhost ~]# mount /dev/sr0 /mnt/dvd/
mount: /dev/sr0 写保护，将以只读方式挂载
[root@localhost ~]# df -h
文件系统                    容量    已用    可用  已用% 挂载点
/dev/mapper/centos-root     17G    4.0G    14G    24% /
devtmpfs                   895M       0   895M     0% /dev
tmpfs                      911M       0   911M     0% /dev/shm
tmpfs                      911M     11M   901M     2% /run
tmpfs                      911M       0   911M     0% /sys/fs/cgroup
/dev/sda1                 1014M    170M   845M    17% /boot
tmpfs                      183M     28K   183M     1% /run/user/0
/dev/sr0                   4.2G    4.2G       0   100% /mnt/dvd
```

图 11-1　挂载路径

具体执行的安装命令如图 11-2 所示。

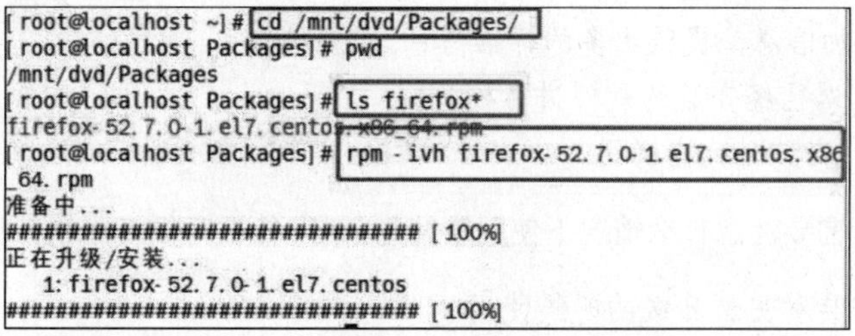

```
[root@localhost ~]# cd /mnt/dvd/Packages/
[root@localhost Packages]# pwd
/mnt/dvd/Packages
[root@localhost Packages]# ls firefox*
firefox-52.7.0-1.el7.centos.x86_64.rpm
[root@localhost Packages]# rpm -ivh firefox-52.7.0-1.el7.centos.x86
_64.rpm
准备中...
################################# [100%]
正在升级/安装...
   1:firefox-52.7.0-1.el7.centos
################################# [100%]
```

图 11-2　执行安装命令并显示结果

查看是否安装成功：

```
[root@localhost Packages]# firefox -v
Mozilla Friefox 52.7.0
```

rpm 包的获取方式如下：

● Centos 系统镜像光盘。

● 网站 rpmfind.net。比如安装 MySQL、Nginx 软件，就可以去官方网站下载。

执行挂载的命令如图 11-3 所示。

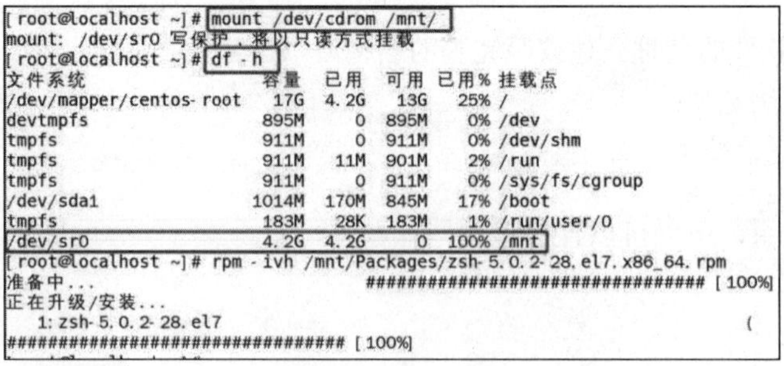

图 11-3　执行挂载命令并显示结果

下面来看一下具体的例子：

```
[root@localhost ~]# ls /mnt/Packages/zsh-5.0.2-28.el7.x86_64.rpm
/mnt/Packages/zsh-5.0.2-28.el7.x86_64.rpm
```

对于 zsh-5.0.2-28.el7.x86_64.rpm 软件，它的基本组成为"软件名-主版本号.次版本号-修订.发布版本.操作系统版本.软件包（64 位包）"。

其中，"修订"指的是第几次修改 Bug，"发布"指的是第几次发布。 发布时，可能只是对软件安装的默认参数做了修改，而没有其他改动。

11.1.2　安装 RPM 软件

RPM 工具的使用包括安装、查询、验证、更新、删除等操作。

格式：rpm [参数] 软件包

参数说明：

● -i: install，安装软件包。

● -v: 显示附加信息，提供更多的详细信息。

● -V: 校验，对已经安装的软件进行校验。

● -h: --hash，安装时列出标记。

在使用 RPM 时，需要注意什么情况下使用软件包全名、什么时候使用软件包名，具体说明如下：

● 全名：在安装和更新升级的时候使用。

● 包名：对已经安装过的软件包进行操作时，比如查找已经安装的某个包、卸载包等，使用包名，默认是到目录/var/lib/rpm 下面进行搜索。当一个 RPM 包安装到系统上之后，安装信息通常会保存在本地的 /var/lib/rpm/ 目录下。

从本地安装时，执行如图 11-4 所示的命令可挂载 RPM 包。

```
[root@localhost ~]# mount /dev/cdrom /mnt/
mount: /dev/sr0 写保护，将以只读方式挂载
[root@localhost ~]# df -h
文件系统                          容量    已用   可用  已用%  挂载点
/dev/mapper/centos-root         17G    4.2G   13G    25%  /
devtmpfs                        895M     0    895M    0%  /dev
tmpfs                           911M     0    911M    0%  /dev/shm
tmpfs                           911M    11M   901M    2%  /run
tmpfs                           911M     0    911M    0%  /sys/fs/cgroup
/dev/sda1                      1014M   170M   845M   17%  /boot
tmpfs                           183M    28K   183M    1%  /run/user/0
/dev/sr0                        4.2G   4.2G     0   100%  /mnt
[root@localhost ~]# rpm -ivh /mnt/Packages/zsh-5.0.2-28.el7.x86_64.rpm
准备中...                            ############################### [100%]
正在升级/安装...
   1:zsh-5.0.2-28.el7                                                  (
############################### [100%]
```

图 11-4　挂载 RPM 包

需从网上下载直接安装 CentOS epel 扩展源 yum，请注意要确保自己的虚拟机能上网。

例如，安装 CentOS epel 扩展 yum 源。

```
[root@test~]# rpm -ivh
http://dl.fedoraproject.org/pub/epel/epel-release-latest-7.noarch.rpm
获取 http://dl.fedoraproject.org/pub/epel.epel.release latest7.noarch.rpm
警告:/var/tmp/rpm-tmp.smNaBk: 头 V3 RSA/5HA256 Signature.密钥 ID352c64e5:NOKEY
准备中 ...                         ############################# [100%]
正在升级/安装...
   1:epel-release-7-11             ############################# [100%]
```

epel 源是对 CentOS 7 系统中自带的 base 源的扩展。其中，i 表示安装，v 表示显示安装过程。

11.1.3　RPM 查询功能

格式：rpm -q（query）
常用参数说明：

- -a（all）：查询所有已安装的软件包。
- -f（file）：系统文件名（查询系统文件所属的软件包），反向查询。
- -i：显示已经安装的 RPM 软件包信息，后面直接跟包名。
- -l（list）：查询软件包中文件安装的位置。
- -p：查询指定软件包的相关信息，后面跟软件的名。
- -R：查询软件包的依赖性。

例如：

```
[root@localhost ~]# rpm -qa       --->查询所有已安装包
[root@localhost ~]# rpm -qa | grep vim     --->查询所有已安装包中带 vim 关键字的包
[root@localhost ~]# which find      #查看 find 命令的路径
/usr/bin/find
[root@localhost ~]# rpm -qf /usr/bin/find    #查询文件或命令属于哪个安装包
findutls-4.5.10-5.el7.x86_64
```

执行下述命令查询已经安装的 rpm 包的详细信息或作用：

```
rpm -qi  rpm 包名
```

执行命令及结果如图 11-5 所示。

```
[root@localhost ~]# rpm - qi lrzsz
Name        : lrzsz
Version     : 0.12.20
Release     : 36.el7
Architecture: x86_64
Install Date: 2018年 11月 21日 星期三  20时 37分 12秒
Group       : Applications/Communications
Size        : 184846
License     : GPLv2+
Signature   : RSA/SHA256, 2014年 07月 04日 星期五  11时 35分 32秒
7f4a80eb5
```

图 11-5　执行命令查询安装的 RPM 包

11.1.4　RPM 包卸载和升级

软件的更新换代速度远比操作系统快，随着应用程序的不断更新，RPM 包软件也需要更新换代。对于一些旧版本的软件，可以先卸载旧版本后再安装新版本。实际操作应该根据实际需要而定，有些软件是更新更加简单，有些则是安装更加简单。

卸载时，使用-e 选项即可，格式如下：

```
rpm -e（erase）包名
```

示例：

```
[root@localhost ~]#  rpm -qa zsh          # 查询
zsh-5.0.2-28.el7.x86_64
[root@localhost ~]# rpm -e zsh            #卸载
[root@localhost ~]#  rpm -qa zsh          # 查询
```

升级时，如果是全都更新，直接执行带有-U 选项的 rpm 命令；如果要查看升级进度，可使用-Uvh 选项。

11.1.5　解决 Redis 依赖关系问题

使用 RPM 安装 Redis 的过程中会涉及依赖包的问题，首先要下载 Redis 安装包，地址如下：

● 镜像链接：https://opsx.alibaba.com/mirror。
● 下载 Redis 链接：https://mirrors.aliyun.com/epel/7Server/x86_64/Packages/r/（见图 11-6）。

图 11-6　Redis 下载文件

选择需要的版本后下载，并将下载到本地计算机的 Redis 安装包上传到 CentOS 上，如图 11-7 所示。

图 11-7　选择下载的 Redis 并上传

在安装 Redis 时需要依赖包，否则在安装时会出现错误提示：

```
[root@test~]# rpm -ivh redis-3.2.12-2.el7.x86_64.rpm
警告：redis-3.2.12-2.el7.x86_64.rpm：头 V3 RSA/5HA256 Signature. 密钥
ID352c64e5：NOKEY
错误：　依赖检测失败
libjemalloc.so.1()(64bit) 被 redis-3.2.12-2.el7.x86_64.rpm 需要
…
```

此时，可在安装 Redis 前需要先找到 Redis 需要的依赖包。根据错误的提示信息可得知依赖包为 libjemalloc.so.1()(64bit)。该依赖包的下载链接如下，打开后找到对应的版本并下载，之后上传到 CentOS 上，如图 11-8 所示。

```
http://www.rpmfind.net/linux/rpm2html/search.php?query=libjemalloc.so.1()(
64bit)
```

图 11-8　依赖包的下载

到此，就可以使用 rpm 命令安装依赖包：

```
[root@test~]# rpm -ivh jemalloc-3.6.0-1.el7.x86_64.rpm
警告：jemalloc-3.6.0-1.el7.x86_64.rpm：头 V3 RSA/5HA256 Signature.密钥
```

```
ID352c64e5: NOKEY
    准备中 ...                        ##############################[100%]
    正在升级/安装...
        1: jemalloc-3.6.0-1.el7
##############################[100%]
```

之后可以使用 rpm 命令安装 Redis：

```
[root@test~]# rpm -ivh redis-3.2.12-2.el7.x86_64.rpm
警告: redis-3.2.12-2.el7.x86_64.rpm: 头 V3 RSA/5HA256 Signature. 密钥
ID352c64e5: NOKEY
    准备中 ...                        ##############################[100%]
    正在升级/安装...
        1: redis-3.2.12-2.el7         ##############################[100%]
```

安装完成后启动，并验证：

```
[root@test~]# systemctl restart redis
[root@test~]# redis-cli
127.0.0.1:6379>
```

至此，Redis 服务安装完成。

11.2 搭建 YUM 服务

YUM（Yellow dog Updater, Modified）是一款软件包管理器，可在很大程度上解决 RPM 对依赖包管理的问题。相对于 RedHat 和 Fedora 的软件安装工具 RPM（Redhat Package Manager）而言，YUM 可以自动寻找相关的依赖包并进行安装，而 RPM 需要手动寻找安装的软件。

就 YUM 的起因而言，它是为了更好地对软件包依赖进行管理而推出的，并通过相关的功能选项自动完成软件包安装工作，而不需要系统管理人员的介入，在很大程度上简化了系统管理人员的工作。

YUM 实际上是一个前端软件包管理器，在使用其安装软件时须先指定源地址，之后 YUM 就会自动从指定的地址中获取相关的 RPM 包再安装，安装过程中它会自动处理依赖关系，并且一次安装所有依赖的软件包。YUM 也提供软件包查找及删除某一个、一组甚至全部软件包的功能，这让工作效率有了很大的提升。

YUM 解决依赖关系问题，自动下载软件包，它是基于 C/S 架构的：

```
C=client              S=ftp\http\file
```

YUM 和 RPM 的区别如下：

- RPM 只能安装已经下载到本地机器上的 RPM 包，而且在安装时要指定它的位置，是以绝对路径的方式来指定的。
- YUM 能在线下载并安装 RPM 包，能更新系统，并且还能自动处理包与包之间的依赖问题，这是 RPM 所不具备的。

11.2.1　配置 YUM 服务的源

1. 挂载镜像

本地 YUM 服务所使用的源是本地的映像文件，因此可以先把光盘映像文件挂载到系统下，即打开虚拟机设置界面并在 CD/DVD 处指定要挂载的光盘映像文件，如图 11-9 所示。

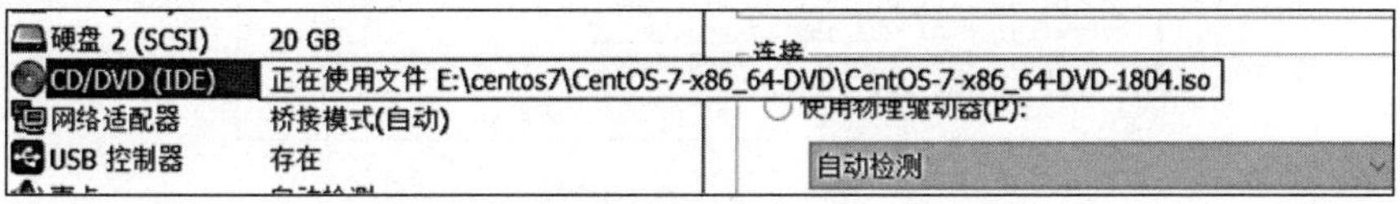

硬盘 2 (SCSI)	20 GB	连接	
CD/DVD (IDE)	正在使用文件 E:\centos7\CentOS-7-x86_64-DVD\CentOS-7-x86_64-DVD-1804.iso	○ 使用物理驱动器(P):	
网络适配器	桥接模式(自动)		
USB 控制器	存在	自动检测	∨

图 11-9　指定要挂载的光盘映像文件

在系统上把指定的光盘映像文件挂载到/mnt 目录下。

```
[root@localhost ~]# mount /dev/cdrom /mnt/
```

2. 配置 YUM 服务文件

要配置 YUM 服务，主要是对它的配置文件进行更改。YUM 的配置文件在/etc/yum.repos.d/目录下，YUM 服务提供的源有网络版和本地版，默认 CentOS 7.x 的 YUM 服务提供的是网络源，不过网络的源很多（比如百度源、腾讯源、阿里源及 163 源等），如果默认的源不能使用或需要使用别的源就需要对 YUM 的配置文件进行更改。

YUM 服务的配置文件以 repo 为后缀，如果需要重新配置 YUM 源，须了解以下关于 YUM 服务的基本配置代码：

```
[centos7]
name=CentOS7
baseurl=file:///mnt
gpgkey=file:///mnt/RPM-GPG-KEY-CentOS-7
enabled=1
gpgcheck=0
```

说明：

- [CentOS7]：YUM 源名称，在本服务器上是唯一的，用来区分不同的 YUM 源。
- name= CentOS7：对 YUM 源的描述信息。
- baseurl=file:///mnt：YUM 源的路径，本地（file:///... 光盘挂载目录所在的位置）。
- enabled=1：为 1，表示启用 YUM 源；0 为禁用。
- gpgcheck=0：为 1，使用公钥检验 rpm 包的正确性；0 为不校验。

配置 YUM 服务后，如果配置的是本地源，那么在使用 YUM 服务前还需要做的工作就是挂载光盘映像文件，挂载此类文件可以使用 mount 命令。下面以只读方式挂载光盘映像文件到/mnt/的挂载点下。

```
[root@wusir-kvm1 ~]# mount /dev/sr0 /mnt/
mount: /dev/sr0 写保护，将以只读方式挂载
```

在使用 YUM 服务安装软件的过程中如果出现缓存问题，就可以使用 clear 命令清空缓存。出

现缓存的问题，是由于系统加载原先的配置，而后的新配置无法被加载，但这并不是必须出现的问题，如图 11-10 所示。

```
[ root@wusir- kvm1 ~]# yum clean all
已加载插件：fastestmirror, langpacks
正在清理软件源： local
Cleaning up everything
Maybe you want: rm - rf /var/cache/yum, to also free up space
 taken by orphaned data from disabled or removed repos
Cleaning up list of fastest mirrors
[ root@wusir- kvm1 ~]# yum makecache
已加载插件：fastestmirror, langpacks
Determining fastest mirrors
local                             | 3.6 kB       00:00
```

图 11-10 清空缓存

11.2.2 YUM 源的使用

在配置 YUM 服务后就可以使用 YUM 服务来安装软件，快速解决依赖包的问题，而且使用起来非常简单易操作。需要注意的是，虽然使用 YUM 服务安装软件很简单，但是不建议使用它来卸载软件，否则有可能把相关的依赖包卸载掉。特别是一旦核心软件被卸载，会对系统的正常运行造成很大的影响。

使用 YUM 服务安装软件时，只需要执行带有 install 选项的 yum 命令就可以。下面使用 YUM 服务来安装 HTTP 软件：

```
[root@test ~]# yum install httpd -y
已加载插件：fastestmirror,langpacks
Loding morror speeds from cached hostfile
正在解决依赖关系
- ->正在检查事物
- - ->软件包 httpd.x86_64.0.2.4.6-80.el7.centos 将被安装
...
```

其中，选项-y 是指跳过交互模式，系统自己安装。

当然，也可以使用 YUM 服务来卸载软件，比如卸载 HTTP 软件，但是不建议使用 YUM 服务来卸载软件，该操作需谨慎。以下是一个卸载示例：

```
[root@test ~]# yum remove httpd -y
已加载插件：fastestmirror,langpacks
Loding morror speeds from cached hostfile
正在解决依赖关系
- ->正在检查事物
- - ->软件包 httpd.x86_64.0.2.4.6-80.el7.centos 将被删除
- ->解决依赖关系完成
```

目前，对于 YUM 服务的网络源有不少，国内主流的网络 YUM 源仓库地址有 mirrors.aliyun.com、mirrors.163.com、mirrors.sohu.com。

清华大学的镜像源链接如下：

```
https://mirrors.tuna.tsinghua.edu.cn/epel/7/x86_64/
```

对于这些源配置文件的使用，须先把 YUM 服务的源配置地址下载到本机后进行编辑，如获取 YUM 服务配置文件 centos.repo 后，需要将该文件放入/etc/yum.repos.d/目录后再编辑。

下面是 YUM 服务网络源配置文件的基本配置：

```
[epel]
name=qinghua
gpgkey=https://mirrors.tuna.tsinghua.edu.cn/epel/7/x86_64/
enabled=1
gpgcheck=0
```

配置后建议清空 YUM 服务的缓存，如图 11-11 所示。

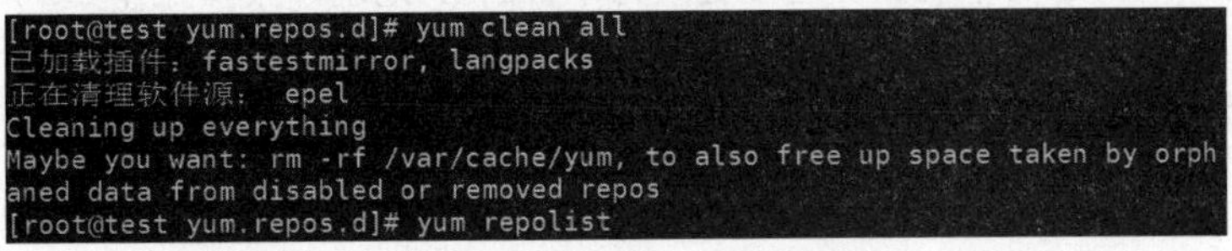

图 11-11　清空 YUM 服务的缓存

列出仓库的相关信息：

```
[root@test yum.repos.d]# yum repolist
```

运行结果如图 11-12 所示。

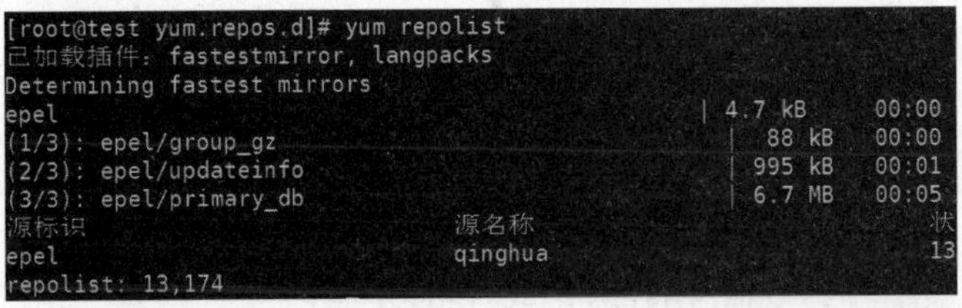

图 11-12　列出仓库的相关信息

下面演示使用 YUM 服务解决安装 Redis 软件时出现的依赖包问题，由于之前已安装 Redis 软件，因此要先卸载它。

```
[root@test ~]# yum remove redis -y
已加载插件：fastestmirror,langpacks
Loding morror speeds from cached hostfile
正在解决依赖关系
- ->正在检查事物
- - ->软件包 redis.x86_64.0.3.2.12-2.el7 将被删除
- ->解决依赖关系完成
```

卸载后再使用 YUM 服务安装 Redis 软件。

```
[root@test ~]# yum install redis -y
已加载插件：fastestmirror,langpacks
Loding morror speeds from cached hostfile
正在解决依赖关系
- ->正在检查事物
- - ->软件包 redis.x86_64.0.3.2.12-2.el7 将被安装
…
```

执行命令后就不需要介入了，YUM 服务会自己解决依赖包并安装 Redis 软件。安装完成后可以使用以下命令来启动并登录。

```
[root@test ~]# systemctl start redis
[root@test ~]# redis-cli
```

```
127.0.0.1:6379>
```

从输出的结果可以确定 Redis 软件不仅安装成功并且已经启动。下面介绍 Redis 的基本应用，即配置 Redis 之间的互相通信问题。

使用编辑器打开 Redis 的配置文件/etc/redis.conf，并在该配置文件中找到 IP 地址的配置行（大概 60 行处），把原来指定的本机回环地址更改为本机的 IP 地址，具体操作如下。

原配置行：

```
bind 127.0.0.1
```

更改为：

```
bind 192.168.40.129
```

更改完成后重启 Redis 的服务进程使配置生效，并登录确定重启成功。

```
[root@test ~]# systemctl restart redis
[root@test ~]# redis-cli -h 192.168.40.129
192.168.40.129:6379>
```

11.2.3 YUM 服务常用命令

YUM 服务常用的命令如下：

（1）安装软件包，-y 选项是指不需要介入就直接安装。

```
[root@localhost ~]#  yum install -y httpd
```

（2）升级软件包，改变软件设置和系统设置，系统版本、内核都升级。

```
[root@localhost ~]#  yum -y update
```

（3）升级软件包，不改变软件设置和系统设置，系统版本升级、内核不改变。

```
[root@localhost ~]#  yum -y upgrade
```

（4）不加任何包，表示整个系统进行升级。

```
[root@localhost ~]#  yum -y update
```

（5）查询 RPM 包的作用。

```
[root@localhost ~]#  yum info  httpd
```

（6）查看命令是哪个软件包安装的？

```
[root@localhost ~]#  yum provides /usr/bin/find
```

（7）卸载软件包。

```
[root@localhost ~]# yum -y remove 软件包名
```

（8）按关键字搜索软件包。

```
[root@localhost ~]# yum search keyword
```

在使用 YUM 服务的过程中会出现一些问题，常见的主要有以下几个：

- 确定光盘是否链接、光盘是否挂载。
- 配置文件中格式是否正确，字母、符号有没有少写，挂载点和配置文件中设置的是否一致。
- 网络源需要联网，操作和 RPM 类似，只是会自动安装依赖项。

11.2.4　YUM 服务的其他应用

使用 YUM 服务能解决很多软件安装方面的问题，建议熟练掌握 YUM 服务。本节将介绍 YUM 服务的一些其他应用。

1. 使用 grouplist 命令查看有哪些软件包组

示例：

```
[root@localhost ~]# yum grouplist
已加载插件：fastestmirror, langpacks
没有安装组信息文件
Maybe run: yum groups mark convert (see man yum)
Loding mirror speeds from cachd hostfile
*   Base: mirrors.allyum.com
*   epel: mirrors.yum.idc.com
*   extras: mirrors.allyum.idc.com
*   updates: mirrors.yum.idc.com
可用的环境组：
    最小安装
    基础设施服务器计算节点
文件及打印
服务器
...
```

2. 使用 groupinstall 命令安装开发工具组

语法：yum groupinstall GROUPNAME
示例：

```
[root@localhost ~]# yum groupinstall
已加载插件：fastestmirror, langpacks
没有安装组信息文件
Maybe run: yum groups mark convert (see man yum)
Loding mirror speeds from cachd hostfile
*   Base: mirrors.allyum.com
*   epel: mirrors.yum.idc.com
*   extras: mirrors.allyum.idc.com
*   updates: mirrors.yum.idc.com
警告：分组 development 不包括任何可安装软件包
Maybe run: yum groups mark install (see man yum)
指定组中没有可安装或升级的软件包
...
```

从输出信息可以看出，软件包已经安装。

3. 卸载 GCC 包

在使用 SSH 远程维护系统时，如果有中文可能会出现乱码。要解决乱码问题，简单的办法就是切换到英文环境。注意只是切换为临时的英文环境，系统重启后设置将失效。

```
[root@localhost ~]#LANG=en_US.UTF-8
```

切换到英文环境后，输出的信息将以英文的形式出现，如图 11-13 所示是卸载开发工具软件组中的 gcc 包（使用-y 选项时将直接执行而不会询问是否继续）。

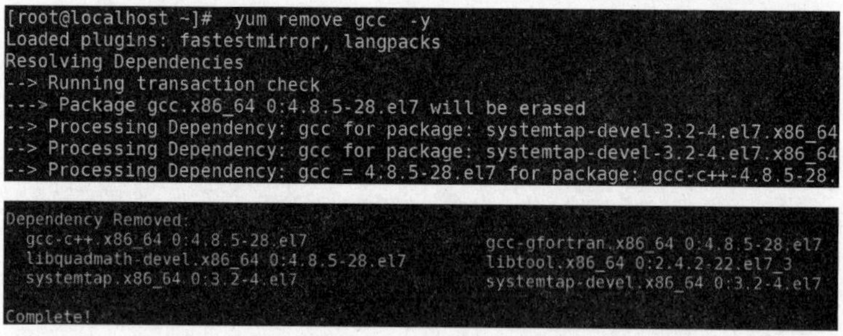

图 11-13 卸载开发工具软件组中的 gcc 包

gcc 属于开发工具组的组成部分，在安装开发组时会被自动安装。使用选项-y 意味着直接安装。

```
[root@localhost ~]#  yum groupinstall 'Development tools'  -y
```

运行效果如图 11-14 所示。

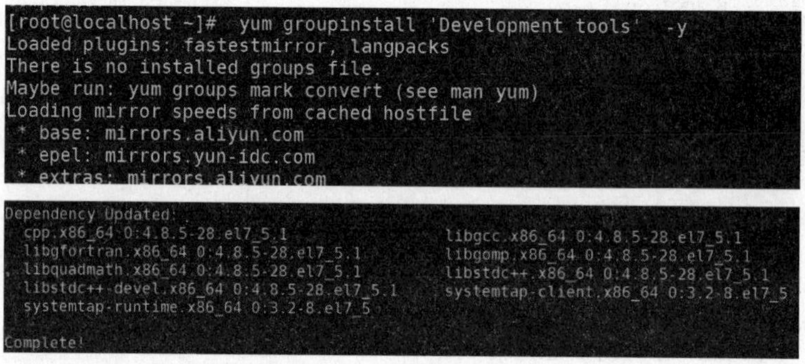

图 11-14 直接安装 gcc

第12章

Samba 服务的搭建与应用

Samba 服务实现的是数据共享,包括文件及打印共享,这种数据共享的服务主要用于数据传输不频繁的场合。本章将从 Samba 的基本概念、基础架构及服务的配置和应用这几个方面介绍如何搭建和应用 Samba 服务。

12.1　Samba 简介

Samba 是 SMB 协议的一种实现方法,主要用来实现 Linux 系统的文件和打印服务。Linux 用户通过配置 Samba 服务器可以实现资源的跨平台共享。进程 smbd 和 nmbd 是 Samba 的核心,在全部时间运行。

Samba 服务组件于 1991 年开始研发并在 1992 年发行第一个版本,是基于网络实现资源共享的一种方式。Samba 允许在局域网内不同操作系统的计算机用户访问共享资源,而且还支持通过网络打印机来为局域网内的计算机用户提供共享打印服务。Samba 允许局域网内的用户通过网络来访问它的资源,并且可以通过网络打印机将 Samba 的共享资源打印出来。在设置权限后,局域网内的用户在 Samba 用户端可以用"拖"或"拉"的方式来下载或上传共享资源,使得用户就像在访问本地资源一样。

在 Samba 服务实现的资源共享中,其客户端可以是 Windows 系统、Linux 系统和移动设备,同时还连接到网络打印机(意味着通过 Samba 服务就能够打印,文件共享和打印共享是 Samba 服务的主要功能)。除了提供文件共享和打印共享之外,它还可以实现相关的控制和管理功能。Samba 服务通过权限来控制和管理用户端对共享资源的访问,常见的权限设置及作用如下:

- 共享目录:在局域网的环境下开放某个或某些目录的访问权限,使得在同一个网络内的客户端用户可以在局域网内访问这些目录。
- 共享目录权限:用于决定每个目录的访问权限,Samba 服务的目录访问权限可以设置局域网内的一个人、某些人、组或是所有人访问。
- 共享打印机:在局域网内的 Samba 共享打印机,通常是基于 Linux 操作系统下的 CUPS 打印机,在 Samba 服务器上配置并连接到打印机就可以使用。
- 打印机使用权限:配置决定哪些用户可以使用 Samba 打印机。

12.2 软件开发架构概述

使用 Samba 服务,我们经常会接触到客户端、服务端的概念,这些概念其实和软件架构有关,目前,主要有两种软件架构即 C/S 架构和 B/S 架构。本节我们将对这两种架构详细介绍。

12.2.1 C/S 架构

C/S(Client/Server,客户端/服务器端)架构是从用户层面(也可以是物理层面)来划分的。当然,客户端和服务器端是分开的,也可以是在同一台设备上,在实际的环境中并没有严格区分开。

这里的客户端一般泛指 App、远程管理工具等应用程序,程序需要先安装后才能运行在用户的电脑上,但也不排除一些免安装的软件,它们对用户的计算机操作系统环境依赖较大。

简单地说,服务器端需要一直运行等待服务别人的公用程序,时刻在监听访问请求;客户端需要的时候才请求服务的应用程序。如图 12-1 所示是基于客户端/服务器端的网络结构拓扑图。

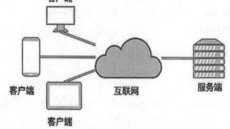

图 12-1　基于 C/S 架构的网络拓扑图

12.2.2 B/S 架构

B/S(Browser/Server,浏览器端/服务器端)架构实际上是从用户层面来划分的。目前,有不少的应用系统采取的是基于浏览器端/服务器端的架构,虽然这些应用系统也有对应的 App,但有些功能是无法在 App 上体现的,因此离不开浏览器的支持。

浏览器其实也是一种 Client 软件,只是这个客户端不需要大家去安装什么应用程序,只需在浏览器上通过 HTTP 请求服务器端相关的资源(网页资源),客户端浏览器就能进行增删改查。

如图 12-2 所示是基于 B/S 架构的网络拓扑图。

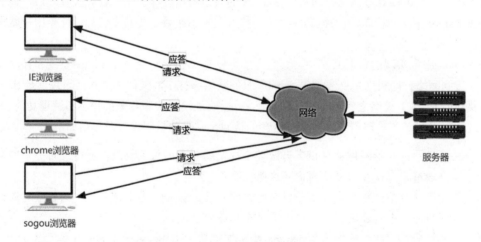

图 12-2　基于 B/S 架构的网络拓扑图

12.3　Samba 通信协议与服务搭建

本节将介绍 Samba 的通信协议和服务搭建。

12.3.1　Samba 通信协议

Samba 是一组使 Linux 系统支持 SMB 协议的软件，通过 SMB 来实现文件和打印机共享的服务，能够使 NetBIOS 与 SMB 运行在 TCP/IP 之上，并利用 NetBIOS 的域名解析功能让 Linux 系统和 Windows 系统之间相互访问共享文件和打印机的功能。

1. NetBIOS 通信协议

NetBIOS（Network Basic Input Output System，网络基本输入输出系统）是由 IBM 开发用于局域网内的网络标准，具有占用系统资源少、传输效率高等特点，更重要的是应用程序可以通过标准的 NetBIOS API（Application Program Interface，应用程序接口）来实现 NetBIOS 命令和数据在各种协议中传输。

NetBIOS API 为程序提供请求低级服务的统一命令集，无论是面向连接还是面向非连接的通信，应用程序都可以用来访问传输层联网协议。同时，系统可以利用 WINS（Windows Internet Name Server）、广播及 Lmhost 文件等多种模式来解析域名成对应的 IP 地址来实现信息通信，而且多数的局域网都在 NetBIOS 的基础上工作，因此在局域网内通过 NetBIOS 协议可以更加便捷地实现消息通信和资源的共享。

NetBIOS 是一种工作在会话层的协议，定义一种软件接口和为应用程序与连接介质之间提供通信接口的标准方法。NetBIOS 提供 OSI 模型中的会话层和传输层服务，但不支持标准帧或数据格式的传输，不过它扩展的用户接口支持标准帧格式，并为 NetBIOS 提供网络层和传输层服务支持。

NetBIOS 请求以 NCB（Network Control Block）的形式提供，NetBIOS 支持会话和数据报两种通信模式。会话通信模式是指两台计算机为"对话"建立一个连接，允许处理大量信息，并支持差错监测和恢复功能；数据报模式支持将信息广播到局域网中的每台计算机上，是面向无连接（信息独立发送）操作，信息发送量比较小。

2. SMB 通信协议

SMB（Server Message Block，服务信息块）是一种主要用于局域网内文件共享和打印共享的开放式通信协议，是在 NetBIOS 上开发而来的，主要工作在局域网的会话层（Session Layer）和表示层（Presentation Layer），并使用 NetBIOS 的应用程序调用接口技术来为 SBM 提供统一的服务命令集。

SMB 协议由 Microsoft 和 Intel 合作开发，默认通常使用 139 和 445 端口，主要提供名称注册和名称解析、提供连接的可靠和不连接的不可靠通信。后来 Microsoft 在 SMB 上扩展并重命名为 CIFS（Common Internet File System），并将 CIFS 与 NetBIOS 脱离，试图让它成为 Internet 上的一个标准协议。

由于 SMB 一直与 Microsoft 的 Windows 操作系统混于一起开发，使得在 SMB 协议中包含有大量的 Windows 系统概念，这让 SMB 变得非常复杂。SMB 协议可以工作在 Internet 的 TCP/IP 之上，也可以工作在 IPX（Internet Packet eXchange）和 NetBEUI（NetBios Enhanced User Interface）等其他网络协议之上。客户端应用程序通过 SMB 协议可以在局域网环境下读、写服务器上的文件且可对服务器程序提出服务请求。同时，应用程序还可以通过 SMB 来访问远程服务器端的文件、打印机、邮件槽（mailslot）、命名管道（name pipe）等资源。

12.3.2 搭建 Samba 服务

1. 安装 Samba 服务相关的组件

Samba 服务的安装主要包括组件的安装及辅助的管理工具（如为了测试方便安装客户端组件，为了管理更加人性化安装基于 Web 界面的工具等），通过辅助的管理工具可以更轻松地对 Samba 服务器进行管理。

需要安装的相关组件有 samba-client、samba、samba-common 和 redhat-rpm-config。为了更清晰地了解依赖关系，建议先搭建本地 YUM 服务，挂载安装盘后再安装（关于 YUM 服务的搭建，在之前有过介绍，这里不再重复）。

在搭建好 YUM 服务后即可安装 Samba 软件，使用选项-y 忽略交互模式直接安装，如图 12-3 所示。

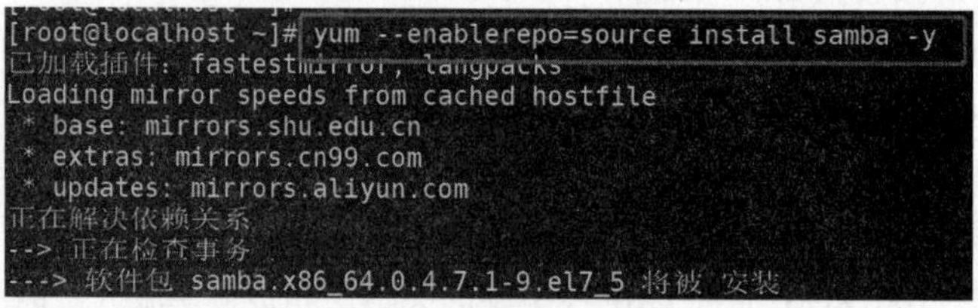

图 12-3　安装 Samba 软件

安装完成后可以启动 Samba 服务进程，该服务须启动 smb 和 nmb 这两个进程。默认情况下，这两个进程都要手动启动，要实现开机启动就设置。

```
[root@localhost ~]# systemctl enable smb
Created symlink from
/etc/systemd/system/multi-user.target.wantsystem/smb.service.
[root@localhost ~]# systemctl enable nmb
Created symlink from
/etc/systemd/system/multi-user.target.wantsystem/nmb.service.
```

启动 Samba 服务进程并检查进程状态。

```
[root@localhost ~]# systemctl restart smb nmb
[root@localhost ~]# systemctl is-active smb nmb
active
active
```

从输出的信息中可以确定，Samba 服务的两个进程都处于活动状态。此时，可以使用 netstat 命令来监听该服务的端口及相关信息。

```
[root@localhost ~]# netstat -anlpt | grep smb
tcp        0      0 0.0.0.0:445          0.0.0.0:*
```

```
tcp        0        0  0.0.0.0:139        0.0.0.0:*
tcp        0        0  : : : 445          : : : *
tcp        0        0  : : : 139          : : : *
[root@localhost ~]# netstat -anlpu | grep nmb
udp        0        0  192.168.0.255:137     0.0.0.0:*
udp        0        0  192.168.0.103:137     0.0.0.0:*
udp        0        0  192.168.0.122:137     0.0.0.0:*
udp        0        0  192.168.122.255:137   0.0.0.0:*
```

在防火墙处于运行的状态下，默认没有开放 Samba 所使用的端口，因此要让客户端使用 Samba 提供的服务就需要在防火墙上开放端口或服务名。下面通过添加服务名的方式在防火墙上开放该服务，并在更改防火墙配置后重新加载配置。

```
[root@localhost ~]# firewall-cmd --permanent -add-service=samba
success
[root@localhost ~]# firewall-cmd -reload
success
```

到此，Samba 服务器组件安装完成。

2. 配置 Samba 服务

Samba 服务时还需要更改配置并创建共享目录和用户，接下来介绍如何配置 Samba 服务。首先创建 Samba 服务共享目录/common：

```
[root@localhost ~]# mkdir /common
```

接着创建使用共享服务的用户，名称为 zhangsan，并为该用户设置密码。

```
[root@localhost ~]# useradd zhangsan
[root@localhost ~]# smbpasswd -a zhangsan
New SMB password:
Retype  new SMB password:
Added user zhangsan.
```

zhangsan 这个账号是用于 Samba 服务的，因此建议把该用户添加到 smb 数据库里面，并在添加后查看数据库是否有张三这个用户存在。

```
[root@localhost ~]# pdbedit -L
Zhangsan:1005:
```

接下来开始配置 Samba 服务，即更改它的主配置文件/etc/samba/smb.conf。使用编辑器打开其主配置文件并加入以下配置信息：

```
[common]
    comment = ziliao
    path = / common
    hosts allow = 192.168.0.0/24    #linux ip 的网段
    user  =  zhangsan
    writable =  yes
```

其中，comment 是对该共享服务的描述，简单地说就是它是做什么的；path 指定共享目录的位置，该位置一定有对应的目录存在；hosts allow 指定局域网中哪个 IP 地址段的主机可以访问以及访问的用户和该用户具备的权限。

完成配置后，可以使用 testparm 命令来检查添加进入的配置代码在语法上是否有问题，以确保配置的可用性，如图 12-4 所示。

```
[root@localhost ~]# testparm
Load smb config files from /etc/samba/smb.conf
rlimit_max: increasing rlimit_max (1024) to minimum Windows limit (16384)
Processing section "[homes]"
Processing section "[printers]"
Processing section "[print$]"
Processing section "[common]"
Unknown parameter encountered: "common"
Ignoring unknown parameter "common"
Unknown parameter encountered: "user"
Ignoring unknown parameter "user"
Loaded services file OK.
Server role: ROLE_STANDALONE

Press enter to see a dump of your service definitions    按回车显示信息
```

图 12-4　使用 testparm 命令检查添加进入的配置代码在语法上是否有问题

语法上不存在问题，接着设置共享目录的权限（设置成 755）。其中，-R 选项的意思是将/common/目录及其下的子目录、文件的权限都设为 755。

```
[root@localhost ~]# chmod -R 755 /common/
```

到此，配置结束。为了测试所配置的服务可用，可以在共享目录下创建一个测试文件 test.txt。该测试文件的内容为 123456，如下所示：

```
[root@localhost ~]# echo 123456 > /common/test.txt
[root@localhost ~]# cat /common/test.txt
```

完成后，重启 Samba 服务进程，Samba 的服务器端配置完成。

12.4　基于 Windows 的客户端应用

作为数据共享的 Samba 服务，在搭建服务器端后就可以在客户端上来共享数据了。本节将对基于 Windows 系统下的客户端进行介绍，所涉及的内容主要包括 Windows 客户端的配置和基于 Web 工具的使用。

12.4.1　Windows 客户端配置

本节主要讲解如何搭建基于 Samba 服务的客户端。客户端使用 Windows 来实现跨平台访问 Samba 上的共享数据。

客户端的配置比较简单，在确保系统防火墙关闭或开放 Samba 服务端口的情况下需要知道 Samba 服务主机的 IP 地址（如 IP 地址为 192.168.0.107）。之后打开 Windows 的"运行"窗口，并输入 IP 地址和共享目录名称，如图 12-5 所示。

接着弹出认证窗口，在此窗口中依次输入用户名和密码，也可以选择保存密码（下次不再需要输入），如图 12-6 所示。

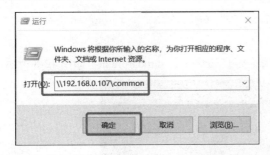

图 12-5　输入 Samba 服务地址　　　　图 12-6　输入 Samba 共享服务认证信息

通过认证后就可以看到共享目录下的共享信息，如图 12-7 所示。

图 12-7　查看共享目录下的共享信息

此时说明 Samba 服务已经配置完成，可以对 test.txt 文件进行下载或上传文件以验证用户是否拥有读写权。

1. 常见问题一：无权限

在使用 Samba 时出现无权限的问题，如"没有权限 XXXX"，此时需要检查 SELinux 是否已经关闭。可以使用 getenforce 命令来查看，或在需要更改其状态时直接进入它的配置文件 /etc/selinux/config 中更改，即把 SELINUX 的值更改为 disabled。

之后重启系统，以使得更改生效。注意，这种更改配置的方式是永久性生效的，也就是更改后 SELinux 一直会处于关闭状态。

2. 常见问题二：记忆凭据信息

在使用 Samba 共享服务的过程中可能会遇到一个问题，就是在使用一个 Samba 服务后系统会直接自动打开，这时另外一个无法使用，原因是 Windows 系统会记录凭据信息并自动登录。

要解决这个问题，需要清除掉 Windows 系统记录的凭据信息。可以打开 Windows 的 DOS 窗口并执行以下命令，遇到确认时输入 Y。注意，该命令使用"*"时意味着会把全部凭据信息都清除。

```
C:\User\Gzvin>net use * /del /y
你有以下远程连接:
            \\192.168.2.145\common
继续清除会取消连接。
你想继续此操作吗？（Y/N）[N]:y
命令成功完成。
```

Samba 服务的客户端也可以是 Linux 系统，不过在 Linux 系统中同样也需要安装它的客户端工具。如果不安装，在连接 Samba 服务时就会出现找不到命令的错误提示：

```
[root@localhost ~]# smbclient -L //192.168.0.113 -U zhangsan
bash: smbclient: 未找到命令…
```

遇到这样的情况，可以使用 YUM 服务安装客户端软件包 samba-client，如图 12-8 所示。

图 12-8　安装客户端软件包 samba-client

安装完成后就可以在 Samba 的客户端上使用 smbclient 命令登录了，如图 12-9 所示。

```
[root@localhost ~]# smbclient -L //192.168.0.112 -U zhangsan
```

图 12-9　在 Samba 的客户端上使用 smbclient 命令来登录

12.4.2　基于 samba-swat 的工具应用

SWAT（Samba Web Administration Tool）是一个基于 Web 界面的 Samba 服务器客户端管理工具，通过它可以很直观地对 Samba 服务器进行配置及对共享资源进行控制管理，包括在线文档的阅览、共享服务配置及密码的变更和进程管理等。

与 Samba 服务的进程运行方式不同，samba-swat 的进程是基于 xinetd 这个超级守护进程运行的，因此在安装 samba-swat 前应该检查 xinetd 是否已经安装（通常，在/etc/xinetd.d/目录下有一些配置文件时就说明已经安装），然后再安装 samba-swat。

1. 配置 samba-swat 管理工具

安装 samba-swat 组件后可以在/etc/xinetd.d/目录下找到 swat 文件，该文件的配置信息如下：

```
# default: off
# description: SWAT is the Samba Web Admin Tool. Use swat \
#              to configure your Samba server. To use SWAT, \
#              connect to port 901 with your favorite web browser.
service swat
{
        port              = 901
        socket_type       = stream
        wait        = no
        only_from         = 127.0.0.1
        user        = root
        server            = /usr/sbin/swat
```

```
log_on_failure    += USERID
disable           = yes
}
```

通过配置文件中的配置项可知默认的配置下允许使用 samba-swat 服务，因此在使用之前需要将 disable 项中的 yes 改为 no。

通过 Web 界面访问时使用的是 901 号端口并且只允许本地访问。如果系统已启动防火墙就要开放 901 号端口，同时还要允许其他主机的 IP 地址，建议除本地之外只允许 Samba 管理机的 IP 地址（例如，只允许 IP 地址为 192.168.68.131 的管理机访问，就可将此 IP 地址设为 only_from 项的值）。

注意，各个 IP 地址之间以空格隔开。如果允许所有 IP 访问，可将 only_from 的值设为 0.0.0.0；如果允许某个 IP 地址端的主机访问，可以使用 192.168.68.x 的格式设置 IP 地址。

修改后需要重启 xinetd 守护进程。

2. samba-swat 管理工具应用

打开浏览器，输入 http://192.168.68.16:901 并按回车键就可以看到如图 12-10 所示的登录认证窗口，其中的用户名和密码是 root 用户和 root 密码。

SWAT 工具的首页如图 12-11 所示。

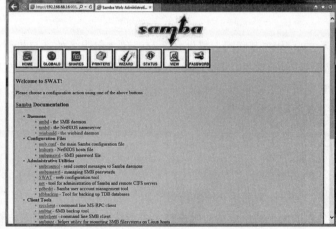

图 12-10　samba-swat 认证登录窗口　　　　　　图 12-11　SWAT 工具的首页

由于 SWAT 使用 root 用户登录，因此建议在登录到 SWAT 后修改其登录密码，或者新建一个专门管理 SWAT 的用户，以减少系统的安全隐患。

第13章

FTP 服务的搭建与应用

FTP 协议包括两个组成部分，其一为 FTP 服务器，其二为 FTP 客户端，其中 FTP 服务器用来存储文件，用户可以使用 FTP 客户端通过 FTP 协议访问位于服务器上的资源。基于不同的操作系统有不同的 FTP 应用程序，而所有这些应用程序都遵守 FTP 协议以传输文件，如文件的下载（Download）和上传（Upload）。本章主要介绍 FTP 服务的搭建和配置。

13.1 FTP 服务简介

FTP 是在互联网上提供文件存储和访问服务的计算机协议，作用是从一台计算机上将文件传送到另一台计算机，与计算机所处的位置、连接方式甚至是操作系统无关。在文件传送的过程中，FTP 需要通过不同的工作方式并结合其他相关的功能共同完成数据的传送。本节首先介绍 FTP 的服务模型和工作模式。

13.1.1 FTP 服务模型

FTP 是基于 C/S 架构的模型，在文件传输过程中服务器负责建立和维护与客户端建立起来的连接，包括控制连接（用于传送控制信息）和数据连接（用于传送数据）。FTP 协议的这个模型是一个由多个模块组成的有机整体，各模块负责完成特定的功能来提供文件传输的服务。

在 C/S 模型的 FTP 服务中，由客户端发起请求并等待服务器端的应答。应答是对来自客户端 FTP 命令的一种回答（表示肯定或否定），控制连接从服务器发送到客户端，通常是由一个代码（包括错误码）与一个文本字符串的形式组成。其中，代码是供程序使用的，文本字符串是给用户使用的。

基于 FTP 客户端的模型在传送数据前需要与服务器建立控制连接，控制连接遵从 Telnet 协议，且所有来自客户端的命令都经由控制连接传送到服务器，而服务器端的应答也是通过控制连接传送到客户端。需要注意的是，数据间的连接是双向的，而且无须在整个通信时间内都存在（数据连接在传输完成后就可以中断）。

有时用户希望在两台主机间传送文件（没有本地主机参与），这时需要先在两台主机间建立控制连接和数据连接。

FTP 协议要求在数据传输时打开控制连接，并在完成 FTP 服务后由客户端请求关闭控制连接。如果在未接收命令时就关闭了控制连接，那么服务器也会关闭数据传输。

13.1.2　FTP 的工作模式

FTP 是一种基于 TCP 21 号连接端口和 20 号数据传送端口的服务器/客户端工作方式，分为主动（initiative）模式（标准模式，也称 PORT 方式）和被动（passive）模式（也称 PASV 方式）两种。

1. FTP 的主动工作模式

简单地说，FTP 就是一个用于文件传输的服务，在文件的传输上采取的是控制通道和数据通道，也就造就了它有主动和被动两种工作方式（也就是两种工作模式）。

主动和被动模式是相对于 FTP 服务器端来判断的，如果是服务器端去连接客户端开放的端口，就属于主动模式，反过来就是被动模式。

在主动工作模式下，FTP 的大致工作过程为：客户端从任意一个大于 1024 的非特权端口 N 连接到 FTP 服务器的 FTP 连接专用端口，接着客户端开始监听 N+1 号端口，并向 FTP 服务器发送"port N+1"的命令，服务器则用它自己的数据端口连接到客户端的数据端口。

具体地说，在 FTP 客户端与服务器端之间需要建立连接时，首先是客户端使用某个非特权端口（端口一定大于 1024，因为 1024 之前的端口已被预定用于系统的其他服务）通过 TCP 发送请求命令 PORT 到 FTP 服务器，服务器收到命令并响应（允许与客户端建立连接）之后就通过以绑定端口的方式来建立通信的通道。

经过三次 TCP 握手之后 FTP 客户端与服务器建立连接，但要从服务器端获取数据（如服务器的目录结构和文件列表等信息）则需要建立一个数据通道（因为只有数据通道才能传输目录和文件列表等信息），创建数据通信时客户端需要向服务器发送 PORT 命令来告知服务器连接自己的哪个端口来建立数据通道。当服务器接到这一命令时它就使用 20 端口连接客户端命令中指定的端口号，而在客户端获取 FTP 服务器中的目录信息后，如果需要下载某个文件就向 FTP 服务器发送 get 命令，而要上传数据文件则发送 put 命令，完成操作后数据通道断开。

2. FTP 的被动工作模式

为了解决 FTP 服务器主动发起到客户端的连接而消耗资源的问题，出现了由客户端向服务器发起连接的被动工作模式（也就是客户端在告知 FTP 服务器它处于被动模式时服务才启动）。在被动模式下，命令和数据的连接都由客户端发起。这种连接方式在一定程度上解决了由服务器到客户端的数据端口连接被防火墙过滤的问题。

在被动模式下客户端与服务器端之间建立连接时，首先由客户端使用 21 号端口向服务器端发送一个带有大于 1024 端口号信息的 PASV 命令（也就是指定服务器用此端口与客户端建立连接），当服务器确认此端口为空闲状态时就使用该端口与客户端进行连接，而当客户端申请的端口已被使用时，就再次向服务器命令继续申请连接。

客户端向服务器发送 PASV 命令，告诉服务器自己要连接服务器的某一个端口，如果服务器上的这个端口是空闲且可用的，那么服务器会向客户端返回 ACK 来确认，之后创建数据传输通道并返回客户端所需的信息（如返回客户端执行 ls、dir、get 等命令时所得到的信息）。如果客户端指定的端口被使用，那么客户端就会收到来自服务器返回 UNACK 的信息，这时客户端就需要再次向服务器发送 PASV 命令（协商过程）。

13.2　FTP 基础环境搭建

关于 FTP 服务的搭建，不管是软件的安装还是配置都比较简单，主要涉及服务组件的安装和配置文件的配置两部分。

13.2.1　安装 VSFTP 软件

VSFTP（Very Secure FTP）是一个基于 GPL 发布的类 UNIX 系统上使用的 FTP 服务器软件，安全性比 FTP 还要高。

VSFTP 能够提供一个安全、高速、稳定的文件传输和存储环境，采用 C/S 模式进行工作，因此在安装和使用时需要安装服务器端和客户端软件。由于 VSFTP 的安装几乎不涉及依赖包，因此安装比较简单，可以直接使用 rpm 命令，或 yum 命令来安装。下面使用 yum 命令来对它的服务器端和客户端软件进行安装。

```
[root@localhost ~]# yum -y install vsftpd lftp
…
Running transnsaction
  正在安装         : lftp-4.4.8.8.el7_3.2.x86_64
  正在安装         : vsftpd-3.0.2.22.el7.x86_64
  验证中           : vsftpd-3.0.2.22.el7.x86_64
  验证中           : lftp-4.4.8.8.el7_3.2.x86_64
已安装:
  lftp.x86_64 0: 4.4.8.8.el7_3.2                    vsftpd.x86_64 0: 3.0.2.22
完毕!
```

软件安装完成，此时就可以使用以下命令对它的进程进行管理：

```
systemctl start/restart/stop vsftpd
```

或使用以下命令将它的进程设置为开机启动：

```
systemctl enable vsftpd
```

到此，VSFTP 的服务器端软件安装完成。

在不同的平台，VSFTP 的客户端软件是不同的。Linux 系统平台下自带的 VSFTP 客户端是 lftp，如果需要在另外一台 Linux 系统平台下安装其客户端，那么可以使用以下 yum 命令来安装：

```
[root@test ~]# yum -y install lftp
…
Running transnsaction
  正在安装         : lftp-4.4.8.8.el7_3.2.x86_64
  验证中           : lftp-4.4.8.8.el7_3.2.x86_64
已安装:
  lftp.x86_64 0: 4.4.8.8.el7_3.2
完毕!
```

客户端的作用是提供一些命令（工具），不提供服务，因此不需要启动进程，只要安装完成即可。

13.2.2 基于 VSFTP 的配置文件

在安装了 VSFTP 软件后，它会产生一些相关的文件，这些文件能够在 VSFTP 的安全、性能、存储路径、用户等各个方面上提供帮助，对 VSFTP 的维护是非常重要的。下面列出一些比较重要的文件：

- /etc/vsftpd/ftpusers：用于指定哪些用户不能访问 FTP 服务器，简单地说就是黑名单文件。
- /etc/vsftpd/vsftpd_conf_migrate.sh：vsftpd 操作的一些变量和设置脚本。
- /etc/vsftpd/vsftpd.conf：vsftpd 的核心配置文件。
- /etc/vsftpd/user_list：指定允许使用 vsftpd 的用户列表文件，简单说地就是白名单文件。

其中，/etc/vsftpd/vsftpd.conf 是 VSFTP 的主配置文件，可以实现不同的控制，特别是对不同类型的用户实现访问控制。该配置文件的部分配置项（因篇幅有限，仅列举部分内容）如下：

```
...
#idle_session_timeout=600
# You may change the default value for timing out a data connection.
#data_connection_timeout=120
#nopriv_user=ftpsecure
#async_abor_enable=YES
#ascii_upload_enable=YES
#ascii_download_enable=YES
# You may fully customise the login banner string:
#ftpd_banner=Welcome to blah FTP service.
#deny_email_enable=YES
# (default follows)
#banned_email_file=/etc/vsftpd/banned_emails
# directory. If chroot_local_user is YES, then this list becomes a list of
# users to NOT chroot().
#chroot_local_user=YES
#chroot_list_enable=YES
# (default follows)
#chroot_list_file=/etc/vsftpd/chroot_list
#ls_recurse_enable=YES
listen=YES
#listen_ipv6=YES
pam_service_name=vsftpd
userlist_enable=YES
tcp_wrappers=YES
```

下面对/etc/vsftpd/vsftpd.conf 配置文件中的主要配置项进行说明。

- anonymous_enable=YES：控制匿名用户访问权限，YES 表示允许匿名使用 FTP 服务。
- local_enable=YES：控制本地用户是否可访问 FTP 服务。
- write_enable=YES：配置本地用户对 FTP 的可读权，YES 表示可读。
- local_umask=022：本地用户创建文件时的掩码。
- anon_upload_enable=YES：控制匿名用户的上传权限，YES 表示可以上传。
- anon_mkdir_write_enable=YES：控制匿名用户创建目录的权限。
- dirmessage_enable=YES：显示说明性文件。

- xferlog_enable=YES：控制文件在传输过程中是否被记录。
- connect_from_port_20=YES：强行使用 20 号端口传输数据。
- chown_uploads=YES：设为 YES 时，匿名用户可将其上传的文件进行授权。
- chown_username=whoever：匿名用户上传文件后文件的所有者自动更换。
- xferlog_file=/var/log/vsftpd.log：设定 FTP 日志文件的位置。
- xferlog_std_format=YES：设置标准 FTP xferlog 模式。
- idle_session_timeout=600：控制连接超过 600 秒无动作时断开连接。
- data_connection_timeout=120：数据连接建立后 120 秒内无动作时自动断开连接。
- nopriv_user=ftpsecure：在非特权状态下使用 ftpsecure 用户。
- async_abor_enable=YES：允许使用 sync 命令。
- ascii_upload_enable=YES：开启 ascii 码格式上传文件。
- ascii_download_enable=YES：开启 ascii 码格式下载文件。
- ftpd_banner=Welcome to blah FTP service.：成功连接 FTP 时的提示语。
- deny_email_enable=YES：禁止下载文件到指定的邮箱地址中。
- banned_email_file=/etc/vsftpd.banned_emails：设置电子邮箱地址。
- chroot_list_enable=YES：允许用户进入根目录以外的其他目录。
- chroot_list_file=/etc/vsftpd.chroot_list：指定允许进入根目录以外的用户。
- ls_recurse_enable=YES：允许登录者使用 ls 命令。
- pam_service_name=vsftpd：设置 PAM 认证的文件的名称。
- userlist_enable=YES：开启读取/etc/vsftpd.user_list 文件的功能。
- listen=YES：服务以独立的方式运行并监听 IPv4 网络接口。
- tcp_wrappers=YES：启用/etc/hosts.allow 和/etc/hosts.deny 来判断允许连接的 IP 地址。

13.3 VSFTP 配置应用

使用 VSFTP 服务时，要先安装软件并配置用户和相关的共享目录才可以使用。本节将通过实例介绍 VSFTP 服务的应用。

13.3.1 实战一：创建匿名用户

需求：公司技术部准备搭建一台功能简单的 FTP 服务器，所有员工允许上传和下载文件但不能登录系统，并允许创建用户自己的目录。

分析：允许所有员工上传和下载文件，并给这些员工创建不能登录系统的账号，这个可以使用虚拟账号（匿名账号）来解决；考虑到系统安全和用户管理，所要创建的账号应是虚拟账号，且该账号对自己的主目录有可读写权。

根据分析的结果，需要做以下配置。

（1）更改配置文件

在 VSFTP 的主配置文件/etc/vsftpd/vsftpd.conf 中开启允许匿名用户登录的权限，在该文件中（大概位于 12 行处）找到 anonymous_enable 选项，并将其值更改为 YES 来开启匿名用户访问权限。

```
anonymous_enable=YES
```

接着开放匿名用户上传和下载文件的权限，在该文件中（大概位于 29 和 33 行处）找到以下两个配置项，并将它们的值都改为 YES：

```
anon_upload_enable=YES
anon_mkdir_write_enable=YES
```

（2）创建匿名用户

实际上在安装 VSFTP 软件时创建了一个匿名用户 ftp 并为该用户创建了用于存放文件的家目录/var/ftp/pub/，此时可以直接使用该用户，不过需要做一些配置。

默认/var/ftp/pub/目录归 root 用户所有，因此需要将该目录的权限授给 ftp 用户，也就是要更改该目录的所有者和组：

```
[root@localhost ~]# chown ftp.ftp /var/ftp/pub/
```

（3）重启 VSFTP 进程

更改配置后需要重启 VSFTP 进程，以使得更改的配置被重新加载。

```
[root@localhost ~]# systemctl restart vsftpd
```

（4）连接测试

完成配置后开始使用 ftp 进行测试，由于是基于 Windows 下的测试，因此先安装 Windows 版本的 VSFTP 客户端，再在"主机(H)"处输入 VSFTP 服务器的主机 IP 地址，并在"用户名(H)"处输入用户名，不需要输入密码是因为开启匿名用户访问的权限。

登录后可以对文件进行传输来测试上传下载的权限问题，如图 13-1 所示。

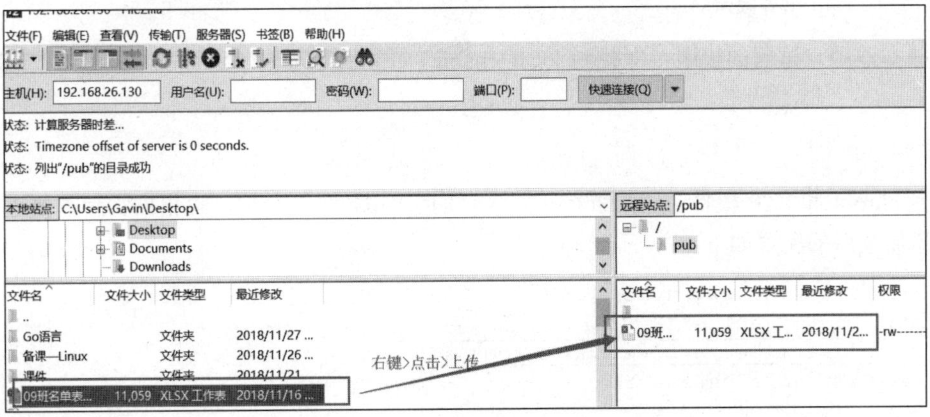

图 13-1　测试文件传输

通过以上配置，可以看到匿名用户 ftp 可以对文件进行上传和下载，其对文件具有可读写权。

13.3.2　实战二：虚拟用户应用

需求：

公司内部现在有一台 FTP 和 Web 服务器，FTP 的功能主要用于维护公司的网站内容，包括上传文件、创建目录、更新网页等。公司现有两个部门负责维护任务，使用的账号分别是 team1 和 team2。其中，team1 和 team2 账号能够登录 FTP 服务但不能登录系统，并且它们的权限范围仅限于/var/www/html 目录。

分析：

将 FTP 和 Web 服务器做在一起是企业经常采用的方法，这样方便实现对网站的维护。为了增强安全性，首先需要使用仅允许本地用户访问，并禁止匿名用户登录；其次使用 chroot 功能将用户锁定在/var/www/html/目录下，需要删除文件时就使用本地权限。再次给这两个用户设置 FTP 密码即可。

根据分析结果，需要做以下配置。

（1）建立账户并设置密码

建立维护网站内容的 FTP 账号 team1 和 team2，并禁止本地登录、设置密码。

```
[root@localhost ~]# useradd -s /sbin/nologin team1
[root@localhost ~]# useradd -s /sbin/nologin team2
[root@localhost ~]# echo "123456" | passwd --stdin team1
```

更改用户 team1 的密码，passwd 表示所有的身份验证令牌已经更新。

```
[root@localhost ~]# echo "123456" | passwd --stdin team2
```

更改用户 team2 的密码，passwd 表示所有的身份验证令牌已经更新。

建立/etc/vsftpd/chroot_list 文件，作用是存储新建的 team1 和 team2 账号。

（2）修改配置文件

使用编辑器打开配置文件并将匿名用户登录取消，也就是把 anonymous_enable 的值改为 NO。

```
anonymous_enable=NO
```

开放本地用户访问的权限，即找到 local_enable 项并将其值改为 YES（如果已为 YES 就不需要更改了）。

```
local_enable=YES
```

找到 chroot 和 FTP 根目录的配置行，并将它们前面的"#"去掉，再根据实际需要进行修改，修改或添加过后的配置如下：

```
local_root=/var/www/html
chroot_list_enable=YES
chroot_list_file=/etc/vsftpd.chroot_list
allow_writeable_chroot=YES
```

保存后退出。

（3）创建和修改 FTP 目录权限

```
[root@localhost vsftpd]# mkdir -p /var/www/html
[root@localhost vsftpd]# chmod -R o+w /var/www/html/
```

（4）重启 vsftpd 服务使配置生效

```
[root@localhost ~]# systemctl restart vsftpd
```

（5）测试

使用新建的账号 team1 和 team2 来测试，如图 13-2 所示。

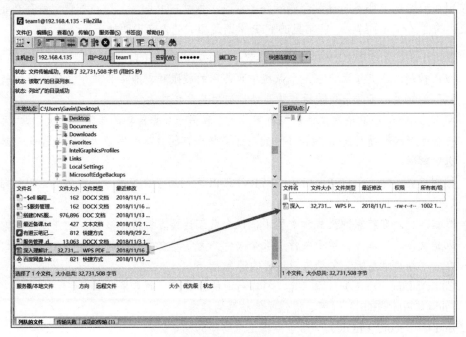

图 13-2　测试虚拟用户的应用

分别使用两个账号来测试，包括上传、下载、新建和删除文件等。

通过以上操作可以使用 root 用户登录 VSFTP 服务，不过不建议使用 root 账号作为 VSFTP 的账号，而是应该采取新建账号的方式，原因有以下几点：

- 从系统安全的角度上看，root 是系统最高权限的账号，对系统具有绝对的控制权，被非法使用后造成的影响是灾难性的。
- VSFTP 只是系统下众多服务中的一个，且可以从系统中移除出去，也不会对系统造成影响，更何况这些服务都有属于自己专用的账号体系。使用自己的账号体系能够降低对系统的安全威胁。
- 从账号管理的角度上看，虽然增加账号会加大管理负担，但是通常这类服务不会出现大量账号，因此管理账号的工作量并不大。

13.4　FTP 维护术语与响应码

FTP 服务的搭建是属于一次性的，而维护是长期的，因此维护的难度和时间的持续性都比搭建更高。本节将对维护中的一些术语和经常遇到的一些问题进行介绍，以便运维人员更容易定位到问题的原因和找到解决的方法。

13.4.1　FTP 常用术语

在使用和维护 FTP 服务时通常会遇到许多术语，要对 FTP 服务器进行配置，就有必要对这些术语所表达的含义有所了解。一些常见的 FTP 术语及相关的含义说明如下：

- ASCII 字符集：在 ARPA-Internet 协议手册中定义，在 FTP 中被定义为 8 位的编码集。
- 权限控制：定义了用户在一个系统中可使用的权限和对服务目录中文件操作的权限（对权限的控制，可防止未被授权或意外地使用某些特殊的文件）。
- 字节大小：在 FTP 中有文件的逻辑字节大小和用于数据传输的传输字节大小两类。其中，传输字节大小通常是 8 位，不一定等于系统中存储数据的字节大小，也不必对数据结构进行解释。
- 控制连接：建立在 USER-PIT 和 SERVER-PI 之间用于交换命令与应答的通信链路（遵从 Telnet 协议）。
- 数据连接：在特定的模式和类型下，以全双工连接方式传输数据。这些被传输的数据可以是文件的一部分、整个文件或数个文件。为了建立数据连接，被动数据传输过程需要在一个端口"监听"主动传输过程的消息。
- End-Of-Line（EOL）：用于定义打印行时的分隔符，通常是"回车符"。
- End-Of-File（EOF）：用于传输文件结尾的标志。
- End-Of-Record（EOR）：用于传输记录结尾的标志。
- 错误恢复：一个允许用户在主机系统或文件传输失败时可以从特定错误中恢复的程序，在 FTP 中的错误恢复也包括在给定一个检查点时重新开始文件传输。
- FTP 命令：包含从 User-FTP 到 Server-FTP 过程中对信息控制的命令集。
- 文件和页：一个计算机数据的有序集合（也包括程序），可以是任意长度，是由唯一的路径名来标识的。页是一个文件独立部分的集合，在 FTP 中支持由独立索引页组成的不连续文件的传送。
- 模式：定义了数据传输期间的格式（包含 EOR 和 EOF 两种），数据的模式是通过数据连接传输的。
- 路径名：为用户识别文件输入到文件系统的字符串，通常包含设备、目录或有指定的文件名。虽然 FTP 还没有一个标准的路径名约定，但是每个用户都必须遵从文件系统有关文件传输的文件命名约定。
- 回应：对来自客户端 FTP 命令做出的应答，这些应答会经由控制连接发送到客户端。回应通常由代码（包括错误码）和文本字符串组成的，代码供程序使用，文本则提供给客户端。
- 类型：数据是通过类型来传输和存储的，如果不同的环境对数据类型的存储和传输不同，那么数据在到达目的地前就需要转换。
- 用户：一个期望获得文件传输服务的人或过程。

13.4.2　FTP 响应码

FTP 对命令的响应是为了实现对数据传输请求和过程进行同步，同时也是为了让用户及时了解服务器的状态。FTP 响应码由三个数字构成，后面跟随的是一些文本，数字带有足够的信息使得不检查文本内容就知道出现的问题，文本的信息更多的是描述服务器的状态及发生的问题。

文本可以是一行或多行，如果文本中有多行记录必须用括号括起来（第一行要有信息表示文本多于一行，最后一行也要有标记结束）。另外，还可以在数字代码后加上"-"，最后一行以数字开始并以<SP>和 Telnet 的行结束符表示结束。

响应码中的每位数字都有其意义，第一位数字确定响应的好坏，第二位表示代码的含义，第三位是更为详细的信息。响应码第二位所代表的意义如下：

- 0: 格式错误。
- 1: 请求信息。
- 2: 控制和数据连接。
- 3: 认证和账号登录过程。
- 4: 未使用。
- 5: 文件系统。

1. 1yz 类响应码

1yz 用于确定预备应答，对请求的操作进行初始化后进入下一个命令前等待另外的应答。常见的 1yz 类响应码及其所具有的意义如下：

- 110: 重新启动标记应答。
- 120: 服务在 nn 分钟内做好准备。
- 125: 数据连接已打开，准备传送。
- 150: 文件状态良好，打开数据连接。
- 110: 新文件指示器上的重启标记。
- 120: 服务器准备就绪的时间（以分钟数为计算单位）。
- 125: 打开数据连接，开始传输。
- 150: 打开连接。

2. 2yz 类响应码

这类响应码用于确定应答是否完成（也就是要求的操作是否完成），并允许开始执行新的命令。常见的 2yz 类响应码及所具有的意义如下：

- 200: 命令执行成功。
- 202: 命令未成功执行。
- 211: 系统状态或系统帮助响应。
- 212: 目录状态。
- 213: 文件状态。
- 214: 帮助信息，仅对使用者有用。
- 215: 域名系统类型。
- 220: 对新用户服务的准备已经完成。

- 221：服务关闭控制连接，可以退出登录。
- 225：数据连接打开，无传输在执行。
- 226：关闭数据连接，请求的文件执行成功。
- 227：进入被动模式。
- 230：用户登录。
- 250：请求的文件执行完成。

3. 3yz 类响应码

这类响应码用于确定命令是否被停止，也就是要求服务器停止指定的命令，并停止接收新的信息。常见的 3yz 类响应码及所具有的意义如下：

- 331：用户名正确，但需要密码。
- 332：登录时需要账号信息。
- 350：请求文件操作需要其他的命令。

4. 4yz 类响应码

服务器暂时拒绝执行要求的操作，这种"暂时"的时间间隔并不确定，也许再次发送请求就可以被执行。常见的 4yz 类响应码及其所具有的意义如下：

- 421：不能提供服务，并关闭控制连接。
- 425：不能打开数据连接。
- 426：关闭连接，并中止传输。
- 450：请求的文件操作未成功执行。
- 451：中止请求的操作（有本地错误）。
- 452：请求的操作未被执行（系统存储空间不足）。

5. 5yz 类响应码

拒绝完成请求，这种拒绝属于永久性的，主要是服务器无法识别的一些命令。常见的 5yz 类响应码及所具有的意义如下：

- 500：格式错误，命令不可识别。
- 501：参数语法错误。
- 502：命令未实现。
- 503：命令顺序错误。
- 504：此参数下命令的功能未实现。
- 530：未登录，登录失败。
- 532：存储文件需要账号信息。
- 550：未执行请求的操作。
- 551：请求操作中止（页的类型未知）。
- 552：请求的文件操作中止（存储分配溢出）。
- 553：未执行请求的操作（文件名不合法）。

第14章

NFS 服务的搭建与应用

NFS（Network File System，网络文件系统）服务实现的是文件的互传和存储，其可将文件存储在 NFS 服务器上供网络访问，因此，使用非常广泛。本章主要介绍 NFS 的搭建、功能与配置，以及通过 NFS 实现局域网中不同主机系统间的文件共享及应用。

14.1 NFS 简介

本节主要介绍 NFS 的基本概念、NFS 组件的安装以及 NFS 服务的启动。

14.1.1 NFS 服务的基本概念

NFS 由 SUN 公司研发，基于 UNIX 系统表示层协议（pressentation layer protocol），且能使使用者访问网络上其他的文件，就像在使用自己的计算机资源一样。实际上，NFS 是 UDP/IP 的应用，其是采用远程过程调用 RPC 机制来实现资源共享的。RPC 采用 XDR 协议支持并提供一组与机器、操作系统以及底层传送协议无关的存取远程文件的操作。

XDR 是一种与机器无关的数据描述编码的协议，以独立于任意机器体系结构的格式对网上传送的数据进行编码和解码，支持在异构系统之间传送数据。XDR 加上 NFS 强大的网络功能，可使不同操作系统的机器实现资源的传输和共享，这也是实现跨平台数据共享的主要手段之一。

NFS 服务器端就是共享数据中心，也可以将其理解成一个共享数据库，允许本地/远程用户上传和下载其中的数据。从本地端的系统中来看，远程主机的目录就好像是自己的一个磁盘分区，使用上相当便利。

NFS 的整体结构由服务器端和客户端两个部分组成，客户端通过网络就能获取到服务器端上的数据，并且能通过网络把客户端本地的数据上传到 NFS 服务器上。如图 14-1 所示是一个基于服务器端/客户端的 NFS 结构模型。

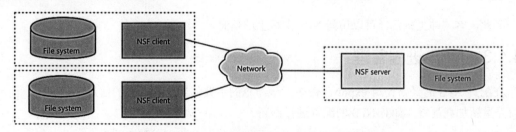

图 14-1 基于服务器端/客户端的 NFS 结构模型

14.1.2 安装 NFS 组件

NFS 需要 RPC 的协助来完成文件传输的工作，因此在安装 NFS 服务组件时还需要安装 RPC 组件以及一些相关的依赖包。安装这些组件时建议使用 YUM 服务来进行，以便更好地解决依赖包的问题。

```
[root@localhost ~]# yum -y install rpcbind nfs-utils
已加载插件: fastestmirror, langpacks
Loading mirror speeds from cached hostfile
* base: mirrors.aliyum.com
* exiras: mirrors.bit.com
* updates: mirrors,bit.edu.cn
软件包 rpcbind-0.2.0-44.el7.x86_64 已安装并且是最新版本
软件包 1: nfs-utils-1.3.0-0.54.el7.x86_64 已安装并且是最新版本
无须任何处理
```

完成对 NFS 依赖包的安装后，就可以安装 NFS 组件了。其实 NFS 的安装是非常简单的，几乎不需要配置，并且在安装后就可以使用。当然，还是需要对客户端的授权配置的，因此接下来先介绍共享目录的配置。

NFS 配置数据共享的文件为/etc/exports，使用编辑器打开该文件，添加如下配置（指定共享目录和能够访问的客户端）并分配可读可写的权限。

```
/data  192.168.4.0(rw)
```

其中，/data 是共享主目录（根目录），192.168.4.0(rw)是运行访问 NFS 主机上共享目录的客户端 IP 地址和该客户端用户对共享目录具备的权限。其中，IP 地址中的最后一位 0 表示允许 192.168.4.x 段的全部主机访问 NFS 服务器。

完成上述配置后，为了能够正常使用，需要关闭 SELinux 和防火墙。

```
[root@localhost ~]# getenforce 0
[root@localhost ~]# systemctl stop firewalld
```

接下来启动 NFS 的服务进程。之前讲过 NFS 服务要由 RPC 来协助工作，因此要启动两个进程：一个是 RPC 进程，一个是 NFS 进程。

```
[root@localhost ~]# systemctl start rpcbind
[root@localhost ~]# systemctl start nfs
```

完成服务进程的启动后，接着确认 NFS 的服务进程状态情况。

```
[root@localhost ~]# exportfs -rv
Exporting 192.168.4.0: /data
```

到此，客户端主机已经可以访问 NFS 主机上的信息。

14.1.3 NFS 进程管理

在配置 NFS 时经常使用 exportfs 命令，该命令的主要作用是对配置的信息进行刷新，简单来讲就是重新加载配置，如对 NFS 的配置进行刷新。

```
[root@localhost data]# exportfs -rv
```

```
Exporting 192.168.4.0: /data
Exporting 192.168.4.0: /data to kernel
Exporting 192.168.4.0: /data: Function not implemented
Exporting 192.168.14.130: /data
```

查看 NFS 的端口及相关的信息。

```
[root@localhost data]#netstat -antpu | grep 2049
tcp   0   0 0.0.0.0:2049     0.0.0.0:*        LISTEN
tcp6  0   0 :::2049          :::*             LISTEN
tcp   0   0 0.0.0.0:2049     0.0.0.0:*
tcp6  0   0 :::2049          :::*
```

以下是几个 NFS 进程管理命令：

```
[root@localhost data]# systemctl start/restart/stop rpcbind
[root@localhost data]# systemctl start/restart/stop nfs-server.service
```

其中，start：启动服务；restart：重启服务；stop：停止服务。

14.2　NFS 服务的配置与挂载

本节就 NFS 服务的配置与挂载方式进行介绍，包括配置服务的方法和开机自动挂载。

14.2.1　NFS 服务的配置

网络文件系统由服务器端和客户端组成，客户端要使用服务器的资源就必须得到服务器端的授权。客户端与服务器端可以独立配置，服务器端配置好后客户端可以挂载到本地使用。

1. 网络文件系统的服务端配置

每个配置行都以 IP 地址作为开始的标记，如果允许两个或两个以上的 IP 访问某个目录就不需要重复指定共享目录。以下是各配置的描述及配置的相关参数说明，括号内不要出现多余的空格，否则 NFS 进程启动会失败。

（1）允许指定 IP 地址的主机以只读方式访问/data/emp/目录下的数据。

描述：开放 192.168.68.20 这个 IP 地址对/data/emp/目录的只读访问权限，把它们都映射成匿名用户，并且 UID 和 GIU 都映射为 600。

配置：在/etc/exports 中添加以下配置行，实现两个 IP 地址的主机访问 NFS 服务/data/emp/目录下的资源。

```
/data/emp/    192.168.68.20(ro,all_squash,anonuid=600,anongid=600)
```

在 NFS 服务器上创建/data/emp/共享目录。

（2）只允许指定的 IP 地址访问/data/share/目录下的数据，并开放可读写和同步数据权限。

描述：为 192.168.68.40 的主机开放访问权限，且具有可读写和同步数据权限，并允许 root 用户访问。

配置：将以下配置添加到/etc/exports 文件中。

```
/data/share/    192.168.68.40(rw,sync,no_root_squash)
```

在 NFS 服务器上创建/data/share/共享目录。

（3）允许指定范围内的 IP 地址主机访问/data/file/目录下的数据。

描述：将 NFS 服务器/data/file/目录下的数据允许 192.168.68.100~192.168.68.254 范围内的主机以只读方式访问，并将访问该目录所有用户的 UID 都映射为 50、GID 映射为 60。

配置：将以下配置行加入/etc/exports 文件中。

```
/data/file/    192.168.60.100/24(ro,all_squash,anonuid=50,anongid=60)
```

在 NFS 服务器上创建/data/file/共享目录。

（4）将/data/news/目录下的数据对所有的用户开放。

描述：将/data/news/目录下的所有数据向全部用户开放只读权限，并将所有登录到服务器用户的 UID 和 GID 映射为 100。

配置：将以下配置行加入/etc/exports 文件中。

```
/data/news/    *(ro,all_squash,anonuid=100,anongid=100)
```

在 NFS 服务器上创建/data/news/共享目录。

完成上述配置后重启 NFS 服务进程，之后执行 exportfs 命令检查配置是否正确。其中，-r 选项重新加载配置，-v 显示配置信息。

```
[root@cent6 ~]# exportfs -rv
exporting 192.168.60.100/24:/data/file
exporting 192.168.68.40:/data/share
exporting 192.168.68.20:/data/emp
exporting *:/data/news
```

到此，NFS 服务器端的配置完成。

2. 网络文件系统的客户端配置

网络文件系统的客户端（IP 地址为 192.168.68.20）配置的主要工作是创建挂载点和挂载 NFS 服务的资源，不过需要在客户端上安装 nfs-utils 组件，主要是为了在客户端可以使用 showmount 命令，但是不需要在客户端启动 NFS 进程。

在客户端上安装 nfs-utils 组件，只要在 NFS 服务器端配置后就可以在客户端执行相关的命令来获取 NFS 服务的相关信息。

```
[root@test ~]# showmount -e 192.168.68.16
Export list for 192.168.68.16:
/data/news  *
/data/file   192.168.60.100/24
/data/share  192.168.68.40
/data/emp    192.168.68.20
```

在客户端上创建挂载点/data/emp/（也就是挂载 NFS 服务资源的目录，目录名称可自定义），然后将 NFS 服务器端的共享数据挂载到本地。从获取的信息列表中可以看出，当前的主机只允许挂载/data/emp/和/data/news/两个目录。下面将 NFS 服务器上的/data/emp/目录挂载到客户端本地的
/data/emp/目录下：

```
[root@test ~]# mount -t nfs 192.168.68.16:/data/emp/ /data/emp/
```

检查本地已经挂载的文件系统：

```
[root@test ~]# mount
/dev/mapper/vg_rhel6-LogVol01 on / type ext4 (rw)
proc on /proc type proc (rw)
sysfs on /sys type sysfs (rw)
devpts on /dev/pts type devpts (rw,gid=5,mode=620)
tmpfs on /dev/shm type tmpfs (rw)
/dev/sda1 on /boot type ext4 (rw)
none on /proc/sys/fs/binfmt_misc type binfmt_misc (rw)
sunrpc on /var/lib/nfs/rpc_pipefs type rpc_pipefs (rw)
nfsd on /proc/fs/nfsd type nfsd (rw)
192.168.68.16:/data/emp/ on /data/emp type nfs
(rw,vers=4,addr=192.168.68.16,clientaddr=192.168.68.20)
```

NFS 分配给当前主机的是只读权限，客户端只能读这些信息而不能写入数据，如果写入数据
就会提示"只读文件系统"的信息。

14.2.2　开机自动挂载

网络文件系统的开机自动挂载指的是客户端把服务器端的资源挂载到本地。自动挂载更适用
于长时间使用 NFS 服务器资源的环境，不过前提是 NFS 服务器处于不间断的运行状态。

客户端自动挂载可通过/etc/fstab 和/etc/rc.local 这两个文件来实现，不过挂载的过程和在提供服
务的使用上存在一些差别，这与系统对这两个文件的读取和执行顺序有直接关系，/etc/fstab 文件是
在系统启动并初始化磁盘文件系统时读取并执行的，它的执行先于系统中各个应用进程，因此在各
种服务的进程启动后就可以使用它的资源。/etc/rc.local 文件是在系统完成启动后读取并执行的，此
时系统中的各类服务进程都已经完成启动，如果服务启动所需的一些数据存放在 NFS 中就会造成
服务启动而找不到数据的问题。

具体选择通过哪个文件来实现自动挂载，建议根据实际的使用环境而定。对于一个只使用 NFS
服务存储备份数据之类的环境，选择哪个文件来实现自动挂载都无所谓。对于使用 NFS 服务弥补
应用服务器中磁盘空间不足（特别是通过 NFS 来储存应用运行必需的数据）的情况，强烈建议使
用/etc/fstab 文件来实现自动挂载。

在/etc/fstab 文件中配置自动挂载，可在该文件中加入以下配置行：

```
nfs 192.168.68.16:/data/emp/ /data/emp/  nfs   defaults 0 0
```

在/etc/rc.local 文件中配置自动挂载，可在该文件中加入以下配置行：

```
su - root -c "mount -t nfs nfs 192.168.68.16:/data/emp/ /data/emp/ "
```

第15章

NTP 服务的搭建与应用

在 Linux 系统中，很多设备通常需要同步（synchronize）时间，Linux 系统提供了 NTP（Network Time Protocol，网络时间协议）服务器来实现该功能。本章将对 NTP 服务器的概念、搭建和应用进行讲解。

15.1 NTP 服务的搭建

在实际的网络环境中，网络拥塞和网络不通等原因会导致时间同步延时，甚至会出现无法同步的问题，基于这样的问题出现了时间服务器。目前常见的时间服务器采用的是 NTP 服务组件，本节将对该组件的基本概念和安装进行介绍。

15.1.1 NTP 的基本概念

对于使用到时间的网络设备而言，为了避免主机因为在长时间运行下所导致的时间偏差而进行时间同步的工作是非常必要的。在 Linux 系统下，一般使用 NTP 服务来同步不同机器的时间。NTP 的前身最初是由美国特拉华大学的 MILLS David L 教授设计的，是由时间协议、网际控制报文协议（Internet Control Messages Protocol，ICMP）、时间戳消息及网际协议（Internet Protocol，IP）时间戳发展而来的。

NTP 是用于提供计算机及相关设备时间精准同步的一种网络协议，不仅可以估算网络数据包往返的延时，还可以独立估算网络设备的时间偏差并对这些偏差值进行校正，保证网络设备在时间上的同步。同时，在数据传输过程中，该协议还可采用加密的方式确认信息来源，防止受到病毒攻击。

NTP 采用的是层次式时间分布模型，并利用冗余服务器和多网络路径来获得高准确和高可靠的时间。在这种分层式的网络结构中，层数是 NTP 中一个比较重要的概念，基本上可以说它所代表的是一个时钟的准确度。层次等级按着 UTC（Universal Time Corporation，国际标准时间）源的远近将时间服务器归入不同的层（Stratum）中。在整个层次结构中，时钟源位于所有分层的最顶部，时间服务器位于时钟源与客户端之间，并通过网络时间协议来实现时间的同步。

15.1.2　NTP 的工作原理

NTP 协议属于 TCP/IP 族的组成部分，数据是基于 UDP 进行传输的。实际上，NTP 协议属于一个反馈控制环路，在工作时依靠软件和计算机系统范畴之外的本地时钟电路（即 VFO 及其接口部分）来实现对整个网络时间服务器及客户端计算机发布精确时间。通常，时间服务器一般运行在物理机上，这样可以在很大程度上保证服务器长时间运行后时间的精度变动幅度不大。

NTP 协议可以从原子钟、天文台、卫星等途径获取准确而可靠的时间源。当 NTP 获得时间同步信息后，时间滤波器从获取信息中筛选最精准的时间值与本地时间比较后进行时间的校正。时间筛选采取聚类算法和合成算法，聚类算法对往返延迟、离差和偏移等参数进行分析，合成算法则是对聚类算法筛选出来的时间值进行优选。

NTP 协议典型的授时模式是 C/S，在客户端需要更新时间时，就先向服务器端发送带有时间戳的 UDP 数据包，服务器端对这个 UDP 数据包进行响应。UDP 数据包的长度在 NTP V3 下为 64 个字节，而在 NTP V4 下为 72 个字节。如果通信模式是广播模式，时间服务器就以固定的间隔向客户机广播发送一个数据包；如果是服务器/客户机模式，那么通信间隔将在指定的范围内变化（一般是 64 秒到 1024 秒）。

客户端根据数据包来回的网络延迟计算时间。在需要时间更新时，首先由客户端向时间服务器发送一个包含离开客户端的时间戳（设时间为 T1）NTP 数据包，在时间服务器接收到该数据包时记下收到的时间戳（设为 T2），并在响应客户端而发出数据包时记下时间戳 T3，客户端在接收到响应包时记录时间戳 T4。根据这 4 个阶段的参数和时间在服务器端与客户端之间的延迟参数，客户端就可以算出偏差时间。

15.1.3　安装 NTP 服务组件

服务器通过 NTP 协议与其他服务器交换时间信息或同步客户机的时间，这都要求服务器安装服务组件，以及服务的进程处于运行状态。

若要用 NTP 来搭建时间服务器，则需要安装 NTP 服务组件。安装该组件几乎不涉及依赖包，因此可以采取 rpm 命令来安装，也可以使用 YUM 服务来安装。实际上，在需要安装时该组件已经被安装。如果系统还没安装该组件可以先安装，最重要的一点是，时间服务器建议采用物理机来搭建。

可以使用以下的 YUM 服务来安装：

```
[root@test ~]# yum install ntp -y
```

在安装 NTP 组件后，可通过以下方式来管理 NTP 服务的进程：

```
[root@test ~]# systemctl start ntpd
Created symlink from /etc/system/system/multi-user.target.wants/ntpd.service
to /usr/lib/system/system/ntp.service
```

NTP 服务使用 UDP 的 123 号端口与其他时间服务器或非时间服务器（如网络设备、应用服务器等）进行时间校正，因此启动系统防火墙时需要开放这个端口，不然时间服务器就不能与其他网络设备时间交换时间。

在启动 NTP 服务进程时，可使用 ntpstat 命令来获取系统每次校正时间的间隔。

```
[root@test ~]# ntpstat
unsynchronised
  time server re-starting
   polling server every 64 s
```

15.2　NTP 服务配置

NTP 是依托于操作系统而运行的服务，因此在管理时可通过配置文件及进程对服务器进行管理。时间服务器工作时可利用不同的工作模式与其他服务器或用户端进行时间的调整，实现时间的同步。

15.2.1　NTP 配置文件

在 NTP 服务器运行过程中，它运行的策略（包括安全策略）依赖于配置文件中的配置选项。这些配置包括配置时钟源主机地址、存放信息交互过程需要的密钥、NTP 启动的脚本、本地 BIOS 时间以及 NTP 进程的相关信息等。

NTP 主配置文件为/etc/ntp.conf，在配置文件中可通过配置选项来保障时间服务器的安全、时间的精准度，还能够指定时间服务器的工作方式和上层时间服务器的层数等。以下是 NTP 主配置文件的内容及部分配置选项的注释。

```
# For more information about this file, see the man pages
# ntp.conf(5), ntp_acc(5), ntp_auth(5), ntp_clock(5), ntp_misc(5), ntp_mon(5).

driftfile /var/lib/ntp/drift     # 指定与上层时间服务器联系时所用时间的记录文件位置

# Permit time synchronization with our time source, but do not
# permit the source to query or modify the service on this system.
restrict default kod nomodify notrap nopeer noquery # 拒绝其他计算机的数据请求包
restrict -6 default kod nomodify notrap nopeer noquery

# Permit all access over the loopback interface.  This could
# be tightened as well, but to do so would effect some of
# the administrative functions.
restrict 127.0.0.1       # 通过此接口控制和配置本地 NTP 时间服务器
restrict -6 ::1

# Hosts on local network are less restricted.
# 允许指定的 IP 段同步时间服务器的时间
#restrict 192.168.1.0 mask 255.255.255.0 nomodify notrap

# Use public servers from the pool.ntp.org project.
# Please consider joining the pool (http://www.pool.ntp.org/join.html).
server 0.centos.pool.ntp.org           # 设定第一层时间服务器地址
server 1.centos.pool.ntp.org           # 设定第二层时间服务器地址
server 2.centos.pool.ntp.org           # 设定第三层时间服务器地址
```

```
#broadcast 192.168.1.255 autokey    # broadcast server
# 设置本地 NTP 服务器为以广播方式工作的 NTP 服务器的用户端
#broadcastclient    # broadcast client
#broadcast 224.0.1.1 autokey         # multicast server
#multicastclient 224.0.1.1        # multicast client
#manycastserver 239.255.2517.254        # manycast server
#manycastclient 239.255.2517.254 autokey # manycast client

# Undisciplined Local Clock. This is a fake driver intended for backup
# and when no outside source of synchronized time is available.
#server 127.127.1.0 # local clock
#fudge  127.127.1.0 stratum 10   # 设定时间服务器的层数

# Enable public key cryptography.
#crypto
includefile /etc/ntp/crypto/pw
# Key file containing the keys and key identifiers used when operating
# with symmetric key cryptography.
keys  /etc/ntp/keys       # 指定密钥认证配置文件的位置

# Specify the key identifiers which are trusted.
#trustedkey 4 8 42
# Specify the key identifier to use with the ntpdc utility.
#requestkey 8
# Specify the key identifier to use with the ntpq utility.
#controlkey 8
# Enable writing of statistics records.
#statistics clockstats cryptostats loopstats peerstats
```

其中，主配置文件中的 restrict 选项用于设置可以访问的 NTP 服务器及所具有的相关权限（如时间同步的权限）。一般 restrict 选项行有 4 个字段，第二个字段为用户端 IP 地址，最后一个字段为 restrict 的参数，语法结构如下：

```
restrict client_IP_address（客户端 IP 地址） subnet_mask（子网掩码） parameter(s)
（参数）
```

在 restrict 中常用的参数及功能说明如下：

- ignore：拒绝所有的 IP 请求，也就是关闭 NTP 服务。
- kod：开启防止 DOS 攻击的功能。
- nomodify：忽略所有要修改 NTP 服务器的时间请求包，但是可以进行时间的校正。
- noquery：停止提供 NTP 服务。
- notrap：禁止 trap 远程登录。
- notrust：拒绝为不受信任的请求提供 NTP 服务。
- nopeer：与同层 NTP 服务器只提供 NTP 服务，但不进行时间校正。

配置选项 server 用于设定位于当前时间服务器（当前的时间服务器相当于客户端）上层时间服务器的地址，被指定的时间服务器可对指定的服务器提供时间同步。同时指定多个上层时间服务器时会涉及优先级的关系。server 语法格式如下：

```
server IP_address/domain_name [prefer]
```

IP 地址或域名是指上层的时间服务器，如果 server 参数最后有 prefer 参数就表示当前行中指定的为主时间服务器。server 的配置参数及功能如下：

- host: 用于指定上层的 NTP 服务。
- key: 发往上层 NTP 服务器的数据包中有密钥认证。
- prefer: 用于指定 NTP 服务的优先级。
- mode: 指定 NTP 服务器数据文件的字段值。

15.2.2　NTP 获取可靠时间源

时间服务器与客户端计算机或本地时间服务器在交换时间信息时先优选出参考的时间值，并通过不同的过滤法和算法算出网络延迟的时间。优选出的参考时间值是筛选出来的，而非直接引用。

当然，仅从一个时间服务器获得的校时参考信息并不能校正时间信息在交换过程中所造成的时间偏差，但同时与多时间服务器通信校时就可以利用过滤算法找出相对可靠的时间参考值，并通过此值计算精准的时间。通常，出于对时间精确度和可靠性的考虑，下层设备会同时引用若干个上层设备及同层设备作为时间值的参考源。为了确保时钟源的高精确度，需要避免环回的时间同步方式。

为了确保能够得到稳定的时间源，需要在配置文件中指定若干个可靠的上层时间服务器。目前，国内常用的相对稳定的 NTP 服务器所在地有高校和网络中心。部分高校和网络中心 NTP 时间服务器的域名及名称（不包括首行的数字）如下：

- s2a.time.edu.cn: 清华大学。
- s2m.time.edu.cn: 北京大学。
- s2c.time.edu.cn: 北京邮电大学。
- s2e.time.edu.cn: 西北地区网络中心。
- s2g.time.edu.cn: 华东南地区网络中心。
- s2k.time.edu.cn: CERNET（中国教育与科研网）桂林主节点。

要设定固定的时间服务器地址，可在 NTP 的主配置中使用 server 选项来指定。设定上层时间服务器时，应该设定两个或两个以上数量的服务器地址，这样在某个时间服务器出现故障时本地网络设备依然可获取精准的时间。在 NTP 的主配置文件中，以 server 选项来设定时间服务器域名的配置（也可以用 IP 地址来替换域名）。

```
server 0. s2a.time.edu.cn
server 1. s2m.time.edu.cn
server 2. s2e.time.edu.cn
server 2. s2k.time.edu.cn
```

在所设定的 NTP 时间服务器中，出现多上层的时间服务器时，可通过指定服务器的优先级来为用户端设备优先提供时间的校正。可在 server 选项中使用 prefer 来设置时间服务器的优先级，比如 server 2. s2k.time.edu.cn prefer。

若不想被上层的某个或某些 NTP 时间服务器同步时间，则可在 NTP 服务器的主配置文件中加入要拒绝的服务器域名（或 IP 地址）。

```
restrict  time.buptnet.edu.cn  nomodify  notrap  noquery
restrict    s1b.time.edu.cn    omodify   notrap  noquery
restrict    s1c.time.edc.cn    nomodify  notrap  noquery
```

在完成对主配置文件的修改后，为了使主机上的 NTP 服务器能够在指定的服务器上获取时间源，还需要对/ect/ntp/step-tickers 配置文件进行修改，也就是加入上层 NTP 时间服务器的域名到 /ect/ntp/step-tickers 文件，并在保存后重启 ntpd 服务进程。

15.2.3　NTP 服务器时区设置

在 CentOS 下的时区设置文件被编译好后存放在/usr/share/zoneinfo 目录下，在这个目录下的时区设置文件基本涵盖了大部分的国家和城市代码。

```
[root@test ~]# ll -F /usr/share/zoneinfo/
...
-rw-r--r--. 6 root root   118 May 23  2019 UTC
-rw-r--r--. 1 root root  1873 May 23  2019 WET
-rw-r--r--. 2 root root  1448 May 23  2019 W-SU
-rw-r--r--. 1 root root 19933 May 23  2019 zone.tab
-rw-r--r--. 6 root root   118 May 23  2019 Zulu
```

实际上，在安装系统时设置好系统的时间后，这些信息就会被保存在一个本地文件中。这个文件相当于/usr/share/zoneinfo/目录下某个文件的链接，本地的时间设置信息存放于/etc/目录下的文件中。

```
[root@test ~]# ll /etc/localtime
-rw-r--r--. 3 root root 405 May 23  2019 /etc/localtime
```

假设在默认的配置下系统时间是 CST，也就是/etc/localtime 文件所记录的信息，将该文件删除或重命名后，系统就会默认使用 UTC；而在/usr/share/zoneinfo/下创建一个 CST 文件到/etc/下并命名为 localtime 时，系统就会使用 CST。例如，当前时间如下：

```
[root@test ~]# date
Fri Dec 27 06:57:52 CST 2019
```

将/etc/localtime 文件重命名后，系统时间就变成了 UTC 时间，具体如下：

```
[root@test ~]# mv /etc/localtime /etc/localtime1
[root@test ~]# date
Thu Dec 26 22:58:21 UTC 2019
```

这时选择上海作为时区来设置系统的时间，也就是从/usr/share/zoneinfo/目录下记录的时间文件创建一个链接文件到/etc 目录下并命名为 localtime，这时系统的时间以 CST 为准，具体如下：

```
[root@test ~]# ln -s /usr/share/zoneinfo/Asia/Shanghai /etc/localtime
[root@test ~]# date
Fri Dec 27 06:59:08 CST 2019
```

上述的例子说明，对链接文件/etc/localtime 的源文件更改会对系统的时间造成影响，也就是说可通过对该链接文件源文件的更改来更改系统的时间；在/etc/localtime 文件不存在的情况下，系统默认使用的时间是 UTC。

15.3 基于 NTP 的时间同步配置

出于对时间精确度和可靠性的考虑，时间参考值的来源往往是同层或不同层的多个设备，并由 NTP 优选出多个时间参考值来推断时间的偏移值。同层的时间设备配置互为参考时，NTP 会在两个对等机间自动选择精确度高的参考源，而不是两者都用。

15.3.1 Linux 系统时间同步

服务器系统在长时间运行后（特别是内网的服务器系统和非物理机）会出现时间偏差，为了避免这种情况的出现，通常采取时间同步的方式，通过时间服务器对其他服务器系统进行时间同步时，可使用 ntpdate 命令，并指定 IP 地址或域名。

假设通过 NTP 服务器（IP 地址为 192.168.68.16）对另一台应用服务器系统（IP 地址为192.168.68.15）进行时间同步，需要先将 NTP 服务器主配置文件/etc/ntp.conf 中以下这两行前的#号删除后重启 ntpd 服务。

```
server  127.127.1.0 # local clock
fudge   127.127.1.0 stratum 10
```

在客户端（Linux 系统）下安装 update 组件，之后就可以同步其他系统的时间了。

```
[root@nat ~]# ntpdate -u 192.168.68.16
27 Dec 21:56:57 ntpdate[2546]: adjust time server 192.168.68.15 offset -0.000209
sec
```

对于这样的时间同步方式，只是强制性地将非时间服务器的系统时间设置为时间服务器时间。如果 CPU tick 有问题且服务器重启，再加上系统管理员没有及时更新时间，就可能出现时间值大幅度的偏差。对于这个问题，一般通过 crontab 来设置定期同步的任务。例如，设定 NTP 时间服务器每天早上 8 点半对应用服务器强行更新时间。

```
30  08  *  *  *  /usr/sbin/ntpdate -u 192.168.68.16
```

对于一些对时间精确度要求高的场合，可以将更新时间的时长缩短。例如，客户端每半个时间自动从时间服务器上更新时间，只需要在计划任务中设定以下命令行即可。

```
*/30  *  *  *  *  /usr/sbin/ntpdate -u 192.168.68.16
```

在执行 ntpdate 来同步时间时可能出现 NTP socket 已经存在的问题时，就先将使用该端口（123号端口）的进程杀死，之后执行 ntpdate 命令。

```
[root@nat ~]# ntpdate 192.168.68.16
27 Dec 22:24:03 ntpdate[2347]: the NTP socket is in use, exiting
```

出现这个错误消息的原因是重复启动 ntpd 服务造成的，在 ntpdate 运行时它会先进行广播再侦听 123 端口。ntpd 处于重复运行状态时就会出现以上提示信息。

要解决这个问题，首先要找到 ntpd 的 PID，将其杀死后再启动 ntpd 服务即可。

```
[root@test ~]# lsof -i:123
COMMAND  PID USER  FD  TYPE DEVICE SIZE/OFF NODE NAME
ntpd    1602 ntp  16u  IPv4 13398   0t0  UDP *:ntp
```

```
ntpd    1602  ntp   17u  IPv6  13399   0t0  UDP *:ntp
ntpd    1602  ntp   18u  IPv6  13403   0t0  UDP localhost:ntp
ntpd    1602  ntp   19u  IPv6  13404   0t0  UDP [fe80::20c:29ff:fec4:2d98]:ntp
ntpd    1602  ntp   20u  IPv4  13405   0t0  UDP localhost:ntp
ntpd    1602  ntp   21u  IPv4  13406   0t0  UDP 192.168.68.16:ntp
[root@test ~]# kill -9 1602
```

完成后再次启动 NTP 服务进程就可以了。

注意，ntpdate 对时间同步时会造成 CPU tick 时间的跳跃，对一些依赖时间的程序和服务会造成影响。因此，在对时间要求高的环境下，建议使用 date 先更改时间再使用 ntpdate 命令进行同步。

15.3.2　案例：同步阿里云时间服务器

对于服务器的使用，可以租用云服务器、自己采购物理机建设机房或者租用机房中的机柜存放主机采购的物理服务器。以租用（云）服务器的方式来使用服务器比采购物理机来搭建机房的成本要低得多，而且管理成本上也节省不少，这对于刚起步的公司或业务量比较小的公司来说是一个不错的选择。

对于使用云服务器的业务系统，如果对时间的要求比较高就要实时矫正时间。云服务器进行时间的实时矫正时，首先要获取时间服务器的 IP 地址。

下面介绍阿里云服务器如何实时矫正时间（建议使用阿里云服务器提供的时间服务器作为同步时间的时间服务器）访问 http://www.ntp.org.cn/pool.php 站点获取阿里云提供的时间服务器 IP 地址：

```
120.25.108.11
182.92.12.11
203.107.6.88
120.25.115.20
```

根据主机的需要选择一个或多个服务器主机，执行 ntpdate 命令来更新当前主机的时间：

```
[root@nat ~]# ntpdate 203.107.6.88
27 Dec 22:56:57 ntpdate[2546]: adjust time server 203.107.6.88 offset -0.000209
sec
```

如果要定时更新时间，就需要设置任务计划，如每 10 分钟更新一次系统时间（可使用带有-e 选项的 crontab 命令来设置）。

```
*/10 * * * * /usr/sbin/ntpdate 203.107.6.88
```

第16章

DNS 域名系统的搭建与应用

起初，主机的访问是通过 IP 地址来实现的，但是 IP 地址难记，因此就出现了域名与 IP 地址的捆绑关系。域名是一种由字母、数字和符号组成的一个有规定格式的字符串，在使用它时实际上是由 DNS（Domain Name System，域名系统）对它进行解析。本章就域名的概念及域名系统的搭建进行介绍。

16.1 DNS 概述

DNS 用于对域名进行解析，每个域名系统都相当于一个独立的分布式数据库，但也属于整个域名系统的组成部分。对于本地的域名系统，它负责对本地全部域名的部分段（每个域名由不同的段组成）进行控制，同时采用复制和缓存技术来提供稳定服务。

16.1.1 DNS 的基本概念

DNS 在 TCP/IP 网络中有非常重要的地位，能够提供域名与 IP 地址的解析服务。作为将域名和 IP 地址相互映射的一个分布式数据库，能够使用户更方便地访问互联网。DNS 基于 C/S 架构，同时使用 TCP 和 UDP 的 53 号端口。目前，对于每一级域名长度限制是 63 个字符，域名总长度则不能超过 253 个字符。

DNS 是一个分布式数据库，它采用层次的逻辑结构，如同一棵倒置的树，这个逻辑的树形结构称为域名空间。由于 DNS 划分了域名空间，因此各机构可以使用自己的域名空间创建 DNS 信息。

在 DNS 域名空间中，树的最大深度不得超过 127 层，树中每个节点最长可以存储 63 个字符。在整个域名系统层次结构中，位于最高层的域称为根域，位于根域的下层域称为顶级域，再往下则为二级域，以此类推。DNS 的分层结构如图 16-1 所示。

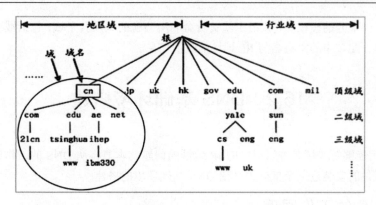

图 16-1   DNS 的分层结构

16.1.2   域和域名

DNS 树的每个节点代表一个域，通过这些节点来对整个域名空间进行划分，成为一个层次结构。域名空间每个域的名字通过域名来表示。

1. 域名

域通常有一个完全合格域名（FQDN）标识。该 FQDN 能准确地表示出其相对于 DNS 域树根的位置，也就是节点到 DNS 树根的完整表述方式。从节点到树根采用反向书写，并将每个节点用"."分隔，对于 DNS 域 Google 来说，其完全合格域名（FQDN）为 google.com，google 为 com 域的子域，其表示方法为 google.com，而 www 为 google 域中的子域，使用 www.google.com 来表示。

需要注意的是，通常 FQDN 有严格的命名限制，长度不能超过 256 字节，只允许使用字符 a-z、0-9、A-Z 和减号（-）及点号（.），并且它们只允许在域名标志之间（例如 google.com）或 FQDN 的结尾使用。

因特网域名空间的最顶层是根域（root），记录着因特网的重要 DNS 信息，由因特网域名注册授权机构管理，该机构把域名空间各部分的管理责任分配给连接到因特网的各个组织。根域是最高的域，其下依次是顶级域、二级域、子域。目前共有 3 种类型的顶级域。

2. 组织域

采用 3 个字符的代号，表示 DNS 域中所包含的组织的主要功能或活动。例如，com 为商业机构组织，edu 为教育机构组织，gov 为政府机构组织，mil 为军事机构组织，net 为网络机构组织，org 为非营利机构组织，int 为国际机构组织。

3. 地址域

采用两个字符的国家或地区代号。例如，cn 为中国，kr 为韩国，us 为美国。

4. 反向域

这是一个特殊域，名字为 in-addr.arpa，用于将 IP 地址映射到名字（反向查询）。

对于顶级域的下级域，因特网域名注册授权机构授权给因特网的各种组织。当一个组织获得了对域名空间某一部分的授权后，该组织就负责命名所分配的域及其子域，包括域中的计算机和其他设备，并管理分配域中的主机名与 IP 地址的映射信息。

16.2 DNS 基础环境搭建

DNS 的使用能够解决域名难以记忆的 IP 地址的问题，本节将从 DNS 的工作原理、域名的解析方式和服务组件的安装这三个部分来介绍 DNS 基础环境的搭建。

16.2.1 DNS 的工作原理

DNS 服务器基于客户端/服务器（Client/Server，C/S）的工作模式，以分层的层次结构来维护域名和 IP 地址，而在需要对域名进行解析时它会先在本地的 DNS 服务器缓存中查找对应的 IP 地址，如果找不到就向上层的 DNS 服务器发送解析请求，之后等待返回解析的结果。

对于 DNS 的解析工作，它通过 8 个步骤的解析过程就使得客户端可以顺利访问到需要访问的站点，不过在实际的应用中这个过程是非常迅速的，DNS 解析的过程如图 16-2 所示。

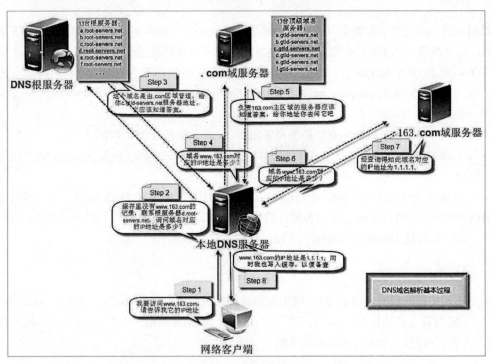

图 16-2 DNS 解析的过程

DNS 对域名解析的过程分析如下：

（1）客户机提交域名解析请求，并将该请求发送给本地的域名服务器。

（2）当本地的域名服务器收到请求后，就先查询本地的缓存。如果有查询的 DNS 信息记录，则直接返回查询的结果。如果没有该记录，本地域名服务器就把请求发给根域名服务器。

（3）根域名服务器再返回给本地域名服务器一个所查询域的顶级域名服务器的地址。

（4）本地服务器再向返回的域名服务器发送请求。

（5）接收到该查询请求的域名服务器查询其缓存和记录，如果有相关信息就返回客户机查询结果，否则通知客户机下级的域名服务器的地址。

（6）本地域名服务器将查询请求发送给返回的 DNS 服务器。

（7）域名服务器返回本地服务器查询结果（如果该域名服务器不包含查询的 DNS 信息，查询过程将重复（6）、（7）步，直到返回解析信息或解析失败的回应）。

（8）本地域名服务器将返回的结果保存到缓存，并将结果返回给客户机。

16.2.2　域名解析的方式

在多数情况下对目标主机进行访问时只需要输入被访问主机的域名，但实际上是通过 IP 地址来访问的，这需要域名与 IP 地址之间的转换，其实就是对域名的解析。域名解析的方式有本地 hosts 表、域名系统等，如果本地 hosts 表不能解析就需要使用域名系统来解析。

1. 域名的解析

在 CentOS 上存在名称为/etc/hosts 的表，它是一种存放主机名与 IP 地址映射关系的、简单的文件，在该文件中每个 IP 地址都可以映射到对应的域名（也可以是主机名），这种记录的方式称作一个条目。对于这种解析的方式，需要每增加一个主机就添加一个条目，因此不适用于有大量主机的环境。

DNS 服务器以层次的形式将网络环境中各主机 IP 地址和域名相对应的信息存储于本地的数据库中，在工作时由多台层次不同的域名系统服务器相互协调完成域名的解析。因此，客户端通过域名访问某个主机时，首先请求本地域名服务器对域名进行解析，如果本地的域名服务器不能解析就需要向上一层发出解析请求直到域名被解析成对应的 IP 地址。解析出来的信息会经由本地域名服务器作为响应信息发送给客户端，它自己也在数据库中缓存一份。

2. 域名的查询

域名的查询可分为递归查询和迭代查询。递归查询是一种由域名系统服务器代替客户端提出域名查询请求的方式，如果被请求的域名系统服务器不能查询出结果，它会在域树各分支的上下逐一请求并由代替请求的域名服务器把结果返回用户机。递归查询的流程如图 16-3 所示。

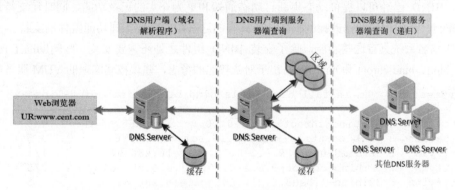

图 16-3　递归查询的流程

对于递归查询的方式，客户端从发出请求解析的数据封包就开始进入等待状态，最后的结果是由域名系统服务器返回，不管域名是否能查询出结果。

DNS 服务器的另一种域名查询为迭代查询，在本地 DNS 服务器内不能应答客户端的请求后就向根域服务器发送查询请求。与递归查询不同的是，迭代查询并不是将最后的结果交给客户端而是交给客户端的本地 DNS 服务器端程序，再由客户端的本地 DNS 服务器程序以应答的信息再发出解析请求直到得到结果。迭代解析的流程如图 16-4 所示。

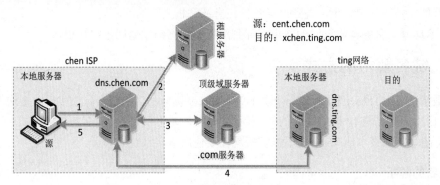

图 16-4　迭代解析的流程

迭代查询又称重指引，使用迭代查询时能够使其他域名服务器返回一个最佳的查询点，若此查询点包含需要查询的主机地址则返回主机地址信息，若此时域名服务器不能直接查询就按提示的指引依次解析直到能够查询到结果为止。

16.2.3　DNS 服务组件的安装与进程管理

DNS 服务器是基于操作系统的一个应用服务，用于对域名解析并将有关的数据储存于本地数据库中，以便需要时使用。

1. DNS 服务组件安装

在搭建 DNS 服务器时 BIND（Berkeley Internet Name Daemon）是比较常用的软件，它是一款开源的 DNS 服务软件，最初是美国伯克利大学开设的一个课题，后发展成一款开源的 DNS 服务器软件，BIND 具有可移植性，可在多种不同的主流平台上"良好"地运行。

目前，BIND 已经可以提供动态更新、动态通知和更为充实的记录功能，同时还支持进行 IP 地址查询控制、域间传送和修改控制权限，所具有的这些功能需要不同功能组件的支持。

为了使域名系统具有这些功能，除了安装 BIND 组件之外还需要安装一些辅助的工具，包括 bind-utils、bind、bind-chroot 和 bind-libs，出于对依赖包的考虑，建议搭建本地的 YUM 服务来安装。

```
[root@test ~]# yum install bind-utils bind bind-chroot bind-libs -y
…
  Installing : 32:bind-chroot-9.8.2-0.10.rc1.el6.x86_64          4/5
  Installing : 32:bind-utils-9.8.2-0.10.rc1.el6.x86_64           5/5
  Verifying  : 32:bind-utils-9.8.2-0.10.rc1.el6.x86_64           1/5
  Verifying  : 32:bind-chroot-9.8.2-0.10.rc1.el6.x86_64          2/5
  Verifying  : 32:bind-libs-9.8.2-0.10.rc1.el6.x86_64            3/5
  Verifying  : portreserve-0.0.4-9.el6.x86_64                    4/5
```

```
    Verifying  : 32:bind-9.8.2-0.10.rc1.el6.x86_64                    5/5

Installed:
  bind.x86_64 32:9.8.2-0.10.rc1.el6              bind-chroot.x86_64
32:9.8.2-0.10.rc1.el6
  bind-libs.x86_64 32:9.8.2-0.10.rc1.el6    bind-utils.x86_64
32:9.8.2-0.10.rc1.el6

Dependency Installed:
  portreserve.x86_64 0:0.0.4-9.el6

Complete!
```

到此，DNS 服务组件和其他相关的应用工具安装完成。

2. DNS 服务进程管理

在安装 DNS 服务组件后，可通过它的守护进程 named 来管理。DNS 服务进程启动如下：

```
[root@test ~]# service named start
Generating /etc/rndc.key:                          [  OK  ]
Starting named:                                     [  OK  ]
```

启动后可以通过以下命令来查看它的进程状态：

```
[root@test ~]# service named status
version: 9.8.2rc1-RedHat-9.8.2-0.10.rc1.el6
CPUs found: 1
worker threads: 1
number of zones: 19
debug level: 0
xfers running: 0
xfers deferred: 0
soa queries in progress: 0
query logging is OFF
recursive clients: 0/0/1000
tcp clients: 0/100
server is up and running
named (pid 1368) is running...
```

为了能让 DNS 的进程能够开机自启动，还需要设置它的运行级别：

```
[root@test ~]# chkconfig named on
[root@test ~]# chkconfig named --list
named           0:off  1:off  2:on  3:on  4:on  5:on  6:off
```

到此，已经完成 DNS 服务守护进程启动前的脚本配置和运行级别的设置。

首次启动 DNS 守护进程时会提示创建/etc/rndc.key 文件，而且一直停留在创建密钥的阶段（按 Ctrl+C 组合键退出）。

```
[root@test ~]# service named start
Generating /etc/rndc.key:
```

出现这个出问题是由于 rndc 没有找到/etc/rndc.key 的密钥文件，归根到底是由于系统没有安装 caching-nameserver 组件。对于这个问题，可以通过执行 rndc-confgen 命令或通过手动创建

/etc/rndc.key 文件来解决。

（1）执行 rndc-confgen 命令

```
[root@test ~]# rndc-confgen -r /dev/urandom -a
wrote key file "/etc/rndc.key"
```

（2）手动创建/etc/rndc.key 文件

在/etc/rndc.key 文件中加入如下配置：

```
key "rndc-key" {
  algorithm hmac-md5;
  secret "MEARtiTMJzFfRwBKlY5lpQ==";
};
```

或

```
key "rndc-key" {
    algorithm hmac-md5;
    secret "Vu4Bj1XndfmzKBN242l1ag==";
};
```

更改文件的所有者和所有者的权限：

```
[root@test ~]# chown root:named /etc/rndc.key
[root@test ~]# chmod 644 /etc/rndc.key
```

最后通过启动来验证。

16.3 域名系统的基本应用

上一节介绍了域名系统组件的安装，本节将介绍它的配置及应用。

16.3.1 正/反向解析

正向解析与反向解析文件的作用相反。正向解析是把域名解析为对应的 IP 地址，反向解析则是把 IP 地址解析为域名。

正向解析是指域名到 IP 地址的解析过程。正向解析文件/var/named/named.localhost 的内容如下：

```
$TTL 1D
@   IN SOA  @ rname.invalid. (
                    0   ; serial
                    1D  ; refresh        #更新的时间，D 表示天数
                    1H  ; retry          #更新失败后再次尝试更新的时间间隔，H 表示小时
                    1W  ; expire         #更新失败多久后此 DNS 服务器失效，W 表示星期
                    3H )  ; minimum      #无法解析的请求隔多久再次应答
    NS  @
    A   127.0.0.1
    AAAA    ::1
```

反向解析是从 IP 地址到域名的解析过程，作用为服务器的身份验证。反向解析文件

/var/named/named.loopback 的内容如下：

```
$TTL 1D
@   IN SOA  @ rname.invalid. (
                    0   ; serial
                    1D  ; refresh
                    1H  ; retry
                    1W  ; expire
                    3H )   ; minimum
      NS  @
      A   127.0.0.1
      AAAA    ::1
      PTR localhost.
```

其中，TTL（Time To Live）是用于设定客户端 DNS 缓存数据的有效期；SOA（Start of Authority Record）是一个授权记录每个区的开始，SOA 的记录是唯一的；PTR（Pointer）用于定义反向地址指针的记录。

16.3.2　DNS 资源记录

（1）SOA 记录

每个区在区的开始处都包含了一个起始授权记录（Start Of Authority Record），简称 SOA 记录。SOA 定义了域的全局参数，进行整个域的管理设置。一个区域文件只允许存在唯一的 SOA 记录。

（2）NS 记录

NS（Name Server）记录是域名服务器记录，用来指定该域名由哪个 DNS 服务器来进行解析，每个区在区根处至少包含一个 NS 记录。

（3）A 资源记录

A（地址）资源记录把 FQDN 映射到 IP 地址，因为有此记录，所以 DNS 服务器能解析 FQDN 域名对应的 IP 地址。

（4）PTR 记录

相对于 A 资源记录，PTR（domain name PoinTeR）记录把 IP 地址映射到 FQDN，用于反向查询，从而通过 IP 地址就可以找到域名。

（5）CNAME 记录

CNAME（CanDnical NAME 别名）记录可创建特定 FQDN 的别名，用户可以使用 CNAME 记录来隐藏用户网络的实现细节，使连接的客户机无法知道真正的域名。

例如，ping 百度域名时，解析到了百度的别名服务器。百度有一个 cname=www.a.shifen.com. 的别名，如图 16-5 所示。

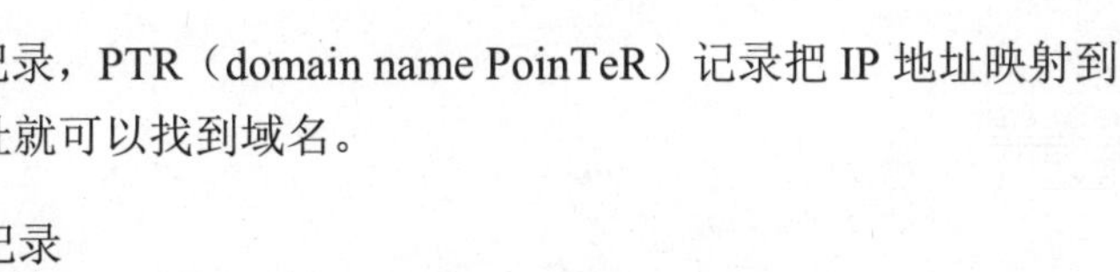

图 16-5　百度别名服务器 cname=www.a.shifen.com

（6）MX 资源记录

MX（Mail eXchanger 邮件交换）资源记录为 DNS 域名指定邮件交换服务器。

邮件交换服务器是为 DNS 域名处理或转发邮件的主机。处理邮件指把邮件投递到目的地或转交另一个不同类型的邮件传送者。转发邮件指把邮件发送到最终目的服务器，用简单邮件传输协议 SMTP 把邮件发送给离最终目的地最近的邮件交换服务器，或使邮件经过一定时间的排队。

16.3.3　域名系统服务配置

域名服务器分为主域名服务器（主 DNS 服务器）、辅助域名服务器（辅助 DNS 服务器）和缓存域名服务器（缓存 DNS 服务器）3 类。服务器要能够解析至少需要主配置文件、区域配置文件和正/反向配置文件，在域名服务器工作时它就需要从这些配置文件中获取相关的参数。

1. 主域服务器应用配置

在配置主 DNS 服务之前先做一些准备工作。默认 DNS 使用 53 号端口，如果系统使用防火墙就开放这个端口，关闭 SELinux 功能，在/etc/hosts 文件中加入服务器 IP 地址与域名的映射（如主机域名是 named.bind.com、IP 地址是 192.168.68.16，就在该文件中加入"192.168.68.16 named.bind.com"配置行），在/etc/resolv.conf 文件中加入"nameserver 192.168.68.16"，修改后重启系统。

下面配置单台域名系统服务器。DNS 服务的配置涉及/etc/named.conf、/etc/named.rfc1912.zones 和正/反向解析文件。对于/etc/named.conf 配置文件，只需把 options 选项下的"listen-on port 53 { 127.0.0.1; };"改为"listen-on port 53 { 192.168.68.16; };"即可（192.168.68.16 是 DNS 服务器的 IP 地址）。

在配置文件/etc/named.rfc1912.zones 时，要配置的就是定义 DNS 服务器的类型（主或辅 DNS 服务器）和正/反向解析文件这两项。由于只配置单台 DNS 服务器，因此服务器的类型是 master；对于正/反向文件，则要重新配置。

以下是/etc/named.rfc1912.zones 的配置信息（对于其他配置，建议将它们都注销，以免在重启 DNS 进程时报错）。定义 DNS 服务器类型和正向解析文件名称：

```
zone "bind.com" IN {
    type master;
    file "bind.zone";
    allow-update { none; };
};
```

定义 DNS 服务器类型和反向解析文件名称：

```
zone "68.168.192.in-addr.arpa" IN {
    type master;
    file "68.168.192.rey";
    allow-update { none; };
};
```

在 /etc/named.rfc1912.zones 文件中定义正/反向解析文件的名称分别是 bind.zone 和 68.168.19.rey，并创建这两个文件。

正向解析文件/var/named/bind.zone 的配置如下：

```
$TTL 3H
@           IN  SOA  dns.bind.com. dns.invalid. (
                                0    ; serial
                                1D     ; refresh
                                1H     ; retry
                                1W     ; expire
                                3H )    ; minimum
@           NS     dns.bind.com.
@           IN  NS  dns.bind.com.
dns.bind.com.   IN  A   192.168.68.16
www         A      192.168.68.170
ftp         A      192.168.68.180
mailserver      A       192.168.68.190
```

反向解析文件/var/named/68.168.192.rey 的配置如下：

```
$TTL 1D
@       IN SOA  dns.bind.com. dns.16.com (
                        2014102101          ; serial
                        1D              ; refresh
                        1H              ; retry
                        1W              ; expire
                        3H )            ; minimum
@   IN  NS      dns.bind.com.
16      IN  PTR     dns.bind.com.
170     IN  PTR     www.bind.com.
180     IN  PTR     ftp.bind.com.
190     IN  PTR     mailserver.bind.com.
```

完成以上配置后，接着重启 DNS 服务进程。

```
[root@named ~]# service named restart
Stopping named: .                                [  OK  ]
Starting named:                                  [  OK  ]
```

如果重启正常，剩下的工作就是测试配置的 DNS 服务是否能够正常工作。对于测试命令，比较常见的有 nslookup、dig 和 host 等，测试过程如下。

（1）正向解析测试

```
[root@named ~]# nslookup ftp.bind.com
Server:         ::1
Address:        ::1#53

Name:   ftp.bind.com
Address: 192.168.68.180
[root@named ~]# dig ftp.bind.com

; <<>> DiG 9.8.2rc1-RedHat-9.8.2-0.10.rc1.el6 <<>> ftp.bind.com
;; global options: +cmd
;; Got answer:
;; ->>HEADER<<- opcode: QUERY, status: NOERROR, id: 7868
;; flags: qr aa rd ra; QUERY: 1, ANSWER: 1, AUTHORITY: 1, ADDITIONAL: 0

;; QUESTION SECTION:
;ftp.bind.com.                   IN      A
```

```
;; ANSWER SECTION:
ftp.bind.com.          10800    IN       A       192.168.68.180

;; AUTHORITY SECTION:
bind.com.              10800    IN       NS      named.bind.local.

;; Query time: 1 msec
;; SERVER: ::1#53(::1)
;; WHEN: Wed Nov 12 16:40:00 2014
;; MSG SIZE  rcvd: 76
```

通过以上的测试结果可知，DNS 的正向解析工作正常。

（2）反向解析测试

```
[root@named ~]# nslookup 192.168.68.190
Server:        ::1
Address:       ::1#53

19.68.168.192.in-addr.arpa    name = mailserver.bind.com.
[root@named ~]# host 192.168.68.190
19.68.168.192.in-addr.arpa domain name pointer mailserver.bind.com.
```

通过以上的测试结果可知，DNS 的反向解析工作正常。

配置参数补充说明：

- SOA（Start Of Authority）：起始授权记录，表示一个授权区的开始。
- A（Address）：地址记录，用于将主机名转换为 IP 地址。
- CNAME（Canonical NAME）：别名记录，用于给出主机的别名。
- MX（Mail eXchanger）：邮件交换记录，用于告知域中的邮件服务器。
- NS（Name Server）：域名记录，标识一个域的域名服务器。
- PTR（domain name PoinTeR）：域名指针记录，用于将地址转换为主机名。

2. 辅助域服务器应用配置

辅助就是协助工作，辅助 DNS 服务器要进行工作需要主 DNS 服务器系统处于运行状态（主 DNS 的进程可以是关闭状态），否则辅助 DNS 服务器就不能协助主 DNS 服务器进行域名的解析工作。

辅助 DNS 服务器具有提供容错能力、加快查询速度和分担主 DNS 服务器的负载等特点，它的使用在一定程度上可有效减轻主 DNS 服务器的负担。辅助 DNS 服务器使用的是主 DNS 服务器的配置，在辅助 DNS 服务器启动时它会与主 DNS 服务器建立连接，并从主 DNS 服务器中获取必要的信息。以下是主辅 DNS 服务器的配置过程，配置信息描述如下：

- 主 NDS 服务器 IP 地址为 192.168.68.134，域名为 dns1.bind.com。
- 辅 NDS 服务器 IP 地址为 192.168.68.136，域名为 dns2.bind.com。

分别在这两台服务器上安装必要的 DNS 服务组件，并设定 DNS 服务的进程。注意，主机名与域名不存在冲突。

（1）主 DNS 服务器配置

在主 DNS 服务器（IP 地址为 192.168.68.134）上，其/etc/named.conf 配置文件的内容基本不需要修改，不过建议更改其监听的 IP 地址，其配置如下：

```
options {
        listen-on port 53 { 192.168.68.134; }; # 主 DNS 服务器 IP 地址
        listen-on-v6 port 53 { ::1; };
        directory       "/var/named";
        dump-file       "/var/named/data/cache_dump.db";
        statistics-file "/var/named/data/named_stats.txt";
        memstatistics-file "/var/named/data/named_mem_stats.txt";
        allow-query     { any; };
        recursion yes;
        dnssec-enable yes;
        dnssec-validation yes;
        dnssec-lookaside auto;

        /* Path to ISC DLV key */
        bindkeys-file "/etc/named.iscdlv.key";
        managed-keys-directory "/var/named/dynamic";
};

logging {
        channel default_debug {
                file "data/named.run";
                severity dynamic;
        };
};

zone "." IN {
        type hint;
        file "named.ca";
};

include "/etc/named.rfc1912.zones";
include "/etc/named.root.key";
```

对于/etc/named.rfc1912.zones 配置文件，只需要分别在定义其正/反向解析文件的模块处增加定义辅 DNS 服务器的 IP 地址即可。以下是该配置文件的配置信息（其他的配置模块建议注释，也就是只剩下定义正/反向解析文件的模块）：

```
zone "bind.com" IN {
        type master;
        file "bind.zone";
        allow-update { none; };
        also-notify { 192.168.68.136;}; # 辅 DNS 服务器 IP 地址
        allow-transfer { 192.168.68.136; };
};

zone "68.168.192.in-addr.arpa" IN {
        type master;
        file "68.168.192.rey";
        allow-update { none; };
        also-notify { 192.168.68.136;};
```

```
        allow-transfer { 192.168.68.136; };
};
```

定义正向解析文件/var/named/bind.zone，在该文件中要指定辅助 DNS 服务器的 IP 地址和域名。该文件的配置信息如下（要注意主辅 DNS 间信息更新的时间间隔）：

```
$TTL 3H
@       IN  SOA dns1.bind.com. dns.invalid. (
                                0       ; serial
                                1D      ; refresh
                                1H      ; retry
                                1W      ; expire
                                3H )    ; minimum
@               IN  NS  dns1.bind.com.
dns1.bind.com.      IN  A    192.168.68.134
@               IN  NS   dns2.bind.com.
dns2.bind.com.      IN  A    192.168.68.136
www             IN  A    192.168.68.170
ftp             IN  A    192.168.68.180
mailserver      IN  A    192.168.68.190
```

反向解析文件/var/named/68.168.192.rey 同样也需要指定辅助 DNS 服务器的 IP 地址。该文件的配置信息如下（要注意主辅 DNS 间信息更新的时间间隔）：

```
$TTL 1D
@       IN  SOA dns1.bind.com. dns.16.com (
                                2014102101    ; serial
                                1D            ; refresh
                                1H            ; retry
                                1W            ; expire
                                3H )          ; minimum
@       IN  NS   dns1.bind.com.      # 主 DNS 服务器
@       IN  NS   dns2.bind.com.      # 辅 DNS 服务器
134     IN  PTR  dns1.bind.com.
136     IN  PTR  dns2.bind.com.
170     IN  PTR  www.bind.com.
180     IN  PTR  ftp.bind.com.
190     IN  PTR  mailserver.bind.com.
```

完成以上的配置后启动或重启 DNS 服务进程：

```
[root@master ~]# service named restart
Stopping named:                             [  OK  ]
Starting named:                             [  OK  ]
```

如果启动或重启 DNS 服务的进程未提示错误，那么接下来的工作就是测试主 DNS 服务器是否能解析。

正向解析及结果如下：

```
[root@master ~]# nslookup 192.168.68.180
Server:      ::1
Address:     ::1#53

180.68.168.192.in-addr.arpa name = ftp.bind.com.  # 正向解析得到的结果
```

反向解析及结果如下：

```
[root@master ~]# dig www.bind.com

; <<>> DiG 9.8.2rc1-RedHat-9.8.2-0.17.rc1.el6 <<>> www.bind.com
;; global options: +cmd
;; Got answer:
;; ->>HEADER<<- opcode: QUERY, status: NOERROR, id: 32852
;; flags: qr aa rd ra; QUERY: 1, ANSWER: 1, AUTHORITY: 2, ADDITIONAL: 2

;; QUESTION SECTION:
;www.bind.com.                   IN      A

;; ANSWER SECTION:
www.bind.com.           10800   IN      A       192.168.68.170      # 反向解析得到的
结果

;; AUTHORITY SECTION:
bind.com.               10800   IN      NS      dns2.bind.com.      # 辅 DNS 服务器 IP
地址
bind.com.               10800   IN      NS      dns1.bind.com.      # 主 DNS 服务器 IP
地址

;; ADDITIONAL SECTION:
dns1.bind.com.          10800   IN      A       192.168.68.134
dns2.bind.com.          10800   IN      A       192.168.68.136

;; Query time: 1 msec
;; SERVER: ::1#53(::1)
;; WHEN: Fri Dec 12 10:59:09 2014
;; MSG SIZE  rcvd: 116
```

根据以上的测试结果可知，DNS 服务器能够正常工作。

（2）辅助 DNS 服务器配置

对于/etc/named.conf 文件，只需要在该文件中把监听的 IP 地址改为服务器的 IP 地址
（192.168.68.136）即可。在/etc/named.rfc1912.zones 中，需要指定 DNS 服务器类型为辅助，并指
定主 DNS 服务器的 IP 地址。配置后的文件内容如下（对于其他的模块建议注释）：

```
zone "bind.com" IN {
        type slave;
        file "bind.com";
        #allow-update { none;};
        masters { 192.168.68.134;};      # 主 DNS 服务器 IP 地址
        allow-update { none;};
};
zone "68.168.192.in-addr.arpa" IN {
        type slave;
        file "68.168.192.arpa";
        # allow-update { none; };
        masters { 192.168.68.134;};
        allow-update { none; };
};
```

至此，配置完成，接着启动或重启 DNS 服务进程。

```
[root@slave ~]# service named restart
Stopping named:                                          [  OK  ]
Starting named:                                          [  OK  ]
```

（3）辅助 DNS 服务器解析测试

启动或重启 DNS 服务进程为提示错误时，接着开始测试辅助 DNS 服务器是否能解析。测试过程和结果如下：

```
[root@slave ~]# nslookup 192.168.68.170
Server:        ::1
Address:       ::1#53

170.68.168.192.in-addr.arpa name = www.bind.com.

[root@slave ~]# dig mailserver.bind.com

; <<>> DiG 9.8.2rc1-RedHat-9.8.2-0.17.rc1.el6_4.6 <<>> mailserver.bind.com
;; global options: +cmd
;; Got answer:
;; ->>HEADER<<- opcode: QUERY, status: NOERROR, id: 53727
;; flags: qr aa rd ra; QUERY: 1, ANSWER: 1, AUTHORITY: 2, ADDITIONAL: 2

;; QUESTION SECTION:
;mailserver.bind.com.              IN      A

;; ANSWER SECTION:
mailserver.bind.com.    10800   IN      A       192.168.68.190

;; AUTHORITY SECTION:
bind.com.               10800   IN      NS      dns2.bind.com.
bind.com.               10800   IN      NS      dns1.bind.com.

;; ADDITIONAL SECTION:
dns1.bind.com.          10800   IN      A       192.168.68.134
dns2.bind.com.          10800   IN      A       192.168.68.136

;; Query time: 1 msec
;; SERVER: ::1#53(::1)
;; WHEN: Fri Dec 12 11:23:08 2014
;; MSG SIZE  rcvd: 123
```

测试结果显示辅助 DNS 服务器能够正常工作。

为了测试更加全面，应该把主 DNS 服务的进程关闭，然后在辅助 DNS 服务器上测试是否能正常进行解析工作。

最后，为了保证辅助 DNS 服务器同步数据时有写入权限，建议将辅助 DNS 服务器中的 /var/named/slaves/ 目录的用户和组更改为 named 用户所有。

3. 缓存域服务器应用配置

缓存 DNS 服务器（Caching DNS Server）是一个不属于某个域的主 DNS 服务器，也不属于某个域的辅助 DNS 服务器。这类 DNS 服务器可以不包含任何域的配置信息,但能够对接收到的 DNS 查询进行递归解析,并将解析的结果返回给请求查询的客户端,同时将查询到的结果缓存下来。

　　缓存 DNS 服务器的使用可以加快网络访问,但它并不是权威性服务器,这是因为它提供的所有信息都是间接性的。对于缓存 DNS 服务器来说,它只需要配置一个高速缓存文件(有时还需要配置一个回送文件),这个缓存文件是用于储存每次查询解析后得到的结果,并为下次的查询请求提供高速的应答。

　　缓存 DNS 服务器的配置比较简单,首先要配置好一台主 DNS 服务器,然后在另外的一台 Linux 服务器上安装 DNS 服务的相关服务组件,并设置 DNS 服务的进程。

　　在配置缓存 DNS 服务器时需要配置/etc/named.conf 文件。先将该文件备份,再将其配置信息清空,加入以下配置信息:

```
options {
    directory "/var/named/";
    forward only;
    forwarders { 192.168.68.134; };  # 主 DNS 服务器 IP 地址
    allow-query {any;};
};
```

完成后启动或重启 DNS 服务进程。

```
[root@cache ~]# service named restart
Stopping named:                                    [  OK  ]
Starting named:                                    [  OK  ]
```

启动或重启进程无错误提示时,剩下的工作就是测试,以下是测试的结果:

```
[root@cache ~]# nslookup 192.168.68.180
Server:         127.0.0.1
Address:        127.0.0.1#53

Non-authoritative answer:
180.3.0.10.in-addr.arpa name = ftp.bind.com.

Authoritative answers can be found from:
3.0.10.in-addr.arpa     nameserver = dns1.bind.com.
dns1.bind.com   internet address = 192.168.68.134

[root@cache ~]# dig mailserver.bind.com

; <<>> DiG 9.8.2rc1-RedHat-9.8.2-0.17.rc1.el6_4.6 <<>> mailserver.bind.com
;; global options: +cmd
;; Got answer:
;; ->>HEADER<<- opcode: QUERY, status: NOERROR, id: 21348
;; flags: qr rd ra; QUERY: 1, ANSWER: 1, AUTHORITY: 1, ADDITIONAL: 1

;; QUESTION SECTION:
;mailserver.bind.com.            IN      A

;; ANSWER SECTION:
mailserver.bind.com.    10800   IN      A       192.168.68.190

;; AUTHORITY SECTION:
```

```
bind.com.              10800    IN      NS      dns1.bind.com.

;; ADDITIONAL SECTION:
dns1.bind.com.         10770    IN      A       192.168.68.134

;; Query time: 2 msec
;; SERVER: 127.0.0.1#53(127.0.0.1)
;; WHEN: Fri Dec 12 17:08:26 2014
;; MSG SIZE  rcvd: 88
```

测试结果显示缓存 DNS 服务工作正常。

第17章

DHCP 服务的搭建与应用

DHCP（Dynamic Host Configuration Protocol，动态主机配置协议）是用于动态分配 IP 地址的应用服务组件，通过该组件搭建的服务器称为动态主机配置协议服务器，即 DHCP 服务器。本章从动态主机配置协议的概念、IP 地址的分配方式和 IP 地址分配的基本原理以及 DHCP 服务器搭建介绍 DHCP 服务器知识。

17.1　DHCP 概述

17.1.1　什么是 DHCP

DHCP 是基于服务器/客户端（Server/Client，S/C）工作模式的服务组件（也就是说一个完整的动态主机配置协议由服务器端和客户端这两部分组成），DHCP 服务器主要用于管理 IP 地址集和分配可供动态分配的 IP 地址、处理客户端请求及回收 IP 地址，客户端则用于向服务器发送数据请求包和使用 IP 地址。

DHCP 使用 UDP 协议工作，主要用途是给内部网络或网络服务供应商自动分配 IP 地址，是用户或者内部网络管理员对所有计算机进行中央管理的手段。它有以下几个特点：

（1）允许系统管理员对服务器某些资源进行管理。

（2）客户端可自动获取适合自己机器的配置参数，且能够对所获取的参数重新设置。

（3）服务器可同时支持为多台客户端提供服务，客户端可以对服务器做出响应。

（4）在某个 IP 地址被分配后服务器不再将它分配给其他客户端，而 IP 地址被回收后会重新分配给其他的用户端使用。

（5）能够自动为新加入网络的计算机分配配置参数。

（6）服务器在重启后仍保留客户端的配置参数，且支持特定客户端配置参数永久性固定。

17.1.2 DHCP 服务的 IP 地址分配

一个完整的 DHCP 服务由客户端和服务器端两部分组成。

本例我们来介绍一下 DHCP 服务器端如何向客户端分配 IP 地址。DHCP 的服务器端使用的是 CentOS 7 系统，IP 地址是 192.168.4.145，客户端使用的是 CentOS 7 系统，IP 地址是 192.168.0.66。

需要注意的是，DHCP 的主机 IP 地址与客户端主机的 IP 地址既可以在不同的网段，也可以是同个网段，在客户机向 DHCP 服务器提出需要 IP 地址的请求时，DHCP 服务器会将未被使用的 IP 地址及相关的参数分配给客户机使用。DHCP 服务器端提供了三种不同 IP 地址分配策略来满足 DHCP 客户端的不同需求。

1. 手动分配方式

手动分配方式需要管理员在 DHCP 服务器上以手工的方式为特定的用户计算机固定 IP 地址的绑定，如在 FTP 等服务器上使用固定的 IP 地址进行访问。

为特定的用户计算机进行 IP 地址的绑定后，当特定的 DHCP 用户试图连接到网络时，DHCP 服务器将把已绑定好的 IP 地址和相关的配置参数返回到客户端供客户机使用。

2. 自动分配方式

自动分配 IP 地址的方式不需要任何手动干涉，DHCP 服务器会自动将未被使用的 IP 地址分配给用户，但 DHCP 服务器是以绑定的方式分配给用户的。也就是说，用户获得某个 IP 地址之后将永久性地拥有此 IP 地址，而不再分配给其他用户。

使用自动分配 IP 地址的方式可以减轻管理员的工作负担，但以绑定的方式将 IP 地址给予用户，若用户长期不使用或者不再需要此 IP 地址，则会造成 IP 地址的浪费。

3. 动态分配方式

使用动态分配方式进行 IP 地址的分配可通过 DHCP 服务器来实现。经 DHCP 分配出去的 IP 地址都有一个租借期限，到租借期限后如果客户机没有续约或续约失败，那么 DHCP 服务器会将 IP 地址的使用权收回，然后分配给其他需要使用 IP 地址的 DHCP 客户机。

17.1.3 DHCP 的特殊地址段

在主配置文件/etc/dhcp/dhcpd.conf 中还有如下配置信息，这些配置信息是用于某种特殊场合下的配置，每个定义段都可以配置一个功能。

```
shared-network 224-29 {
  subnet 10.17.224.0 netmask 255.255.255.0 {
    option routers rtr-224.example.org;
  }
  subnet 10.0.29.0 netmask 255.255.255.0 {
    option routers rtr-29.example.org;
  }
  pool {
    allow members of "foo";
    range 10.17.224.10 10.17.224.250;
  }
```

```
pool {
  deny members of "foo";
  range 10.0.29.10 10.0.29.230;
}
```

简单地说，就是定义某种用于相同目的的客户端，比如一家公司由开发部门、商务部门、维护部分等组成，要为不同的部门划分 IP 地址范围时就可以通过以上代码来配置。当然，在 DHCP 服务器上做了配置之后还需要硬件设备的支持。

17.2　DHCP 服务环境搭建

在一些较复杂的大中型网络中，DHCP 服务器的部署会涉及比较复杂的参数配置，这些参数通常由一台或一组 DHCP 服务器来管理。在 DHCP 服务器运行的过程中基本不会因用户机的增加而造成影响，如果把 TFTP 或 SSH 服务与 DHCP 放到同一台机器上运行，可以在一定程度上简化管理工作。

17.2.1　DHCP 服务组件安装

安装 DHCP 服务组件，既可以选择系统自带的，也可以到网络上下载源码安装包，组件的名称为 dhcp。

使用源码安装包安装时，首要问题是解决安装包间的依赖关系，事先不知道与哪些安装包间存在依赖关系，那么安装过程由于会出现依赖问题，所以需要一定的时间。而使用系统自带的 rpm 安装包安装时可以通过 YUM 服务来解决安装包间的依赖问题，因此 DHCP 服务安装就简单化了。

```
[root@dncp ~]# yum -y install dhcp
已加载插件: fastestmirror, langpacks
Repository 'centos 7' : Error parsing config: Error parsing "baseurl = file///mnt'
-: URL must be http , ftp, file or https not ""
Loading mirror speeds from cached hostfile
Epel/x86_64/metalink                          | 8.0KB     00:00
* base: mirrors.aliyum.com
* epel: www.ftp.net.jp
...
```

DHCP 服务使用 67 和 68 端口，这个端口的信息被记录在/etc/services 文件中，可以在该文件中找到相关信息。

对于 DHCP 服务进程的管理，服务名称为 dhcpd，可以使用以下命令来对该服务进程进行管理。

```
[root@localhost ~]# service dhcpd start/restart/stop
```

由于服务器还没有配置，因此在启动时会提示失败，失败的原因是 DHCP 服务器配置的 IP 地址和默认配置文件里定义的地址段不相同。因此，在启动前需要给它配置一个静态的 IP 地址（后面介绍）。另外，为了保证 DHCP 在开机时能够自动启动，建议设置开机自启动。

```
[root@localhost ~]# systemctl enable dhcpd
Created symlink from
/etc/systemd/system/multi-user.target.wants/dhcp.serveicer/lib/systemd/system/
dhcpd.service
```

17.2.2 DHCP 服务运行原理

在 DHCP 服务器端与其客户端进行 IP 地址的分配时需要经过几个阶段。在这几个阶段中，两者通过发送和接收不同的数据包来确认身份，经过确认后客户端才能获取到想要的信息。

在这几个阶段中，由 DHCP 的客户端发起请求，并由 DHCP 服务器端应答，大致的信息交互过程如图 17-1 所示。

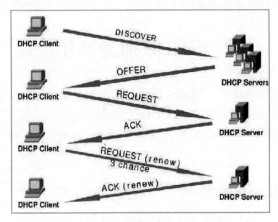

图 17-1　客户端申请 IP 过程

1. DHCP Client 发现阶段

此阶段即 DHCP 客户端寻找 DHCP 服务端的过程，DHCP Server 对应于 DHCP 客户端是未知的，因此由 DHCP 客户端发出的 DHCP Discovery 报文是广播包，源地址为 0.0.0.0，目的地址为 255.255.255.255。网络上所有支持 TCP/IP 的主机都会收到该 DHCP Discovery 报文，但是只有 DHCP Server 会响应报文。

注意，客户端执行 DHCP Discover 后，如果没有 DHCP 服务器响应客户端的请求，那么客户端会随机使用 169.254.0.0/16 网段中的一个 IP 地址配置本机地址。

其中，169.254.0.0/16 是 Windows 的自动专有 IP 寻址范围，也就是在无法通过 DHCP 获取 IP 地址时由系统自动分配的 IP 地址段。

2. DHCP Server 提供阶段

在 DHCP Server 提供阶段，DHCP Server 响应 DHCP Discovery 所发的 DHCP Offer，即将给客户端提供 IP 地址。在网络中接收到 DHCP Discover 发出信息的 DHCP 服务器会做出响应，从尚未出租的 IP 地址中挑选一个分配给 DHCP 客户机，向 DHCP 客户机发送一个包含出租的 IP 地址和其他设置的 DHCP Offer 提供信息。

3. DHCP Client 确认阶段

此阶段即 DHCP 客户机选择某台 DHCP 服务器提供的 IP 地址的阶段。如果有多台 DHCP 服务器向 DHCP 客户机发来的 DHCP Offer 提供信息，那么客户机只接受第一个 DHCP Offer 信息，然后以广播方式回答一个 DHCP Request 请求信息，该信息中包含向它所选定的 DHCP 服务器请求 IP

地址的内容。之所以要以广播方式回答，是为了通知所有的 DHCP 服务器，它将选择某台 DHCP 服务器所提供的 IP 地址。

4. DHCP Server 确认阶段

此阶段即 DHCP 服务器确认所提供的 IP 地址的阶段。当 DHCP 服务器收到客户机回答的 DHCP Request 请求信息后，它便向 DHCP 客户机发送一个包含它所提供的 IP 地址和其他设置的 DHCP Ack 确认信息，告诉客户机可以使用它所提供的 IP 地址。然后 DHCP 客户机便将其 TCP/IP 与网卡绑定。另外，除 DHCP 客户机选中的服务器外，其他的 DHCP 服务器都将收回曾提供的 IP 地址。

5. DHCP Client 重新登录网络

当 DHCP Client 重新登录后，就不需要再发送 DHCP Discover 信息，而是直接发送包含前一次所分配的 IP 地址的 DHCP Request 请求信息。当 DHCP 服务器收到这一信息后，它会尝试让 DHCP 客户机继续使用原来的 IP 地址，并回答一个 DHCP Ack 确认信息。如果此 IP 地址无法再分配给原来的 DHCP 客户机使用（比如此 IP 地址已分配给其他 DHCP 客户机使用），那么服务器给客户机回答一个 DHCP Nack 否认信息。原来的 DHCP 客户机收到此 DHCP Nack 否认信息后，必须重新发送 DHCP Discover 发现信息来请求新的 IP 地址。

6. DHCP Client 更新租约

DHCP 获取到的 IP 地址都有租约，租约过期后，DHCP Server 将回收该 IP 地址，所以如果 DHCP Client 想继续使用该 IP 地址，就必须更新租约。更新的方式是，当前租约期限过一半后，DHCP Client 发送 DHCP Renew 报文来续约。

17.2.3　DHCP 配置文件

在安装 DHCP 服务后，默认情况下它的相关文件被存放到/etc/dhcp/目录下，其中主配置文件为/etc/dhcp/dhcpd.conf。该配置文件中有默认配置，需要进行定制化配置时就通过默认配置来更改。如果/etc/dhcp/dhcpd.conf 文件是空白内容，就需要以/usr/share/doc/dhcp-4.2.5/dhcpd.conf.example 文件的内容来创建/etc/dhcp/dhcpd.conf 文件。

DHCP 服务默认配置文件内容包含了部分参数、声明以及选项的用法，其中注释部分可以放在任何位置，并以 "#" 开头，当一行内容结束时，以 ";" 结束，大括号所在行除外。整个配置文件分成全局和局部两个部分，下面对一些概念进行说明。

* 作用域：可以分配 IP 的范围 subnet。
* 地址池：可以分配给客户端的 IP、range 包括的 IP。
* 保留地址：指定某个客户端使用一个特定 IP，通过 host 配置的。
* 租约（时间）：客户端可以使用这个 IP 地址的时间。

下面对 DHCP 服务的配置文件/etc/dhcp/dhcpd.conf 中的部分配置项进行介绍。

```
#定义全局配置，通用于所有支持的网络选项
# option definitions common to all supported networks...
option domain-name "example.org";    #为客户端指定所属的域
#为客户端指定 DNS 服务器地址
```

```
option domain-name-servers ns1.example.org, ns2.example.org;

default-lease-time number(数字)   #默认的 IP 租约期限
  default-lease-time 600;
```

作用：定义默认 IP 租约时间，以秒为单位。

DHCP 客户端除了在开机的时候发出 DHCP Request 请求之外，在租约期限还有一半时也会发出 DHCP Request，如果此时得不到 DHCP 服务器的确认，客户端还可以继续使用该 IP；当租约期过了 87.5%时，如果客户端仍然无法与当初的 DHCP 服务器联系上，它将与其他 DHCP 服务器通信。如果网络上没有任何 DHCP 服务器在运行，客户机就必须停止使用该 IP 地址，并从发送一个 DHCP Discover 数据包开始，再一次重复整个过程。要是想退租，可以随时送出 DHCPRELEASE 命令解约，即使租约在前一秒钟才获得。

```
max-lease-time 7200; (数字)
```

作用：定义客户端 IP 地址租约时间的最大值，当客户端超过租约时间却尚未更新 IP 时，最长可以使用该 IP 的时间。

比如，客户端 A 在开机获得 IP 地址后就关机了，当时间过了 600 秒后，没有客户端向 DHCP 续约，DHCP 会保留 7200 秒，保留此 IP 地址不用于分配给其他客户端。当超过 7200 秒后就不再给客户端 A 保留此 IP 地址。

```
log-facility local7;    #定义日志类型为  local7
```

```
subnet:
```

声明一般用来指定 IP 作用域、定义为客户端分配的 IP 地址池等，声明格式如下：

```
subnet 网络号 netmask 子网掩码 {
选项或参数
}
```

例如：

```
subnet 10.5.5.5 netmask 255.255.55.255.224 {
range 10.5.5.26 10.5.5.30;
option domain-name-servers nsl.internal.example.org;
option domain-name "nsl.internal.example.org";
option routers 10.5.5.1;
option broadcast-address 10.5.5.31;
default-lease-time 600;
max-lease-time 7200;
```

注意，网络号必须与 DHCP 服务器的网络号相同。

```
range    起始 IP 地址   结束 IP 地址
```

作用：指定动态 IP 地址范围。

可以在 subnet（子网）声明中指定多个 range，但是多个 range 所定义的 IP 范围不能重复。常用选项通常用来配置 DHCP 客户端的可选参数，比如定义客户端的 DNS 地址、默认网关等。选项内容都是以 option 关键字开始，常见的使用方法如下：

- option routers IP_Address：为客户端指定默认网关，例如 option routers 10.5.5.1。

- option domain-name：为客户端指定默认的域。
- option domain-name-servers IP_Address：为客户端指定 DNS 服务器地址。

这三个选项既可以用在全局配置中，也可以用在局部配置中。

租约数据库文件用于保存一系列的租约声明，其中包含客户端的主机名、MAC 地址、分配到的 IP 地址，以及 IP 地址的有效期等相关信息。这个数据库文件是可编辑的 ASCII 格式文本文件。每当发生租约变化的时候都会在文件结尾添加新的租约记录。

DHCP 刚安装好后租约数据库文件为 dhcpd.leases，实际上这是一个空文件。当 DHCP 服务在使用并分配 IP 地址后相关的信息就会写入该文件中。

17.3　案例：DHCP 环境的搭建与测试

本节将介绍基于 DHCP 服务器给客户端分配 IP 地址的局域网环境，限于资源的原因使用虚拟机来完成环境的搭建和测试工作。在使用虚拟机来搭建环境时需要注意一些问题，比如虚拟机网络模式不使用桥接模式，原因是在局域网中有可能存在分配 IP 地址的设备，这样无法保证实验结果的准确性。更重要的是可能造成公司局域网中其他机器因为获取到从虚拟机环境搭建起来的 DHCP 服务器分配的 IP 地址，引起网络不可用状态。

实验案例：

公司有 60 台计算机，IP 地址段为 192.168.1.1~192.168.1.254，子网掩码是 255.255.255.0，网关为 192.168.1.1，192.168.1.2~192.168.1.30 网段地址给服务器配置，客户端可以使用的地址段为 192.168.1.100~200，剩下的 IP 地址为保留地址。

设服务器端的相关信息：系统为 CentOS 7-1；虚拟机网卡为 vmnet4；IP 地址段为 192.168.1.2~192.168.1.30；并将临时 IP 地址 192.168.1.10 绑定在 ens38 网卡上。

假设客户端的相关信息为：系统 CentOS 7-2；虚拟机网卡 vmnet4；IP 地址段 192.168.1.100~200。

完成上述准备工作后，接下来配置基础环境。在此之前已完成 DHCP 服务组件的安装，因此在对配置文件进行操作之前先把配置文件进行备份，以防止更改出错时用于还原，并在备份配置文件后把原文件内容清空（在/var/lib/dhcpd/目录下操作）。

```
[root@localhost dhcp]# cp dhcpd.conf dhcpd.conf.bak
[root@localhost dhcp]# > dhcpd.conf
```

清空配置文件 dhcpd.conf 后，将以下配置写入该文件。

```
subnet 192.168.1.10 netmask 255.255.55.255.0 {
range 192.168.1.100  192.168.1.200;
option domain-name-servers 192.168.1.1;
option domain-name "mrwu.cn";
option routers 192.168.1.1;
option broadcast-address 192168.2.255;
default-lease-time 600;
max-lease-time 7200;
```

先给 DHCP 服务器配置 192.168.1.0 静态地址，否则服务不能启动。

启动 DHCP 服务进程：

```
[root@localhost ~]# systemctl start dhcpd
```

查看端口：

```
[root@localhost ~]# netstat -tlunp|grep dhcpd
```

查看结果如图 17-2 所示。

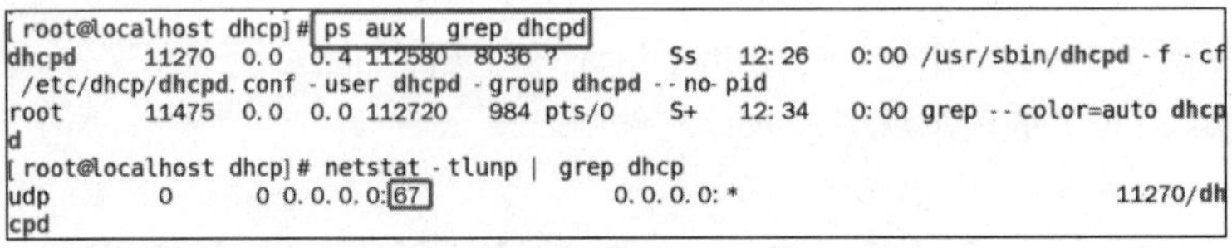

图 17-2　查看端口的状态结果

至此，DHCP 服务器启动完成。

接下来对客户端进行配置，就是将静态 IP 地址分配方式更改为动态获取，即在客户端上使用编辑器来打开网卡配置文件/etc/sysconfig/network-scripts/ ifcfg-ens33，并将原来的内容更改为如下内容：

```
TYPE="Ethernet"
PROXY_METHOD="none"
BROWSER_ONLY="no"
BOOTPROTO="dhcp"
DEFROUTE="yes"
IPV4_FAILURE_FATAL="no"
NAME="ens33"
DEVICE="ens33"
ONBOOT="yes"
```

完成对网卡配置文件的配置后，需要重启网卡：

```
[root@localhost network-scripts]# ifdown ens33 && ifup ens32
正在确定 ens33 的 IP 信息 . . . 完成。
```

网卡进程重启完成后就可以使用命令来确定客户端 IP 地址的获取情况。

如果客户端已经被分配 IP 地址，此时在 DHCP 的服务器端查看租约数据库文件/var/lib/dhcpd/dhcpd.leases，会发现有如下信息记录：

```
# The format of this file is documented in the dhcpd.leases(5) manual page.
# This lease file was written by isc-dhcp-4.1.1-P1

server-duid "\000\001\000\001\030\233\206H\000\014)H\200\237";

lease 192.168.0.200 {
 starts 3 2013/01/30 07:30:16;
  ends 3 2013/01/30 07:40:16;
  cltt 3 2013/01/30 07:30:16;
  binding state active;
  next binding state free;
  hardware ethernet 00:0c:29:12:ec:1e;
}
```

至此，DHCP 服务器配置完成。

第18章

防火墙的概念及配置

对于 Linux 系统的防火墙，在 CentOS 7 版本上使用的 firewalld 是新一代（也就是第四代）防火墙（ipfwadm→ipchains→iptables→firewalld），并将它作为系统默认的防火墙，不过原先的 iptables/ip6tables 并没有被移除且可以使用，只是默认处于关闭状态。本章将介绍 firewalld 防火墙的概念、原理与使用。

18.1 防火墙概述

firewalld 是 CentOS 7 中引进的新一代防火墙工具，替换了原先版本的防火墙 iptables/ip6tables 并提供防火墙规则动态更新（更改规则时不需要重启服务），本节首先介绍防火墙的相关概念及其作用。

18.1.1 防火墙的概念

在现代计算机通信中，有很多安全技术，防火墙就是其中最基本的一种。防火墙其实就是一种获取安全性的方法，有助于实施一个比较广泛的安全性策略，用以确定系统中允许提供的服务和访问。防火墙是抵御攻击的一道防线，它的使用在一定程度上减少了系统被网络攻击时成功的概率，加固了系统的安全。

同时，防火墙具备一些有效的隔离功能，能够对经过防火墙的网络包按照一定的规则进行检查，从而控制网络包的进入进出，以达到限制网络访问的目的，其中最著名的莫过于我们的长城防火墙（GFW）。

引入防火墙的作用是因为传统的子网系统会把自身暴露给 NFS 或 NIS 等存在安全缺陷的服务，并受到网络上其他系统的攻击。在一个没有防火墙的环境中，系统的安全性完全依赖主系统中的安全配置，但这并不是一种可靠的方法。

防火墙的使用在一定程度上提高了主机整体的安全性，防止外来的恶意攻击。防火墙的好处主要体现在以下几点。

1. 保护易受攻击的服务

防火墙可以过滤掉不安全的（外部进站和内部出站）请求以降低系统的风险，防火墙也可以防护基于路由选择的攻击，并排斥所有源点发送的包和 ICMP 重定向，然后把偶发事件通知管理人员。

2. 控制对网点系统的访问

防火墙可以控制对网点系统访问的能力，能够实现某些主系统由外部网络访问内网，而其他未被授权的主机请求会被忽略掉。

3. 集中安全性

在一个子网内的所有或大部分需要改动的软件及附加的安全软件都可以放在防火墙系统内集中管理，特别是对于密码或其他身份认证软件等放在安装有防火墙的系统中更优于分布在各个应用服务器上。

4. 增强保密和强化私有权

对于某些站点而言，私有性很重要，因为某些看似不重要的信息往往会成为攻击来源。在防火墙的系统中，站点可以防止 finger 及 DNS 服务泄露信息，并把站点及 IP 地址的信息封锁起来，防止外网主机获取这些敏感信息。

5. 记录和统计网络的使用

每次对外访问及返回的数据在经过防火墙时都被记录起来，通过对防火墙所记录的信息进行分析，从而获取一些有用的数据。从这些数据可以分析出防火墙能否抵御试探和攻击、控制措施是否得当，以便进行针对性地优化。

18.1.2　firewalld 和 iplables 防火墙

1. firewalld 介绍

firewalld 提供了支持网络/防火墙区域定义网络链接及接口安全等级的动态防火墙管理工具，支持 IPv4 及 IPv6 防火墙设置及以太网桥接，并允许服务或应用程序直接添加防火墙规则的接口。

firewalld 支持运行时配置和永久配置，并且改变了以往防火墙规则更改后需要重启服务的静态模式，防火墙规则的动态管理得益于 firewall daemon 服务的使用。借助于这个服务，只要更改防火墙规则就不再需要重启整个防火墙服务。从另外一个角度看，这意味着不再需要重新装载所有内核防火墙模块。

firewalld 能够实现动态更新防火墙规则参数，最主要的原因是它把 Netfilter 的过滤功能与内核集于一身。需要注意的是，实际上 firewall daemon 守护进程并不能对通过 iptables/ip6tables 和 ebtables 命令行添加的防火墙规则进行解析。

对于 firewalld 的管理，系统提供了图形界面和文本界面，不过在日常的系统维护时使用文本界面会更方便。已经用惯了 iptables/ip6tables 的话，突然转向使用 firewalld 会有点抵触心理，不过还是要去了解 firewalld 的，至少应该学会如何使用，说不定某天 iptables/ip6tables 就被移除了。

2. 关于动态防火墙

我们首先需要弄明白的一个问题是到底什么是动态防火墙。为了解答这个问题，我们先来回忆一下 iptables service 管理防火墙规则的模式：用户使用命令添加防火墙的规则，如果想让规则永久保存，就需要执行命令 service iptables reload 使变更的规则保存到配置文件里。在整个过程的背后，iptables service 会对防火墙的规则列表全部重读一次，加载到内核。

如果把这种哪怕只修改一条规则也要进行所有规则重新载入的模式称为静态防火墙，那么 firewalld 所提供的模式就可以叫作动态防火墙。它的出现是为了解决这一问题——任何规则的变更都不需要对整个防火墙规则列表进行重新加载，只需要将变更部分保存并更新到运行中的 iptables 即可。

3. 关于 iptables

CentOS 中的 iptables 是一个不错的系统安全服务，由 netfilter 和 iptables 两个组件组成。其中，netfilter 组件工作在内核空间，主要是用来过滤防火墙规则和执行相应的处理机制；iptables 组件工作在用户空间，主要作用是与工作在内核空间中的 netfiter 组件打交道。

netfilter/iptables 的最大优点是它可以配置有状态的防火墙，有状态的防火墙能够指定并记住所发送或接收的数据包建立起来的连接状态。它的另一个重要的特点是使用户可以完全控制防火墙配置和信息包过滤，实现对进出系统的网络流量进行有效的控制。

对于 iptables 防火墙而言，可以使用它提供的一些特殊命令去建立规则，而且可以将这些规则添加到工作在系统内核空间的组件中的特定信息包过滤表内的链中，这些特殊的命令可以对规则进行添加、移除和编辑。

4. firewalld 和 iptables 间的关系

firewalld 提供了一个 daemon 和 service，还有命令行和图形界面配置工具，其仅仅是替代了 iptables service 部分，其底层还是使用 iptables 作为防火墙规则管理入口。firewalld 自身并不具备防火墙的功能，而是和 iptables 一样需要通过内核的 netfilter 来实现，也就是说 firewalld 和 iptables 一样，它们的作用都是维护规则，而真正使用规则干活的是内核的 netfilter，只不过 firewalld 和 iptables 的结构以及使用方法不一样罢了。

18.2　防火墙的表概念

netfilter/iptables 后期简称为 iptables。iptables 是基于内核的防火墙，功能非常强大，内置 filter、nat、mangle 三张表和五个链。所有规则配置后立即生效，不需要重启服务。

18.2.1　iptables 中的三张表和五个链

iptables 常用的三张表的功能分别说明如下：

- filter 表：该表是默认的表，包含有真正的防火墙过滤规则。防火墙根据这些规则就可以在任何时候对数据包进行 DROP 或 ACCEPT 处理，规则允许使用 iptables 命令添加、删除和修改（要查看表的内容，可以执行带有-L 选项的 iptables 命令）。
- nat 表：该表包含源和目的地址及端口转换使用的规则，主要作用是进行网络地址转换，通常每个流的包只会经过这张表一次（要查看 nat 表的内容，可以执行 "iptables –t nat –L" 命令）。

● mangle 表：该表包含用于设置特殊的数据包路由标志的规则，这些规则随后被 filter 表中的规则检查（要查看 mangle 表的内容，可以执行 "iptables –t mangle –L" 命令）。

iptables 中包含五个链，分别说明如下：

● INPUT 链：匹配目标 IP，该 IP 是本机的数据包。
● OUTPUT 链：出口数据包，一般不在此链上做配置。
● FORWARD 链：匹配流经本机的数据包，即转发的数据包。
● PREROUTING 链：用来修改目的地址做 DNAT，如把内网中的 80 端口映射到路由器外网端口上。
● POSTROUTING 链：用来修改源地址做 SNAT，如内网通过路由器 NAT 转换功能实现内网 PC 机通过一个公网 IP 地址上网。

iptables 的三张表和五个链的结构如图 18-1 所示。

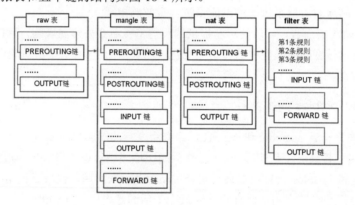

图 18-1　iptables 的三张表和五个链的结构

raw 表用于处理异常，一般使用不到，包括的规则链有 PREROUTING 和 OUTPUT。下面通过一个示例来看一下 nat 表中的内容。

```
[root@test ~]# iptables -t nat -L
Chain PREROUTING (policy ACCEPT)
target     prot opt source              destination
Chain INPUT (policy ACCEPT)
target     prot opt source              destination
Chain OUTPUT (policy ACCEPT )
target     prot opt source              destination
Chain POSTROUTING (policy ACCEPT)
target     prot opt source              destination
```

可见，表中包含链，链中有规则，即表→链→规则。

18.2.2　iptables 的过滤封包流程

iptables 的整体数据包分为两类：一类是发给防火墙本身的数据包；另一类是需要经过防火墙

的数据包。如图 18-2 所示给出了 iptables 中数据包的流向。

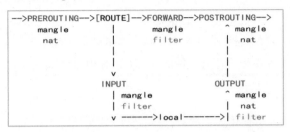

图 18-2 iptables 中数据包的流向

下面对图 18-1 进行解释。

① 当一个数据包进入网卡时，首先进入 PREROUTING 链，内核根据数据包目的 IP 判断是否需要转送出去。

② 如果数据包是进入本机的，就会沿着图向下移动，到达 INPUT 链。数据包到了 INPUT 链后，任何进程都会收到它。本机上运行的程序可以发送数据包，这些数据包会经过 OUTPUT 链，然后到达 POSTROUTING 链输出。

③ 如果数据包是要转发出去的，且内核允许转发，数据包就会向右移动，经过 FORWARD 链，然后到达 POSTROUTING 链输出。

18.2.3 iptables 的语法

在操作 iptables 防火墙时，常用的语法格式如下：

```
iptables [-t table] command [match] [target]
```

这种语法相对易读，iptables 防火墙的大部分规则是按这种语法来写的（可以说这是一种标准）。不想用 iptables 中标准的表时也可以在[table]处指定表名，然而多数的 iptables 语法中并未指定表名，因为 iptables 默认使用 filter 表来执行所有的命令。

- command（命令）：command 是必要的组成部分，也是最重要的部分，它告诉 iptables 命令要做什么操作（如插入规则、将规则添加到链或删除规则等）。
- match（匹配）：在 iptables 命令中 match 部分是可选项，用于指定信息包与规则匹配所应具有的特征（如源和目的地址、协议、网络接口等）。
- target（目标）：target 是由规则指定的操作，如果数据包符合所有的 match，那么它们就被内核用 target 来处理（如丢弃或返回发送者等）。

下面通过例子对 iptables 防火墙规则的使用进行说明。

1. 拒绝所有访问请求规则

如要拒绝所有访问请求，可在 filter 表的 INPUT 链里追加一条规则，以匹配所有访问本机 IP 的数据包，将匹配到的丢弃即可，命令如下：

```
iptables -t filter -A INPUT -j DROP
```

注意:

- -t filter 可不写，不写时默认使用 filter 表。
- -I 链名 [规则号码]，如果不写规则号码，将使用默认值 1。
- 确保规则号码小于等于（已有规则数 +1），否则报错。

2. 修改/替换规则

如要修改或替换规则，可使用如下参数:

-R num: 替换/修改第几条规则。

例如，要修改 filter 的 INPUT 链中的第三条规则，其命令语法如下:

```
iptables -t filter -R INPUT 3
```

3. 删除规则

如要删除规则，可使用如下方法:

-D <链名> <规则号码 | 具体规则内容>

删除一条规则，例如:

```
[root@localhost ~]#ptables -L
Chain INPUT (policy ACCEPT)
target    prot opt source              destination
DROP     all -- anywhere              anywhere
```

防火墙中的规则可以通过序号来管理，根据以上命令输出 filter 表 INPUT 链中以 DROP 开始的规则为第一条规则。如果要把该规则删除，就可以使用序号 1。

```
[root@localhost ~]# iptables -D INPUT 1
[root@localhost ~]# iptables -L
Chain INPUT (policy ACCEPT)
target    prot opt source              destination
```

再次查看时就会发现 DROP 规则已经不存在。

如果要删除在 filter 表 INPUT 链中的某条规则，就可以通过内容匹配的方式来删除。这种删除方式不再关注规则所在的位置，只要匹配就可以。例如，可以使用以下命令来对规则进行删除。

```
[root@localhost ~]# iptables -D INPUT -s 192.168.0.10 -j DROP
```

注意:

- 规则列表中有多条相同的规则时，按内容匹配只删除序号最小的一条。
- 按号码匹配删除时，确保规则号码小于等于已有规则数，否则报错。
- 按内容匹配删除时，确保规则存在，否则报错。

4. 设置链上的默认规则

设置某个链的默认规则，可以使用如下语法格式:

-P <链名> <动作>   POLICY

设置 filter 表 INPUT 链的默认规则是 DROP，可以使用以下命令：

```
[root@localhost ~]#iptables -P INPUT DROP
```

运维前线

当数据包没有被规则列表里的任何规则匹配时，就按默认规则处理。动作前面不能加-j，这也是唯一一种匹配动作前面不加-j 选项的情况。

5. 清空防火墙规则

要清空防火墙规则，可以使用以下参数：

```
-F [链名]    FLUSH
```

例如：

● 清空 INPUT 链上的规则：

```
[root@localhost ~]# iptables -F INPUT
```

● 清空 filter 表中所有链上的规则：

```
[root@localhost ~]# iptables -F
```

● 清空 nat 表中所有链上的规则：

```
[root@localhost ~]# iptables -t nat -F
```

● 清空 nat 表中 PREROUTING 链上的规则：

```
[root@localhost ~]# iptables -t nat -F PREROUTING
```

运维前线

-F 仅仅是清空链中规则，并不影响设置的默认规则。在-F 选项清空链规则后可以使用-P 选项来设置默认规则。

```
[root@localhost ~]# iptables -P INPUT ACCEPT
```

-用 P 选项设置了 DROP 后，使用-F 选项时一定要小心！

在生产环境中，使用-P DROP 这条规则时一定要小心！设置之前最好配置下面两个任务计划，否则容易把自己删掉，链接不上远程主机：

```
*/15 * * * *  iptables -P INPUT ACCEPT
*/15 * * * *  iptables -F
```

如果不写链名，默认清空某表里所有链里的所有规则。

6. 清空防火墙数据表统计信息

可以使用-Z 选项将统计信息归零，命令格式如下：

```
iptables -Z INPUT
```

-L [链名] LIST，列出规则。

- v: 显示详细信息，包括每条规则的匹配包数量和匹配字节数。
- x: 在 v 的基础上禁止自动单位换算（KB、MB）。
- n: 只显示 IP 地址和端口号码，不显示域名和服务名称。
- --line-number: 可以查看到规则号。

例如：

```
iptables -L
```

列出 filter 表所有链及所有规则的概述性信息。

```
iptables -t nat -vnL
```

用详细方式列出 nat 表所有链的所有规则，只显示 IP 地址和端口号。

```
iptables -t nat -vxnL PREROUTING
```

用详细方式列出 nat 表 PREROUTING 链的所有规则及详细数字。

18.2.4 匹配应用举例

本小节将对防火墙中规则的设置和状态的内容进行讲解，包括端口、IP 地址的转换等。

1. 端口匹配

例如，匹配网络中目的端口是 53 的 UDP 协议数据包，命令如下：

```
[root@localhost ~]# -p udp --dport 53
```

2. 地址匹配

例如，匹配来自 IP 地址段 10.1.0.0/24 去往 172.17.0.0/16 的所有数据包：

```
[root@localhost ~]# -s 10.1.0.0/24 -d 172.17.0.0/16
```

当然，也可以根据 MAC 地址来源匹配，如要匹配 00:0c:29:be:7e:ea 的 MAC 地址，以达到阻断该 MAC 地址数据包通过本机的目的。

```
iptables -A FORWARD -m mac --mac-source 00:0c:29:be:7e:ea -j DROP
```

注意，报文经过路由后，数据包中原有的 MAC 信息会被替换，所以在路由后的 iptables 中使用 MAC 模块是没有意义的。

3. 端口和地址联合匹配

匹配来自 IP 地址 192.168.0.1 去往域名 www.abc.com 的 80 端口的 TCP 数据包，例如：

```
[root@localhost ~]# -s 192.168.0.1 -d www.abc.com -p tcp --dport 80
```

可以一次性匹配多个端口，可以区分源端口、目的端口或不指定端口，例如：

```
iptables -A INPUT -p tcp -m multiport --dports  21,22,25,80,110 -j ACCEPT
```

注意，--sport、--dport 必须联合 -p 使用，必须指明协议类型是什么。条件越多，匹配越细致，匹配范围越小。

在防火墙的规则中，对数据包的处理主要有 ACCEPT、DROP、SNAT、DNAT 和 MASQUERADE. 每种处理方式表示一种动作，下面对这几种方式进行说明。

（1）-j ACCEPT：运行通过，允许数据包通过本链而不拦截。例如，允许所有访问本机 IP 的数据包通过可以使用以下规则：

```
[root@localhost ~]# iptables -A INPUT -j ACCEPT
```

（2）-j DROP：丢弃数据包，即阻止数据包通过本链。例如，阻止地址为 192.168.80.39 的数据包通过本机，可以使用以下规则：

```
[root@localhost ~]# iptables -A FORWARD -s 192.168.80.39 -j DROP
```

（3）-j SNAT：用于地址的转换，即把源地址转换成其他地址来达到数据传输、隐藏源地址等目的。当然，SNAT 既支持转换为单 IP，也支持转换到 IP 地址池。例如，将 192.168.0.0/24 的地址修改为 1.1.1.1，规则如下：

```
[root@wusir ~]# iptables -t nat -A POSTROUTING -s 192.168.0.0/24 -j SNAT --to
1.1.1.1
```

如果是修改成某段 IP 地址段，可以使用以下规则：

```
iptables -t nat -A POSTROUTING -s 192.168.0.0/24 -j SNAT --to 1.1.1.1-1.1.1.10
```

（4）-j DNAT：用于目的地址转换，DNAT 既支持转换为单 IP，也支持转换到 IP 地址池（一组连续的 IP 地址）。例如，把从 eth0 进来的要访问 TCP/80 的数据包目的地址改为 192.168.0.10：

```
iptables -t nat -A PREROUTING -i eth0 -p tcp --dport 80 -j DNAT --to 192.168.0.10
```

如果是 TCP 的 81 端口，可以使用以下规则：

```
iptables -t nat -A PREROUTING -i eth0 -p tcp --dport 81 -j DNAT --to
192.168.0.10:81
```

（5）-j MASQUERADE：用于动态源地址转换（动态 IP 的情况下使用）。例如，将源地址是 192.168.0.0/24 的数据包进行地址伪装，转换成 eth0 上的 IP 地址（eth0 为路由器外网出口 IP 地址）：

```
iptables -t nat -A POSTROUTING -s 192.168.0.0/24 -o eth0 -j MASQUERADE
```

4. 按流量匹配

对于数据包传输量过大的连接，可以使用包速率匹配模式来将单位时间内数据包速率过大的主机限制。

```
iptables -A FORWARD -d 192.168.0.1 -m limit --limit 50/s  -j ACCEPT
iptables -A FORWARD -d 192.168.0.1 -j DROP
```

5. 数据包的 4 种状态

数据包的状态包括 NEW、RELATED、ESTABLISHED 和 INVALID 这 4 种，如果发送一个流的初始化包，状态就会在 OUTPUT 链里被设置为 NEW，当收到回应的包时，状态就会在

PREROUTING 链里被设置为 ESTABLISHED。如果第一个包不是本地产生的，就会在 PREROUTING 链里被设置为 NEW 状态。

这 4 种数据包的状态及相关的介绍如表 18-1 所示。

表18-1　4种数据包的状态

状态（State）	注释（Explanation）
NEW	conntrack 模块看到某个连接的第一个包，并且即将匹配。比如看到一个 SYN 包，连接的第一个包时就要匹配它。第一个包可能不是 SYN 包，但它仍会被认为是 NEW 状态。这样做有时会导致一些问题，但对某些情况会有非常大的帮助。例如，想恢复某条从其他的防火墙丢失的连接或某个连接已经超时，但这种状态实际上并未关闭
ESTABLISHED	ESTABLISHED 已经注意到两个方向上的数据传输，而且会继续匹配这个连接的包。处于该状态的连接是非常容易理解的，只要发送并接到应答，连接就是 ESTABLISHED 的。一个连接要从 NEW 变为 ESTABLISHED，只需要接到应答包就可以，不管这个包是发往防火墙的还是由防火墙转发的。ICMP 的错误和重定向等信息包也被看作是 ESTABLISHED，只要它们是我们接收到所发出的信息的应答
RELATED	当一个连接和某个已处于 ESTABLISHED 状态的连接有关系时，就被认为是 RELATED 的。换句话说，一个连接要想是 RELATED 的，首先要有一个 ESTABLISHED 的连接，这个 ESTABLISHED 连接再产生一个主连接之外的连接，这个新的连接就是 RELATED 的。当然，前提是 conntrack 模块要能理解 RELATED。FTP 是 g 个很好的例子，FTP-data 连接就是和 FTP-control 有 RELATED 的。还有其他的例子，比如通过 IRC 的 DCC 连接。有了这个状态，ICMP 应答、FTP 传输、DCC 等才能穿过防火墙正常工作。注意，还有一些 UDP 协议都依赖这个机制。这些协议是很复杂的，它们把连接信息放在数据包里，并且要求这些信息能被正确理解
INVALID	INVALID 说明数据包不能被识别属于哪个连接或没有任何状态。有几个原因可以产生这种情况，比如内存溢出、收到不知属于哪个连接的 ICMP 错误信息等

18.3　firewalld 的域和服务

18.3.1　什么是域

域（zone）是 firewalld 中加入的一个概念（默认域是 public），借助于域的概念可以把网络划分成不同的区域，并根据不同区域来制定访问控制策略来控制不同区域间传送的数据流，这样做的好处是可以把一些不可信任的区域与可信任的区域分开。

域可以分为各种不同权限域，如互联网域（不信任域）和内部网域（信任域），使用域的最终目标是在不同域间通过安全规则的运行获取最小特权的原则前提下保证系统的安全。

firewalld 将网卡对应到不同的区域（block、dmz、drop、external、home、internal、public、trusted 和 work，默认区域是 public），不同的区域之间的差异是其对待数据包的默认行为不同，根据区域名字可以很直观地知道该区域的特征。对于 firewalld，它在/etc/firewalld/中的区域设定其实是一系列可以被快速执行到网络接口的预设定。下面对几种不同的初始化区域进行说明。

- drop（丢弃）：任何接收的网络数据包都被丢弃，没有任何回复，仅能有发送出去的网络连接。
- block（限制）：任何接收的网络连接都被 IPv4 的 icmp-host-prohibited 信息和 IPv6 的 icmp6-adm-prohibited 信息所拒绝。
- public（公共）：在公共区域内使用，不能相信网络内的其他计算机不会对你的计算机造成危害，只能接收经过选取的连接。
- external（外部）：特别是为路由器启用了伪装功能的外部网，不能信任来自网络的其他计算，不能相信它们不会对你的计算机造成危害，只能接收经过选择的连接。
- dmz（非军事区）：用于非军事区内的电脑，此区域内可公开访问，可以有限地进入内部网络，仅仅接收经过选择的连接。
- work（工作）：用于工作区，基本相信网络内的其他电脑不会危害计算机安全，仅仅接收经过选择的连接。
- home（家庭）：用于家庭网络，基本信任网络内的其他计算机不会危害计算机安全，仅仅接收经过选择的连接。
- internal（内部）：用于内部网络，基本上信任网络内的其他计算机不会威胁计算机安全，仅仅接受经过选择的连接。
- trusted（信任）：可接受所有的网络连接。

18.3.2　服务的概念

在/usr/lib/firewalld/services/目录中还保存了另外一类配置文件，每个文件的名称对应一项具体的网络服务，使用这种对应的关系能够让管理非常方便。可以查看文件中对服务定义的具体内容，如 ssh.xml 文件对 SSH 服务的定义：

```
<?xml version="1.0" encoding="utf-8"?>
<service>
  <short>SSH</short>
  <description>Secure shell (SSH) is a protocol for logging into and executing
commands on remote machines. It provides secure encrypted communications. If you
plan on accessing your machine remotely via SSH over a firewalled interface, enable
this option. You need the openssh-server package installed for this option to be
useful.</description>
  <port protocol="tcp" port="22"/>
</service>
```

与之对应的配置文件中记录了各项服务所使用的 TCP/UDP 端口，在最新版本的 firewalld 中默认定义了 70 多种服务供我们使用。

当默认提供的服务不够用或者需要自定义某项服务的端口时，我们需要将 service 配置文件放置在/etc/firewalld/services/目录中。

```
/etc/firewalld/          存放修改过的配置（优先查找，找不到再找默认的配置）
/usr/lib/firewalld/      默认的配置
```

修改配置只需要将/usr/lib/firewalld 中的配置文件复制到/etc/firewalld 中修改，恢复配置直接删除/etc/firewalld 中的配置文件即可。比如 SSH 服务默认运行在 22 号端口，如果要将 SSH 服务运行在 220 号端口，就需要把/usr/lib/firewalld/ssh.xml 文件复制到/etc/firewalld/services/目录下，修改文件端口为 220，这种配置方式就显得非常简单了。

- 通过服务名字来管理规则更加人性化。
- 通过服务来组织端口分组的模式更加高效，如果一个服务使用了若干个网络端口，那么服务的配置文件就相当于提供了到这些端口的规则管理的批量操作快捷方式。

每加载一项 service 配置就意味着开放了对应的端口访问，使用下面的命令分别列出所有支持的 service 和查看当前 zone 中加载的 service：

```
[root@test ~]# firewall-cmd --get-services
RH-Satellite-6 amanda-client bacula bacula-client dhcp dhcpv6 dhcpv6-client
dns ftp high-availability http https imaps ipp ipp-client ipsec kerberos kpasswd
ldap ldaps libvirt libvirt-tls mdns mountd ms-wbt mysql nfs ntp openvpn pmcd pmproxy
pmwebapi pmwebapis pop3s postgresql proxy-dhcp radius rpc-bind samba samba-client
smtp ssh telnet tftp tftp-client transmission-client vnc-server wbem-https
```

查看当前 zone 中加载的 service：

```
[root@test ~]# firewall-cmd --list-services
dhcpv6-client ssh
```

18.4 firewalld 常用命令及配置文件

18.4.1 基本命令及应用

1. 进程管理

- 启动：systemctl start firewalld。
- 查看状态：systemctl status firewalld 或者 firewall-cmd –state。
- 停止：systemctl disable firewalld。
- 禁用：systemctl stop firewalld。

2. 配置 firewalld

- 查看区域信息: firewall-cmd --get-active-zones。
- 查看指定接口所属区域: firewall-cmd --get-zone-of-interface=eth0。
- 拒绝所有包: firewall-cmd --panic-on。
- 取消拒绝状态: firewall-cmd --panic-off。
- 查看是否拒绝: firewall-cmd --query-panic。
- 移除服务: firewall-cmd --zone=work --remove-service=smtp。
- 设置默认接口区域: firewall-cmd --set-default-zone=public。
- 将接口添加到区域（默认接口在 public）: firewall-cmd --zone=public --add-interface=eth0。
- 加入一个端口到区域: firewall-cmd --zone=dmz --add-port=8080/tcp。

3. 更新防火墙规则

可以使用以下两个命令：

```
firewall-cmd --reload
firewall-cmd --complete-reload
```

上述两个命令的区别是，第一个无须断开连接（firewalld 特性之一就是动态添加规则），第二个需要断开连接（类似重启服务）。

4. 查看信息

使用下面的命令分别列出所有支持的 zone 并查看当前的默认 zone：

```
[root@test ~]# firewall-cmd --get-zones
block dmz drop external home internal public trusted work
[root@test ~]# firewall-cmd --get-default-zone
public
```

查看所有打开的端口：

```
[root@test ~]# firewall-cmd --zone=dmz --list-ports
```

查看版本信息：

```
[root@test ~]# firewall-cmd --version
0.4.3.2
```

显示防火墙的状态：

```
[root@test ~]# firewall-cmd --state
running
```

输出区域 <zone> 全部启用的特性。如果省略区域，就显示默认区域的信息：

```
[root@test zones]# firewall-cmd --list-all
public (default, active)
interfaces: eno16777736
sources:
services: dhcpv6-client ssh
ports:
masquerade: no
forward-ports:
icmp-blocks:
rich rules:
```

获取活动的区域：

```
[root@test zones]# firewall-cmd --get-active-zones
work
interfaces: eno16777736
```

根据接口获取区域：

```
[root@test zones]# firewall-cmd --get-zone-of-interface=eno16777736
public
```

5. 关于区域和接口的操作

- 将接口增加到区域：firewall-cmd [--zone=<zone>] --add-interface=<interface>。

如果接口不属于区域，接口将被增加到区域。如果区域被省略，就将使用默认区域，接口在重新加载后将重新应用。

- 修改接口所属区域：firewall-cmd [--zone=<zone>] --change-interface=<interface>。

注意，--change-interface 选项与--add-interface 选项功能相似，当接口已经存在于另一个区域时该接口将被添加到新的区域。

- 从区域中删除一个接口：firewall-cmd [--zone=<zone>] --remove-interface=<interface>。
- 查询区域中是否包含某接口：firewall-cmd [--zone=<zone>] --query-interface=<interface>。
- 列举区域中启用的服务：firewall-cmd [--zone=<zone>] --list-services。

18.4.2　配置文件及应用

系统本身已经内置了一些常用服务的防火墙规则，存在/usr/lib/firewalld/services/目录下，虽然在这里的文件是可以编辑的，但是不要随便更改这些文件的配置信息，以免带来安全方面的问题。

在编辑 firewalld 文件时，先把/usr/lib/firewalld/services/ 目录对应服务的文件复制到/etc/firewalld/services 目录下。在新建配置文件时，可以参考原先的配置文件的配置，下面将通过一些例子来介绍如何使用配置文件来加强系统安全管理。

1. 开放 80 端口供外网访问 HTTP 服务

由于要开放 80 端口来访问 HTTP，因此以/usr/lib/firewalld/services/http.xml 文件为模板创建/etc/firewalld/services/http.xml 文件。

```
[root@test ~]# cat /usr/lib/firewalld/services/http.xml >
/etc/firewalld/http.xml
```

由于 firewalld 使用的区域是 public，因此接着要将服务名 http 加入/etc/firewalld/zones/public.xml文件中。如下是加入 http 服务名的配置文件。

```
<?xml version="1.0" encoding="utf-8"?>
<zone>
<short>Public</short>
<description>For use in public areas. You do not trust the other computers on
networks to not harm your computer. Only selected incoming connections are
accepted.</description>
<service name="dhcpv6-client"/>
<service name="ssh"/>
<service name="http"/>
</zone>
```

最后，执行以下命令来重新加载防火墙配置信息。

```
[root@test ~]# firewall-cmd --reload
success
```

2. 修改防火墙中 SSH 端口

创建/etc/firewalld/services/ssh.xml。

```
[root@test ~]#cp /usr/lib/firewalld/services/ssh.xml
/etc/firewalld/services/
```

使用编辑器打开/etc/firewalld/services/ssh.xml，并将原先的 22 端口更改为 12222，完成后重新加载配置文件就可以。

```
[root@test ~]# firewall-cmd --reload
success
```

注意，更改端口后 SSH 不能再使用 22 端口远程登录，而是使用 12222 端口。

3. 指定 IP 访问 SSH 端口

使用编辑器打开/etc/firewalld/zones/public.xml 文件，加入要指定的 IP 地址。如下是更改后的/etc/firewalld/zones/public.xml 文件。

```
<?xml version="1.0" encoding="utf-8"?>
<zone>
<short>Public</short>
<description>For use in public areas. You do not trust the other computers on
networks to not harm your computer. Only selected incoming connections are
accepted.</description>
<service name="dhcpv6-client"/>
<rule family="ipv4">
<source address="192.168.23.1"/>
<service name="ssh"/>
<accept/>
</rule>
</zone>
```

重新加载防火墙配置：

```
[root@test ~]# firewall-cmd --reload
success
```

4. 添加自定义服务

对于一些使用源码来安装的软件，要让它通过防火墙就需要开放特定的端口。下面以在防火墙中添加 8080 端口（文件名为 8080.xml）为例来介绍如何添加自定义服务。

创建/etc/firewalld/services/8080.xml 文件，内容如下：

```
<?xml version="1.0" encoding="utf-8"?>
<service>
<short>8080 Test</short>
<description>此处为文字说明</description>
<port protocol="tcp" port="8080"/>
</service>
```

使用编辑器打开/etc/firewalld/zones/public.xml 文件，并加入新建的文件名称。

```
<?xml version="1.0" encoding="utf-8"?>
<zone>
<short>Public</short>
<description>For use in public areas. You do not trust the other computers on
networks to not harm your computer. Only selected incoming connections are
accepted.</description>
<service name="dhcpv6-client"/>
<service name="ssh"/>
<service name="8080"/>
</zone>
```

至此，重新加载配置即可。

```
[root@test ~]# firewall-cmd --reload
success
```

第19章

企业级 Nginx 服务的搭建与应用案例

Nginx 是一个轻量级的高性能负载均衡服务组件，可以运行在 UNIX、GNU/Linux、BSD 变种及 Windows 等系统上，具有占内存少、并发能力强等特点，因此被广泛应用于 Web 服务上。本章就 Nginx 的概念、环境搭建和基本应用进行介绍。

19.1　Nginx 概述

起初的 Nginx 是为了代理转发而出现的，后来成为最为出色的代理软件之一。本节就 Nginx 服务的概念、作用、特点和应用领域及正反向代理几个部分的内容进行介绍。

19.1.1　Nginx 是什么

Nginx 是一款轻量级的高性能服务应用组件，可用在 Web 服务、反向代理服务和电子邮件（IMAP/POP3）代理服务上。Nginx 以源代码并按照 BSD 许可的形式发布，具有占内存少、并发能力强和稳定性好等特点，目前已被广泛用于网络服务器中。

Nginx 由俄罗斯的伊戈尔·赛索耶夫开发并用于 Rambler.ru 站点，采用的是 master-slave 模型，它能够充分利用 SMP（Symmetrical Multi-Processing，对称多处理器）的优势，同时也能够减少工作进程在磁盘 I/O 的阻塞延迟。可以说，Nginx 是专为性能优化而开发的，对资源的分配采用的是分阶段资源分配技术，使得它在高并发连接的情况下对 CPU 和内存占用率非常低。

实际上，Nginx 所支持的功能也是非常多的，这得益于它的设计。目前，Nginx 具备的 HTTP 基础功能体现在能够处理静态文件、索引文件以及自动索引、反向代理加速（无缓存）、简单的负载均衡和容错，以及在 SSL 和 TLS SNI 的支持等。同样，Nginx 也被设计成具备 IMAP/POP3 代理服务的功能，这些功能主要体现在使用外部 HTTP 认证服务器重定向用户到 IMAP/POP3 后端、外部 HTTP 认证服务器认证用户后了解重定向到内部的 SMTP 后端。当然，还支持各种类型的操作系统及结构的扩展等。

19.1.2　Nginx 的作用

Nginx 是一款高性能的 HTTP 和反向代理服务器，在高并发的环境下能够代替 Apache 作为 Web 服务器组件使用。

事实上 Nginx 本身所做的工作比较少，每当它接到一个 HTTP 请求时，仅仅是通过查找配置文件来将请求映射到一个 location block，此时 location 中的相关命令就启动不同的模块来工作（其实可以将模块视为 Nginx 的真正劳动者）。通常，一个 location 中的命令会涉及一个 handler 模块和多个 filter 模块（多个 location 允许复用同一个模块）。其中，handler 模块负责处理请求、完成响应内容的生成，而 filter 模块负责对响应内容进行处理。

Nginx 的工作方式分为单工作进程和多工作进程两种。在单工作进程方式下，有主进程和一个工作进程（工作进程属于单线程，Nginx 默认采用的是单工作进程方式）。在多工作进程方式下，每个工作进程包含多个线程。

对于 Nginx 而言，在网站（门户网站、电商、社交等）上的应用还是比较常见的，这与它诞生的原因有直接关系。一些用于代理转达、负载均衡的环境使用 Nginx 也是一种不错的选择。

19.1.3　Nginx 的特点和应用领域

作为轻量级 Web 服务组件的 Nginx，它几乎是以量身定制的方式出现的——以解决短期内转发大量并发数据包等问题。因此，在应用上出现了各种基于 Nginx 的架构，比如：

- LAMP 架构：Linux+Apache+MySQL+PHP。
- 3P 架构：Perl+Python+PHP。
- LNMP 架构：Linux+Nginx+MySQL+PHH。

对于基于 Nginx 的架构，具有的好处主要是以下几点：

- 热部署：可以快速重载配置而不需要重启系统。
- 并发高：可以同时响应更多的请求。
- 响应快：在处理静态文件上，响应速度很快。
- 低消耗：相比于其他的这类软件，Nginx 对 CPU 和内存的消耗比较低。
- 分布式支持：支持反向代理、负载均衡。

目前，国内很多互联网公司都选择使用 Nginx 来搭建 Web 服务器，这些公司包括但不仅限于百度、阿里巴巴、腾讯、京东、网易等。

19.1.4　正/反向代理的概念

1. 代理服务器的概念和作用

（1）什么是代理服务器

简单地说，代理服务器就是客户机在发送请求时不直接发送给目标主机，而是先发送给中间服务器。中间服务接受客户机请求之后，再向目标主机发出，并接收目的主机返回的数据，存放在代理服务器的硬盘中，再发送给客户机。这个中间服务器就是代理服务器，代替客户机和服务器之间的数据转发，类似于中间人的作用。如果这个代理服务器出现问题，那么将使客户机的数据无法传送到服务器上。

（2）为什么要使用代理服务器

使用代理服务器主要有以下好处：

- 提高访问速度。由于目标主机返回的数据会存放在代理服务器的硬盘中，因此下一次客户再访问相同的站点数据时会直接从代理服务器的硬盘中读取，起到缓存的作用，对于热门站点能明显提高请求速度。
- 防火墙作用。由于所有的客户机请求都必须通过代理服务器访问远程站点，因此可在代理服务器上设限，过滤某些不安全信息。
- 通过代理服务器访问不能访问的目标站点。互联网上有许多开发的代理服务器，客户机在访问受限时可通过不受限的代理服务器访问目标站点。通俗地说，我们使用的 FQ 浏览器就是利用了代理服务器，虽然不能出国，但是可以直接访问外网。

2. 理解反向代理与正向代理

正向代理架设在客户机与目标主机之间，只用于代理内部网络对 Internet 的连接请求，客户机必须指定代理服务器，并将本来要直接发送到 Web 服务器上的 HTTP 请求发送到代理服务器中。

其实客户端对反向代理是无感知的，因为客户端不需要任何配置就可以访问，我们只需要将请求发送到反向代理服务器，由反向代理服务器去选择目标服务器，获取数据后再返回给客户端，此时反向代理服务器和目标服务器对外就是一个服务器，暴露的是代理服务器地址，隐藏了真实服务器 IP 地址。

现在许多大型 Web 网站都用到了反向代理，除了可以防止外网对内网服务器的恶性攻击、缓存以及减少服务器的压力和访问安全控制之外，还可以进行负载均衡，将用户请求分配给多个服务器。

反向代理和正向代理的区别是，正向代理是代理客户端，反向代理是代理服务器。

19.2　Nginx 服务的安装配置

Nginx 是一个安装非常简单、配置文件非常简洁且 Bug 非常少的服务，因此不管是在安装和后期的管理上都存在很多可操作空间及安全性。

19.2.1　Nginx 基础环境搭建

Nginx 软件的安装方式主要是源码包和 rpm 包，相对来说 rpm 包安装简单些，但是两种方式都需要先解决依赖包的问题。

本小节介绍两种安装 Nginx 的方法——使用 YUM 服务安装和源码编译的方式安装。

1. 使用 YUM 服务安装

使用 YUM 服务安装时，要搭建 YUM 服务。以下是搭建 Nginx 官方 YUM 服务的配置，将配置写入/etc/yum.repos.d/nginx.repo 文件即可。

```
[nginx]
name=nginx stable repo
baseurl=http://nginx.org/packages/centos/7/$basearch/
gpgcheck=0
```

```
enabled=1
```

配置 YUM 服务后，就可以使用以下命令来安装了。这种安装方式直接把 Nginx 所需的相关依赖包一起安装了。

```
[root@wusir yum.repos.d]# yum -y install nginx
已加载插件：fastestmirror, langpackes
Loading mirror speeds from cached hostfile
centos7                                              | 3.6 KB     00:00:00
nginx                                                | 2.9 KB     00:00:00
nginx/x86_64/primary_db                              | 46 KB      00:00:07
正在解决依赖关系
-- >正在检查事务
...
```

安装完成后可以在/etc/nginx/目录下找到相关的配置文件，而 Nginx 的根目录文件位于/usr/share/nginx/html/目录下。

至此，使用 YUM 服务安装 Nginx 的工作已经完成。

2. 使用源码编译安装

使用源码编译方式来安装需要先安装依赖包，否则无法安装 Nginx 服务。需要安装的依赖包和相关工具有 pcre、pcre-devel、openssl、openssl-devel、zlib、gcc 和 c++及 glibc。建议使用 YUM 服务来安装这些依赖包和相关工具，以方便解决它们所带来的问题。

在完成 YUM 服务的情况下使用以下 yum 命令安装所需的依赖包。

```
[root@wusir ~]# yum install pcre-devel -y
[root@wusir ~]# yum install zlib zlib-devel -y
[root@wusir ~]# yum install openssl openssl-devel -y
...
```

或使用以下命令行进行一次性安装（包之间以空格符隔开）：

```
[root@wusir ~]# yum install pcre pcre-devel zlib zlib-devel openssl
openssl-devel gcc c++ glibc -y
```

依赖包安装完成，接着在 Nginx 官网上把 Nginx 安装包下载到本地，并在上传到 Linux 系统后使用 tar 命令来解压缩：

```
[root@wusir ~]# tar xvf nginx-1.12.2.tar.gz
nginx-1.12.2/
nginx-1.12.2/auto/
nginx-1.12.2/conf/
...
```

解压完成，进入解压后得到的 nginx-1.12.2/目录下，并开始编译和安装。

```
[root@wusir ~]# cd nginx-1.12.2/
[root@wusir nginx-1.12.2]# ./configure --prefix=/usr/local/nginx
...
  nginx error log file: "/usr/local/nginx/logs/error.log"
  nginx http access log file: "/usr/local/nginx/logs/access.log"
  nginx http client request body temporary files: "client_body_temp"
  nginx http proxy temporary files: "proxy_temp"
  nginx http fastcgi temporary files: "fastcgi_temp"
  nginx http uwsgi temporary files: "uwsgi_temp"
```

```
  nginx http scgi temporary files: "scgi_temp"
[root@wusir nginx-1.12.2]# make && make install
...
nx/conf/nginx.conf'
cp conf/nginx.conf '/usr/local/nginx/conf/nginx.conf.default'
test -d '/usr/local/nginx/logs'                    || mkdir -p
'/usr/local/nginx/logs'
  test -d '/usr/local/nginx/logs'                  || mkdir -p
'/usr/local/nginx/logs'
  test -d '/usr/local/nginx/html'                  || cp -R html '/usr/local/nginx'
  test -d '/usr/local/nginx/logs'                  || mkdir -p
'/usr/local/nginx/logs'
  make[1]: Leaving directory `/root/nginx-1.12.2'
```

至此，Nginx 安装完成。

19.2.2　服务进程启动设置

Nginx 的进程是由一个主进程和多个工作进程组成的，其工作进程以单线程的方式且不需要特殊授权就可以运行。在安装 Nginx 服务后，可以通过/usr/local/nginx/sbin/nginx 文件来管理它的进程，通过该文件来管理进程的（常用）命令行如下：

● 启动进程：/usr/local/nginx/sbin/nginx。

● 重启加载配置：/usr/local/nginx/sbin/nginx -s reload。

● 关闭进程：/usr/local/nginx/sbin/nginx -s stop。

完成以上配置工作后，检查 Nginx 是否能够正常工作。默认情况下 Nginx 使用 80 端口，启动它的进程后在浏览器上直接输入主机的 IP 地址（如 http://192.168.68.16）并按回车键，如果看到如图 19-1 所示的信息，就说明 Nginx 已经正常工作。

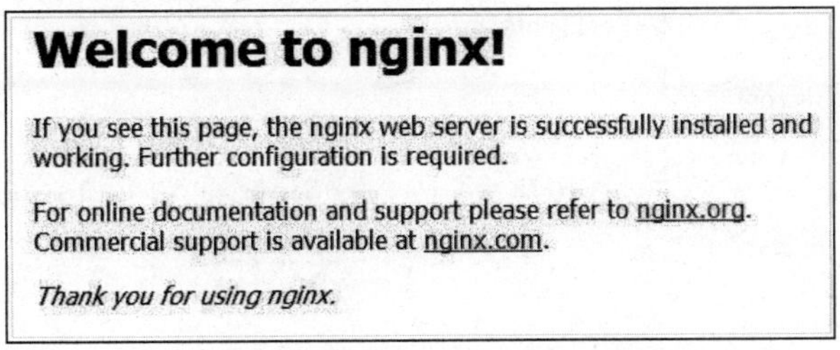

图 19-1　提示 Nginx 已经正常工作

注意，Nginx 默认使用的是 80 端口。如果系统的 80 端口被占用，那么在启动 Nginx 进程前必须更改端口号；如果确定系统没有使用该端口的服务但该端口已经被占用，就使用以下命令把占用 80 端口的进程杀掉：

```
[root@wusir sbin]# killall -9 nginx
```

这样就可以启动 Nginx 服务进程，而不会出现报错的提示信息。

可以使用-h 选项来获取 Nginx 命令的更多功能，如图 19-2 所示。

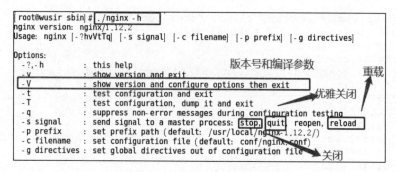

图 19-2　Nginx 命令的更多功能

以上是以前台的方式来启动 Nginx 进程的，这种启动方式在系统重启时不会自动启动，为了使它能在系统重启时自动启动，可以在/etc/rc.local 文件中加入以下启动命令。

```
/usr/local/nginx/sbin/nginx
```

19.2.3　主配置文件介绍

在使用源码编译和安装 Nginx 后，在/usr/local/nginx/目录下就能够找到相关的配置文件：

- conf：配置文件目录。
- html：网站默认根目录。
- logs pid：文件日志目录。
- sbin：软件二进制可执行文件。

其中，主配置文件的路径为/usr/local/nginx/conf/nginx.conf。该文件由多个块组成如图 19-3 所示。

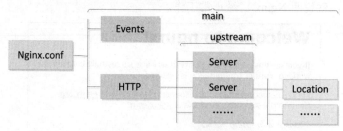

图 19-3　主配置文件的组成

- main：用于全局设置，在其中定义的命令会影响其他所有设置。
- server：用于主机设置，主要用于指定主机和端口。
- upstream：用于负载均衡，即设置一系列的后端服务器。
- location：用于 URL 匹配站点的位置。

这 4 者之间的关系为：server 继承 main，location 继承 server，upstream 既不会继承其他设置也不会被继承。由这 4 者组成的 Nginx 配置文件的配置信息如下（忽略部分注释内容。加粗字体部分是额外补充的配置内容）。

```
#user  nobody;          # 定义 Nginx 运行的用户和组
worker_processes  1;    # 定义进程数，建议该值与 CPU 的总核数相同
```

```
# 定义全局错误日志类型，有 debug、info、notice、warn、error 和 crit
#error_log  logs/error.log;
#error_log  logs/error.log  notice;
#error_log  logs/error.log  info;
#pid        logs/nginx.pid;  # 进程文件

events {      # 函数用于定义工作模式和最大连接数
use epoll;  # 设定 Nginx 的工作模式，epoll 是 2.6 以上版本内核中高性能的网络 I/O 模式
    worker_connections 1024;     # 单个进程的最大连接数（最大连接数=连接数+进程数）
}

http {                                          # 函数用于定义 HTTP 服务
    include       mime.types;                   # 文件扩展名与文件类型映射表
    default_type  application/octet-stream;     # 默认文件类型
    server_names_hash_bucket_size 128;          # 服务器名字的 hash 表大小
client_header_buffer_size 32k;                  # 设定限制上传文件的大小
large_client_header_buffers 4 64k;              # 设定请求缓存的可用大小

    # 日志格式定义
    #log_format  main  '$remote_addr - $remote_user [$time_local] "$request" '
    #                  '$status $body_bytes_sent "$http_referer" '
    #                  '"$http_user_agent" "$http_x_forwarded_for"';
    #access_log  logs/access.log  main;         # 定义本虚拟主机的访问日志

# 开启高效文件传输模式，该命令指定 Nginx 是否调用 sendfile 函数来输出文件，
# 对于耗磁盘 I/O 的环境可设置为 off，以降低系统的负载
    sendfile     on;
    autoindex on;             # 开启目录列表访问，适合用于资源共享服务器
    #tcp_nopush     on;       # 开启时可在一定的程度上防止网络堵塞
    keepalive_timeout 65;     # 在无动作时断开连接的时间，以秒为单位
    # 以下是 FastCGI 相关参数的配置，它们具有改善网站的性能，减少资源占用，并提高访问速度
fastcgi_connect_timeout 300;
fastcgi_send_timeout 300;
fastcgi_read_timeout 300;
fastcgi_buffer_size 64k;
fastcgi_buffers 4 64k;
fastcgi_busy_buffers_size 128k;
fastcgi_temp_file_write_size 128k;
    #gzip  on;                #是否对输出的数据进行压缩
    gzip_min_length 1k;       # 最小压缩文件大小，小于 1KB 的文件压缩时可能变得更大
gzip_buffers 4 16k;           # 压缩缓冲区
gzip_comp_level 2;            # 压缩等级
upstream 192.168.68.16 {
# 负载均衡后端服务器列表，weight 是权重，值越大被分到的概率越大
server 192.168.68.12:80 weight=3;
server 192.168.80.13:81 weight=2;
server 192.168.80.14:83 weight=4;
server 192.168.68.5 max_fails=2 down;           # down 表示暂时不参与负载均衡
server 192.168.68.6 fail_timeout=30s backup;    # 仅在主 Nginx 服务宕机或繁忙时使用
}

    server {
        # 用于定义 HTTP 服务，此处定义的是本机的服务（看到的测试页就是这里定义的）
        listen      80;          # 监听的端口
        server_name localhost;   # 服务的域名（多个时用空格隔开），可用 IP 地址替换
```

```
        #charset koi8-r; # charset 用于定义编码格式, 中文时采用 utf-8
        #access_log logs/host.access.log main;
        location / {      # 定义将 Nginx 根目录下的所有文件都交给 Nginx 来处理
            root    html;
            index  index.html index.htm;
        }
location ~ .*.(gif|jpg|jpeg|png|bmp|swf)$ {     # 图片缓存时间设置
expires 10d;
}
location ~ .*.(js|css)?$     { # JS 和 CSS 缓存时间设置
expires 1h;
}
        # error_page 命令用于设置错误信息返回页面
        #error_page 404               /404.html;
        # redirect server error pages to the static page /50x.html
        error_page  500 502 503 504  /50x.html;
        location = /50x.html {  # 默认 Nginx 会在主目录的 html 中查找指定的返回页面
            root    html;
        }
...
location / {      # 对"/"启用反向代理
   proxy_pass http://129.0.0.1:88;
   proxy_redirect off;
    #后端 Web 服务器可通过 X-Forwarded-For 获取用户真实 IP
   proxy_set_header X-Real-IP $remote_addr;
   proxy_set_header Host $host;
   client_max_body_size 10m;        # 允许客户端请求的最大单文件字节数
   client_body_buffer_size 128k;    # 缓冲区代理缓冲用户端请求的最大字节数
   proxy_connect_timeout 90;     # Nginx 与后端服务器连接超时的时间
   proxy_send_timeout 90;        # 后端服务器数据回传的超时时间
   proxy_read_timeout 90;        # 连接成功后, 后端服务器响应的超时时间
   proxy_buffer_size 4k;         # 设置代理服务器 (Nginx) 保存用户头信息的缓冲区大小
   proxy_buffers 4 32k;          # proxy_buffers 缓冲区 (网页平均在 32KB 以下)
   proxy_busy_buffers_size 64k;      # 高负荷下的缓冲大小
proxy_temp_file_write_size 64k;      # 设定缓存区大小
}

# HTTPS server   # 基于 HTTPS 访问的配置
    #server {
    #    listen        443 ssl;
    #    server_name localhost;

    #    ssl_certificate       cert.pem;
    #    ssl_certificate_key cert.key;
    #    ssl_session_cache     shared:SSL:1m;
    #    ssl_session_timeout 5m;
    #    ssl_ciphers  HIGH:!aNULL:!MD5;
    #    ssl_prefer_server_ciphers  on;

    #    location / {
    #        root    html;
    #        index  index.html index.htm;
    #    }
    #}
}
```

19.3 案例：Nginx 在企业中的几种常见应用

本节从基于域名/IP 地址访问的 Nginx 虚拟机配置、基于端口的 Nginx 虚拟机配置和负载均衡这三个方面来介绍 Nginx 在企业中比较常用的配置。

19.3.1 搭建基于域名/IP 的虚拟机

对于企业而言，以最小投入换回最大的回报是必须考虑的问题，但限于自身的问题，在实际生产业务环境中往往会在一台服务器上部署多个网站。由于相同的应用系统使用的路径、端口等资源是唯一的，因此有不少企业引入 Nginx 服务来解决问题。

下面基于 Nginx 服务来搭建模拟多个虚拟机，实现在一台服务器上同时部署多个 Web 应用系统，从而达到实现不同域名、解析绑定到不同目录的目的。要实现这一需求，首先要安装 Nginx 服务组件，接着对配置文件进行修改。

（1）编辑配置文件/usr/local/nginx-1.12.2/conf/nginx.conf，增加 server 段配置。

```
#gzip on;
server {
    listen 80;
    server_name    web1.wusir666.com;
    root html/web1;
    location / {
        idex  index.html;
        }
}
```

说明：

- listen 80：指定要监听的端口。
- server_name web1.wusir666.com：绑定域名，域名为 web1.wusir666.com。
- root html/web1：网站的根目录，网站的程序就放于此。
- idex index.html：默认索引页，也就是默认访问的页面。

（2）解析 host 域名，建立网站目录及其文件：

```
[root@wusir ~]# cd /usr/local/nginx-1.12.2/html/
[root@wusir html]# mkdir web1
[root@wusir html]# cd web1/
```

在/usr/local/nginx-1.12.2/html/web1/目录下创建 index.html 文件，主要用于测试，目的是确认所在的配置正确无误。以下是该测试文件的代码：

```
<html>
<meta charset="utf-8">
<h1>hello everyone myname is wusir myQQ:is 1016578372 <h1>
<h2>争朝夕，勿蹉跎<h2>
</html>
```

（3）测试。
配置修改之后以重启进程的方式来重载配置（同时也是检查配置更改是否正确的方式之一）。

下面先将进程关闭再启动：

```
[root@wusir ~]# killall -9 nginx
[root@wusir ~]# /usr/local/nginx-1.12.2/sbin/nginx
```

完成 Nginx 服务器端的配置后，现在开始配置客户端（Windows 系统）。为了使用域名访问，因此需要在 Windows 系统的 C:\Windows\System32\drivers\etc\hosts 文件的末尾加入域名和 IP 地址映射关系的配置行（其中的 IP 地址和域名都对应于 Nginx 服务器上的）。

```
192.168.40.171   web1.wusir666.com
```

保存后打开浏览器，并输入域名就可以访问。

如果是配置基于 IP 地址来访问，就在 Nginx 的主配置文件配置 SERVER 时将 server_name 的值定义为 IP 地址，使用 IP 地址来访问时在客户端不需要配置域名与 IP 之间的映射关系，而是直接使用 IP 地址来访问，如图 19-4 所示。

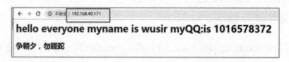

图 19-4　直接使用 IP 地址来访问

19.3.2　配置基于端口的虚拟机

基于端口的虚拟机配置就是在 Nginx 的主配置文件上将该服务进程所监听的端口更改为其他端口。对于这种模式的配置，其实与配置基于域名、IP 地址的虚拟机原理是一样的，下面简单介绍基于端口虚拟机的配置过程。

（1）建立网站目录。

```
[root@wusir ~]# cd /usr/local/nginx-1.12.2/html/
[root@wusir html]# mkdir port
[root@wusir html]# cd port/
```

（2）创建默认页的文件，即测试页文件 index.html，文件的内容为如下：

```
this is port
```

（3）建立虚拟机修改配置。打开配置文件/usr/local/nginx-1.12.2/conf/nginx.conf，并增加以下配置，服务进程监听的是 7777 端口。

```
#gzip on;
server {
    listen 7777;
    server_name   192.168.40.177;
    root html/port;
    location / {
        idex  index.html;
        }
}
```

（4）重启或启动 Nginx 进程。

```
[root@wusir ~]# killall -9 nginx
[root@wusir ~]# /usr/local/nginx-1.12.2/sbin/nginx
```

（5）测试。使用 192.168.40.177:7777 方式打开，如图 19-5 所示。

图 19-5　使用 192.168.40.177:7777 方式打开进行测试

19.3.3　基于 Nginx 的负载均衡配置

本节以 Nginx 来实现单台 Nginx 服务器的负载均衡，在配置前先介绍一下配置环境。需要用到三台服务器，其中的一台作为 Nginx 服务器，另外两台作为应用服务器（服务器都安装 Apache 服务，使用的端口分别是 80 和 81），描述如下：

● Nginx 服务器（A）：IP 地址 10.0.3.133，系统为 CentOS 7.5 x86_64。
● 应用服务器（B）：IP 地址 10.0.3.136，系统为 CentOS 6.5 x86_64。
● 应用服务器（C）：IP 地址 10.0.3.138:81，系统为 Red Hat Enterprise Linux 6.5 x86_64。

它们之间的结构关系图如图 19-6 所示。

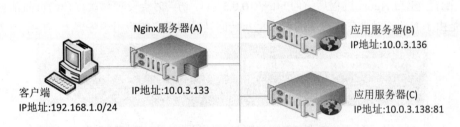

图 19-6　Nginx 服务器与应用服务器的关系

配置基于 Web 的负载均衡服务器，为了测试效果，在应用服务器（B 和 C）上安装 Apache 服务并启动进程，关闭防火墙和 SELinux 等功能（为了便于测试，这里不考虑安全问题）。

在 Nginx 服务器（A）上，需要重新更改/usr/local/nginx/conf/nginx.conf 配置文件的内容。下面是一个比较简单的配置，通过 http://10.0.3.133 来访问应用服务器。

```
#user  nobody;
worker_processes  1;

events {
    use epoll;
    worker_connections  1024;
}

http {
    include      mime.types;
    default_type  application/octet-stream;
    #access_log  logs/access.log  main;
```

```
    sendfile        on;
    keepalive_timeout  65;

upstream 10.0.3.133 {      # 用 IP 地址或域名都可以，多个时要以空格隔开
    server  10.0.3.136;          # 设置负载均衡服务器列表及端口（80 端口时不需要指定）
    server  10.0.3.138:81;
}

server{
    listen 80;
    server_name 10.0.3.133;
    location / {
        proxy_pass         http://10.0.3.133;
        proxy_set_header  Host             $host;
        proxy_set_header  X-Real-IP         $remote_addr;
        proxy_set_header  X-Forwarded-For  $proxy_add_x_forwarded_for;
    }
  }
}
```

如果在 upstream 中使用了域名，那么在 server 下的 server_name 中也要使用域名。如果 Nginx 对多种服务器做负载均衡（如 Web、postfix 等），那么在相同的位置上插入配置即可，但 upstream 不应该是相同的。

保存配置，重启 Nginx 进程后访问 http://10.0.3.133，访问时会发现每次打开的页面都与上次的不同，这是由于 Nginx 对来自客户端的请求重新转向其后端真实的应用服务器上，如图 19-7 所示。

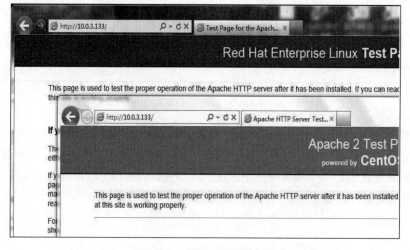

图 19-7　重启 Nginx 进程后访问每次打开的页面

上述的配置方式是按照 1:1 的负载方式（每次访问时所访问的服务器都跟上次的不一样），这种负载机制适合在应用服务器资源相同或相近的环境中，能够更好地均衡服务器的访问压力，更好更合理使用服务器的资源。

第20章

LAMP 架构的搭建与应用案例

随着行业的信息化不断加深，对应用系统的要求也不断增加，各种不同架构的应用系统因此产生。其中，LAMP 是目前流行的 Web 应用系统架构，本章将从这种架构的组成和软件安装及配置等方面来介绍如何搭建 LAMP 服务平台。

20.1 LAMP 概述

本节我们首先介绍 LAMP 的基本概念、Apache 的基本类型、相关网站及 LAMP 搭建需要的组件。

20.1.1 什么是 LAMP

LAMP 是多个服务组件的集合，由这些组件组成一个平台对外提供服务。实际上，所谓的 LAMP 架构是由 Linux、Apache、MySQL/MariaDB PHP/Perl/Python 这些开源软件组成的，但它们所组成的系统中各自独立相互协调工作（简单来讲就是分工合作），这种工作方式在很大程度上解决了单个服务组件对事件处理的相应能力，提高了工作效率。

LAMP 架构平台是目前比较流行的组合方式，在一些 Web 服务中很常见。LAMP 相对于 Nginx 更加安全，但是 Nginx 处理高并发比 Apache 要强，这两者之间选择谁视实际的生产环境而定，毕竟使用环境不同并且都有各自的优势。LAMP 是用于 Web 服务环境下的，比如基于 Web 环境的应用系统。从网站的流量上来说，70%以上的访问流量是 LAMP 来提供的。

20.1.2 Apache 的基本模型

Apache 本身只处理 HTML 静态语言页面，当客户端需要访问 PHP 页面时，它会调用 libphp5.so 模块工作。这个模块会把 PHP 页面转换成 HTML 静态页面，让 Apache 处理，Apache 处理后会返回给客户端。

Apache 是一个模块化的软件，允许对核心中的功能模块进行裁剪，在编译时可设置被静态加载的 httpd 二进制映象的模块，或被编译成独立于主 httpd 二进制映象的动态共享对象（Dynamic Shared Object，DSO）模块，并通过这个模块来实现 Apache 工具扩展。

在结构上，Apache 分为以下 4 个层次：

- 第四层：用于支持 Apache 模块开发的第三方库（如 openssl 等）。实际上，在官方发行版的 Apache 中这层通常是空的，构成的层结构库是存在的。
- 第三层：属于一些可选的附加功能模块层（如 mod_ssl、mod_perl 等），每个模块实现的是一个独立且分离的功能。运行一个最小的 Apache 时，建议不加载该层的任何模块。
- 第二层：该层是 Apache 的核心层，也是最基本的功能库，实现了基本 HTTP 功能（如保持预生成子进程模型、监听已配置的虚拟服务器的 TCP/IP 套接字、传输 HTTP 请求流到处理进程、处理 HTTP 状态等），提供 Apache 的应用程序接口（Application Program Interface，API）、一些可用代码库（包括实现正则表达式匹配的库和一个抽象库）。
- 第一层：与操作系统（Operating System，OS）相关的平台性应用函数。

第一层处于整个结构的最底层，第三层和第四层与第二层之间是松散的连接，但与第三层的模块间是互相依赖的，因此造成第三层和第四层的代码不能静态地连接到最底层平台级的代码上。

20.1.3　LAMP 相关网站

搭建 LAMP 平台所使用的相关组件都可以在官方网站上找到，以下是这些组件及相关必要（依赖）组件所对应的官方网站。

- Apache：http://httpd.Apache.org/　　　　　　　（httpd 主程序包）
- MySQL：http://dev.mysql.com/downloads/mysql/　（mysql 主程序包）
- PHP：http://php.net/downloads.php　　　　　　　（php 主程序包）
- apr：http://apr.Apache.org/　　　　　　　　　　（apr 是 httpd 的依赖包）
- apr-util：http://apr.Apache.org/　　　　　　　　（apr-util 是 httpd 的第二个依赖包）

apr 和 apr-util 这两个软件是对后端服务软件进行优化的，apr-util 只是在 apr 的基础上提供了更多的数据结构和操作系统封装接口而已。

20.1.4　搭建 LAMP 需要的组件

从上述介绍中可知，LAMP 实际上就是一个组合体，因此在搭建这个平台时就会使用到各种组件以及这些组件的相关依赖包。在选择组件时要注意版本的问题。

使用到的组件及版本信息如下：

```
httpd version: httpd-2.4.16
apr version: apr-1.5.2
pcre version: pcre-8.37
apr-util version: apr-util-1.5.4
mysql version: mysql-5.6.33
php version: php-5.6.13
```

由于涉及依赖包的问题，因此在安装时应该先安装依赖包，否则无法安装。当然，也可以直接采取 YUM 服务来安装，这样就可以很容易解决依赖包的问题。

20.2　构建 LAMP 源码编译基础环境

本节主要介绍基于 LAMP 的基础环境搭建。要搭建这样的环境，首先要有 Linux 操作系统平台，本例使用 CentOS 7，可以通过查看/etc/redhat-release 文件的内容来了解系统的版本（前提是该文件的内容没被更改过）。接着将下载的安装包都上传到 Linux 系统，以备安装。

（1）确定上传的安装包。

```
[root@wusir /]# ls
apr-1.5.2.tar.gz        dev                 lib   opt  sbin  usr
apr-util-1.5.4.tar.gz  etc                 lib64 proc srv   var
bin                     home                media root sys
boot                    httpd-2.4.20.tar.gz mnt   run  tmp
```

（2）对上传到系统上的安装包进行解压缩。

```
[root@wusir ~]# tar xf apr-1.5.2.tar.gz
[root@wusir ~]# tar xf apr-util-1.5.4.tar.gz
[root@wusir ~]# tar xf httpd-2.4.20.tar.gz
```

（3）完成解压缩后，使用 ls 命令确认是否解压成功。

```
[root@wusir ~]# ls
1.py            apr-1.5.2       apr-util-1.5.4       httpd-2.4.20
initial-setup-ks.cfg 模板 图片 下载 桌面
anaconda-ks.cfg apr-1.5.2.tar.gz apr-util-1.5.4.tar.gz
httpd-2.4.20.tar.gz 公共          视频 文档 音乐
```

（4）接下来开始安装软件，首先安装 apr。通常，对源码的安装包要编译时通常会执行 configure 文件，因此建议先进入解压后的 apr 目录检查是否有该文件，且该文件属于可执行文件。

```
[root@wusir ~]# cd apr-1.5.2
[root@wusir apr-1.5.2]# ls
apr-config.in apr.pc.in build.conf     configure     encoding
libapr.dsp Makefile.in network_io      random         support     tools
apr.dep        apr.spec  build-outputs.mk configure.in file_io
libapr.mak Makefile.win NOTICE          README         tables      user
apr.dsp        atomic    CHANGES         docs           helpers     libapr.rc
memory         NWGNUmakefile README.cmake test
apr.dsw        build     CMakeLists.txt  dso            include     LICENSE
misc           passwd    shmem           threadproc
apr.mak        buildconf config.layout   emacs-mode     libapr.dep locks
mmap           poll      strings         time
```

（5）确定存在可执行文件 configure 后，开始编译安装。本次安装时把它安装在/usr/local/目录下。为了确认安装时是否创建目录，先查看该目录下的信息。

```
[root@wusir apr-1.5.2]# ls /usr/local/
bin etc games include lib lib64 libexec sbin share src
```

（6）开始安装 apr，并指定安装的目录是/usr/local/。其中，prefix 选项用于指定安装的路径。

```
[root@wusir apr-1.5.2]# ./configure --prefix=/usr/local/apr && make && make
install
checking build system type... x86_64-unknown-linux-gnu
checking host system type... x86_64-unknown-linux-gnu
checking target system type... x86_64-unknown-linux-gnu
...
```

（7）安装 apr 后接着安装 apr-util 插件（切换到该目录进行安装）。

```
[root@wusir apr-1.5.2]# cd
[root@wusir ~]# cd apr-util-1.5.4/
```

（8）编译和安装 apr-util 插件到/usr/local/apr 目录下。

```
[root@wusir apr-util-1.5.4]# ./configure --with-apr=/usr/local/apr
--prefix=/usr/local/apr-util && make && make install
```

（9）安装 Apache 组件（httpd），因此同样也是切换到该目录下。

```
[root@wusir apr-util-1.5.4]# cd
[root@wusir ~]# cd httpd-2.4.20/
```

（10）安装 httpd 组件，安装到指定的目录下：

```
[root@wusirhttpd-2.4.20]# ./configure --prefix=/usr/local/httpd2.4/
--sysconfdir=/etc/httpd2.4/conf/ --enable-so --enable-ssl --enable-cgi
--enable-rewrite --enable-zlib --enable-pcre --with-apr=/usr/local/apr
--with-apr-util=/usr/local/apr-util --with-mpm=event --enable-deflate
--enable-mpms-shared=all --enable-modules=all && make && make install
```

注意，在安装 httpd 组件的过程中出现以下错误提示信息时，还需要安装依赖包。

```
checking for gcc option to accept ISO C99... -std=gnu99
checking for pcre-config... false
configure: error: pcre-config for libpcre not found. PCRE is required and available from http://pcre.org/
[root@wusir httpd-2.4.20]#
```

根据上面的错误提示信息，应该安装 pcre-devel 依赖包。因此，必须先安装此依赖包才能安装 httpd。建议使用 YUM 服务来安装依赖包，以减少安装时间。

```
[root@wusir httpd-2.4.20]# yum install pcre-devel -y
```

安装依赖包后接着继续安装 httpd 组件（如果不出现依赖包的问题就跳过此操作）。如果在编译时还出现以下错误提示信息，就需要安装 openssl 和 openssl-devel 这两个组件。

```
checking whether to enable mod_deflate... checking dependencies
checking for zlib location... not found
checking whether to enable mod_deflate... configure: error: mod_deflate has been requested but can not be built due to prerequisite failures
```

（11）httpd 服务组件安装完成后，在/usr/local/httpd2.4/目录下就可以看到相关的文件。其中，/usr/local/httpd2.4/bin/目录下是一些可执行的二进制文件，包括启动 httpd 服务的文件。

（12）现在就可以启动 httpd 服务，不过在启动前先关闭系统的 SELinux 及防火墙，这样做的目的是防止启动服务时某些组件被限制，以及相关的端口被阻挡。

```
[root@wusir bin]# getenforce
Disabled
[root@wusir bin]# systemctl stop firewalld
```

（13）启动 Apache 服务进程，启动时可以直接执行/usr/local/httpd2.4/bin/目录下的 Apachectl 文件。

```
[root@wusir bin]# ./Apachectl start
AH0058: httpd: Could not reliably determine the server's fully qualified domain
name, using fe80:a3fc:c566:c302:5fac, Set the tive globally to suppress this message
```

（14）启动 httpd 服务后可以使用以下命令来检查服务的状态及相关的信息，如端口等。

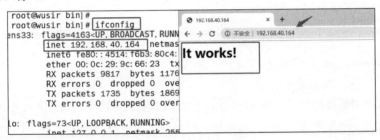

从输出的结果中可知，httpd 默认使用的端口是 80，此时可以通过系统的 IP 地址和端口来访问。

（15）检查 Apache 服务。使用 ip addr 或 ifconfig 命令来获取系统的 IP 地址，并结合端口来访问。从命令的输出中可知系统的 IP 地址是 192.168.40.164，因此在浏览器地址栏中输入 192.168.40.164:80 或 192.168.40.164 就可以打开，如图 20-1 所示。注意，在不指定端口的情况下浏览器默认使用 80 端口。

图 20-1　获取系统的 IP 地址

至此，Apache 服务组件安装完成，服务可以使用。

一般来说，软件的安装方式有 YUM（rpm）和源码安装两种，其中 YUM（rpm）方式安装的软件包是已经编译好的，可以直接安装；源码安装的软件不能直接安装，需要对源代码进行编译后才能安装。虽然 YUM 安装方式能够解决很多软件包的安装问题，但是我们还需要源码编译安装，原因主要有以下几个：

- 满足不同的运行平台：Linux 系统发行版本众多，并且每个版本采用的软件或者内核版本都不一样，而二进制包所依赖的环境不一定能够正常运行，所以大部分软件直接提供源码来满足不同平台的需求。
- 方便定制：对于需求多样化的环境，提供源码包能够满足不同的需求，如软件的定制化使用，也就是说需要什么就安装什么，因此在安装的过程中可以去掉一些不必要的插件。
- 方便运维、开发人员维护：源码是可以打包二进制的文件，但是对这个软件的打包会有一份代价不小的额外工作，因此如果是源码软件生产商会直接维护，如果是二进制一般是 Linux 系统发行商提供。

20.3 虚拟主机配置

利用虚拟主机功能，可以把一台处于运行状态的物理服务器分割成多个"虚拟的服务器"。

Apache 的虚拟主机功能是服务器基于用户请求的不同主机域名或端口号，可实现多个网站同时为外部提供访问服务的技术，用户请求的资源不同，最终获取到的网页内容也不相同。该方案适合访问量少的公司实施。

20.3.1 基于端口号的虚拟主机

本小节将介绍如何配置基于 Apache 服务上端口实现的虚拟主机，在这样的环境下首先安装 Apache 服务，并对其配置文件进行更改。由于之前已经介绍了如何安装 Apache 服务，因此这里只介绍配置文件的更改。

（1）添加虚拟主机配置和端口。配置虚拟主机需要更改 Apache 的配置文件，其配置文件为 /etc/httpd/conf/httpd.conf，使用编辑器打开该文件并进入编辑模式就可以编辑。由于该文件内容比较多，因此建议直接在文件的末尾处添加配置。以下是添加基于端口的虚拟主机的配置代码。

```
<VirtualHost *:81>
DocumentRoot /var/www/wusir1
DirectoryIndex index.html
</VirtualHost>
<VirtualHost *:82>
DocumentRoot /var/www/wusir2
DirectoryIndex index.html
</VirtualHost>
```

由于配置虚拟主机使用的端口是 81 和 82，因此还需要开放两个端口，也就是 Apche 要监听这两个端口。默认 Apche 监听 80 端口，因此建议将这两个端口添加到监听 80 端口配置行处（大概位于 42 行处），具体如下：

```
Listen 81
Listen 82
```

（2）创建网站根目录。由于配置的是两个虚拟主机，因此需要创建两个网站的根目录，所创建的网站根目录的路径位于/var/www/目录下，名称为 wusir1 和 wusir2。

```
[root@test ~]# mkdir /var/www/wusir{1,2}
```

由于做了更改，因此建议执行如下命令同步数据：

```
[root@test ~]# httpd -t
```

```
[root@test ~]# httpd -t
AH00558: httpd: Could not reliably determine the server's fu
ing fe80::8196:5ddf:15eb:52a. Set the 'ServerName' directive
ssage
Syntax OK
```

为了验证配置是否成功，接着创建一些测试文件。为了能够区别不同的虚拟主机，因此需要创建三个文件，文件的内容及位置如下：

```
[root@test ~]# echo "81" >> /var/www/wusir1/index.html
```

```
[root@test ~]# echo "82" >> /var/www/wusir2/index.html
[root@test ~]# echo "80" >> /var/www/index.html
```

（3）检查 SELinux 及防火墙是否已经关闭。

（4）可以使用 curl 命令或通过浏览器来测试虚拟主机是否配置成功。下面使用 curl 命令来测试。

```
[root@test ~]# curl 192.168.40.129
wusir80
[root@test ~]# curl 192.168.40.129:81
81
[root@test ~]# curl 192.168.40.129:82
82
```

通过命令输出的结果可以确定，所配置的虚拟主机是可以使用的，所输出的信息实际上就是主页的信息。当然，打开浏览器，并输入主机的 IP 地址+端口也可以访问。

20.3.2　基于域名创建虚拟主机

在上一小节中介绍了基于端口的虚拟主机配置，本小节将介绍基于域名的虚拟主机创建。基于域名的虚拟主机创建，简单地说就是给每个虚拟主机配置一个域名，也就是说域名对应的是一个虚拟主机。

（1）编辑 Apache 的主配置文件/etc/httpd/conf/httpd.conf，即在该配置文件的末尾处添加两台虚拟主机。

```
<VirtualHost 192.168.40.129>
DocumentRoot /var/www/wusir1
ServerName www.wusir1.com
DirectoryIndex index.html
</VirtualHost>
<VirtualHost 192.168.40.129>
DocumentRoot /var/www/wusir2
ServerName www.wusir2.com
DirectoryIndex index.html
</VirtualHost>
```

添加完成后需要重启 Apache 的服务进程，以使得更改生效。

```
[root@test ~]# systemctl restart httpd
```

（2）由于设置域名和 IP 地址的映射关系，因此在主机上需要将域名与 IP 地址之间做域名解析。本机上做域名解析可以使用/etc/hosts 文件。使用编辑器打开/etc/hosts 文件，并在该文件末尾处添加以下配置行，以实现域名与 IP 地址之间的解析。

```
192.168.40.129   www.wusir1.com
192.168.40.129   www.wusir2.com
```

（3）在 Windows 下编辑 hosts 文件，目的是在 Windows 上使用域名可以访问 Apache 虚拟主机。打开 C:\Windows\System32\drivers\etc\hosts 文件，并写入 IP 地址和域名的对应关系，以便于系统对它们继续解析，如图 20-2 所示。

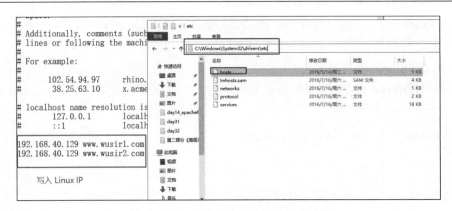

图 20-2　写入 IP 地址和域名的对应关系

配置完成后就可以使用浏览器通过域名来访问。

20.4　企业 MySQL 数据库环境搭建

在一些网站等中小型的应用中常看到 MySQL 数据库的身影，应用的范围也比较广泛，因此有必要熟悉 MySQL 数据库的安装配置及日常的维护。

20.4.1　MySQL 概述

MySQL 是一款高性能、体积小、多用户和多线程的 SQL 数据库服务器软件，并且支持关键任务、重负载的生产系统使用。MySQL 采用的是客户端/服务器（C/S）的工作模式，具有可移植性、开源等特点，很多的网站开发工作都使用 MySQL 关系数据库管理软件。

MySQL 关系数据库管理软件具有如下特点：

（1）使用多线程来实现灵活的服务，充分利用 CPU 资源且不过多地消耗系统资源，且支持多 CPU 的体系结构。

（2）支持多用户并发地对数据库进行访问。

（3）支持在多种不同的操作系统平台上运行，也就是说可以很方便地实现在不同的平台上移植。

（4）支持事务处理、子查询、行锁定和全文检索等功能。

（5）提供 TCP/IP、ODBC 等多种数据库连接的网络协议途径。

（6）提供 C、C++、Java 和 PHP 等多种客户端程序接口语言。

（7）可以支持上万条记录的数据库处理能力。

MySQL 作为一款开源产品，具有很大的用户市场，大部分 Web 解决方案都会使用 MySQL 作为存储，所以一个运维工程师必须牢固掌握 MySQL 的安装与配置。

20.4.2　安装 MySQL 软件包

MySQL 采取开源的方式发布，因此可自由下载安装使用。在安装前需要先把软件包下载下来，在官网中找到需要的版本后下载，如图 20-3 所示。

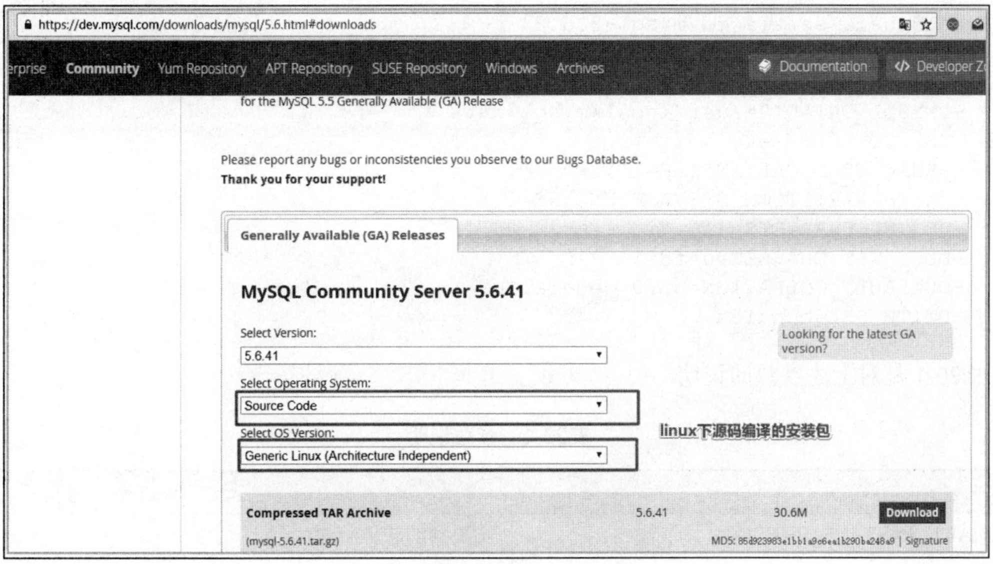

图 20-3　在官网中找到需要的版本后下载

把下载后的 MySQL 数据库软件安装包上传到 Linux 系统上，开始安装。先创建 mysql 用户，该用户服务于 MySQL 数据库，不过不需要登录操作系统，因此只需要创建一个伪用户账号即可。

```
[root@wusir soft]# groupadd mysql
[root@wusir soft]# useradd -s /sbin/nologin -g mysql -M mysql
[root@wusir soft]# tail -1 /etc/passwd
mysql:x:1001:1001::/home/mysql:/sbin/nologin
```

安装 MySQL 会涉及不少依赖包，由于安装源码的 MySQL 时需要使用 gcc、gcc-c++等工具来编译和安装，因此在安装之前需要先解决依赖包的问题。

由于 MySQL 从 5.5 版本开始，源代码安装将原来的 configure 改为 cmake，因此在安装 MySQL 5.5.x 以上版本时需要先安装 cmake，同时建议使用 YUM 服务来协助解决依赖包的问题：

```
[root@wusir soft]# yum -y install cmake
已加载插件：fastestmirror, langpacks
Loading mirror speeds from cached hostfile
centos7                                        | 3.6 kB      00:00
正在解决依赖关系
--> 正在检查事务
---> 软件包 cmake.x86_64.0.2.8.12.2-2.el7 将被 安装
--> 解决依赖关系完成
```

安装完成后可以使用 cmake 命令来查看相关的信息：

```
[root@wusir soft]# cmake
cmake version 2.8.12.2
Usage

  cmake [options] <path-to-source>
  cmake [options] <path-to-existing-build>
```

一切准备就绪后，开始下载安装 MySQL 数据库软件。首先解压安装包：

```
[root@wusir soft]# tar zxvf mysql-5.6.33.tar.gz
```

然后切换到解压后得到的目录，并开始编译安装：

```
[root@wusir soft]# cd mysql-5.6.33/
[root@wusir mysql-5.6.33]# cmake \
> -DCMAKE_INSTALL_PREFIX=/usr/local/mysql \
> -DMYSQL_DATADIR=/usr/local/mysql/data \
> -DSYSCONFDIR=/etc \
> -DENABLED_LOCAL_INFILE=1 \
> -DWITH_PARTITION_STORAGE_ENGINE=1 \
> -DEXTRA_CHARSETS=all \
> -DDEFAULT_CHARSET=utf8 \
> -DDEFAULT_COLLATION=utf8_general_ci \
> -DWITH_SSL=bundled
```

表 20-1 是对上述参数的说明。

表20-1　参数说明

参　数	说　明
-DCMAKE_INSTALL_PREFIX	安装到的软件目录
-DMYSQL_DATADIR	数据文件存储的路径
-DSYSCONFDIR	配置文件路径（my.cnf）
-DENABLED_LOCAL_INFILE=1	使用 localmysql 客户端的配置
-DWITH_PARTITION_STORAGE_ENGINE	使 MySQL 支持分表
-DEXTRA_CHARSETS	安装支持的字符集
-DDEFAULT_CHARSET	默认字符集使用，这里配置为 utf-8
-DDEFAULT_COLLATION	连接字符集
-DWITH_SSL	开启 MySQL 的 SSL 使用

在执行 cmake 编译的过程中，如果出现如下错误提示信息就说明还是缺少依赖包。

```
        remove CMakeCache.txt and rerun cmake. On Debian/Ubuntu, package n
ame is libncurses5-dev, on Redhat and derivates it is  ncurses-devel.
Call Stack (most recent call first):
  cmake/readline.cmake:128 (FIND_CURSES)
  cmake/readline.cmake:202 (MYSQL_USE_BUNDLED_EDITLINE)
  CMakeLists.txt:421 (MYSQL_CHECK_EDITLINE)

-- Configuring incomplete, errors occurred!
See also "/root/soft/mysql-5.6.33/CMakeFiles/CMakeOutput.log".
See also "/root/soft/mysql-5.6.33/CMakeFiles/CMakeError.log".
[root@wusir mysql-5.6.33]#
```

上面缺少的依赖包是 ncurses-devel，建议使用 YUM 服务来安装。

```
[root@wusir mysql-5.6.33]# yum -y install ncurses-devel
```

```
Running transaction
  正在安装    : ncurses-devel-5.9-14.20130511.el7_4.x86_64          1/1
  验证中      : ncurses-devel-5.9-14.20130511.el7_4.x86_64          1/1

已安装：
  ncurses-devel.x86_64 0:5.9-14.20130511.el7_4

完毕！
[root@wusir mysql-5.6.33]#
```

由于执行过 cmake 命令，因此产生 CMakeCache.txt 文件。再次执行 cmake 命令时，建议把该文件删除。

```
[root@wusir mysql-5.6.33]# rm -f CMakeCache.txt
```

再次执行 cmake 命令安装 MySQL 数据库软件。

```
[root@wusirmysql-5.6.33]#cmake -DCMAKE_INSTALL_PREFIX=/usr/local/mysql
-DMYSQL_DATADIR=/usr/local/mysql/data -DSYSCONFDIR=/etc
-DENABLED_LOCAL_INFILE=1 -DWITH_PARTITION_STORAGE_ENGINE=1 -DEXTRA_CHARSETS=all
-DDEFAULT_CHARSET=utf8 -DDEFAULT_COLLATION=utf8_general_ci -DWITH_SSL=bundled
```

编译并安装:

```
[root@wusir mysql-5.6.33]# make
[root@wusir mysql-5.6.33]# make install
```

安装完成后会在/usr/local/目录下看到 mysql 主目录。

```
[root@wusir mysql-5.6.33]# ls /usr/local/
apr   bin   games   include   lib64  mysql   share
apr-util   etc   htppd2.4   lib   libexec   sbin   src
```

至此，MySQL 数据库软件安装完成。

20.4.3　配置 MySQL 数据库

本小节将介绍 MySQL 数据库用户及密码的管理、数据库的初始化、用户权限的管理等内容。

（1）MySQL 数据库有专门的用户 mysql，在使用 root 安装 MySQL 后，该用户并没有被授权读写数据库的相关文件。下面将 MySQL 数据库的主目录及其下的全部子目录、文件的所有者和组都授予 mysql。

```
[root@wusir mysql-5.6.33]# chown -R mysql:mysql /usr/local/mysql
```

（2）MySQL 安装完成后，默认配置文件 my-default.cnf 是在 MySQL 主目录下，需要把该配置文件复制到/etc/目录并重命名为 my.cnf。

```
[root@wusirmysql-5.6.33]#cp /usr/local/mysql/support-files/my-default.cnf
/etc/my.cnf
```

（3）对数据库进行初始化操作。对数据库进行初始化，能够生成数据库的基本数据文件，这样数据库就能够正常提供服务。

```
[root@wusirmysql-5.6.33]#/usr/local/mysql/scripts/mysql_install_db
--basedir=/usr/local/mysql --datadir=/usr/local/mysql/data --user=mysql
```

表 20-2 是命令行中相关参数的说明。

表20-2　参数配置

参　　数	说　　明
--basedir	安装到的软件目录
--datadir	数据文件存储路径
--user	MySQL 使用的用户

通过以上准备工作，现在就可以使用 MySQL 数据库了。在使用 MySQL 前首先要启动它（通常安装时已经启动），下面介绍 MySQL 的启动和基本使用。

（1）采用源码方式安装时，为了便于管理及添加后台进程，要先把启动进程的文件放入进程文件管理的目录下，即把启动进程的文件放入/etc/init.d/目录下，文件名称为 **mysqld**。

```
[root@wusirmysql-5.6.33]#cp/usr/local/mysql/support-files/mysql.server
/etc/init.d/mysqld
```

（2）启动数据库服务进程。

```
[root@wusir mysql-5.6.33]# service mysqld start
Starting MySQL. SUCCESS!
```

（3）为了实现开机时 MySQL 服务进程能够自动启动，可以把 MySQL 进程加入后台启动服务。

```
root@wusir mysql-5.6.33]# chkconfig --add mysqld
```

（4）添加环境变量（目的是使得 MySQL 命令可直接使用相关路径的方式执行）。

```
[root@wusir mysql-5.6.33]# echo 'PATH=/usr/local/mysql/bin:$PATH' >>
/etc/profile
[root@wusir mysql-5.6.33]# source /etc/profile
```

（5）可以使用 MySQL 命令来登录 MySQL 数据库。

```
[root@wusir mysql-5.6.33]#  mysql
Welcome to the MySQL monitor.  Commands end with ; or \g.
Your MySQL connection id is 1
Server version: 5.6.33 Source distribution

Copyright (c) 2000, 2016, Oracle and/or its affiliates. All rights rese
rved.

Oracle is a registered trademark of Oracle Corporation and/or its
affiliates. Other names may be trademarks of their respective
owners.

Type 'help;' or '\h' for help. Type '\c' to clear the current input sta
tement.

mysql>
```

MySQL 数据库的管理员账号是 root（非 Linux 系统的 root），在初始化状态下密码为空，因此可以直接登录。

（6）对于没有密码的数据库，还是存在很多不安全成分的，因此如何处理匿名用户和无密码账号也是一个重要的问题。数据库中的匿名用户和无密码用户可以使用以下的 SQL 语句来查询：

```
mysql>
mysql> select Host,User,Password from mysql.user;
+-----------+------+----------+
| Host      | User | Password |
+-----------+------+----------+
| localhost | root |          |
| wusir     | root |          |
| 127.0.0.1 | root |          |
| ::1       | root |          |
| localhost |      |          |
| wusir     |      |          |
+-----------+------+----------+
6 rows in set (0.00 sec)
```

从输出的信息来看，无密码的是 root 用户，属于数据库最高权限的用户，因此有必要给它设置密码。

（7）对于匿名用户，建议直接删除，可使用如下 SQL 语句：

```
mysql> delete from mysql.user where User='';
Query OK, 2 rows affected (0.00 sec)
```

（8）对于 MySQL 数据库用户密码的更改，可以使用以下 update 语句来更改：

```
mysql> update mysql.user set Password = password('123456');
Query OK, 4 rows affected (0.00 sec)
Rows matched: 4 Changed: 4 Warnings: 0
```

（9）更改密码后再次使用 select 语句查询用户密码状态时，可以发现 Password 项不再为空：

```
mysql> select Host,User,Password from mysql.user;
+-----------+------+-------------------------------------------+
| Host      | User | Password                                  |
+-----------+------+-------------------------------------------+
| localhost | root | *6BB4837EB74329105EE4568DDA7DC67ED2CA2AD9 |
| wusir     | root | *6BB4837EB74329105EE4568DDA7DC67ED2CA2AD9 |
| 127.0.0.1 | root | *6BB4837EB74329105EE4568DDA7DC67ED2CA2AD9 |
| ::1       | root | *6BB4837EB74329105EE4568DDA7DC67ED2CA2AD9 |
+-----------+------+-------------------------------------------+
4 rows in set (0.00 sec)
```

（10）建议将上面所做的更改提交到数据库中。简单地讲就是对原有的记录进行刷新，以便更改生效。

```
mysql> flush privileges;
Query OK, 0 rows affected (0.00 sec)
```

（11）使用密码登录 MySQL 数据库。

在生产环境下，用户数据的密码通常要包含大小写字母、数字、特殊复杂符号，长度一般在 12~16 位之间，这主要是出于数据库安全方面的考虑。在给数据库 root 用户设置密码后，就可以使用密码来登录了，具体如下：

```
[root@wusir mysql-5.6.33]# mysql -root -p
Enter password:
Welcome to the MySQL monitor.  Commands end with ; or \g.
Your MySQL connection id is 2
Server version: 5.6.33 Source distribution

Copyright (c) 2000, 2016, Oracle and/or its affiliates. All rights reserved.

Oracle is a registered trademark of Oracle Corporation and/or its
affiliates. Other names may be trademarks of their respective
owners.

Type 'help;' or '\h' for help. Type '\c' to clear the current input statement.

mysql>
```

20.5　企业级源码编译安装 PHP

PHP（Hypertext Preprocessor，超文本预处理器）是一种通用开源脚本语言，在语法上具有 C、Java 和 Prel 的特点，主要用于 Web 应用的开发。本节将介绍如何安装 PHP 以及 PHP 的简单应用。

（1）安装 epel 扩展 YUM 源。在 CentOS 7 中安装 epel 源，可以直接通过 rpm 命令从网络上安装，其安装的命令行及路径如下：

```
rpm -ivh
http://dl.fedoraproject.org/pub/epel/7/x86_64/e/epel-release-7-10.noarch.rpm
```

（2）使用以下命令来清除 YUM 服务的缓存，并显示相关的信息：

```
[root@wusir ~]# yum clean all
[root@wusir ~]# yum list
```

（3）由于 RHEL 光盘和 CentOS 源缺少很多软件包，建议使用扩展源进行依赖包安装。如果扩展源不能用，就用本地 YUM 源。对于 PHP 的安装，所涉及的依赖包有多个，因此建议使用 YUM 服务来解决依赖包的问题。

```
[root@wusir ~]# yum -y install php-mcrypt libmcrypt libmcrypt-devel  autoconf
freetype gd libmcrypt libpng libpng-devel libjpeg libxml2 libxml2-devel zlib curl
curl-devel re2c php-pear
```

（4）安装 PHP 的相关依赖包后，就可以安装 PHP 了。下面采用源码的方式来安装，首先，将源码包解压到指定的路径下，之后切换到解压后得到的 PHP 目录下。

```
[root@wusir ~]# tar zxf php-5.6.36.tar.gz -C /usr/local/src/
[root@wusir ~]# cd /usr/local/src/php-5.6.36/
```

（5）开始安装 PHP，并在安装的过程中指定需要配置的相关参数。

```
[root@wusir php-5.6.36]# ./configure --prefix=/usr/local/php/ \
--with-apxs2=/usr/local/Apache/bin/apxs \
--enable-mbstring \
--with-curl \
--with-gd \
--enable-fpm \
--enable-mysqlnd  \
--with-pdo-mysql=mysqlnd \
--with-config-file-path=/usr/local/php/etc/ \
--with-mysqli=mysqlnd \
--with-mysql-sock=/var/lib/mysql/mysql.sock \
```

PHP 配置选项中文手册地址为 http://php.net/manual/zh/configure.about.php。安装 PHP 时使用的相关参数说明如下：

```
--with-apxs2              #将 PHP 编译为 Apache 的一个模块进行使用
--enable-mbstring         #多字节字符串的支持
--with-curl               #支持 cURL
--with-gd                 #支持 gd 库
--enable-fpm              #支持构建 fpm
--enable-mysqlnd          #启用 mysqlnd
--with-pdo-mysql          #支持 pdo：MySQL 支持
--with-config-file-path   #设置配置文件路径
--with-mysqli             #支持 MySQLi
--with-mysql-sock         #关联 MySQL 的 socket 文件
```

（6）编译 PHP 源码：

```
[root@wusir php-5.6.36]# make -j 4
```

（7）编译完成后接着开始安装：

```
[root@wusir php-5.6.36]# make install
```

（8）由于安装后 PHP 没有在其他的目录下创建配置文件，因此在安装完成后需要手动配置它的配置文件，即把解压得到的源码包中的 php.ini-production 复制到特定的目录并重命名配置文件。

```
[root@wusir php-5.6.36]# cp php.ini-production /usr/local/php/etc/php.ini
```

（9）为了使 Apache 支持 PHP，因此需要对 Apache 的配置文件进行更改，即使用编辑器打开 Apache 的配置文件/usr/local/Apache/conf/httpd.conf，在 389 行处添加以下两行配置：

```
AddType application/x-httpd-php .php
AddType application/x-httpd-php-source .phps
```

（10）创建测试页面，即使用编辑器新建/usr/local/Apache/htdocs/index.php 文件，并在该文件中写入以下代码：

```
<?php

echo "Hello World,I'M wusir ";

?>
```

（11）文件编辑完成后保存退出，然后重启 Apache 服务进程，之后就可以使用浏览器来打开测试页了。其打开的地址为 http://192.168.40.169/index.php，如图 20-4 所示。

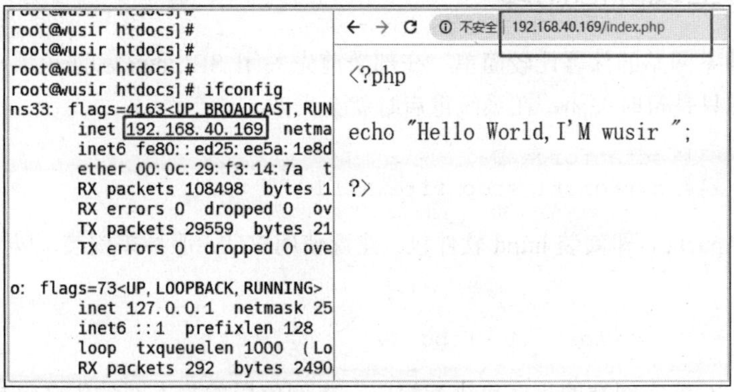

图 20-4　打开的测试页

20.6　案例：游戏部署及网站搭建

本节所涉及的网站是静态网站，因此部署起来并不复杂。对于游戏上线部署，主要解决的是依赖包的问题，网站部署主要讲解静态网站的部署和 LAMP 环境下的动态网站。

20.6.1　部署游戏上线

首先给游戏的运行程序创建一个目录/var/www/wusir1/（如果已经存在就不用创建），将解压缩后得到的游戏包目录移动到新建的/var/www/wusir1/中，切换到该目录下后查看其下的内容。

```
[root@test ~]# unzip game.zip
[root@test ~]# mkdir /var/www/wusir1
[root@test ~]# mv game /var/www/wusir1/
[root@test ~]# cd /var/www/wusir1/
```

```
[root@test wusir1]# ls
game index.html
```

删除该目录下的 index.html 文件，然后将解压后的游戏系统安装目录 game/下的全部文件都移动到上层目录/var/www/wusir1/中：

```
[root@test wusir1]# rm -rf index.html
[root@test wusir1]# mv game/* .
```

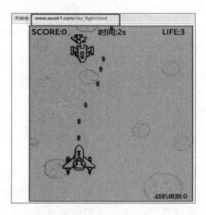

查看当前目录的信息，发现有一个叫 sky_fight.html 的文件（用于显示游戏相关的文件）。

```
[root@test wusir1]# ls
game images jquery-1.8.3.min.js readme.xls
sky_fight.html sky.php
```

使用浏览器打开并输入域名（前提是已配置域名访问的功能）或使用 IP 地址打开，只要输入相关的信息就能够访问，如图 20-5 所示。

图 20-5 访问文件

20.6.2 部署上线静态网站

相对来说，静态网站的部署比较简单，在部署前先关闭 SELinux 和防火墙，其中使用以下命令关闭的 SELinux 只是暂时关闭，在系统重启时就会失效：

```
[root@test ~]# setenforce 0
[root@test ~]# systemctl stop firewalld
```

下载并安装 Apache，即安装 httpd 软件包。建议使用 YUM 服务来安装，以便快速解决依赖包的问题。

```
[root@test ~]# yum install httpd -y
```

安装完成后，对静态网站的程序包进行解压。本例使用的静态网站程序包是京东首页的静态页面，因此需要获取到这个程序包，并上传到系统后对它进行解压。

```
[root@test ~]# unzip jd.zip
```

把解压后的程序包移动到 Apache 主目录下，之后切换到根目录下查看信息。

```
[root@test ~]# mv jd /var/www/wusir2/
[root@test ~]# cd /var/www/wusir2/
[root@test wusir2]# ls
index.html jd
```

直接删除 Apache 自带的测试页，并把 jd 程序包下的全部文件都移动到 Apache 的根目录下。

```
[root@test wusir2]# rm -rf index.html
[root@test wusir2]# mv jd/jd/* .
```

完成以上准备工作，就可以启动 httpd 服务进程了。然后使用浏览器打开 jd.com 静态网页的测试页，如图 20-6 所示。

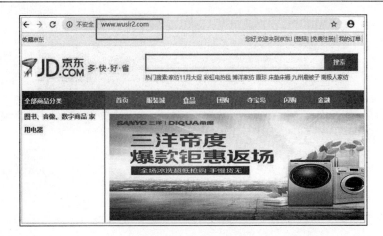

图 20-6　打开测试页

20.6.3　一键搭建 LAMP 架构环境

本节的主要内容是搭建基于 LAMP 环境下的动态网站——博客系统。要搭建这样的平台，需要先配置基础环境，建议使用 YUM 服务来直接安装，这样很容易解决依赖包的问题。

```
[root@test ~]# yum install httpd mariadb-server php php-mysql -y
已经加载插件：fastestmirror, langpacks
Loading mirror speeds from cached hostfie
* base: mirrors,aliyum.com
…
```

安装完成后接着把程序包 wordpress 移动到/var/www/目录下并重命名为 wusir/。

```
[root@test ~]# mv wordpress /var/www/wusir
[root@test ~1]# cd /var/www/wusir/
```

接着将 wp-config-sample.php 文件复制并重命名为 wp-config.php，之后使用编辑器来打开 wp-config.php 文件，并写入相关的配置。

```
[root@test wusir1]# cp wp-config-sample.php wp-config.php
[root@test wusir1]# vim wp-config.php
```

在该文件的第 20 行处左右设置数据库名称和密码：

```
18 define('DB_NAME', 'wusir');
19
20 /** MySQL 数据库用户名 */
21 define('DB_USER', 'wusir');
22
23 /** MySQL 数据库密码 */
24 define('DB_PASSWORD', '123');
25
```

完成以上配置后，接着重启 MariaDB，之后使用 root 用户来登录。

```
[root@test wusir1]# systemctl restart mariadb
[root@test wusir1]# mysql -uroot
```

```
Welcome to the MariaDB monitor.  Commands end with ; or \g.
Your MariaDB connection id is 2
Server version: 5.5.60-MariaDB MariaDB Server

Copyright (c) 2000, 2018, Oracle, MariaDB Corporation Ab and others.

Type 'help;' or '\h' for help. Type '\c' to clear the current input statement.

MariaDB [(none)]>
```

创建名为 wusir 的数据库，并将 wusir 数据库的访问密码设置为 123，完成后结束退出。

```
MariaDB [(none)]> create database wusir;
Query OK, 1 row affected (0.01 sec)
MariaDB [(none)]> grant all on *.* to wusir@'localhost' identified by '123';
Query OK, 1 row affected (0.00 sec)
MariaDB [{none}] > exit
Bye
```

使用编辑器打开 HTTP 的配置文件/etc/httpd/conf/httpd.conf，并建议在该文件的末尾处写入以下的代码。这些代码的主要作用是设置主机域名、支持的文件类型、允许的 IP 地址和主目录（主页）。

```
356 <VirtualHost              >
357 DocumentRoot /var/www/wusir1
358 ServerName www.wusir1.com
359 DirectoryIndex index.php index.html
360 </VirtualHost>
361 <VirtualHost              >
362 DocumentRoot /var/www/wusir2
363 ServerName www.wusir2.com
364 DirectoryIndex index.php index.html
365 </VirtualHost>
:wq
```

完成对 HTTP 文件的配置后，接着启动/重启 httpd 服务进程；然后使用 IP 地址或输入主机域名（见图 20-7）。如图 20-8 所示是用户认证界面，输入用户名和密码即可。

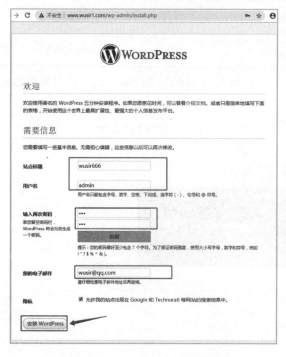

图 20-7 WordPress 的首页界面

图 20-8 WordPress 认证界面

认证通过后就能够登录并看到 WordPress 站点首页界面。

用户如果有兴趣还可以统计我们所搭建的 WordPress 站点 IP 地址的访问数量。

例如，要统计访问 WordPress 站点的 IP 地址以及这些 IP 地址访问的次数，就可以对 Apache 的日志文件/var/log/httpd/access_log 中记录的信息进行统计（先通过 cat 命令获取该日志文件的记录信息，再通过 awk 命令来统计）。

```
[root@test ~]# cat /var/log/httpd/access_log | awk -F " +" '{print $1}'
[root@test ~]# cat /var/log/httpd/access_log | awk -F " +" '{print $1}' | grep
-E -v ":+"
[root@test ~]# cat /var/log/httpd/access_log | awk -F " +" '{print $1}' | grep
-E -v ":+" | sort | uniq -c
208 192.168.40.1
  6 192.168.40.129
```

提示，日志文件的主要作用是记录系统在活动过程中留下的痕迹，包括系统本身的活动痕迹，也包括被访问时的活动痕迹以及是谁访问的等各种信息。

第21章

Tomcat 服务的搭建与应用案例

Tomcat 是 Apache 软件基金会（Apache Software Foundation）Jakarta 项目中的一个核心项目，由 Apache、Sun 和其他一些公司及个人共同开发而成。它是一个免费的开放源代码的 Web 应用服务器，属于轻量级应用服务器，在中小型系统和并发访问用户不是很多的场合下被普遍使用，是开发和调试 JSP 程序的首选。

Tomcat 和 Nginx、Apache(httpd)、lighttpd 等 Web 服务器一样，具有处理 HTML 页面的功能。另外，它还是一个 Servlet 和 JSP 容器，独立的 Servlet 容器是 Tomcat 的默认模式，不过 Tomcat 处理静态 HTML 的能力不如 Nginx/Apache 服务器。

21.1 Tomcat 的基本概念

Tomcat 基于 Java 运行，支持多平台，使用广泛，是一个重型 Web 服务组件。本节将介绍 Tomcat 的架构模型和软件安装。

21.1.1 Tomcat 基本架构模型

最初，Tomcat 由来自 Sun 的软件架构师詹姆斯·邓肯·戴维森开发，变成开源项目后交给了 Apache 软件基金会，目前是 Jakarta 的一个核心项目，主要由 Sun 和 Apache 共同维护。

Tomcat 采用的是模块化设计方式，在整个结构中，Service 是 Tomcat 的控制中心，也是一个集合，它的核心组件由一个或多个 Connector（连接器）和一个 Container 组成，作为其他组件中的 Engine（引擎）则负责处理所有 Connector 所获得的客户请求；每个 Connector 将在某个指定端口上监听客户请求，并将获得的请求交给 Engine 来处理，并从 Engine 获得回应后返回客户端。

Tomcat 有两个典型的 Connector：一个直接监听来自浏览器的 HTTP 请求，另一个负责监听来自其他 Web Server 的请求，但所监听的端口号会因客户端协议而不同。在每个 Service 中的每个 Container 可以选择对应多个 Connector，这就意味着 Connector 组件是可以被替换的，采用这种方式可以给服务器设计者提供更多选择的余地。

21.1.2 Tomcat 软件安装

Tomcat 服务器软件是开源的，可以从官网上下载安装。由于本书使用的系统是 Linux，因此建议选择 Linux 版本的 Tomcat。实际上 Tomcat 可以跨平台使用，也就是说，Windows 版的 Tomcat 也可以放在 Linux 系统下运行，只是路径上存在一些区别，建议使用对应版本的 Tomcat。

（1）Tomcat 的官网地址为 https://tomcat.apache.org/，打开后找到合适的版本，并将其下载到本地。

（2）将下载到本地的 Tomcat 安装包上传至 Linux 系统中，之后等待解压安装。

（3）由于 Tomcat 运行需要 Java 环境的支持，因此还需要下载并安装 Java。建议使用 YUM 服务来安装 Java，以解决依赖包的问题。选择 YUM 安装时，不用手动配置环境变量，减轻了一些工作量。

```
[root@wusir ~]# yum install java -y
```

（4）完成 Java 的安装后，接下来开始安装 Tomcat。将上传到 Linux 系统的软件压缩包进行解压，由于是 zip 格式的压缩包，因此使用的是 unzip 命令。

```
[root@wusir ~]# unzip apache-tomcat-9.0.14.zip
```

（5）对于 Tomcat 来说其实不需要编译，因此把解压后产生的目录重命名并移动到合适的位置。为了便于管理，建议放在特定的目录下，如/usr/local/，并重命名为 tomcat。

```
[root@wusir ~]# mv apache-tomcat-9.0.20 /usr/local/tomcat
```

（6）权限是 Linux 系统下非常重要的概念，在其上运行的服务要读写数据时需要相关的权限。为了使 Tomcat 能够正常运行，需要对它的主目录进行授权，即添加可执行权。

```
[root@wusir ~]# chown -R root:root /usr/local/tomcat/
```

（7）完成上述工作就可以启动 Tomcat 的进程了。首次建议以前台的方式启动，这样能够看到启动的过程，以便及时发现存在的问题。

启动时先切换到/usr/local/tomcat/bin/目录下，接着执行进程启动文件 startup.sh。启动过程如下：

```
[root@wusir ~]# cd /usr/local/tomcat/bin/
[root@wusir bin]# bash startup.sh
Using CATALINA_BASE:   /usr/local/tomcat
Using CATALINA_HOME:   /usr/local/tomcat
Using CATALINA_TMPDIR: /usr/local/tomcat/temp
Using JRE_HOME:        /usr
Using CLASSPATH:
/usr/local/tomcat/bin/bootstrap.jar:/usr/local/tomcat/bin/tomcat-juli.jar
Tomcat started.
```

从启动输出的结果来看，Tomcat 服务启动成功。此时可以使用 ss 命令来查看关于 Tomcat 启动后打开的相关信息，如下所示。

```
[root@wusir bin]# ss -tnl
State      Recv-Q Send-Q      Local Address:Port        Peer Address:Port
LISTEN     0      128         *:111                     *:*
LISTEN     0      128         *:22                      *:*
LISTEN     0      100         127.0.0.1:25               *:*
LISTEN     0      100         :::8009                   :::*
LISTEN     0      128         :::111                    :::*
LISTEN     0      100         :::8080                   :::*
```

```
LISTEN      0       128                 :::80               :::*
LISTEN      0       128                 :::22               :::*
LISTEN      0       100                 ::1:25              :::*
```

（8）默认 Tomcat 有自己的测试页，启动成功后可以使用浏览器来访问。默认 Tomcat 使用的是 8080 端口，使用 IP+端口的方式就可以。Tomcat 安装并启动成功后看到的界面如图 21-1 所示。

对于 Tomcat 服务进程的关闭，其方式和启动原理一样都是执行相关的文件。关闭进程执行的是/usr/local/tomcat/bin/shutdown.sh 文件，具体如下：

```
[root@wusir bin]# bash shutdown.sh
Using CATALINA_BASE:   /usr/local/tomcat
Using CATALINA_HOME:   /usr/local/tomcat
Using CATALINA_TMPDIR: /usr/local/tomcat/temp
Using JRE_HOME:        /usr
Using CLASSPATH:
/usr/local/tomcat/bin/bootstrap.jar:/usr/local/tomcat/bin/tomcat-juli.jar
```

关闭后使用 ss 命令看不到 Tomcat 监听的端口，说明服务已经关闭。

```
[root@wusir bin]# ss -tnl
State       Recv-Q Send-Q      Local Address:Port       Peer Address:Port
LISTEN      0      128             *:111                    *:*
LISTEN      0      128             *:22                     *:*
LISTEN      0      100         127.0.0.1:25                 *:*
LISTEN      0      128           :::111                   :::*
LISTEN      0      128           :::80                    :::*
LISTEN      0      128           :::22                    :::*
LISTEN      0      100           ::1:25                   :::*
```

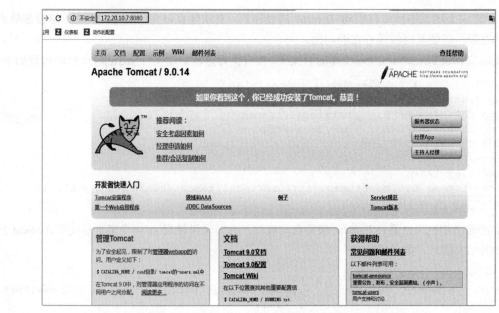

图 21-1　Tomcat 测试主页

至此，Tomcat 的安装完成。

21.2　Tomcat 的基本结构

本节将介绍 Tomcat 的目录层次结构、日志文件管理、配置文件的应用和服务端口这 4 个方面。

21.2.1　Tomcat 目录

Tomcat 的主目录为/usr/local/tomcat/，可以进入其主目录后执行 tree 命令来查看目录树结构。以下是命令的输出和相关目录的功能说明。

```
[root@wusir ~]# cd /usr/local/tomcat/
[root@wusir tomcat]# tree -L 1
.
├── bin          #用以启动、关闭 Tomcat 或者其他功能的脚本（.bat 文件和.sh 文件）
├── conf         #用以配置 Tomcat 的 XML 及 DTD 文件
├── lib          #存放 web 应用能访问的 JAR 包
├── LICENSE
├── logs         #Catalina 和其他 Web 应用程序的日志文件
├── NOTICE
├── RELEASE-NOTES
├── RUNNING.txt
├── temp         #临时文件
├── webapps      #Web 应用程序根目录
└── work         #用以产生由 JSP 编译出的 Servlet 的.java 和.class 文件
7 directories, 4 files
```

其中，/usr/local/tomcat/webapps/目录是用于存放应用程序的，就是开发出来的应用系统程序。以下给出该目录下的默认配置文件及相关作用说明。实际上，在生产环境下建议把该目录下的这些文件都删除，以免带来不必要的安全隐患。

```
[root@wusir tomcat]# ll webapps/
total 20
drwxr-xr-x 14 root root 4096 Oct  5 12:09 docs          #tomcat 帮助文档
drwxr-xr-x  6 root root 4096 Oct  5 12:09 examples      #web 应用实例
drwxr-xr-x  5 root root 4096 Oct  5 12:09 host-manager  #管理
drwxr-xr-x  5 root root 4096 Oct  5 12:09 manager       #管理
drwxr-xr-x  3 root root 4096 Oct  5 12:09 ROOT          #默认网站根目录
```

21.2.2　Tomcat 日志文件

日志是系统活动过程中留下的痕迹，通过查看它所记录的信息就能够知道系统的运行状态，因此学会查看日志也是运维工作的重要组成部分。

Tomcat 服务的日志文件位于/usr/local/tomcat/logs/目录下，可以切换到该目录下后查看相关的信息。

```
[root@wusir ~]# cd /usr/local/tomcat/logs/
[root@wusir logs]# ls
catalina.2019-01-25.log  host-manager.2019-01-25.log
localhost_access_log.2019-01-25.txt
```

```
catalina.out          localhost.2019-01-25.log    manager.2019-01-25.log
```

从输出的信息可以获知有些文件以.log 为后缀，即日志文件。默认情况下，日志信息存储到一定量时就被重新写入新的日志文件，日志信息的增长速度根据应用的使用频率而定，因此对于业务量大的应用系统，要做好日志的管理工作。

另外，Tomcat 的日志中有一个实时日志文件 catalina.out。该日志文件是实时写入数据，通过该日志文件就能够获知Tomcat运行过程中出现的问题，以便及时处理掉这些问题。在初始化 Tomcat时，可以使用 tail 命令以动态的方式查看日志信息，以便进行调试。

```
[root@wusir logs]# tail -f catalina.out
25-Jan-2019 15:03:50.314 INFO [main] org.apache.coyote.AbstractProtocol.start
Starting ProtocolHandler ["ajp-nio-8009"]
25-Jan-2019 15:03:50.319 INFO [main]
org.apache.catalina.startup.Catalina.start Server startup in [1,598] milliseconds
25-Jan-2019 15:07:28.455 INFO [main]
org.apache.catalina.core.StandardServer.await A valid shutdown command was
received via the shutdown port. Stopping the Server instance.
25-Jan-2019 15:07:28.456 INFO [main] org.apache.coyote.AbstractProtocol.pause
Pausing ProtocolHandler ["http-nio-8080"]
25-Jan-2019 15:07:28.466 INFO [main] org.apache.coyote.AbstractProtocol.pause
Pausing ProtocolHandler ["ajp-nio-8009"]
25-Jan-2019 15:07:28.479 INFO [main]
org.apache.catalina.core.StandardService.stopInternal Stopping service
[Catalina]
25-Jan-2019 15:07:28.538 INFO [main] org.apache.coyote.AbstractProtocol.stop
Stopping ProtocolHandler ["http-nio-8080"]
25-Jan-2019 15:07:28.549 INFO [main] org.apache.coyote.AbstractProtocol.stop
Stopping ProtocolHandler ["ajp-nio-8009"]
25-Jan-2019 15:07:28.551 INFO [main]
org.apache.coyote.AbstractProtocol.destroy Destroying ProtocolHandler
["http-nio-8080"]
25-Jan-2019 15:07:28.552 INFO [main]
org.apache.coyote.AbstractProtocol.destroy Destroying ProtocolHandler
["ajp-nio-8009"]
```

21.2.3 Tomcat 主配置文件

Tomcat 的主配置文件为 server.xml，位于$TOMCAT_HOME/conf/目录下，因此在需要更改时使用此路径就可以。在本书中，Tomcat 的主目录是/usr/local/tomcat/，因此主配置文件的完整路径为/usr/local/tomcat/conf/server.xml。以下是一个 server.xml 的实例及相关的功能说明。

```
<?xml version='1.0' encoding='utf-8'?>
<!--
```

<Server>元素代表整个容器，是 Tomcat 实例的顶层元素。由 org.apache.catalina.Server 接口来定义。它包含一个<Service>元素。并且它不能作为任何元素的子元素。

port 指定 Tomcat 监听 shutdown 命令端口。终止服务器运行时，必须在 Tomcat 服务器所在的机器上发出 shutdown 命令。该属性是必须的。

shutdown 指定终止 Tomcat 服务器运行时，发给 Tomcat 服务器的 shutdown 监听端口的字符串。该属性必须设置。

```
-->
<Server port="8005" shutdown="SHUTDOWN">
  <Listener className="org.apache.catalina.startup.VersionLoggerListener" />
  <Listener className="org.apache.catalina.core.AprLifecycleListener"
SSLEngine="on" />
    <Listener
className="org.apache.catalina.core.JreMemoryLeakPreventionListener" />
    <Listener
className="org.apache.catalina.mbeans.GlobalResourcesLifecycleListener" />
    <Listener
className="org.apache.catalina.core.ThreadLocalLeakPreventionListener" />
    <GlobalNamingResources>
      <Resource name="UserDatabase" auth="Container"
              type="org.apache.catalina.UserDatabase"
              description="User database that can be updated and saved"
              factory="org.apache.catalina.users.MemoryUserDatabaseFactory"
              pathname="conf/tomcat-users.xml" />
  </GlobalNamingResources>
  <!--service 服务组件-->
  <Service name="Catalina">
    <!--
    connector：接收用户请求，类似于 httpd 的 listen 配置监听端口。
        port 指定服务器端要创建的端口号，并在这个端口监听来自客户端的请求。
        address：指定连接器监听的地址，默认为所有地址（0.0.0.0）。
        protocol 连接器使用的协议，支持 HTTP 和 AJP。AJP（Apache Jserv Protocol）是
专用于 tomcat 与 apache 建立通信的，在 httpd 反向代理用户请求至 tomcat 时使用（可见 Nginx 反向
代理时不可用 AJP 协议）。
        minProcessors 服务器启动时创建的处理请求的线程数。
        maxProcessors 最大可以创建的处理请求的线程数。
        enableLookups 如果为 true，则可以通过调用 request.getRemoteHost() 进行 DNS 查
询来得到远程客户端的实际主机名，若为 false 则不进行 DNS 查询，而是返回其 ip 地址。
        redirectPort 指定服务器正在处理 http 请求时收到了一个 SSL 传输请求后重定向的端口号。
        acceptCount 指定当所有可以使用的处理请求的线程数都被使用时，可以放到处理队列中的
请求数，超过这个数的请求将不予处理。
        connectionTimeout 指定超时的时间数(以毫秒为单位)。
    -->
    <Connector port="8080" protocol="HTTP/1.1"
              connectionTimeout="20000"
              redirectPort="8443" />
    <Connector port="8009" protocol="AJP/1.3" redirectPort="8443" />

    <!--engine，核心容器组件，catalina 引擎，负责通过 connector 接收用户请求，并处理请
求，将请求转至对应的虚拟主机 host。
        defaultHost 指定默认的处理请求的主机名，至少与其中的一个 host 元素的 name 属性值
是一样的。
    -->
    <Engine name="Catalina" defaultHost="localhost">
      <!--Realm 表示存放用户名，密码及 role 的数据库-->
      <Realm className="org.apache.catalina.realm.LockOutRealm">
        <Realm className="org.apache.catalina.realm.UserDatabaseRealm"
```

```
                resourceName="UserDatabase"/>
        </Realm>
        <!--
            host 表示一个虚拟主机。
            name 指定主机名。
            appBase 应用程序基本目录，即存放应用程序的目录。一般为 appBase="webapps"，是相
对于 CATALINA_HOME 而言的，也可以写绝对路径。
            unpackWARs 如果为 true，则 tomcat 会自动将 WAR 文件解压，否则不解压，直接从 WAR
文件中运行应用程序。
            autoDeploy：在 tomcat 启动时，是否自动部署。
            xmlValidation：是否启动 xml 的校验功能，一般 xmlValidation="false"。
            xmlNamespaceAware：检测名称空间，一般 xmlNamespaceAware="false"。
        -->
        <Host name="localhost"  appBase="webapps"
            unpackWARs="true" autoDeploy="true">
            <!--
            Context 表示一个 web 应用程序，通常为 WAR 文件。
            docBase 应用程序的路径或者是 WAR 文件存放的路径，也可以使用相对路径，起始路径
为此 Context 所属 Host 中 appBase 定义的路径。
            path 表示此 web 应用程序的 url 的前缀，这样请求的 url 为 http://localhost:
8080/path/****。
            reloadable 这个属性非常重要，如果为 true，则 tomcat 会自动检测应用程序的
/WEB-INF/lib 和/WEB-INF/classes 目录的变化，自动装载新的应用程序，可以在不重启 tomcat 的情
况下改变应用程序。
            -->
            <Context path="" docBase="" debug=""/>
            <Valve className="org.apache.catalina.valves.AccessLogValve"
directory="logs"
                prefix="localhost_access_log" suffix=".txt"
                pattern="%h %l %u %t &quot;%r&quot; %s %b" />
        </Host>
    </Engine>
  </Service>
</Server>
```

21.2.4　Tomcat 的三个端口

Tomcat 服务使用的端口主要有三个，这三个端口在主配置文件 Server.xml 中，每个端口都各自监听对应的服务。

（1）第一个端口的作用是接收 shutdown 命令。其中，使用 prot 来指定 Tomcat 监听 shutdown 命令端口，终止服务器运行时必须在 Tomcat 服务器所在的机器上发出 shutdown 命令，该属性是必需的。使用 shutdown 来指定终止 Tomcat 服务器运行时给 Tomcat 服务器的 shutdown 监听端口的字符串，该属性必须设置。

以下是关于定义它们的配置代码：

```
<Server port="8005" shutdown="SHUTDOWN">
```

（2）第二个端口用于接收 HTTP 协议。其中，connector 用于接收用户请求，类似于 httpd 的 listen 配置监听端口；port 用于指定服务器端要创建的端口号，并在这个端口监听来自客户端的请求；redirectPort 用于指定服务器正在处理 http 请求，并在收到一个 SSL 传输请求后重定向端口号。

以下是关于定义它们的配置代码：

```
<Connector port="8080" protocol="HTTP/1.1"
           connectionTimeout="20000"
           redirectPort="8443" />
```

（3）第三个端口用于接收 AJP 协议。其中，protocol 定义连接器使用的协议，支持 HTTP 和 AJP。其中，AJP（Apache JServ Protocol）专用于在 Tomcat 与 Apache 之间建立通信。另外，在 httpd 反向代理用户请求至 Tomcat 时也使用（可见 Nginx 反向代理时不可用 AJP 协议）。

以下是关于定义它们的配置代码：

```
<Connector port="8009" protocol="AJP/1.3" redirectPort="8443" />
```

21.3　案例：基于 Tomcat 的应用部署

本节讲解 Tomcat 的应用，重点包括 Tomcat 应用的部署、Tomcat 集群的搭建和基于 Tomcat 的 JPress 部署这三个部分的内容。

21.3.1　Tomcat 多应用部署

在实际的生产环境下，特别是在测试环境下，由于各种原因会出现可能需要在同一个 Tomcat 上部署两个或更多应用系统的问题，但在默认的配置下 Tomcat 只能部署一个应用系统，因此实际需要将多个应用系统部署在同一个 Tomcat 上时，默认的配置无法满足这个实际的要求。

为了解决这个问题，可以通过在同一台服务器上部署多个 Tomcat。接下来将介绍如何在同一个系统上部署多个 Tomcat 的问题。

（1）为了区分 Tomcat 服务的名称，先将 Tomcat 目录复制并重命名。

```
[root@wusir local]# cp -a tomcat tomcat1
[root@wusir local]# cp -a tomcat tomcat2
```

（2）更改服务名后就意味着端口也要更改，因此需要更改配置文件中对应的参数。使用编辑器打开主配置文件，并找到其端口号 8080，更改其中一个为 8081，该端口对应于 tomcat1。

```
[root@wusir local]# vim tomcat1/conf/server.xml
...
22 <Server port="8011" shutdown="SHUTDOWN">
...
 69    <Connector port="8081" protocol="HTTP/1.1"
...
```

（3）同样，使用编辑器打开 tomcat2 的主配置文件，并找到其端口号 8080，更改为 8082。

```
[root@wusir local]# vim tomcat1/conf/server.xml
...
22 <Server port="8012" shutdown="SHUTDOWN">
```

```
...
69    <Connector port="8082" protocol="HTTP/1.1"
...
tomcat2
```

（4）完成端口的更改后就可以启动实例了，并且可以同时启动多个。

```
[root@wusir local]# tomcat2/bin/startup.sh

Using CATALINA_BASE:   /usr/local/tomcat2
Using CATALINA_HOME:   /usr/local/tomcat2
Using CATALINA_TMPDIR: /usr/local/tomcat2/temp
Using JRE_HOME:        /usr
Using CLASSPATH:
/usr/local/tomcat2/bin/bootstrap.jar:/usr/local/tomcat2/bin/tomcat-juli.jar
Tomcat started.
```

（5）完成两个实例的启动后，可以使用 ss 命令来查看它们所监听的端口。

```
[root@wusir local]# ss -tnl
State      Recv-Q Send-Q    Local Address:Port          Peer Address:Port
LISTEN     0      128       *:111                       *:*
LISTEN     0      128       *:22                        *:*
LISTEN     0      100       127.0.0.1:25                *:*
LISTEN     0      1         ::ffff:127.0.0.1:8005       :::*
LISTEN     0      100       :::8009                     :::*
LISTEN     0      1         ::ffff:127.0.0.1:8011          :::*
LISTEN     0      1         ::ffff:127.0.0.1:8012          :::*
LISTEN     0      128       :::111                      :::*
LISTEN     0      100       :::8080                     :::*
LISTEN     0      128       :::80                       :::*
LISTEN     0      100       :::8081                     :::*
LISTEN     0      100       :::8082                     :::*
LISTEN     0      128       :::22                       :::*
LISTEN     0      100       ::1:25                      :::*
```

从输出的信息看，服务的端口已经被监听，意味着服务启动成功。

（6）此时，可以使用 IP+端口号的方式来访问。访问 tomat1，如图 21-2 所示。访问 tomcat2，如图 21-3 所示。

图 21-2　基于 8081 端口的 Tomcat 测试页

图 21-3 基于 8082 端口的 Tomcat 测试页

21.3.2 Tomcat 的集群搭建

随着生产环境下业务不断增加，会导致单台服务器设备资源出现负载过大的问题，但是服务器的配置并不能无限增加，为了解决这样的问题出现了多个服务器共同提高单个服务的方案，这就是集群。

基于 Tomcat 服务器的集群，必须存在两台或两台以上的服务器作为应用服务器（安装 Tomcat 软件的服务器）。在这种架构下的服务器能够提供快速响应，及时处理来自客户端的请求，平衡业务处理给单台服务器带来压力过高的问题。

下面开始介绍基于 Tomcat 下的集群环境搭建。

（1）对于 Tomcat 的安装及相关的配置之前已经有过介绍，不再重复。为搭建 Tomcat 集群，需要分别在两台服务器上安装 Tomcat 软件。

（2）实现 Tomcat 集群的负载均衡，采用的是 Nginx 来实现负载算法的调度，因此需要在另外一台服务器上安装 Nginx，安装时建议使用 YUM 服务以解决依赖包的问题。

```
[root@wusir ~]# yum install nginx -y
```

安装完成后需要对 Nginx 进行配置，使用编辑器打开主配置文件/etc/nginx/nginx.conf 并指定需要进行负载分发的主机 IP 地址和端口，完成编辑后保存即可。

```
...
  upstream ken {
      server 192.168.4.190:8080;        #定义转发地址和端口
      server 192.168.4.191:8080;
  }

  server {
    listen        80 default_server;
    listen        [::]:80 default_server;
    server_name  _;
    root          /usr/share/nginx/html;
```

```
# Load configuration files for the default server block.
include /etc/nginx/default.d/*.conf;

location / {
proxy_pass http://ken;     #转发至代理
}
```
...

（3）对 Tomcat 和 Nginx 的服务进行重启，以保证服务处于运行状态。

完成以上准备工作后，开始测试负载服务是否正常。需要注意的是，在浏览器上输入的 IP 地址实际上是 Nginx 服务器的 IP 地址，为了验证是否能够进行负载转发，建议刷新网页以确认。

21.3.3　Tomcat 上线 JPress 系统

JPress 是一个由国人开发的类似 WordPress 的产品（一个开源博客系统平台），但它更加注重中国互联网生态，完美支持微信生态的产品体系，而且通过其 API 和 SDK 可以基于 JPress 快速开发各种小程序的功能。

由于 JPress 使用的是 Java 语言开发，因此在安装它之前需要先搭建 Java 环境，对于 Java 软件的下载和安装这里就不再重复了，接下来介绍如何安装 JPress 软件。

（1）下载 JPress。

（2）JPress 是基于 Tomcat 运行的，因此要安装 Tomcat 并将下载后的 JPress 源码包上传至 Tomcat 的 webapps 目录下，并对它解压缩。

（3）完成后在浏览器上通过 IP 地址来访问，即输入 http://服务器 IP:8080/jpress，并在回车后看到如图 21-4 所示的 JPress 安装向导界面，在此界面上只需要单击"下一步"即可。

图 21-4　JPress 安装向导界面

（4）在图 21-5 的"JPress 安装第二步：填写数据库连接信息"界面中，需要指定数据库的相关信息，如数据库名、数据库用户名/密码及主机名等，简单地讲就是给 JPress 配置它要使用的数据库。

根据需要，给 JPress 创建数据库用户及配置密码，如图 21-5 所示。

```
MariaDB [(none)]> create database ken;
MariaDB [(none)]> grant all on *.* to ken@'localhost' identified by '123';
```

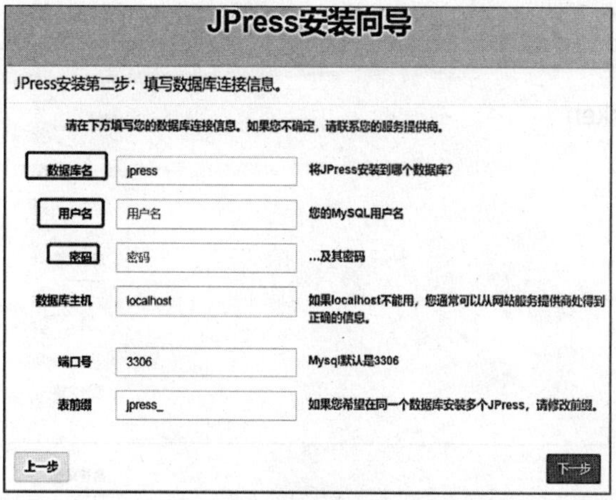

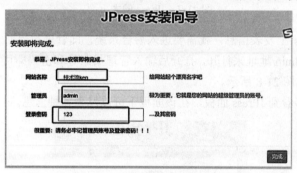

图 21-5　JPress 密码配置

（5）接着设置网站名称、管理员账号和密码（见图 21-6），之后单击"完成"按钮来完成配置。

图 21-6　JPress 管理员账号配置

（6）完成对 JPress 的连接配置后，需要重启 Tomcat 服务进程。

```
[root@wusir bin]# ./shutdown.sh
Using CATALINA_BASE:   /usr/local/tomcat
Using CATALINA_HOME:   /usr/local/tomcat
Using CATALINA_TMPDIR: /usr/local/tomcat/temp
Using JRE_HOME:        /usr
Using CLASSPATH:
/usr/local/tomcat/bin/bootstrap.jar:/usr/local/tomcat/bin/tomcat-juli.jar
[root@wusir bin]# ./startup.sh
Using CATALINA_BASE:   /usr/local/tomcat
Using CATALINA_HOME:   /usr/local/tomcat
Using CATALINA_TMPDIR: /usr/local/tomcat/temp
Using JRE_HOME:        /usr
Using CLASSPATH:
/usr/local/tomcat/bin/bootstrap.jar:/usr/local/tomcat/bin/tomcat-juli.jar
Tomcat started.
```

（7）重启 Tomcat 进程后就可以访问 JPress（IP:端口/ JPress）了，打开后的界面如图 21-7 所示。在该界面就能够按各分类查看被发表的信息，但这仅是能够查看。

图 21-7　JPress 的主页面

如果需要在 JPress 上发表信息，就需要进入后台系统，即管理员界面。进入管理员界面，可以使用 http://IP:8080/admin/地址来打开，打开后输入管理员账号和密码即可，建议记住登录信息以免下次还需要输入，如图 21-8 所示。

通过认证后就能够看到 JPress 面板，在该面板下可以发表各种信息。

图 21-8　认证信息界面

第 22 章

Cobbler 服务的搭建与应用案例

Cobbler 是一个批量服务器部署工具，它可以将设置和管理一个服务器所涉及的任务集中在一起，通过批量安装技术实现批量部署服务器，从而简化系统配置，节省了安装时间。Cobbler 实际上封装了 DHCP、TFTP、XINTED 等服务，通过 pxe、kickstart 等工具来实现自动化安装操作系统。本章主要介绍 Cobbler 服务的搭建。

22.1　Cobbler 简介

随着服务器数量的不断增加，基于单台服务器的部署需要花费大量的时间，因此出现了 Cobbler 这种批量安装软件，本节将对批量安装软件 Cobbler 的基本概念和它的基本组成进行介绍。

22.1.1　Cobbler 的基本概念

随着信息化建设的深入和普及，在生产环境中经常出现需要一次性部署几十甚至上百台服务器的情况，如果采取传统的光盘引导安装方式，工作量是不可预估的。这样不仅效率低下，还容易出错，为了提高工作效率及解决容易出错的问题，出现了批量部署技术。

对于批量部署系统的问题，实际上使用 pxe+kickstart 工具就能够得到解决，它能够将烦琐的传统安装方式变得更加简单，实现自动化安装。但这种安装技术只能实现单一版本安装，如果需要部署不同版本或不同引导模式（如 BIOS、EFI）就会带来问题。为解决这个问题，出现了 Cobbler 技术。

Cobbler 是一个免费开源的系统安装部署软件，主要作用是用于批量自动化部署操作系统。Cobbler 将原先的自动化部署系统的技术进行了一个融合（集成 DNS、DHCP 和软件包更新，带外管理以及配置管理），可解决版本不同系统批量部署的问题，实现快速搭建操作系统的网络安装环境，降低搭建这类环境所需的技术门槛。另外，Cobbler 也支持 PXE 启动、操作系统重新安装、虚拟化客户机创建，以及支持管理复杂的网络环境。

在采用 Cobbler 进行批量安装时，经常会接触到下述常用的术语及概念：

- 存储库（repository）：保存一个 YUM 或 rsync 存储库镜像信息。
- 发行版（distro）：表示一个操作系统，它包含内核的相关参数和 initrd 的信息，以及其他必要的数据。
- 配置文件（profile）：包含一个发行版、一个 kickstart 文件以及可能的存储库，还有更多必要的内核参数和相关的数据。
- 系统（system）：要配给客户机的信息，包含一个配置文件或一个镜像、IP 和 MAC 地址、电源管理（地址、凭据和类型）以及必要的数据信息。
- 镜像（image）：可替换一个包含不属于此类别的文件发行版对象，如无法分为内核和 initrd 的对象。

22.1.2　Cobbler 的相关服务

作为批量部署软件，Cobble 集成了以下服务。

1. DHCP

DHCP（Dynamic Host Configuration Protocol，动态主机配置协议）是一个局域网的网络协议，使用 UDP 来工作，用于给内部网络或网络服务供应商自动分配 IP 地址，也是用户或内部网络管理员对所有计算机进行中央管理的手段。DHCP 有 3 个端口，其中 67 和 68 的 UDP 端口为正常的 DHCP 服务端口，分别作为 DHCP Server 和 DHCP Client 的服务端口；546 号端口用于 DHCPv6 Client，而不用于 DHCPv4，为 DHCP failover 服务，这是需要特别开启的服务，DHCP failover 是用来做双机热备的。

2. TFTP

TFTP 是一种比较特殊的文件传输协议，基于 TCP/IP 簇用于进行简单的文件传输，提供简单、低开销的传输服务，使用的端口是 69。

相对于常见的 FTP，TFTP 有两个优势：

- TFTP 基于 UDP，如果环境中没有 TCP，是比较合适使用 TFTP 的。
- TFTP 执行和代码占用内存量比较小。

默认情况下，Linux 系统内部是安装 TFTP 服务器包的，但是默认不启动。

3. PXE

预启动执行环境（Preboot eXecution Environment）提供一种使用网络接口启动计算机的机制，这种机制让计算机的启动可以不依赖本地数据存储设备或本地已安装的操作系统。PXE 起初作为 Intel 的有线管理体系的一部分，Intel 和 Systemsoft 于 1999 年 9 月 20 日公布其规范。

22.1.3　Cobbler 的工作过程

由于 Cobbler 是多个功能组件的结合，因此在使用它来批量自动化安装系统时就需要各个组件之间相互协调且有序地进行工作。Cobbler 的工作流程如图 22-1 所示。

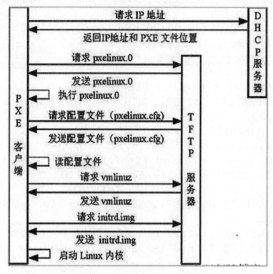

图 22-1　Cobbler 的工作流程

具体说明如下：

（1）裸机配置了从网络启动的模式，开机后会给 DHCP 服务器（Cobbler Server 的功能之一）发送 IP 地址分配请求包。

（2）DHCP 服务器（Cobbler Server）收到请求后就根据地址分配状态，然后给请求端发送包含 IP 地址等信息的 responese 包。

（3）裸机获取到 IP 地址后再次向 Cobbler Server 发送请求 OS 引导文件的请求。

（4）Cobbler Server 告诉裸机 OS 引导文件的名字和 TFTP Server 的 IP 地址和 port。

（5）裸机通过获取到的 TFTP Server 地址和 Port 下载系统引导所需的数据（文件）。

（6）裸机执行引导文件，确定加载信息，选择要安装的 OS，期间会向 Cobbler Server 请求 kickstart 和 os image 文件。

（7）Cobbler server 发送请求的 kickstart 和 os iamge。

（8）裸机加载 kickstart 文件。

（9）裸机接收 os image，安装该 os image。

22.2　Cobbler 的系统配置与环境搭建

22.2.1　系统配置

本节演示通过虚拟机环境来演示如何使用 Cobbler 服务自动化安装操作系统。首先需要给 Cobbler 的服务器添加并开启两张网卡，其中一张是仅主机模式用于对内提供 cobbler 服务，另一张是桥接模式。

进入 Cobbler 主机系统确认系统的 IP 地址。

```
[root@wusir ~]# ip a
1: lo: <LOOPBACK,UP,LOWER_UP> mtu 65536 qdisc noqueue state UNKNOWN group
default qlen 1000
    link/loopback 00:00:00:00:00:00 brd 00:00:00:00:00:00
    inet 127.0.0.1/8 scope host lo
      valid_lft forever preferred_lft forever
    inet6 ::1/128 scope host
      valid_lft forever preferred_lft forever
2: eth0: <BROADCAST,MULTICAST,UP,LOWER_UP> mtu 1500 qdisc pfifo_fast state UP
group default qlen 1000
    link/ether 00:0c:29:13:a1:49 brd ff:ff:ff:ff:ff:ff
    inet 192.168.4.190/24 brd 192.168.4.255 scope global noprefixroute eth0
      valid_lft forever preferred_lft forever
    inet6 fe80::20c:29ff:fe13:a149/64 scope link
      valid_lft forever preferred_lft forever
3: eth1: <BROADCAST,MULTICAST,UP,LOWER_UP> mtu 1500 qdisc pfifo_fast state UP
group default qlen 1000
    link/ether 00:0c:29:13:a1:53 brd ff:ff:ff:ff:ff:ff
    inet 192.168.182.128/24 brd 192.168.182.255 scope global noprefixroute
dynamic eth1
      valid_lft 1786sec preferred_lft 1786sec
    inet6 fe80::7073:2021:e866:204f/64 scope link noprefixroute
      valid_lft forever preferred_lft forever
```

关于 Cobbler 主机的系统版本及相关的网络配置信息如下。

● 系统版本：CentOS Linux release 7.5.1804（Core）。

● 内网 IP：192.168.182.128/24（用来对内通信，提供 cobbler 服务）。

● 外网 IP：192.168.4.190/24（连接外网）。

22.2.2 环境搭建

基础环境搭建使用到网络以及各种服务端口，为了减轻工作量，建议把防火墙和 SELinux 功能关闭，以免在使用 Cobbler 的服务过程中出现各种意想不到的问题。

```
[root@wusir ~]# systemctl stop firewalld        #关闭防火墙
[root@wusir ~]# setenforce 0                     #关闭 selinux
```

接着安装 Cobbler 及其所需的服务组件。由于涉及多个组件及这些组件的依赖包，因此为了减少解决依赖包的问题，建议使用 YUM 服务来安装。

```
[root@wusir ~]# yum install cobbler dhcp tftp-server xinetd syslinux httpd -y
```

其中，syslinux 提供 pxelinux.0 文件，作用是引导 vmlinux 和 initrd 两个启动文件来启动系统的安装。

YUM 安装 Cobbler 需要使用下面的两个源来创建自己的 YUM 仓库，当然也可以用其他的源地址。

```
[epel]
name=epel
enabled=1
gpgcheck=0
baseurl=https://mirrors.aliyun.com/epel/7/x86_64/
```

```
[centos]
name=centos base
enabled=1
gpgcheck=0
baseurl=http://mirrors.163.com/centos/7/os/x86_64/
```

22.3　配置相关服务

完成服务组件的安装后，接下来对服务进行配置，过程如下。

（1）配置 DHCP 服务。使用编辑器打开 DHCP 服务的配置文件/etc/dhcp/dhcpd.conf，并在该配置文件中添加以下配置代码。

```
subnet 192.168.182.0 netmask 255.255.255.0 {
  range 192.168.182.150 192.168.182.155;
  default-lease-time 600;
  max-lease-time 7200;
  filename "pxelinux.0";
}
```

完成对配置文件的更改后，需要对 DHCP 服务进程进行重启，以使得重新加载配置，同时通过重启也能够检查配置更改是否有效。

```
[root@wusir ~]# systemctl restart dhcpd
```

（2）配置 TFTP 服务。

使用编辑器打开 TFTP 服务的守护进程 xinetd 的配置文件/etc/xinetd.d/tftp，并将其 disable 值更改为 no。

```
# default: off
# description: The tftp server serves files using the trivial file transfer \
#    protocol. The tftp protocol is often used to boot diskless \
#    workstations, download configuration files to network-aware printers, \
#    and to start the installation process for some operating systems.
service tftp
{
    socket_type      = dgram
    protocol         = udp
    wait             = yes
    user             = root
    server           = /usr/sbin/in.tftpd
    server_args      = -s /var/lib/tftpboot
    disable          = no        #yes 改为 no
    per_source       = 11
    cps              = 100 2
    flags            = IPv4
}
```

更改完成后重启 xinetd 进程。

```
[root@wusir ~]# systemctl restart xinetd
```

（3）启动 httpd 进程。

```
[root@wusir ~]# systemctl start httpd
```

（4）启动 cobbled 进程。

```
[root@wusir ~]# systemctl start cobblerd
```

进程启动后，使用以下命令来检查 Cobbler 的配置。

```
[root@wusir ~]# cobbler check
The following are potential configuration items that you may want to fix:

1 : The 'server' field in /etc/cobbler/settings must be set to something other
than localhost, or kickstarting features will not work.  This should be a resolvable
hostname or IP for the boot server as reachable by all machines that will use it.
2 : For PXE to be functional, the 'next_server' field in /etc/cobbler/settings
must be set to something other than 127.0.0.1, and should match the IP of the boot
server on the PXE network.
3 : Some network boot-loaders are missing from /var/lib/cobbler/loaders, you
may run 'cobbler get-loaders' to download them, or, if you only want to handle
x86/x86_64 netbooting, you may ensure that you have installed a *recent* version
of the syslinux package installed and can ignore this message entirely.  Files in
this directory, should you want to support all architectures, should include
pxelinux.0, menu.c32, elilo.efi, and yaboot. The 'cobbler get-loaders' command is
the easiest way to resolve these requirements.
4 : enable and start rsyncd.service with systemctl
5 : debmirror package is not installed, it will be required to manage debian
deployments and repositories
6 : The default password used by the sample templates for newly installed machines
(default_password_crypted in /etc/cobbler/settings) is still set to 'cobbler' and
should be changed, try: "openssl passwd -1 -salt 'random-phrase-here'
'your-password-here'" to generate new one
7 : fencing tools were not found, and are required to use the (optional) power
management features. install cman or fence-agents to use them

Restart cobblerd and then run 'cobbler sync' to apply changes.
```

根据以上检查的结果，需要对以上提示的问题进行一一修改才能继续进行（可以进入 Cobbler 的配置文件/etc/cobbler/settings 中进行修改）。

问题 1：Cobbler 文件默认是 127.0.0.1 本地回环地址，需要更改为提供 Cobbler 服务的 IP 地址 192.168.182.128（此 IP 地址要根据自己的实际地址来更改）。

```
384 server: 192.168.182.128
```

问题 2：netx_server 也是默认本地 127.0.0.1 回环地址，需要修改为提供 Cobbler 服务的 IP 地址 192.163.182.128。

```
272 next_server: 192.168.182.128
```

问题 3：可以忽略。

问题 4：启动 rsync 服务进程。

```
[root@wusir ~]# systemctl start rsyncd
```

问题 5：可以忽略。

问题 6：更改密码，简单地说就是密码不符合要求需要重新设置。

```
[root@wusir ~]# openssl passwd -1 -salt "123" "123456"
$1$123$7mft0jKnzzvAdU4t0unTG1
```

把新生成的加密数据填写进/etc/cobbler/settings 文件，配置如下：

```
101 default_password_crypted: "$1$123$7mft0jKnzzvAdU4t0unTG1"
```

问题 7：可以忽略。

解决以上问题后，需要重启服务进程并对数据进行同步。

```
[root@wusir ~]# systemctl restart cobblerd
[root@wusir ~]# cobbler sync
```

更改完成并重启进程后，建议再次检查以确定是否还存在问题。

```
[root@wusir ~]# cobbler check
The following are potential configuration items that you may want to fix:

    1 : Some network boot-loaders are missing from /var/lib/cobbler/loaders, you
may run 'cobbler get-loaders' to download them, or, if you only want to handle
x86/x86_64 netbooting, you may ensure that you have installed a *recent* version
of the syslinux package installed and can ignore this message entirely.  Files in
this directory, should you want to support all architectures, should include
pxelinux.0, menu.c32, elilo.efi, and yaboot. The 'cobbler get-loaders' command is
the easiest way to resolve these requirements.
    2 : debmirror package is not installed, it will be required to manage debian
deployments and repositories
    3 : fencing tools were not found, and are required to use the (optional) power
management features. install cman or fence-agents to use them
    Restart cobblerd and then run 'cobbler sync' to apply changes.
```

已经更改完毕！

（5）挂载光盘并进行数据导入。

使用 mount 命令将光盘镜像文件挂载到 Cobbler 服务器的/mnt 目录下。

```
[root@wusir  ~]# mount /dev/cdrom /mnt
```

完成以上的操作后，把镜像文件的相关数据导入 Cobbler 服务器中。导入的过程需要一定的时间。

```
[root@wusir ~]# cobbler import --path=/mnt --name="centos7.5"
task started: 2019-03-13_001927_import
task started (id=Media import, time=Wed Mar 13 00:19:27 2019)
Found a candidate signature: breed=redhat, version=rhel6
Found a candidate signature: breed=redhat, version=rhel7
Found a matching signature: breed=redhat, version=rhel7
Adding distros from path /var/www/cobbler/ks_mirror/centos7.5:
creating new distro: centos7.5-x86_64
trying symlink: /var/www/cobbler/ks_mirror/centos7.5 ->
/var/www/cobbler/links/centos7.5-x86_64
creating new profile: centos7.5-x86_64
associating repos
checking for rsync repo(s)
```

```
checking for rhn repo(s)
checking for yum repo(s)
starting descent into /var/www/cobbler/ks_mirror/centos7.5 for
centos7.5-x86_64
processing repo at : /var/www/cobbler/ks_mirror/centos7.5
need to process repo/comps: /var/www/cobbler/ks_mirror/centos7.5
looking for /var/www/cobbler/ks_mirror/centos7.5/repodata/*comps*.xml
Keeping repodata as-is :/var/www/cobbler/ks_mirror/centos7.5/repodata
*** TASK COMPLETE ***
```

查看 distro 的相关信息。

```
[root@ken ~]# cobbler distro list
centos7.5-x86_64
```

其中，distro 是发行版，就是所要安装的版本 Linux 系统名称。

查看 profile 的相关信息。

```
[root@wusir ~]# cobbler profile list
centos7.5-x86_64
```

profile 类似于一个配置文件，就像是 Linux 系统下用户的 bash_profile 文件（/root/.bash_profile），在该文件中包含可以添加的 kernel 参数、对应的 kickstart 文件以及此 profile 对应的 distro 等。

（6）准备 kickstart 文件。

在/root 目录中把 anaconda-ks.cfg 文件移动到/var/lib/cobbler/kickstarts/目录下并重命名为 ks.cfg。

```
[root@wusir ~]# mv anaconda-ks.cfg /var/lib/cobbler/kickstarts/ks.cfg
[root@wusir ~]# vim /var/lib/cobbler/kickstarts/ks.cfg
```

以下是/var/lib/cobbler/kickstarts/ks.cfg 文件的内容：

```
#version=DEVEL
# System authorization information
auth --enableshadow --passalgo=sha512
# Use CDROM installation media
#下面需要更改为 repodata 所在的 http 地址
url --url=http://192.168.182.128/cobbler/ks_mirror/centos7.5/
# Use graphical install
graphical
# Run the Setup Agent on first boot
firstboot --enable
ignoredisk --only-use=sda
# Keyboard layouts
keyboard --vckeymap=us --xlayouts='us'
# System language
lang en_US.UTF-8
# Network information
network  --bootproto=dhcp --device=ens33 --ipv6=auto --no-activate
network  --hostname=localhost.localdomain
# Root password
rootpw --iscrypted
$6$7zu1wIUDgBGEFV1Y$KsLVeaGmyN92.QHr1fqKdTqPu8PDmd8K9V/s3Ru8NxE53NZz4gQKsmP6K0
udcXVvDtponekICYUwBD7tYZJqU/
# System services
```

```
services --disabled="chronyd"
# System timezone
timezone Asia/Shanghai --isUtc --nontp
# System bootloader configuration
bootloader --location=mbr --boot-drive=sda
autopart --type=lvm
# Partition clearing information
clearpart --none --initlabel
%packages
@^minimal
@core
%end
%addon com_redhat_kdump --disable --reserve-mb='auto'
%end
%anaconda
pwpolicy root --minlen=6 --minquality=1 --notstrict --nochanges --notempty
pwpolicy user --minlen=6 --minquality=1 --notstrict --nochanges --emptyok
pwpolicy luks --minlen=6 --minquality=1 --notstrict --nochanges --notempty
%end
```

（7）根据实际环境对 profile 进行定义。

```
[root@wusir ~]# cobbler profile add --distro=centos7.5-x86_64
--name=centos7.5_ken --kickstart=/var/lib/cobbler/kickstarts/ks.cfg
[root@wusir ~]# cobbler sync
task started: 2019-03-13_002724_sync
task started (id=Sync, time=Wed Mar 13 00:27:24 2019)
running pre-sync triggers
cleaning trees
removing: /var/www/cobbler/images/centos7.5-x86_64
removing: /var/lib/tftpboot/pxelinux.cfg/default
removing: /var/lib/tftpboot/grub/images
removing: /var/lib/tftpboot/grub/efidefault
removing: /var/lib/tftpboot/images/centos7.5-x86_64
removing: /var/lib/tftpboot/s390x/profile_list
copying bootloaders
copying distros to tftpboot
copying files for distro: centos7.5-x86_64
trying hardlink /var/www/cobbler/ks_mirror/centos7.5/images/pxeboot/vmlinuz
-> /var/lib/tftpboot/images/centos7.5-x86_64/vmlinuz
trying hardlink
/var/www/cobbler/ks_mirror/centos7.5/images/pxeboot/initrd.img ->
/var/lib/tftpboot/images/centos7.5-x86_64/initrd.img
copying images
generating PXE configuration files
generating PXE menu structure
copying files for distro: centos7.5-x86_64
trying hardlink /var/www/cobbler/ks_mirror/centos7.5/images/pxeboot/vmlinuz
-> /var/www/cobbler/images/centos7.5-x86_64/vmlinuz
trying hardlink
/var/www/cobbler/ks_mirror/centos7.5/images/pxeboot/initrd.img ->
/var/www/cobbler/images/centos7.5-x86_64/initrd.img
Writing template files for centos7.5-x86_64
rendering TFTPD files
generating /etc/xinetd.d/tftp
```

```
processing boot_files for distro: centos7.5-x86_64
cleaning link caches
running post-sync triggers
running python triggers from /var/lib/cobbler/triggers/sync/post/*
running python trigger cobbler.modules.sync_post_restart_services
running shell triggers from /var/lib/cobbler/triggers/sync/post/*
running python triggers from /var/lib/cobbler/triggers/change/*
running python trigger cobbler.modules.manage_genders
running python trigger cobbler.modules.scm_track
running shell triggers from /var/lib/cobbler/triggers/change/*
*** TASK COMPLETE ***
```

（8）查看 profile。

```
[root@wusir ~]# cobbler profile list
   centos7.5-x86_64
   centos7.5_ken
```

（9）删除不包含 ks 文件的 profile。

```
[root@wusir ~]# cobbler profile remove --name=centos7.5-x86_64
[root@wusir ~]# cobbler profile list
   centos7.5_ken
```

22.4 案例：Cobbler 自动化安装测试

完成 Cobbler 服务端的搭建后，接下来进行客户端的配置。下面通过在虚拟机上搭建相关的环境并通过 Cobbler 来实现系统的自动化安装过程。

新建一个虚拟机，需要和 Cobbler 服务器在同一个虚拟网络中。在创建虚拟机的过程中不需要指定 ISO 的位置，网络是自动获取的状态，并在完成创建后启动虚拟机电源，并根据相关的提示进行安装工作。

在如图 22-2 所示的界面中，选择自定义的包（进行自动化安装的包），然后按照提示进行安装即可。

图 22-2　选择进行自动化安装的包

第 23 章

Jenkins 服务的搭建与应用

在目前软件系统的开发中，通常需要一些开发工具来协助开发和测试等，持续集成工具 Jenkins 就是这样一款工具，其可以监控软件开发过程中的开发、提交、编译、测试、发布环节。本章主要介绍 Jenkins 的基本概念、基础环境搭建、Web 的应用和基于 Jenkins 的 Pipeline 等内容。

23.1　Jenkins 简介

软件系统是支持信息化的主要手段，信息化的不断多样化导致软件系统越来越复杂，这就需要对环境进行有效管理，Jenkins 是能够有效满足这种需求的方案之一。本节将对 Jenkins 的相关基本概念进行介绍。

23.1.1　Jenkins 的基本概念

Jenkins（原名 Hudson）是一个基于 Java 开发的开源免费且功能强大的应用程序，主要作用是为软件开发者提供一种开放且易用的软件平台。当然，Jenkins 也是一种基于持续集成的工具，用于监控在软件开发过程中的开发、提交、编译、测试、发布环节中的重复工作，使软件的持续集成变成可能，同时也会提高工作效率，从而实现软件开发过程的流程化。

使用 Jenkins 可以处理任何类型的构建或持续集成问题，它还可以与 GitLab 和 GitHub 进行交互，实现自动编译、部署程序等，可以降低手动操作带来的出错问题。另外，Jenkins 还可以将运维中用到的脚本整合起来，并通过页面方式集中管理。不管是哪方面的工作，都可以通过 Jenkins 大大降低工作的复杂度和工作量，同时提高工作效率。

Jenkin 在协助工作方面的作用确实很有帮助，同时它的特点也很突出，具体如下：

● 易安装：仅仅一个安装包，从官网上获取后就可以直接运行，不需要额外安装，这为维护降低了很多难度。

- 易配置：提供友好的 GUI 配置界面，非常的人性化。
- 变更支持：Jenkins 能够自动从代码仓库中获取最新代码，并产生代码更新列表后输出到编译输出信息中。
- 支持永久链接：通过 Web 来访问 Jenkins，所使用的页面链接地址是永久性的，因此可以在各种文档保持后直接使用。
- 集成 E-Mail/RSS/IM：Jenkins 中集成通信工具，在完成代码的集成时可以使用这些通信工具实时告诉团队成员。
- JUnit/TestNG 测试报告：以图表等形式提供详细的测试报表功能，能够对工作的进展和工作结果一目了然。
- 支持分布式构建：Jenkins 支持分布式工作，可以把集成构建等工作分发到多台计算机中完成。
- 支持第三方插件：使得 Jenkins 越来越强大，且在使用上越来越简单。

23.1.2 持续集成的概念

随着各个行业的数据化和环境的多样化，导致软件开发复杂度不断提高，同时团队开发成员间如何更好地协同工作以确保软件开发的质量已经成为开发过程中不可回避的问题，如何在不断变化的需求中快速适应和保证软件的质量已成为非常重要的问题。

有问题就有解决方案，持续集成（Continuous integration，CI）正是针对这类问题的一种软件开发实践。持续集成倡导团队开发成员必须经常集成各自的工作（甚至每天都可能发生多次集成），每次的集成都是通过自动化的构建来验证，包括自动编译、发布和测试，从而尽快发现集成错误，让团队能够更快地开发内聚的软件。

简单地说："集成"是指软件个人完成的代码部分向软件整体部分交付，并进行合并；"持续"就是这种集成的工作一直在进行。通过这种持续集成的方式能够在很短的时间内发现存在的问题，从而使问题能够得到快速解决，避免造成重大的损失。当然，持续集成是一个自动化的周期性工作，是集成测试的过程，检查代码、编译构建、运行测试、结果记录、测试统计等都是自动完成的，无须人工干预。

综上所述，Jenkins 中的持续集成过程主要涉及以下三个基本概念：

- 持续集成（Continuous Intergration，CI）：不断合并新的代码。
- 持续交付（Continuous Delivery，CD）：不断提交主机新写的代码。
- 持续部署（Continuous Deployment，CD）：不断安装新版本。

23.2 Jenkins 基础环境搭建

Jenkins 的使用在很大程度上减轻了软件开发人员的工作量和重复工作带来的烦琐事情，使用它带来的好处显而易见。本节将从 Jenkins 的分布式架构原理、依赖环境的配置和服务组件的安装这三个方面来介绍 Jenkins 基础环境搭建的过程。

23.2.1　Jenkins 分布式架构原理

分布式架构系统通常用来减轻单位时间内工作量过大带来的负载，可以通过动态增加服务器设备来分担工作高峰期造成过高的压力或在特定的操作系统或环境运行专门指定的业务。从整体的结构上看，Jenkins 实际上是由主、从两部分组成的一种分布式架构，它通过这种分布式架构来为程序开发人员提供良好的工作环境。Jenkins 的基本工作流程如图 23-1 所示。

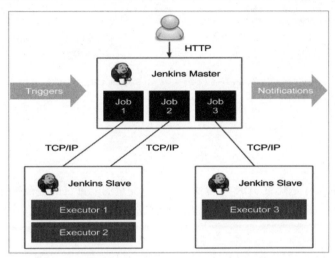

图 23-1　Jenkins 的基本工作流程

在 Jenkins 这种主从式的分布式结构中，主从节点需要各自负责相关的工作。其中，主节点（Master）主要负责处理调度构建作业，主要包括以下几项：

- 接收构建触发，如向 GitHub 提交代码。
- 发送通知，如在代码提交合并失败后向提交者发送 Email 或者 HipChat 消息。
- 处理 HTTP 请求，主要是用于和客户端进行交互。
- 管理构建环境，在 Slave 环境中编排和执行工作。

另外，主节点还给从节点（Slave）分配工作，而从节点主要负责执行被分配的工作（主节点给从节点分派的构建作业）。工作分配可分为以下三种情况：

- 配置一个项目总是在特定的从节点运行。
- 在某个特定类型的从节点运行。
- 让 Jenkins 挑选下一个可用的从节点。

23.2.2　安装 Jenkins 的 Java 环境

Jenkins 是用 Java 开发的，因此它的运行环境需要 JDK 的支持，也就是说在安装它之前需要先安装 JDK。JDK 的安装比较简单，安装后仅需要配置变量就可以。JDK 可以从其官网下载，或使用 YUM 服务直接安装。

为了减少工作量，直接搭建网络 YUM 服务来安装，过程如下：

```
[root@test ~]# yum install java -y
```

```
...
   Verifying  : ttmkfdir-3.0.9-42.el7.x86_64                               14/14

Installed:
  java-1.8.0-openjdk.x86_64 1:1.8.0.242.b08-0.el7_7

Dependency Installed:
  copy-jdk-configs.noarch 0:3.3-10.el7_5            giflib.x86_64 0:4.1.6-9.el7
  java-1.8.0-openjdk-headless.x86_64 1:1.8.0.242.b08-0.el7_7
javapackages-tools.noarch 0:3.4.1-11.el7
  libXtst.x86_64 0:1.2.3-1.el7                  libfontenc.x86_64 0:1.1.3-3.el7
  lksctp-tools.x86_64 0:1.0.17-2.el7           python-javapackages.noarch
0:3.4.1-11.el7
  python-lxml.x86_64 0:3.2.1-4.el7             ttmkfdir.x86_64 0:3.0.9-42.el7
  tzdata-java.noarch 0:2019c-1.el7             xorg-x11-font-utils.x86_64
1:7.5-21.el7
  xorg-x11-fonts-Type1.noarch 0:7.5-9.el7
Complete!
```

至此，JDK 安装完成。

接下来可以做的工作是配置 JDK 环境变量。环境变量的配置目的是在执行命令（文件）时不使用绝对路径来调用，而是直接使用。要配置环境变量，可以先获取 JDK 的路径，使用以下命令来获取：

```
[root@test ~]# whereis java
java: /usr/bin/java /usr/lib/java /etc/java /usr/share/java
/usr/share/man/man1/java.1.gz
```

获取命令的地址后，就可以在/root/.bash_profile 文件中设置了。如果不设置变量，那么执行命令时需要用绝对路径的方式。关于该命令的使用，在后面将有介绍。

23.2.3　安装 Jenkins 服务组件

Jenkins 用来对软件的开发进行测试和部署。为了能够实现集中式的管理，须将 Jenkins 安装在一台服务器上或安装在中央构建发生的地方。在这种结构中，一旦从节点实例运行后就通过 TCP/IP 连接主实例进行通信。在 Jenkins 的主从策略中，构建工作运行在从节点的方式及被管理方式对于终端用户来说都是透明的，构建结果和构建产物最后总是会在主服务器上。

Jenkins 可以独立安装运行，也可以运行在 Tomcat 等 Web 服务组件中。出于对服务器要少安装软件的原则，因此本小节仅安装 Jenkins 组件，并采取基于 rpm 格式的安装方式。

Jenkins 软件可以从官网或其他相关站点下载，版本可根据实际需要选择。先把已下载的安装包上传到服务器上，上传完成后安装过程如下。

```
[root@zabbix ~]# rpm -ivh jenkins-2.220-1.1.noarch.rpm
warning: jenkins-2.220-1.1.noarch.rpm: Header V4 DSA/SHA1 Signature, key ID
d50582e6: NOKEY
Preparing...                          ################################# [100%]
Updating / installing...
   1:jenkins-2.220-1.1                ################################# [100%]
```

安装完成后需要启动它的进程，并将其设置为开机启动。

```
[root@zabbix ~]# systemctl start jenkins.service
[root@zabbix ~]# systemctl enable jenkins.service
jenkins.service is not a native service, redirecting to /sbin/chkconfig.
Executing /sbin/chkconfig jenkins on
```

启动后需要利用浏览器协助完成配置。打开浏览器，在浏览器上输入主机的 IP 地址，打开 Jenkins 的配置页面。其中，Jenkins 默认使用 8080 端口（防火墙要开放此端口），如下所示：

```
http://192.168.10.129:8080/
```

打开后会看到如图 23-2 所示的解锁 Jenkins 的界面，此时根据提示输入解锁密码。根据浏览器上的提示，密码就在/var/lib/jenkins/secrets/initialAdminPassword 文件中，从该文件中获取密码后粘贴到浏览器上的"管理员密码"处就可以继续进行配置工作了。

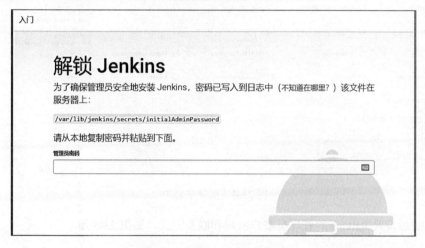

图 23-2　解锁 Jenkins 的界面

在"自定义 Jenkins"页面中根据实际需要进行选择，建议选择安装推荐的插件。当然，也可以根据实际需要进行选择，但最终目的都是安装一些插件，只是对于开发环境而言不好把握需要哪些插件，因此建议使用推荐安装。如果考虑时间问题，建议选择性安装插件，如图 23-3 所示。

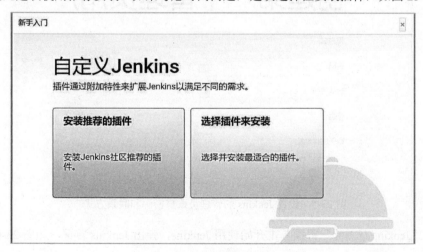

图 23-3　建议安装推荐的插件

接下来等待安装完成，如图 23-4 所示。

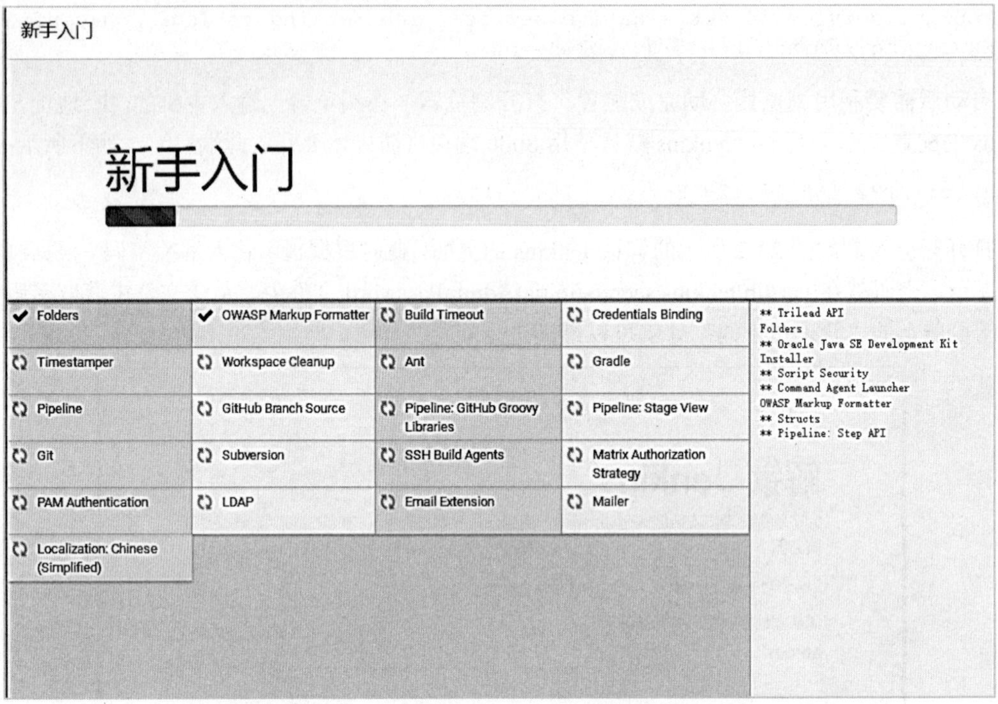

图 23-4　插件安装中

安装完成后设置 Jenkins 的管理员账户密码和联系方式，如图 23-5 所示。

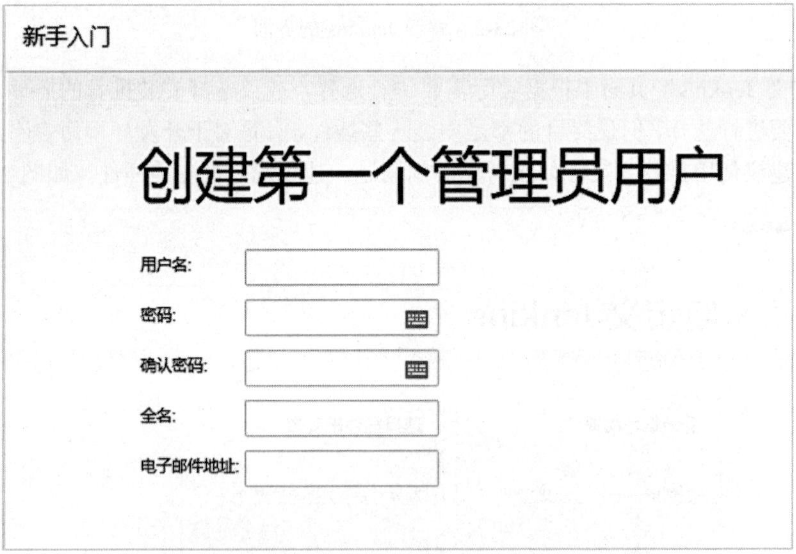

图 23-5　设置 Jenkins 的管理员账户密码和联系方式

最后在"Jenkins 已就绪"界面单击开始使用 Jenkins，弹出 Jenkins 首页，如图 23-6 所示。

图 23-6　Jenkins 的首页

至此，基础 Jenkins 环境已经搭建完成。

23.3　基于 Web 的 Jenkins 维护

目前，基于 Web 的应用比较受欢迎，毕竟能够更加人性化和可视化。本节主要介绍基于 Web 下的 Jenkins 应用，涉及 Jenkins 的凭据应用管理、插件的更新和任务的创建这三个部分。

23.3.1　Jenkins 凭据应用管理

因为有许多程序代码仓库、云存储系统和服务等第三方网站和应用程序可以与 Jenkins 进行交互，Jenkins 的安全是非常重要，毕竟软件系统的源代码都是在它上面开发和管理的。

对于 Jenkins 的安全，在连接的过程中使用凭据来保证不被非法使用是一种不错的方法。系统管理员可以在应用程序中配置凭据以专供 Jenkins 服务使用，通常通过将访问控制应用于这些凭据来完成这项工作，以"锁定" Jenkins 可用的应用程序功能区域。一旦 Jenkins 管理员在 Jenkins 中添加/配置这些凭据，Pipeline 项目就可以使用凭据与这些第三方应用程序进行交互。

Jenkins 中保存的凭据适用于 Jenkins 的任何地方、特定的 Pipeline 项目和特定的 Jenkins 用户。

接下来以给 GitLab 服务（用户名为 gitlab、密码为 gitlab）创建凭据为例来讲解 Jenkins 凭据的创建过程，并在调用 Git 做持续集成时直接使用凭据来进行认证。

进入 jenkins 的首页，在左侧的功能菜单栏上选择"凭据"，打开如图 23-7 所示的凭据配置界面。

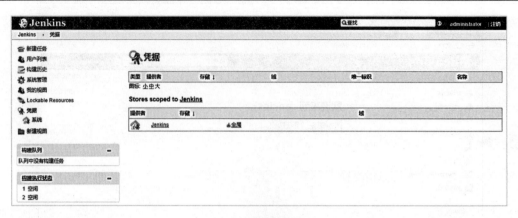

图 23-7　凭据配置界面

在该界面下单击"全局"链接，在打开的"全局凭据（unrestricted）"界面中单击"添加凭据"，这时就会打开如图 23-8 所示界面。

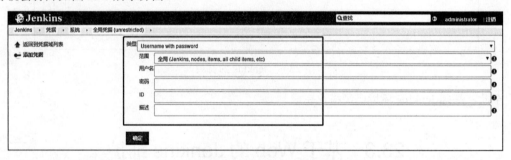

图 23-8　填写凭据信息的界面

填写相关的信息，单击"确定"按钮返回，这时就可以看到刚才添加的凭据，如图 23-9 所示。

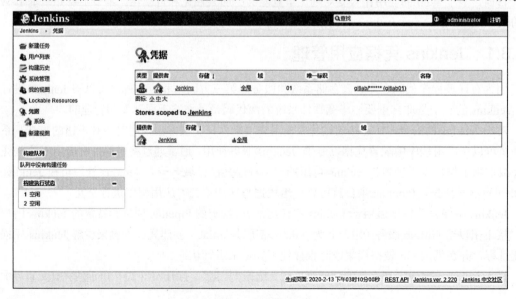

图 23-9　添加的凭据

23.3.2　更新 Jenkins 插件版本

通过服务组件安装和基本的配置后，就可以使用 Web 界面对 Jenkins 进行维护管理了。

Jenkins 插件是功能的体现、价值的实现。随着开发环境的多样化，对各种插件的要求越来越高，最新版本的插件更加容易满足开发环境的需要。对 Jenkins 中的插件进行更新时，需要先登录到 Jenkins 的 Web 界面，并在首页上找到系统管理（Manage Jenkins）→插件管理（Manage Plugins），如图 23-10 所示。

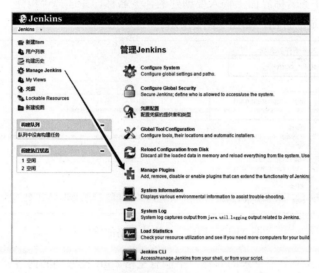

图 23-10　插件管理

打开插件管理界面，此时界面是空白的，也就是说没有可用的更新。如果有可用的更新（见图 23-11），就根据实际需要更新插件。

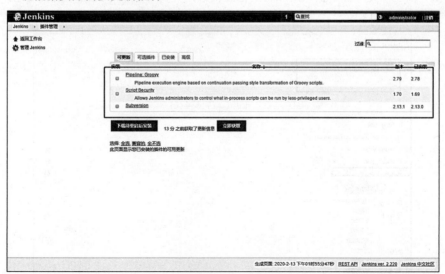

图 23-11　根据实际需要更新插件

选择下载并安装要更新的插件，接着等待下载和安装，安装完成后重启 Jenkins 服务进程即可。

23.3.3　新建任务演示

如果需要使用 Jenkins 完成日常工作，那么必须学会如何使用 Jenkins 中的任务（简单理解就是需要执行的一系列动作）。

要使用 Jenkins 任务就需要先配置，下面介绍任务的配置过程。

（1）在 Jenkins 主页上单击左上角处的新建任务选项。

（2）在弹出的任务名称界面上输入要创建的任务名称，并选择"构建一个自由风格的软件项目"，然后单击"确定"按钮，如图 23-12 所示。

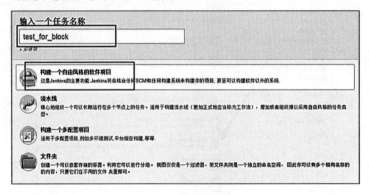

图 23-12　构建一个自由风格的软件项目

注意，这个名称就是一个目录的名称，不能有空格。git 拉取到的内容就是保存在这个同名目录下面的。

（3）填写与描述 test_for_block 目录的相关信息。

首先在"描述"文本框中输入对项目的描述信息，并在描述栏下的菜单列表处选择"参数化构建过程"，如图 23-13 所示。

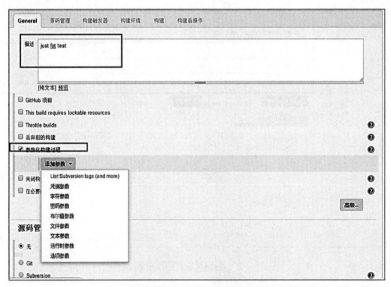

图 23-13　输入项目的描述信息

接着在弹出的"添加参数"的下拉菜单中依次选择"文本参数"和"选项参数"，并分别填写相关的描述信息，如图 23-14 所示。

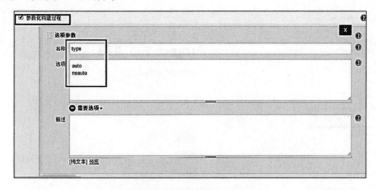

图 23-14　填写相关的描述信息

（4）通过 Git 获取项目。在"源码管理"界面中选择 Git 选项，并输入 URL 地址（Git 仓库地址）、在凭据处添加允许获取项目的用户和用户名、设置 master 节点等，如图 23-15 所示。

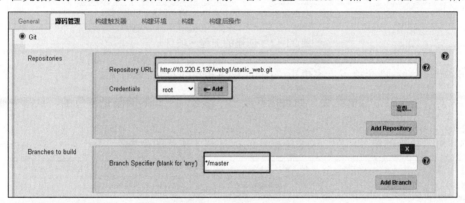

图 23-15　设置 Git 选项

（5）在"构建"界面的"增加构建步骤"下拉菜单中选择"执行 shell"，在弹出的"执行 shell"命令框中输入如图 23-16 所示的命令。

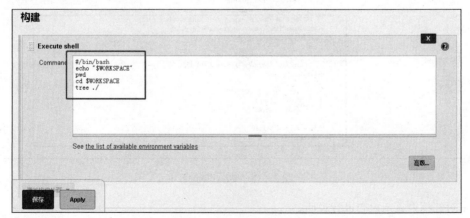

图 23-16　执行的 shell 命令

（6）应用和保存。在返回的 test_for_block 主页中可以看到刚才所创建的工程（项目），如图 23-17 所示。

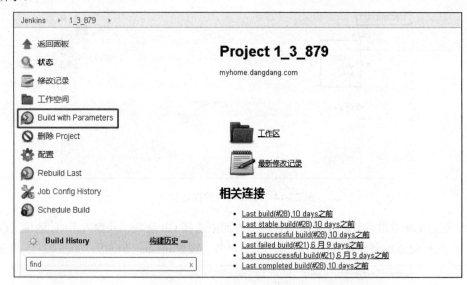

图 23-17　创建的工程（项目）

如果需要完善，就在该主页上单击"Build with Parameters"来补充。

（7）对于提交后返回的结果，如果执行成功，那么左下角的圆圈是蓝色的，执行失败了就是红色的。

（8）对于执行的结果，图 23-18 中框住的都是刚才执行的命令。

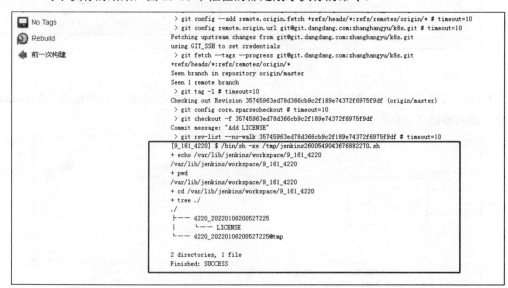

图 23-18　执行的命令

以下对红框内显示内容进行说明。

第一行：/var/lib/jenkins/workspace/test_for_block 是 echo 的结果，表示 Jenkins 现在工作目录是

在的任务名称下的。

　　第二行：显示当前所在的目录，其实现在就处在新建任务的同名目录中。

　　第三行：进入工作目录，即当前目录。

　　第四行及以下：展示当前目录下的所有文件。远程仓库中的文件已经被拉取到当前的目录下。

23.4　Pipeline 的基本应用

Pipeline 运行在 .NET Framework 外接程序编程模型中，它是在外接程序与其宿主之间交换数据的管线段的线性通信模型。本节主要介绍 Pipeline 的基本概念和配置应用。

23.4.1　Pipeline 的基本概念

实际上，Pipeline 是运行于 Jenkins 上的工作流框架，其可将原本独立运行于单个或多个节点的任务连接起来，实现单个任务难以完成的复杂流程编排与可视化。

Pipeline 是 Jenkins 的一组插件（称为 Jenkins Pipeline），是 Jenkins 2.x 中最核心的特性，能够帮助 Jenkins 实现从 CI 到 CD 与 DevOps 的转变（实现持续交付管道的落地和实施）。对于 Jenkins Pipeline 而言，它最为核心的概念包括以下几项：

- 阶段（Stage）：一个 Pipeline 可以划分为若干个阶段，每个阶段代表一组操作。需要注意的是，阶段是一个逻辑分组的概念，可以跨多个节点（Node）。
- 节点（Node）：一个节点就是一个 Jenkins 节点，或是 Master 或是 Agent，它是执行步骤（Step）的具体运行环境。
- 步骤（Step）：最基本的操作单元，小到创建一个目录，大到构建一个 Docker 镜像，并由各类 Jenkins Plugin 提供。

使用 Pipeline 主要与下面的几个概念有关：

- 代码（Code）：Pipeline 以代码的形式实现，通常被源代码控制，使团队能够编辑、审查和迭代其 CD 流程。
- 可持续性（Durable）：Jenkins 重启或中断后不会影响到 Pipeline 的正常工作。
- 可停顿（Pausable）：Pipeline 可以选择停止并等待输入或审批，然后继续 Pipeline 运行。
- 多功能（Versatile）：Pipeline 支持实现更为复杂的 CD 要求，包括 fork/join 子进程循环和并行执行工作的能力。
- 可拓展（Extensible）：Pipeline 插件支持其 DSL（Domain Specified Language，领域专用语言）自定义扩展和与其他插件集成的多个选项。

23.4.2　Pipeline 的结构

Pipeline 的层级结构是一个插件或系统功能的体现，是一种组织结构，它提供一种相互隔离功能的模型，包括归属层次结构、维度层次结构和层次结构数据库等。Pipeline 的层级结构具体划分如下：

第一层：pipline 的最外层，可以看作各个应用系统的相互保护层。

第二层：用来完成一个特定的工作，其中有一个或者多个子层，每个子层都是一个 stage。

第三层：stages 的子层。

第四层：定义具体要执行的操作。

以下是一个关于层级结构的基础代码。

```
pipline {
 agent any;
 environment {
  user='deploy'
     host='1.2.3.4'
     PATH='/bin:/sbin:/usr/bin:/usr/sbin:/usr/local/bin:/usr/local/sbin'
 }
 stages {
 stage('bulid job') {
   environment {
NEWPATH='/bin:/sbin'
   }
   steps {
    sh '/home/a.sh'
    echo "hi boys"
    script{
     xxxx
     xxxx
    }
   }
  }
 }
}
```

其中：

● agent: 定义当前的 job 运行在哪个 jenkins 节点上。

```
any:
none:
node:
agent {node {label 'ser1'}}
agent any
```

● environment: 定义环境变量。

格式：变量名=变量值

● script: 可选。

● steps: 借助于特定的 jenkis 模块来完成特定的工作。

```
echo
sh
git
```

23.4.3 新建 Pipeline 任务

在创建 Pipeline 任务之前需要先登录到 Jenkins 的主页上，具体步骤如下：

（1）在菜单栏中选择"新建任务"，然后设置 Pipeline 任务的名称并选择"流水线"选项，如图 23-19 所示。

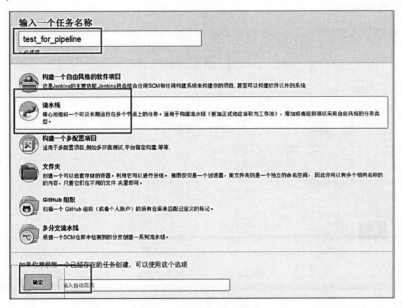

图 23-19 新建任务

（2）设置和编写 Pipeline 的相关信息。

该界面比较简洁，只要编写相关的描述信息即可（此时还不需要保存），如图 23-20 所示。

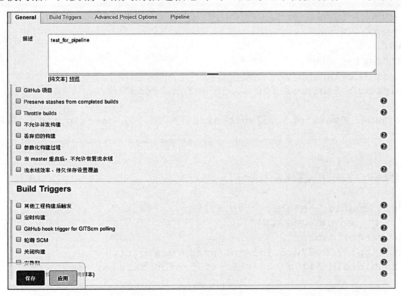

图 23-20 设置和编写 Pipeline 相关信息

然后将页面下拉到 Advanced Project Options（高级项目选项）处，在 Definition（脚本）处选择"Pipeline script"并写入脚本代码，最后单击"保存"按钮，如图 23-21 所示。

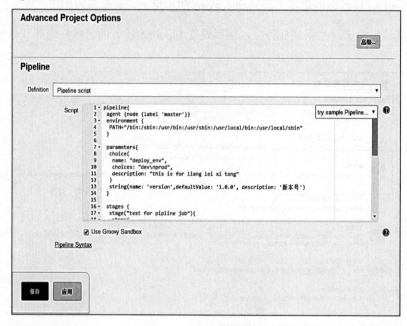

图 23-21　写入脚本代码

代码如下：

```
pipeline{
 agent {node {label 'master'}}
 environment {
  PATH="/bin:/sbin:/usr/bin:/usr/sbin:/usr/local/bin:/usr/local/sbin"
 }

 parameters{
  choice(
   name: "deploy_env",
   choices: "dev\nprod",
   description: "this is for liang lei xi tong"
  )
  string(name: 'version',defaultValue: '1.0.0', description: '版本号')
 }

 stages {
  stage("test for pipline job"){
   steps{
    sh "git config --global http.sslVerify false"
    dir    ("${env.WORKSPACE}"){
     git branch:'master',
     url:'http://10.220.5.232/gp1/wordpress.git',
     credentialsId:'119a7e29-4c6c-4f75-bfdb-56fa0edcafaa'
    }
   }
  }
```

```
stage("print bianlian"){
 steps{
  sh """
  set +x
  echo "===============start job============="
  echo "你选的类型是 $deploy_env"
  echo "your version is $version"
  echo "===============stop job ============="
  set -x
  """
  }
 }
}
}
```

（3）回到所创建的 Pipeline 主页面，在该页面的左侧单击"立即构建"选项，并等待执行。

（4）执行完成后就能够看到结果，如图 23-22 所示。

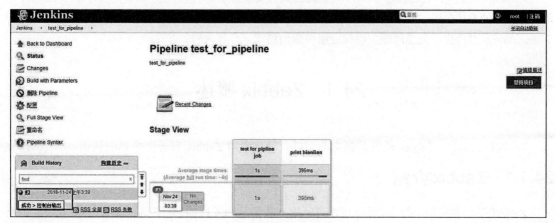

图 23-22　Pipeline 创建完成

至此，Pipeline 任务创建完成。

Pipeline 具有很多功能，例如可使用 Pipeline 来协助完成动态网站的持续集成部署等。

第 24 章

Zabbix 监控系统的搭建与应用

Zabbix 作为一个企业级分布式开源监控解决方案被业界广泛使用。本章我们将介绍 Zabbix 的常见操作，如添加主机、添加监控项、设置报警阈值，监控服务器的运行状态，以及在服务器出现异常时，如何及时报警、处理问题，以保证服务器的稳定运行等内容。

24.1　Zabbix 概述

本节我们将介绍 Zabbix 软件的概念与组件，使读者对 Zabbix 有一个整体的认识。

24.1.1　Zabbix 介绍

Zabbix 是一款根据 GPL 通用公共许可证第 2 版编写和发行的、基于 Web 界面的企业级监控系统开源免费软件，也是目前比较常用的分布式系统监控和网络监控的解决方案。Zabbix 起初是由 Alexei Vladishev 开发的，目前主要是由 Zabbix SIA 在持续开发和支持。

Zabbix 能够监控各种网络参数和服务器的健康性与完整性，从而保证服务器的安全运行，同时也使用灵活的通知机制，允许用户为几乎任何事件配置基于邮件的报警，这样可以使得管理员能够快速接收到服务器的问题，以便及时定位和解决问题。另外，Zabbix 通过已存储的数据提供了出色的报告和数据可视化功能，这些功能使得它成为容易规划的理想方案。

Zabbix 支持主动轮询和被动捕获，所有的报告、统计信息和配置参数都可以通过 Web 前端页面进行访问。同时，基于 Web 前端页面可以确保从任何方面评估网络状态和服务器的健康性，适当的配置后就可以在 IT 基础架构监控方面扮演重要的角色。对于只有少量服务器的小型组织和拥有大量服务器的大型公司也同样如此。

24.1.2　Zabbix 组件结构

Zabbix 主要由 Zabbix Server 和 Zabbix Agent 这两个部分组成。其中，Server 部分是基于类 Linux 系统环境下运行的，Agent 则可以在多种平台环境下运行。总的来说，Zabbix Server 可以通过 SNMP、Zabbix Agent、Ping 等多种方法提供对远程服务器/网络状态的监视、数据的收集等。Zabbix Agent 则是安装在被监视的终端上，主要作用是完成硬件信息、操作系统中的内存、CPU 及硬盘空间等信息的收集和反馈。

以下是使用 Zabbix 系统时会涉及的一些术语：

- Zabbix_Server: 这是整个监控体系中最核心的组件，能够单独监视远程服务器的服务状态，也可以与其 Agent 配合收集相关的数据。总的来说，它就是负责接收客户端发送的报告信息，所有配置、统计数据及操作数据都由它组织。
- 数据库存储: 所有配置信息和 Zabbix 收集到的数据都被存储在数据库中。
- Web 界面: Zabbix Web 界面，可以从任何地方和任何平台轻松直观地访问。Web 界面是 Zabbix Server 的一部分，通常跟 Zabbix Server 运行在同一台物理机器上（如果使用 SQLite，Zabbix Web 界面必须与 Zabbix Server 在同一台物理机器上）。
- Zabbix_Proxy（可选）: 用于监控节点非常多的分布式环境中，它可以代理 Zabbix-Server 的功能，减轻 Zabbix-Server 的压力。
- Zabbix_Agent: Zabbix-Agent 为客户端软件，用于采集各监控项目的数据，并把采集的数据传输给 Zabbix-Proxy 或 Zabbix-Server。

24.2　Zabbix 服务搭建

本节主要介绍如何搭建 Zabbix 服务，包括安装 Zabbix 组件、启动服务进程和安装 MariaDB。

24.2.1　安装 Zabbix 服务组件

Zabbix 服务组件具有以下特点：

- 开源免费，安装和配置简单，学习成本比较低。
- 多语言，支持各种不同的语言，运行根据实际需要进行选择。
- 集中管理，能够将指定客户端的信息集中到服务器端，并利用 Web 界面集中显示/查看监视结果。
- 采用主动方式获取信息、被动方式接收信息，并对特殊的数据以邮件等方式通知管理员。

Zabbix 所具有的特点能够反映出它具备的能力（在接下来的各小节中介绍）。本节重点介绍 Zabbix 相关组件的安装，由于涉及依赖包的问题，因此使用 YUM 服务来安装。

首先，在本机具有 YUM 服务的前提下从网络上获取 Zabbix rpm 源的地址进行安装。在 Zabbix 服务器中建议安装其客户端软件来实现对本地资源的监视，同时还可以使用它来做测试，目的是检验本地的 Zabbix 运行正常。

Zabbix 有部署包、源代码、容器三种常见的安装方式，本例采用部署包的安装方式。

- 安装 Zabbix rpm 包仓库：

```
[root@wusir ~]#    rpm -ivh
http://repo.zabbix.com/zabbix/3.4/rhel/7/x86_64/zabbix-release-3.4-1.el7.noarch.rpm
```

- 安装 zabbix-server-MySQL zabbix-web-MySQL：

```
[root@wusir ~]# yum install zabbix-server-MySQL zabbix-web-MySQL
```

● 安装 zabbix-agent：

```
[root@wusir ~]# yum install zabbix-agent
```

24.2.2 启动 Zabbix 的服务进程

完成 Zabbix 软件的安装后，接下来需要检测是否安装成功，因此要对它的服务进程进行启动。Zabbix 的服务进程名为 zabbix-server，可以使用以下命令来启动。

```
[root@wusir ~]# systemctl start zabbix-server
```

同时还需要启动它的代理并给它提供 Web 界面的 HTTP 服务，启动的命令如下：

```
[root@wusir ~]# systemctl start zabbix-agent
[root@wusir ~]# systemctl start httpd
```

可以使用以下命令来设置 Zabbix 及其相关的服务开机启动：

```
[root@wusir ~]# systemctl enable zabbix-server
[root@wusir ~]# systemctl enable zabbix-agent
[root@wusir ~]# systemctl enable httpd
```

完成以上准备工作后，接下来需要做的是关闭防火墙或在防火墙上开 80 端口，并将 SELinux 关闭，不然在访问 Zabbix 时会被限制。

最后，使用浏览器并输入 Zabbix 主机 IP 地址和项目名称（要打开的 Zabbix 名称）。其访问的格式为 http://server_ip/zabbix/。如图 24-1 所示是 Zabbix 的测试页，此时说明 Zabbix 已经正常运行。

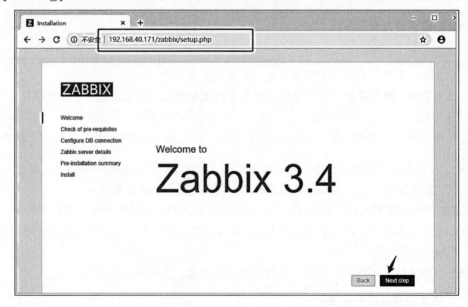

图 24-1 Zabbix 的测试页

24.2.3 安装 MariaDB 数据库

上面我们安装了 Zabbix-Server 端，Zabbix-Server 端将采集的数据存储在数据库中，最常用的数据库是 MySQL，考虑到 MySQL 已被 Oracle 收购，在此我们使用 MariaDB 作为 Zabbix 的数据存储。

安装 MariaDB：

```
[root@wusir ~]# yum -y install mariadb-server mariadb
```

启动和设置开机自启服务：

```
[root@wusir ~]# systemctl start mariadb && systemctl enable mariadb
```

启动数据库：

```
[root@wusir ~]# systemctl start mariadb #启动 MariaDB
[root@wusir ~]# systemctl stop mariadb #停止 MariaDB
[root@wusir ~]# systemctl restart mariadb #重启 MariaDB
```

设置开机自启服务：

```
[root@wusir ~]# systemctl enable mariadb #设置开机启动
[root@wusir ~]# MySQL -uroot # 启动数据库
MariaDB [(none)]> create database zabbix character set utf8 collate utf8_bin;
MariaDB [(none)]> grant all privileges on zabbix.* to zabbix@localhost
identified by 'zabbix';
MariaDB [(none)]> quit
```

导入初始模式和数据：

```
[root@wusir ~]# zcat /usr/share/doc/zabbix-server-MySQL*/create.sql.gz |
MySQL -uzabbix -p zabbix
```

24.3　Zabbix 系统应用配置

Zabbix 具备常见的商业监控软件所具备的功能（主机的性能监控、网络设备性能监控、数据库性能监控、FTP 等通用协议监控、多种报警方式、详细的报表图表绘制等），支持自动发现网络设备和服务器，支持分布式，能集中展示、管理分布式的监控点，扩展性强。Server 提供通用接口，可以自己开发完善各类监控。

24.3.1　为 Zabbix 前端配置 PHP 并更改时区

通过给 Zabbix 前端配置 PHP，可以方便运维人员更改时区，这为运维过程中需要更改时区提供了方便。具体方法是执行下述 root 命令：

```
[root@wusir ~]# vim /etc/httpd/conf.d/zabbix.conf
php_value date.timezone Asia/Shanghai
```

运行结果如图 24-2 所示。

```
# Zabbix monitoring system php web frontend
#
Alias /zabbix /usr/share/zabbix

<Directory "/usr/share/zabbix">
    Options FollowSymLinks
    AllowOverride None
    Require all granted

    <IfModule mod_php5.c>
        php_value max_execution_time 300
        php_value memory_limit 128M
        php_value post_max_size 16M
        php_value upload_max_filesize 2M
        php_value max_input_time 300
        php_value max_input_vars 10000
        php_value always_populate_raw_post_data -1
        php_value date.timezone Asia/Shanghai
        # php_value date.timezone Europe/Riga
    </IfModule>
</Directory>

<Directory "/usr/share/zabbix/conf">
"/etc/httpd/conf.d/zabbix.conf" 39L, 916C                    2
```

图 24-2　执行命令的结果

进入"[root@wusir ~]# vi /etc/php.ini"，//将最前面的分号去掉、上面时区改成亚洲上海，修改之后如下所示：

```
875 [Date]
876 ; Defines the default timezone used by the date functions
877 ;  http://php.net/date.timezone
878 date.timezone =Asia/Shanghai
879
```

重启 httpd 服务：

```
[root@wusir ~]#systemctl restart  httpd
```

24.3.2　Zabbix 监控配置

Zabbix 为了达到可以监控客户端的目标，需要先进行系统配置。下面我们主要讲解 Zabbix 监控主机的配置过程。

1. Zabbix 监控主机

了解整个 Zabbix 的监控配置，需要了解主机、监控项、触发器这 3 个基本概念。

- 主机（Host）是要监控的网络实体（物理的或者虚拟的）。Zabbix 中对于主机的定义非常灵活，它可以是一台物理服务器、一个网络交换机、一个虚拟机或者一些应用。
- 监控项（Item）是从主机收集的数据信息，一个监控项是一个独立的指标，并且在一个监控项中可以指定从主机收集哪些数据。
- 触发器（Triggers）是由表达式构成的，它定义了监控项所采集数据的阈值，一旦某次采集的数据超出了触发器定义的阈值，触发器的状态就会转为"problem"，当采集的数据再次回归合理的范围后，状态会转为"OK"。

在此我们以监控一台主机为例介绍监控配置的整个过程。

（1）选择"配置→主机→创建主机"，如图 24-3 所示。

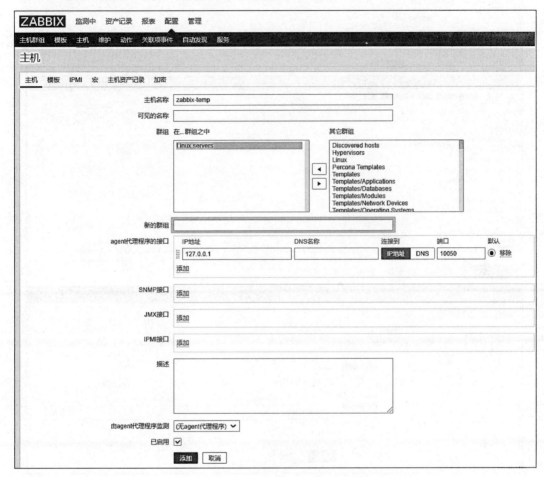

图 24-3　选择创建主机

选项说明：

- 主机名称：可以使用字母数字、空格、点"."、中画线"-"、下画线"_"，必须唯一，
  与 agent 中配置文件 zabbix_agentd.conf 的"Hostname"参数保持一致。
- 可见的名称：显示在网页列表上供展示的名称。
- 群组：主机所属的群组。
- IP 地址：被监控主机的 IP 地址。

其他配置默认。

（2）选择模板。

依次选择"配置→主机(选择 zabbix-temp 主机)→模板→选择"，再选择弹出"模板→添加"，
如图 24-4 所示。

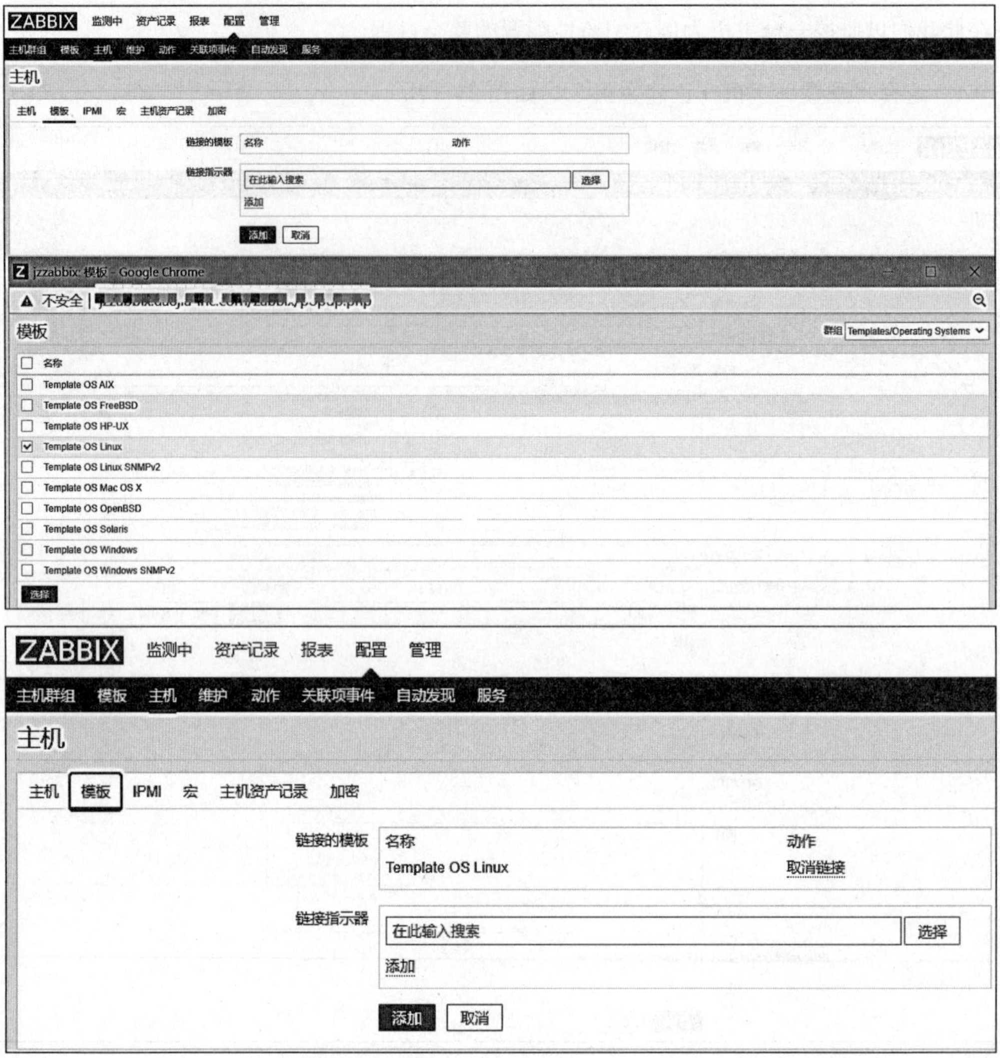

图 24-4　选择模板

单击"添加"按钮，可以看到被监控的主机 zabbix-temp，如图 24-5 所示。

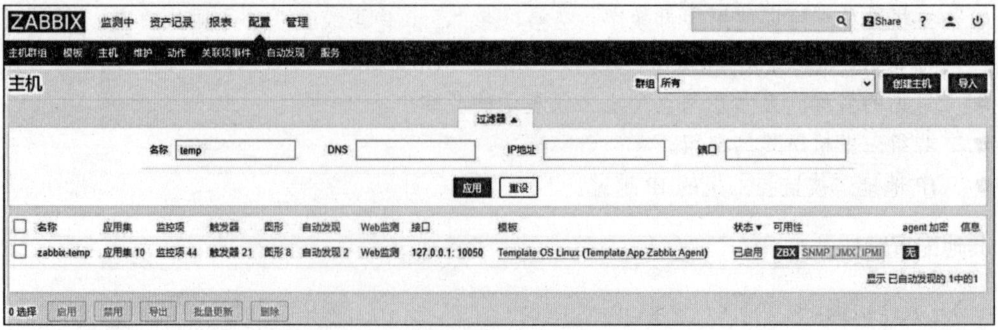

图 24-5　被监控的主机 zabbix-temp

单击监控项，可查看监控的 item，如图 24-6 所示。

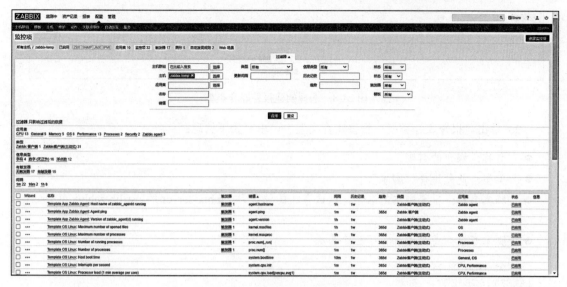

图 24-6　查看设置的监控项

单击触发器，可查看触发器，如图 24-7 所示。

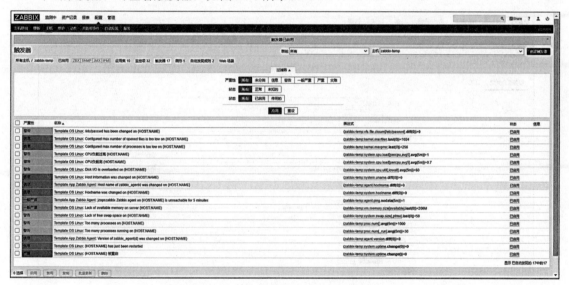

图 24-7　查看设置的触发器

至此，一台主机已经通过 Zabbix 监控起来，并且设置了常用的监控项以及触发器。

2. 报警设置

当监控项的值超过触发器设置的阈值时，我们是如何及时感知的呢？Zabbix 常见的报警媒介有脚本、邮件、短信等，此处我们以脚本为例展示如何创建一个报警媒介。

（1）单击"管理→报警媒介类型→创建媒体类型"，如图 24-8 所示。

图 24-8 选择创建报警媒介类型

（2）单击"报警媒介类型→报警媒介类型"，填写如下信息：

- 名称：媒介的名字。
- 类型：此处选择"脚本"。
- 脚本名称：报警脚本的名字，默认存放的位置为 zabbix-server 的 /usr/lib/zabbix/alertscripts 下。
- 脚本参数：此处添加如下三个参数：

```
{ALERT.SENDTO}：收件人
{ALERT.SUBJECT}：标题
{ALERT.MESSAGE}：内容
```

（3）单击"添加"按钮，完成报警媒介的创建，如图 24-9 所示。

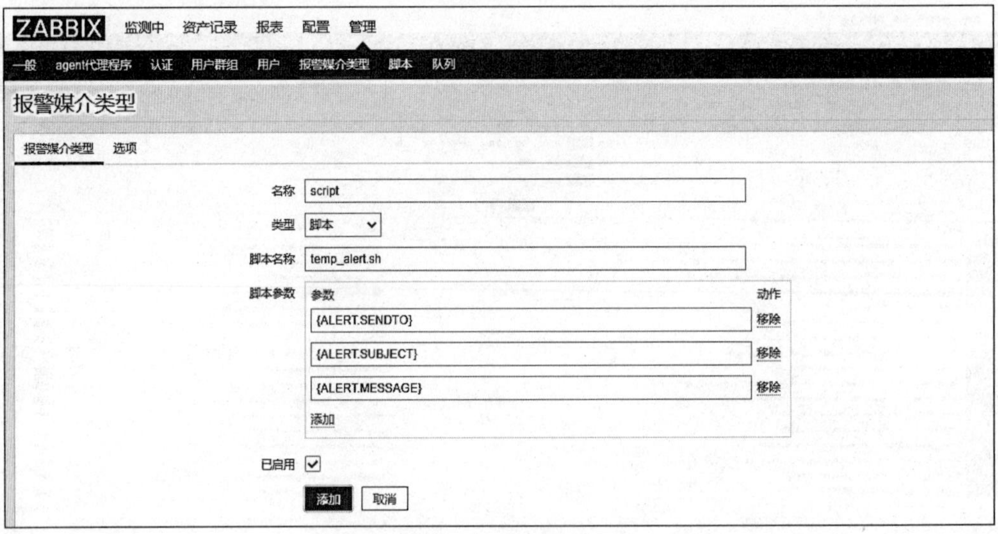

图 24-9 完成报警媒介的创建

3. 创建报警动作

有了报警媒介之后，我们可以创建响应的报警动作。当监控项的值超过了触发器设置的阈值时，就会触发动作，执行报警媒介中的脚本，从而实现快速报警。

（1）单击"配置→动作→事件源：触发器→创建动作"，填写如下信息：

- 名称：zabbix-server 重启。
- 新的触发条件：触发器= zabbix-temp zabbix-temp 被重启。

（2）单击"添加"按钮，添加新的触发条件，如图 24-10 所示。

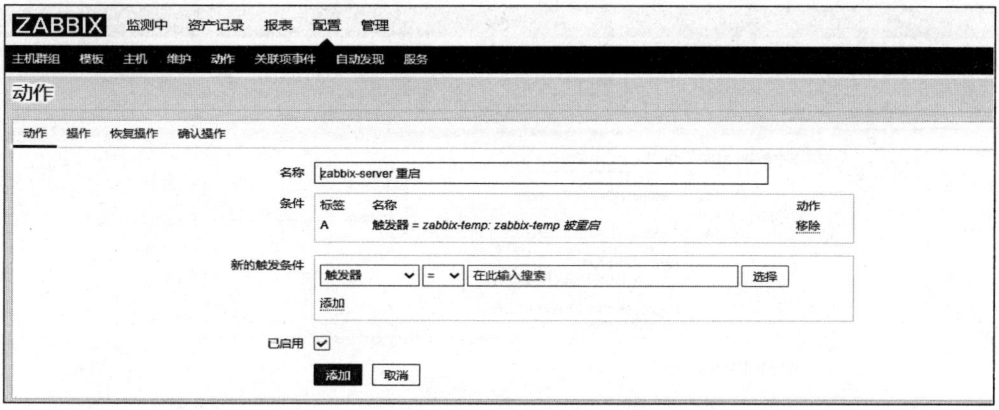

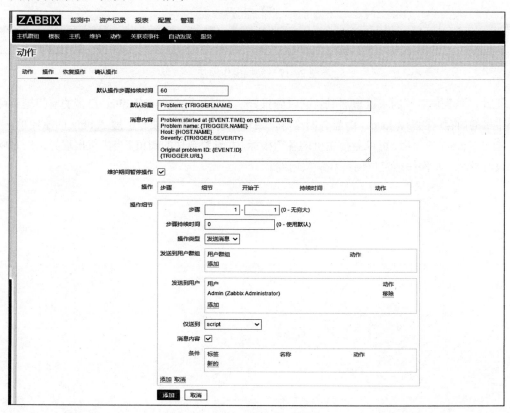

图 24-10　添加新的触发条件

（3）单击"操作→新的"，填写操作相关信息：

● 发送到用户：Admin。

● 仅送到：script（上述创建的报警媒介）。

其余内容默认，如图 24-11 所示。

图 24-11　填写操作信息

（4）单击"添加"按钮，完成操作的添加，如图 24-12 所示。

图 24-12 完成操作添加

至此，当我们监控的主机重启时就会收到报警，及时处理问题。Zabbix 自带的监控模板可以监控主机的内存、CPU、load、磁盘、网络等，还可以自定义监控项和扩展 Zabbix 的监控项。

通过 Zabbix 的使用，可以监控主机的各项指标，并设置合理的阈值。当主机出现异常的时候，可以及时发现，从而快速定位问题和解决问题。

第 25 章

Ansible 工具的配置与应用

服务器设备数量的增加直接给运维人员带来了大量的工作，出于对减轻运维工作量的需要，就出现了一些自动运维工具，Ansible 就是这样一款自动化运维工具。本章将从 Ansible 基础环境搭建、插件安装和虚拟环境配置这三个方面来介绍其应用。

25.1　搭建 Ansible 基础环境

在日常的服务器运维过程中，对于少量的设备管理使用手动逐个处理不会显得吃力，对于大量设备的管理借助相关的工具会使管理工作变轻松。本节介绍 Ansible 自动化运维工具的基本概念和安装。

25.1.1　Ansible 的基本概念

Ansible 是基于 Python 语言开发、SSH 协议实现、运行于类似 UNIX 系统的一款轻量级开源自动化运维管理工具，该管理工具集成包括 puppet、cfengine、chef、func 和 fabric 等众多运维管理工具的特征和优点，可实现对系统配置安装、应用程序部署和命令运行等批量处理的功能。

Ansible 由 Michael Dehaan 编写，不过在 2015 年被 Red Hat 收购并作为其 Linux 系统发行版的一部分。需要说明的是，Ansible 本身并没有批量处理的能力，而是提供一种框架，并将各种功能模块集成在框架之中，在工作时通过调用各种功能模块对指定的工作进行处理，同时也支持使用者对集成在其内的一些功能模板的编辑具备灵活的管理能力。

下面对 Ansible 的设计目标、特点进行说明。

- Ansible 采用最小安装的原则，使得管理系统不对环境施加额外依赖性，这也是它安全性的体现之一。
- Ansible 内置各种功能核心模块、命令模块和自定义模块，对节点环境依赖小之外能够创建节点的统一环境,实现单个功能模块对众多节点进行管理。

● Ansible 基于 SSH 协议来与其他主机通信,不在节点部署客户端是利用节点上的 openssh 来进行工作的。

● 采取基于主机中定义配置文件来指定被监控的主机,并借助插件完成日常的活动记录。

25.1.2　安装 Ansible 软件

Ansible 的安装比较简单,为了减少不必要的工作量,可以直接搭建 YUM 服务来安装,具体如下:

```
[root@test ~]# yum install ansible -y
已加载插件: fastestmirror, langpacks
Loading mirror speeds from cached hostfile
 * base: mirrors.163.com
 * extras: mirrors.zju.edu.cn
 * updates: centos.ustc.edu.cn
--->软件包 ansible-2.4.2.0-2.el7.noarch 已安装并且是最新版本
无任何处理
```

通过 YUM 服务的输出可以获知 Ansible 已经安装且是最新版本,可以使用以下命令来查看它的版本和相关信息:

```
[root@test ~]# ansible --version
ansible 2.4.2.0
  config file = /etc/ansible/ansible.cfg
  configured module search path = [u'/root/.ansible/plugins/modules',
u'/usr/es']
  ansible python module location = /usr/lib/python2.7/site-packages/ansible
  executable location = /usr/bin/ansible
  python version = 2.7.5 (default, Apr 11 2019, 07:36:10) [GCC 4.8.5 20150623
...
```

从命令的输出可以获取两项比较重要的信息,其中一项是版本号,另一项是它的配置文件。

/etc/ansible/ansible.cfg 文件的主要作用是对 Ansible 本身的配置,包括自身的优化和安全等。要使用 Ansible 来管理各个主机,还需要使用到另外一个文件/etc/ansible/hosts。该文件是各个节点的管理配置文件,通过它能够指定要监控的主机相关信息。

如下是/etc/ansible/hosts 文件的部分默认配置格式信息。

```
## 192.168.1.110
# If you have multiple hosts following a pattern you can specify
# them like this:
## www[001:006].example.com
# Ex 3: A collection of database servers in the 'dbservers' group
## [dbservers]
##
## db01.intranet.mydomain.net
## db02.intranet.mydomain.net
## 10.25.1.56
## 10.25.1.57
# Here's another example of host ranges, this time there are no
# leading 0s:
## db-[99:101]-node.example.com
```

25.2　Ansible 插件的基本配置

基于 Ansible 不需要在节点上安装代理，而是依靠 Openssh 和 Python 这两个插件来工作的特殊工作方式，OPenssh 只需要安装就可以使用，因此本节主要介绍 Python 的安装配置。

25.2.1　安装 Ansible 的插件

既可以从官网上获取 Python 的安装包，也可以使用 wget 命令来下载（前提是要获得它的具体下载地址）。

```
[root@test ~]# wget
http://www.python.org/ftp/python/3.6.5/Python-3.6.5.tar.xz
```

或者先下载到 Windows 后再上传到 Linux 上安装。另外，在安装 Python 时会涉及一些依赖包，因此需要先安装这些必要的依赖包，所需安装的依赖包有 zlib 和 zlib-devel，把它们安装后就可以开始安装 Ansible 插件了。

接下来开始介绍 Python 的安装，首先需要对 Python 的源码包进行解压。

```
[root@test ~]# tar xf Python-3.6.5.tar.xz
```

编译和安装:

```
[root@test ~]# cd Python-3.6.5/
[root@test Python-3.6.5]# ./configure --prefix=/usr/local
--with-ensurepip=install --enable-shared LDFLAGS="-Wl,-rpath /usr/local/lib"
checking build system type... x86_64-pc-linux-gun
checking host system type... x86_64-pc-linux-gun
checking for python3.6... no
checking for python3... no
checking for python... python
...
[root@test Python-3.6.5]# make && make altinstall
...
Collecting setuptools
Collecting pip
Installing collected pip-9.0.3 setuptools-39.0.1
```

至此，Python 插件安装完成。

现在还需要创建一个配置文件/usr/local/bin/pip3.6，为了在使用 Ansible 时不出错，因此将该文件复制并重命名为/usr/local/bin/pip。

最后还需要处理一个问题，就是利用/usr/local/bin/pip 文件来安装 virtualenv 软件，命令如下:

```
[root@test Python-3.6.5]# pip install virtualenv
Collecting virtualenv
  Downloading
https://files.pythonhosted.org/packages/4f/ba/6f9315180501d5ac3e707f19cfc26cc6
a9a31af05778f7c2383eadb/virtualenv-16.5.0-py2.py3-none-any.whl (2.0MB)
    100% |                        | 2.0MB 404Kb/s
Installing collected packages: virtualenv
Successfully installed virtualenv-16.5.0
```

```
You are using pip version 9.0.3, however version 19.1.1 is availables.
You should consider upgrading via the 'pip install -upgrade pip' command.
```

如果执行以上命令时出现如图 25-1 所示“Can’t connect to HTTPS URL”，说明 Openssh 与 Python 关联上出现了问题，需要对 Python 重新进行编译。

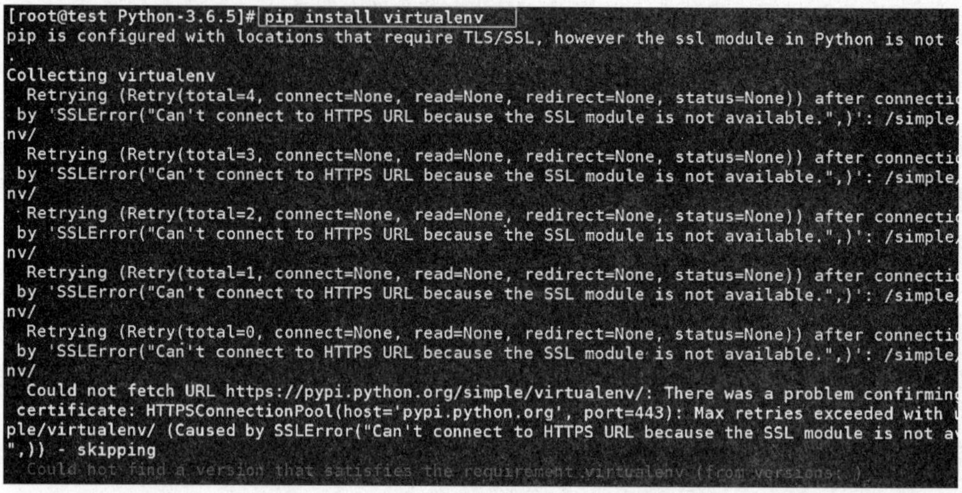

```
[root@test Python-3.6.5]# pip install virtualenv
pip is configured with locations that require TLS/SSL, however the ssl module in Python is not a
.
Collecting virtualenv
  Retrying (Retry(total=4, connect=None, read=None, redirect=None, status=None)) after connecti
 by 'SSLError("Can't connect to HTTPS URL because the SSL module is not available.",)': /simple/
nv/
  Retrying (Retry(total=3, connect=None, read=None, redirect=None, status=None)) after connecti
 by 'SSLError("Can't connect to HTTPS URL because the SSL module is not available.",)': /simple/
nv/
  Retrying (Retry(total=2, connect=None, read=None, redirect=None, status=None)) after connecti
 by 'SSLError("Can't connect to HTTPS URL because the SSL module is not available.",)': /simple/
nv/
  Retrying (Retry(total=1, connect=None, read=None, redirect=None, status=None)) after connecti
 by 'SSLError("Can't connect to HTTPS URL because the SSL module is not available.",)': /simple/
nv/
  Retrying (Retry(total=0, connect=None, read=None, redirect=None, status=None)) after connecti
 by 'SSLError("Can't connect to HTTPS URL because the SSL module is not available.",)': /simple/
nv/
  Could not fetch URL https://pypi.python.org/simple/virtualenv/: There was a problem confirmin
 certificate: HTTPSConnectionPool(host='pypi.python.org', port=443): Max retries exceeded with u
ple/virtualenv/ (Caused by SSLError("Can't connect to HTTPS URL because the SSL module is not av
",)) - skipping
```

图 25-1　出现无法连接到 URL 的问题

```
[root@test Python-3.6.5]#./configure --with-ssl
[root@test Python-3.6.5]#make
[root@test Python-3.6.5]#sudo make install
```

25.2.2　基于 Python 的环境配置

在配置 Python 环境时，可以借助相关工具从网络及时获取到最新的版本，或自己手动下载安装配置。能够借助网络资源来处理问题是一个不错的选择，为了减轻工作量，可以使用 Git 来协助 Python 环境的搭建。

使用 YUM 服务来安装 Git 和相关的组件。安装 Git 就是用它来下载 Python 相关的数据，因此不需要做额外的配置。

```
[root@test ~]# yum -y install git nss curl
已加载插件： fastestmirror, langpackes
Loading mirror speeds from cached hostfile
  * base: mirrors.163.com
  * extras: mirrors.zju.deu.cn
  *updates: mirrors.njupt.deu.cn
…
```

接下来创建 Ansible 账号。对于 Ansible 而言，尽可能降低系统的风险也是需要考虑的主要因素。出于对这个问题的考虑，在配置 Python 的环境时使用普通权限的账号来操作，因此在进入环境配置前要先创建 Ansible 的账号，并在创建后切换到该账号下进行工作。

```
[root@test Python-3.6.5]# useradd deploy
[root@test Python-3.6.5]# su - deploy
```

在 deploy 权限下，先执行 virtualenv 命令来为当前用户添加 Python 环境，具体如下：

```
[deploy@test ~]$ virtualenv -p /usr/local/bin/python3.6 .py3-a2.5-env
Already using interpreter /usr/local/bin/python3.6
Using base prefix '/usr/local'
New python executable in /home/deploy/.py3-a2.5-env/bin/python3.6
Also creating executable in /home/deploy/.py3-a2.5-env/bin/python
Installing setuptools, pip, wheel...
done.
```

开始从网上克隆 Ansible 的数据，用来构建 Python 环境：

```
[deploy@test ~]$ git clone https://github.com/ansible/ansible.git
在克隆岛 'ansible' ...
remote: Enumerating objects: 40, done.
remote: Counting objects: 100% (40/40), done.
remote: Compressing objects: 100% (21/21), done.
remote: Total 433962 (delta 19), reused 25 (delta 17), pack-reused 433922
接收对象中：100% (433962/433962), 155.17 MiB | 1.87 MiB/s, done.
处理 delta 中：100% (282286/282286), done.
```

克隆完成，接着加载 Python 3.6 环境：

```
[deploy@test ~]$ source /home/deploy/.py3-a2.5-env/bin/activate
(.py3-a2.5-env) [deploy@test ~]$ pip install paramiko PyYAML jinja2
```

执行结果如图 25-2 所示。

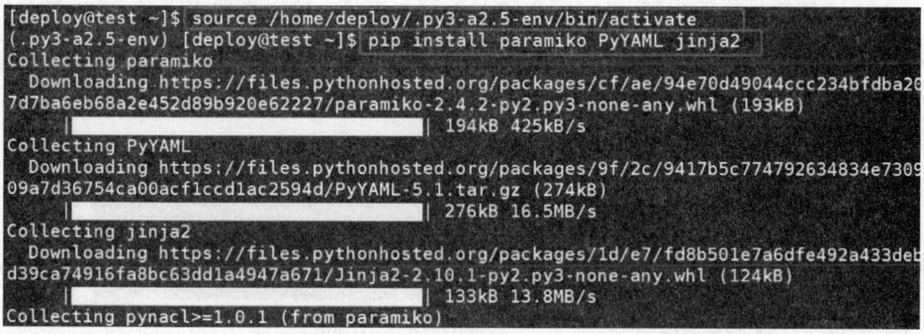

图 25-2　加载 Python 3.6 环境

使用 Git 来获取 stable 的相关数据。

```
(.py3-a2.5-env) [deploy@test ~]$ mv ansible .py3-a2.5-env/
(.py3-a2.5-env) [deploy@test ~]$ cd .py3-a2.5-env/ansible/
(.py3-a2.5-env) [deploy@test ansible]$ git checkout stable-2.5
```

分支 stable-2.5 设置为跟踪来自 origin 的远程分支 stable-2.5。切换到一个新分支 'stable-2.5'，
使用以下命令行来加载 2.5 版本数据：

```
(.py3-a2.5-env) [deploy@test ansible]$ source
/home/deploy/.py3-a2.5-env/ansible//hacking/env-setup -q
```

加载完成，最后使用以下命令来验证 Ansible 2.5 版本是否完成。

```
(.py3-a2.5-env) [deploy@test ansible]$ ansible --version
  ansible 2.5.15 (stable-2.5 ab16969416) last updated 2019/05/12 02:04:18 (GMT
+800)
```

```
    config file = /etc/ansible/ansible.cfg
    configured module search path = ['/home/deploy/.ansible/plugins/modules',
'/usr/share/ansiboe/plugins']
    ansible python module location =
/home/deploy/.py3-a2.5-env/ansible/lib/ansible
    executable location = /home/deploy/.py3-a2.5-env/ansible/bin/ansible
    python version = 3.6.5 (default, May 12 2019, 01:43:15) [GCC 4.8.5 20150623
(Red Hat 4.8.5-28)]
```

25.3 进入 Ansible 虚拟环境

我们通过使用 Python 的 virtualenv 创建了虚拟环境目录.py3-a2.5-env，在这个虚拟 Python 环境下完成了 Ansible 的编译安装操作。之所以采用 Python 的虚拟环境，是因为当一个服务器上要部署多个 Python 应用的时候，各个应用需要安装各自的依赖软件包。多个 Python 应用之间依赖的软件包的版本可能有冲突或者不同的软件包之间有冲突，所以使用 Python 虚拟环境将各个 Python 应用隔离起来，各 Python 应用运行在各自的虚拟环境中，虚拟环境安装该应用依赖的软件包。

只要在虚拟环境目录下执行 source bin/activate 即可进入创建的虚拟环境（虚拟环境目录，例如.py3-a2.5-env），在虚拟环境目录下执行 source bin/deactivate 即可退出虚拟环境。

由于 Python 虚拟环境的限制和 Ansible 本身的交互需求，所以需要进入 Ansible 所在的虚拟环境目录中交互执行 Ansible 命令。

执行以下命令，进入 Ansible 虚拟环境目录：

```
[root@test ~]# su - deploy
[deploy@test ~]$ source /home/deploy/.py3-a2.5-env/bin/activate
```

```
[root@test ~]# su - deploy
上一次登录：日 5月 12 01:53:59 CST 2019pts/2 上
[deploy@test ~]$ source /home/deploy/.py3-a2.5-env/bin/activate
(.py3-a2.5-env) [deploy@test ~]$
```

进入虚拟环境目录后要可以加载 Ansible 版本，这里加载 2.5 版本。

```
(.py3-a2.5-env) [deploy@test ~]$ source
/home/deploy/.py3-a2.5-env/ansible//hacking/env-setup -q
```

```
(.py3-a2.5-env) [deploy@test ~]$ source /home/deploy/.py3-a2.5-env/ansible//hacking/env-
setup -q

(.py3-a2.5-env) [deploy@test ~]$
```

如果想查看 Ansible 的版本号，可以执行下述命令：

```
(.py3-a2.5-env) [deploy@test ~]$ ansible-playbook --version
```

```
(.py3-a2.5-env) [deploy@test ~]$ ansible-playbook --version
ansible-playbook 2.5.15 (stable-2.5 ab16969416) last updated 2019/05/12 02:04:18 (GMT +800)
  config file = /etc/ansible/ansible.cfg
  configured module search path = ['/home/deploy/.ansible/plugins/modules', '/usr/share/ansible/plu
es']
  ansible python module location = /home/deploy/.py3-a2.5-env/ansible/lib/ansible
  executable location = /home/deploy/.py3-a2.5-env/ansible/bin/ansible-playbook
  python version = 3.6.5 (default, May 12 2019/ 01:43:15) [GCC 4.8.5 20150623 (Red Hat 4.8.5-28)]
(.py3-a2.5-env) [deploy@test ~]$
```

25.3.1　创建 playbook 的目录结构

通过上面的操作，在虚拟环境中已经有了 Ansible 工具，可以执行一些 Ansible 的常用命令。要使用 playbook 功能还需要创建 playbook 的基本目录结构。以下操作是创建 playbook 的基本目录（test-playbook）：

```
(.py3-a2.5-env) [deploy@test ~]$ mkdir test_playbooks
(.py3-a2.5-env) [deploy@test ~]$ cd test_playbooks/
```

```
(.py3-a2.5-env) [deploy@test ~]$ mkdir test_playbooks
(.py3-a2.5-env) [deploy@test ~]$ cd test_playbooks/
(.py3-a2.5-env) [deploy@test test_playbooks]$
```

添加 inventory 目录（自定义目录），用于存放主机信息文件 testenv。

```
(.py3-a2.5-env) [deploy@test test_playbooks]$ mkdir inventory
```

roles 目录是 Ansible 框架定义的目录，名称必须是 roles，和 inventory 自定义目录不一样。

```
(.py3-a2.5-env) [deploy@test test_playbooks]$ mkdir roles
(.py3-a2.5-env) [deploy@test test_playbooks]$ cd inventory/
(.py3-a2.5-env) [deploy@test inventory]$ vim testenv
```

```
(.py3-a2.5-env) [deploy@test test_playbooks]$ mkdir inventory
(.py3-a2.5-env) [deploy@test test_playbooks]$ mkdir roles
(.py3-a2.5-env) [deploy@test test_playbooks]$ cd inventory/
(.py3-a2.5-env) [deploy@test inventory]$ vim testenv
```

```
[testservers]
test.example.com
[testservers:vars]
server_name=test.example.com
user=root
output=/root/test.txt
```

```
(.py3-a2.5-env) [deploy@test inventory]$ vim testenv
(.py3-a2.5-env) [deploy@test inventory]$ cat -n testenv
     1  [testservers]
     2  test.example.com
     3
     4  [testservers:vars]
     5  server_name=test.example.com
     6  user=root
     7  output=/root/test.txt
```

继续创建 ansible-playbook 的目录结构：testbox 是自定义目录；tasks 目录是 ansible-playbook 定义的目录，不能修改名称；tasks/main.yml 文件是 ansible-playbook 的默认入口文件。

```
(.py3-a2.5-env) [deploy@test test_playbooks]$ ls
inventory roles
(.py3-a2.5-env) [deploy@test test_playbooks]$ cd roles/
(.py3-a2.5-env) [deploy@test roles]$ mkdir testbox
(.py3-a2.5-env) [deploy@test roles]$ cd testbox/
(.py3-a2.5-env) [deploy@test testbox]$ mkdir tasks
(.py3-a2.5-env) [deploy@test testbox]$ cd tasks/
(.py3-a2.5-env) [deploy@test tasks]$ vim main.yml
```

```
(.py3-a2.5-env) [deploy@test inventory]$ cd ..
(.py3-a2.5-env) [deploy@test test_playbooks]$ ls
inventory roles
(.py3-a2.5-env) [deploy@test test_playbooks]$ cd roles/
(.py3-a2.5-env) [deploy@test roles]$ mkdir testbox
(.py3-a2.5-env) [deploy@test roles]$ cd testbox/
(.py3-a2.5-env) [deploy@test testbox]$ mkdir tasks
(.py3-a2.5-env) [deploy@test testbox]$ cd tasks/
(.py3-a2.5-env) [deploy@test tasks]$ vim main.yml
```

25.3.2 使用默认的调用入口文件

main.yml 文件是 ansible-palybook 的默认调用入口文件，在这个文件里定义要做什么操作、执行什么命令等。例如，在 main.yml 中执行一条 shell 命令，输出"当前用户（{{user}}变量的值）正在登录服务器（{{server_name}}）" 到文件（{{output}}）中。

```
(.py3-a2.5-env) [deploy@test tasks]$ cat main.yml
name: Print server name and user to remote testbox
shell: "echo 'Currently {{ user }} is logining {{ server_name }}' > {{ output }}"
(.py3-a2.5-env) [deploy@test tasks]$
```

在 yml 类文件中的变量格式为{{var}}。

25.3.3 自定义调用入口文件

下面简单介绍一种 ansible-playbook 使用自定义调用入口文件 deploy.yml 而不使用默认 main.yml 的方法。一般在执行一些简单的操作或不想使用默认 main.yml 的情况下，可以使用自定义入口文件 deploy.yml。deploy.yml 这个文件名可以自定义，不是固定的：

```
(.py3-a2.5-env) [deploy@test tasks]$ pwd
/home/deploy/test_playbooks/roles/testbox/tasks
(.py3-a2.5-env) [deploy@test tasks]$ cd ../../..
(.py3-a2.5-env) [deploy@test test_playbooks]$ pwd
/home/deploy/test_playbooks
(.py3-a2.5-env) [deploy@test test_playbooks]$ vim deploy.yml
```

```
(.py3-a2.5-env) [deploy@test tasks]$ pwd
/home/deploy/test_playbooks/roles/testbox/tasks
(.py3-a2.5-env) [deploy@test tasks]$ cd ../../..
(.py3-a2.5-env) [deploy@test test_playbooks]$ pwd
/home/deploy/test_playbooks
(.py3-a2.5-env) [deploy@test test_playbooks]$ vim deploy.yml
```

```
- hosts: "testservers"
  gather_facts: true
  remote_user: root
  roles:
- testbox
```

如下述 deploy.yml 文件中定义，执行目标服务器 testservers，收集目标主机信息，在目标服务器上使用 root 用户登录，目标服务器上执行 roles 中 testbox 这个 role 定义。

```
(.py3-a2.5-env) [deploy@test test_playbooks]$ vim deploy.yml
(.py3-a2.5-env) [deploy@test test_playbooks]$ cat -n deploy.yml
     1  - hosts: "testservers"
     2    gather_facts: true
     3    remote_user: root
     4    roles:
     5      - testbox
     6
     7
(.py3-a2.5-env) [deploy@test test_playbooks]$
```

由于上面定义的目标服务为 test.example.com，因此需要在本地 hosts 上绑定 test.example.com
的具体 IP 地址。切换到 root 用户：

```
(.py3-a2.5-env) [deploy@test test_playbooks]$ su - root
```

密码：

上一次登录：日 5 月 12 09:51:02 CST 2019 从 192.168.40.1pts/0 上

```
[root@test ~]# vim /etc/hosts
```

```
(.py3-a2.5-env) [deploy@test test_playbooks]$ su - root
密码:
上一次登录: 日 5月 12 09:51:02 CST 2019从 192.168.40.1pts/0 上
[root@test ~]# vim /etc/hosts
```

在/etc/hosts 文件中添加，如下所示：

```
[root@test ~]# cat /etc/hosts
127.0.0.1   localhost localhost.localdomain localhost4 localhost4.localdomain4
::1         localhost localhost.localdomain localhost6 localhost6.localdomain6
192.168.40.128 wusir
192.168.40.128 test.exacple.com
```

创建 deploy 用户公钥，在目标服务器上部署 deploy 用户的公钥文件 id_rsa.pub：

```
(.py3-a2.5-env) [deploy@test test_playbooks]$ ssh-keygen -t rsa
```

```
[root@test ~]# exit
登出
(.py3-a2.5-env) [deploy@test test_playbooks]$ ssh-keygen -t rsa
Generating public/private rsa key pair.
Enter file in which to save the key (/home/deploy/.ssh/id_rsa):
Created directory '/home/deploy/.ssh'.
Enter passphrase (empty for no passphrase):
Enter same passphrase again:
Your identification has been saved in /home/deploy/.ssh/id_rsa
Your public key has been saved in /home/deploy/.ssh/id_rsa.pub
The key fingerprint is:
SHA256:9jUC5GBNHjCE6xZ3aBJ2HOyUKy+w4vAYk/seoxI2qnM deploy@test
The key's randomart image is:
+---[RSA 2048]----+
|      =B*+        |
|     +.**..       |
|    . * o+        |
|   . = * .        |
|  . + B .S . o    |
|[Bo. + . . . o .  |
|=O+. .            |
|*oEo              |
|==o               |
+----[SHA256]-----+
```

注意，id_rsa 是私钥，id_rsa.pub 是公钥。

第 26 章

shell 及其常用命令

shell 是系统的用户界面，提供了用户与内核进行操作的一种接口。它按用户输入的命令并把它送入内核去执行，是在 Linux 内核与用户之间的解释器程序，现在的 Linux 通常指/bin/bash 解释器来负责向内核翻译以及传达用户程序命令，shell 相当于操作系统的外壳。

在 Linux 系统中，shell 的使用范围非常广，可以说，shell 是管理系统必要的接口，通过 shell 脚本程序可以实现自动化运维，大大提高运维效率。

本章主要介绍 shell 的概念\常用命令以及脚本编程的基本知识。

26.1　shell 概述

在 Linux 系统中，shell 的使用是非常普遍的，特别是在远程维护时。本节主要介绍 shell 的概念和工作原理。

26.1.1　什么是 shell

实际上，shell 就是一个用 C 语言编写的程序，是用户使用 Linux 系统的桥梁。shell 既是一种命令语言，又是一种程序设计语言。shell 这个应用程序为用户提供了一个界面，用户通过这个界面访问操作系统内核的服务。

我们知道，计算机只能够识别 0 和 1 的机器码，并利用这些机器码来完成各种操作。在使用计算机时输入的并非是 0 和 1 所组成的机器码，而是由一些字母或字母和数字等组成的命令。这些命令在通过 shell 后被翻译成 0 和 1 所组成的一连串机器码，然后传送到内核中执行，并把执行结果输出。

在 Linux 系列系统下，内置了多种类型及功能不同的 shell。在 Red Hat 内核发行的 Linux 系统中，可以在/etc/shells 文件下找到系统内置支持的 shell，比较流行的 shell 主要有表 26-1 所示的这几种。

表26-1 流行的shell

shell 名称	执行名称	原始开发者	授权协议
Bourne shell（sh）	/bin/sh	Stephen Bourne	BSD/Public Domain
Bourne Again shell（bash）	/bin/bash	Brian Fox	GPL
C shell（csh）	/bin/csh	Bill Joy	CPL
Korn shell93（ksh93）	/bin/ksh	Davimd Korn	BSD

提示，/etc/shells 是一个纯文本文件，既可以使用编辑器打开，也可以使用 cat 命令查看。

26.1.2 shell 的工作原理

在 Linux 系列系统下的 shell 是用户与系统内核交流的接口，负责将用户执行的命令翻译成机器码后送到系统的内核执行并将执行结果返回。连接系统内核与用户之间的程序接口的 shell 为用户提供一种启动程序、管理文件系统中的文件以及管理运行在系统上的进程的方式。

shell 命令语言解释程序是 Linux 系统为用户提供最重要的系统程序，但 shell 并不属于系统内核的组成部分而是在系统内核之外，并以用户态的方式运行。也就是说，如果整个系统划分为用户空间和内核空间，那么 shell 就是运行在用户空间，并且在用户空间中还存在用于存放系统命令的命令库。shell 的基本结构如图 26-1 所示。

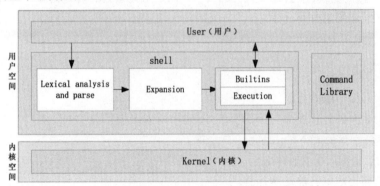

图 26-1 shell 的基本结构

在整个用户空间中，shell 位于用户层的下面，并与内核空间的内核相接。对于 shell 而言，实际上它是系统在初启后为用户启动的一个独立进程，用户可以根据自身的权限通过这个特殊进程来使用系统资源，从而操控计算机的硬件进行工作。shell 的工作流程如图 26-2 所示。

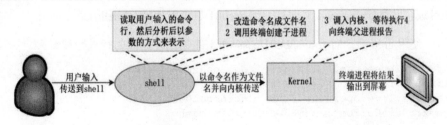

图 26-2 shell 的工作流程

用户通过 shell 来操控计算机的流程为：用户通过终端命令提示符将自己的想法（需要计算机

做的事）以命令的方式输入 shell 中，shell 将用户输入的命令翻译成计算机能够识别的 0 和 1 组成的机器码，之后将这些机器码传送到内核中，内核则根据这些机器码来操作计算机硬件，最后将操作的结果输出到显示器上。

26.2 shell 的常用命令

shell 命令是系统非常重要的组成之一，是管理系统不可缺少的有效手段，因此熟练使用 shell 命令是能够快速解决问题的方式之一。下面介绍 shell 的常用命令。

26.2.1 grep 命令

在 grep 命令出现前，UNIX 用户使用 ed 行编辑器来处理文本文件，后来在该行编辑器前加上 global 并在找到匹配的内容后将这些内容显示在屏幕上。将以上操作放在一起，就是 global regular expression print，后来将每个单词取前一个字母，也就是如今使用率非常高的 grep 命令。后来在 grep 命令上衍生出其他命令，如 egrep 和 fgrep。

使用 grep 命令可以对文件中的内容进行匹配搜索（匹配的内容可以是字符、字符串或者单词，甚至是句子），操作文件时不会改变文件的内容，只是将搜索到的内容输出。

grep 命令的语法格式如下：

```
grep 选项 模式 文件名
```

常用选项：

- -c: 仅列出匹配的行数。
- -h: 对多文件进行查询时，不显示文件名。
- -i: 忽略字母的大小写（适用于单字符）。
- -l: 输出匹配行的文件名。
- -n: 在输出的每行前显示行号。
- -v: 显示没有匹配的行。
- -w: 将表达式作为一个完整的单词来搜索。
- -s: 不显示不存在或无匹配文件的错误信息。

下面通过几个例子来对 grep 命令进行进一步的了解。为了在操作中减少对系统的损害，先创建 shell01 目录，并将/etc/passwd 文件复制到 shell01 目录下（/root/shell01/）。

示例 1：使用 grep 命令对/root/shell01/passwd 文件中含有 root 的行进行搜索。

```
[root@localhost shell01]# grep root passwd
root:x:0:0:root:/root:/bin/bash
operator:x:11:0:operator:/root:/sbin/nologin
Gavin:x:500:500:root:/home/Gavin:/bin/bash
```

示例 2：在输出信息的同时打印行号，比如使用选项-n 显示对搜索到的行在文件中的位置。

```
[root@localhost shell01]# grep -n root passwd
```

```
1:root:x:0:0:root:/root:/bin/bash
1:operator:x:11:0:operator:/root:/sbin/nologin
34:Gavin:x:500:500:root:/home/Gavin:/bin/bash
```

示例 3：统计某个关键字在文件中出现的次数，比如使用-o 选项和 wc 命令来查看 root 关键字出现的次数。

```
[root@localhost shell01]# grep -o root passwd | wc -l
5
```

26.2.2　cat 命令

cat（concatenate）命令用于读取文件的内容并将读取到的内容输出到标准输出或重定向到指定的文件，命令的使用权限对系统所有用户开放。

cat 命令的语法格式如下：

```
cat [OPTION] [FILE]...
```

常用选项：

- -n（number）：从第一行开始对文件输出的所有行继续编号。
- -b：忽略对空白行的编号。
- -s（--squeeze-blank）：将连续的两行空白行合并为一行。
- -c：以字符为单位进行分割。
- -d：自定义分隔符，默认为制表符。
- -f：与-d 一起使用，指定显示哪个区域。

示例 1：截取指定文件 pawwd 的首列信息。命令中的:是分隔符，f1 表示截取指定文件中的列数。

```
[root@localhost ~]# cat -d: -f1 passwd
root
bin
daemon
adm
lp
...
```

示例 2：指定要截取的行数，默认 head 输出文件的前 10 行，使用-3 表示只截取 3 行信息。

```
[root@localhost ~]# cat -d: -f1 passwd | head -3
root
bin
daemon
```

示例 3：如果需要同时截取多列信息，就使用-f 选项来指定。下面截取 passwd 文件中前四行的第 1 列和第 3 列。

```
[root@localhost ~]# cat -d: -f1,3 passwd | head -4
root:0
bin:1
daemon:2
adm:3
```

示例 4：将指定文件的内容以字符为单位进行分割。下面截取文件 passwd 前 10 行的每行前 6 个字符。

```
[root@localhost ~]# cat -c1-6 passwd | head
root:x
bin:x:
daemon
adm:x:
lp:x:4
shutdo
...
```

示例 5：如果从指定文件的第 6 个开始全部截取出来，就可以使用以下命令：

```
[root@localhost ~]# cat -c6- passwd
```

26.2.3 sort 命令

sort 命令的作用是将文件的每一行作为一个单位，从首字符向后依次按 ASCII 码值进行比较，最后将它们按升序方式输出。

sort 命令的语法格式如下：

```
sort [OPTION] [FILE]
```

常用选项：

- -u: 去除重复行。
- -r: 降序排列，默认是升序。
- -o: 将排序结果输出到文件中。
- -n: 以数字排序，默认是按字符排序。
- -t: 分隔符。
- -k: 第 N 列。
- -b: 忽略前导空格。
- -R: 随机排序，每次运行的结果均不同。

示例 1：对文件前 10 行以某字段进行排序，如对 passwd 文件中以第三列（UID）进行升序排序。

```
[root@localhost ~]# sort -n -t: -k3 passwd
root:x:0:0:root:/root:/bin/bash
bin:x:1:1:bin:/bin:/sbin/nologin
daemon:x:2:2:daemon:/sbin:/sbin/nologin
adm:x:3:4:adm:/var/adm:/sbin/nologin
lp:x:4:7:lp:var/spool/lpd:/sbin/nologin
...
```

示例 2：上例实现的功能，如果要以降序方式排列，可以使用以下命令：

```
[root@localhost ~]# sort -nr -t: -k3 passwd
```

26.2.4　uniq 命令

uniq（全称 unique）的作用是去除连续重复行。

uniq 命令的语法格式如下：

```
uniq cat [OPTION] [FILE]
```

常用选项：

- -i::　忽略大小写。
- -c:　统计重复行次数。
- -d:　只显示重复行。

示例 1：去除指定文件中连续重复的行（非连续时不去除），并将结果输出。

```
[root@localhost shell01]# uniq 1.txt
1
2
3
22
222
11
2
12
...
```

示例 2：对指定文件中重复行出现的次数进行统计，其中首列是重复的总次数，第二列是重复的数字。

```
[root@localhost shell01]# uniq -c 1.txt
1  1
4  2
1  3
1  22
1  222
1  11
...
```

示例 3：只显示文件中重复行及次数。

```
[root@localhost shell01]# uniq -cd 1.txt
4  2
```

26.2.5　tee 命令

tee 命令的主要作用是从标准输入读取并写入标准输出和文件，也就是该命令具有标准输出的同时还可以将内容保存到指定的文件中。

tee 命令的语法格式如下：

```
tee [OPTION] [FILE]
```

示例 1：重定向文件输出的内容，并把 passwd 文件前 10 行的内容保存到 3.txt 中。

```
[root@localhost ~]# head passwd | tee 3.txt
```

```
root:x:0:0:root:/root:/bin/bash
bin:x:1:1:bin:/bin:/sbin/nologin
daemon:x:2:2:daemon:/sbin:/sbin/nologin
adm:x:3:4:adm:/var/adm:/sbin/nologin
lp:x:4:7:lp:var/spool/lpd:/sbin/nologin
...
```

示例 2：在源文件 3.txt 的基础上把 passwd 文件后 5 行信息追加到 3.txt 文件中但不覆盖源文件的内容，命令如下：

```
[root@localhost ~]# tail -5 passwd | tee -a 3.txt
sshd:x:74:74:Privilege-separated SSH:/var/empty/sshd:/sbin/nologin
tcpdump:x:72:72::/:/sbin/nologin
Gavin:x:500:500:root:/home/Gavin:/bin/bash
user:x:501:501::/home/user:/bin/bash
yw03:x:502:502::/home/yw03:/bin/bash
```

26.2.6　tr 命令

tr（全称为 traslate）命令用来从标准输入中通过替换或删除操作进行字符转换，主要用于删除文件中控制字符或进行字符转换。使用 tr 命令时要转换两个字符串：字符串 1 用于查询，字符串 2 用于处理各种转换。

tr 命令的语法格式如下：

tr [OPTION] [FILE]

常用选项：

- -d: 删除字符串 1 中所有输入的字符。
- -s: 删除所有重复出现字符，即对重复出现的字符（串）只输出一个。
- a-z: 匹配任意小写。
- A-Z: 匹配任意大写。
- 0-9: 匹配任意数字。

示例 1：删除文件当中指定的所有符号，如使用-d 选项来删除文件 3.txt 中的冒号和斜杠（/）。其中，中括号 [] 里面是匹配的内容，小于号（<）是标准输入符（也就是说把文件 3.txt 标准输入给 tr 处理）。

```
[root@localhost shell01]# tr -d '[:/]' < 3.txt
rootx00root/root/bin/bash
binx11bin/bin/sbin/nologin
daemonx22daemon/sbin/sbin/nologin
admx34adm/var/adm/sbin/nologin
lpx47lpvar/spool/lpd/sbin/nologin
...
```

也可以使用以下命令：

```
[root@localhost shell01]# cat 3.txt |tr -d '[:/]'
```

示例 2：替代文件当中指定的所有符号，将 3.txt 文件中 0~9 的数字全都使用 @ 符号来代替。

```
[root@localhost shell01]# tr '[0-9]' '@' < 3.txt
```

```
root:x:@:@:root:/root:/bin/bash
bin:x:@:@:bin:/bin:/sbin/nologin
daemon:x:@:@:daemon:/sbin:/sbin/nologin
adm:x:@:@:adm:/var/adm:/sbin/nologin
lp:x:@:@:lp:var/spool/lpd:/sbin/nologin
...
```

示例 3：把大小写字母替换，即将 3.txt 文件中的小写字母替换成大写字母。

```
[root@localhost shell01]# tr '[a-z]' ['A-Z'] < 3.txt
```

26.3　变量的基本概念

在 shell 脚本程序中，变量的作用是用于储存文件名、文件路径以及一些数字和变量等。变量在 shell 编程中使用十分频繁，通过变量的引用能够在编程、日常维护等方面节省大量的数值、名称等引用问题，简单地说就是变量的使用节省了大量的成本。

26.3.1　变量的概念

变量是一段有名字的连续存储空间，是程序中数据的临时存放场所。在这个存储空间中，其所储存的信息可以是单词、数值、日期甚至是属性等。在程序中，通过定义变量来申请并命名变量的存储空间，对于储存空间可直接指定变量名来引用。

变量中存储的数据称为变量值，这些变量值一般是暂时性的且只对当前的 shell 有效（也就是说当前 shell 定义的变量只有自己能使用）。使用变量前须先定义，被定义的变量值暂存在内存空间中，需要时才调用。例如，变量$var 的值 6 存放到内存空间中的流程如图 26-3 所示。

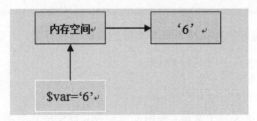

图 26-3　变量的值存入内存空间中的流程

在变量中所存储的值称为字符串（字符串由字符组成），它们是 shell 中唯一的数据形态。除了用户定义的变量之外，系统也有属于自己的变量，不过系统的变量通常是永久存在的，它们的作用是为用户提供一个初始化的工作环境。

26.3.2　变量的定义与引用

1. 变量的定义

变量须先定义后使用（也就是初始化），其定义格式如下：

```
class_name（变量名）="yunwei "（变量的值）
```

其中，class_name 为变量名字，称为变量名；"="表示变量的赋值操作符；yunwei 就是变量的值。

变量可以通过 echo 或者脚本来引用，需要注意的是，变量有临时和永久性两种：临时性变量仅对当前操作界面有效，在脚本内也仅对该脚本内有效；永久性变量可以随时引用。

可以使用 echo 命令引用临时变量，例如：

```
[root@shell ~]# echo $class_name
```

等价于：

```
[root@shell ~]# echo "yunwei"
```

如上所述，变量由两部分组成：一部分是变量名（通常位于"="的左边）；另一部分是变量的值（通常位于"="的右边）。变量名和变量值是使用和被使用的关系，变量名是用来使用变量值的。

变量名的命名须遵循如下规则：

（1）命名只能使用英文字母、数字和下画线，首个字符不能以数字开头。

（2）中间不能有空格，可以使用下画线"_"。

（3）不能使用标点符号。

（4）不能使用 bash 里的关键字（可用 help 命令查看保留关键字）。

注意，在变量中变量名称是严格区分大小写的，因此在定义和引用时需要注意，否则会导致引用出错。

示例 1：使用变量改写入门脚本中的第 1 个 shell 脚本，脚本命名为 test3.sh。

```
#!/bin/bash
str='hello world'
echo "$str"
```

完成基本的编程，并将可执行权授予脚本文件后就可以执行了。

```
[root@shell ~]# chmod u+x test3.sh
[root@shell ~]# ./test3.sh
hello world
```

示例 2：创建 test4.sh，定义一个变量，输出当前日期，日期格式要求为"年-月-日 时:分:秒"，以下是脚本代码。

```
#!/bin/bash
time='date "+%F %T"'
echo '$time'
```

注意，变量定义的内容是使用反引号（在 Esc 键下方）括起来的，当在脚本中需要执行一些命令并且将执行的结果赋给变量时需要使用反引号。

脚本保存后就可以执行了。

```
[root@shell ~]# ./test4.sh
2019-09-16 10:06:48
```

2. 变量的引用

一个变量只有在被声明、赋值、unset、export 或在变量代表一个信号（signal）后才可以真正被引用。变量的赋值可以使用 "=" 来实现，在变量的应用中有时还会出现变量的替换，这种替换称为部分引用或弱引用。

在引用变量时一定要在变量名前面添加一个 "$" 符号。该要求在其他语言中也是存在的（例如 PHP）。例如：

```
$变量名 ${变量名}
[root@localhost ~]# A=123456789
[root@localhost ~]# echo $A
123456789
```

获取变量值中指定的字符（串），可以使用以下命令行，命令是从第 3 个起（取第 4 个）连续取值 3 个。

```
root@localhost ~]# echo ${A:3:3}
456
```

从第二个开始取值，连续取值 5 个（在同一个窗口操作）。

```
[root@localhost ~]# echo ${A:2:5}
34567
```

对于有空格的字符串，在初始化时需要使用单/双引号（英文的单/双引号）括起来，否则会在引用时出错，如定义变量 a 的值为 hello world，要是 a 的值没有括起来，引用时就会出错，具体如下：

```
[root@localhost ~]# a=hello world
[root@localhost ~]# echo $a
-bash: world: command not found
```

使用单/双引号括起来，在引用时就不会出现报错的问题。

```
[root@localhost ~]# a='hello world'
```

或

```
[root@localhost ~]# a="hello world"
```

这时引用变量就不会出现无法引用的问题。

```
[root@localhost ~]# echo $a
hello world
```

如果在初始化变量值时不使用单/双引号，就可以使用反斜杠\来代替。

```
[root@localhost ~]# b= hello\ world
[root@localhost ~]# echo $b
hello world
```

3. 取消变量

对于变量的定义，如果出现定义的变量值不对，就必须使用该变量名称且此时又不能关闭窗口甚至是重启系统，在这种情况下可以使用取消变量的方式来解决问题。具体方法是：

```
unset 变量名
```

比如，对于所定义的 a 变量值为 hello world，但需要重新定义为 hello new world，那么此时就使用 unset 命令来取消变量。

```
[root@localhost ~]# unset a
```

取消后重新定义：

```
[root@localhost ~]# a= 'hello new world'
```

4. 整型变量的定义

整型变量在脚本编程中比较常见，因此应该了解如何对整型变量的定义。
定义整型变量的语法格式：

```
declare -i 整数值
```

常用选项：

- **-i:** 定义整型变量。
- **-r:** 使变量只读，即 readonly。
- **-x:** 标记变量通过环境导出。

下面是使用带有定义整数型的-i选项的declare命令来定义整型变量，并对整形变量进行引用。

```
[root@localhost ~]# declare -I a=11
[root@localhost ~]# declare -I b=22
[root@localhost ~]# declare -I c=$a+$b
[root@localhost ~]# echo $c
33
```

5. 变量值的覆盖问题

被定义的变量值会出现被覆盖的现象。要解决这个问题，可以使用-r 选项，借助该选项来初始化变量的值后在该变量再次被赋值时就会报错。下面以 A 为变量并对它进行赋值及再次赋值。

```
[root@localhost ~]# declare -r A=hello
[root@localhost ~]# echo $A
hello
```

在初始化和引用变量 A 时都不会出错，如果此时尝试对 A 再次初始化就会出错。

```
[root@localhost ~]# A=123
-bash: A:readonly variable
```

-x 选项的用法和其他的选项相同，只是作用不同，因此就不重复介绍了。

26.3.3 变量的其他用法

1. 只读变量的用法

在 shell 脚本中，还有一类变量是只读变量。简单理解，只读变量就是指值是固定的变量，此类变量不能进行重复赋值，是仅供引用的一类变量。这类变量主要使用在一些固定值引用的场合。

示例：定义变量 a，其初始值为 10，随后设置其为只读变量，再去尝试重新赋值，发现其值并未改变。

```
#!/bin/bash
a=10;
readonli a;
a=20;
echo $a;
```

脚本执行结果如下：

```
[root@shell ~]# chmod u+x test5.sh
[root@shell ~]# ./test5.sh
./test5.sh: line 4: a: readonly variable
10
```

2. 接收用户输入的脚本参数

接收用户输入的脚本在执行过程中需要来自用户输入的参数才能继续运行。

比如，在脚本中加入如下语法，表示接受用户输入：

read -p"提示信息"变量名

示例：编写一个脚本 test6.sh，要求执行之后提示用户输入文件的名称（路径），然后自动为用户创建该文件。

```
#!/bin/bash
read -p "请输入需要创建的文件名称或路径： " lujing
touch $lujing
```

授权并执行脚本。

```
[root@shell ~]#chmod u+x test6.sh
[root@shell ~]# ./test6.sh
请输入需要创建的文件名称或路径：/tmp/20190814.docx
[root@shell ~]#ls /tmp/
/tmp/20190814.docx          pulse-eFHetI99Wn3
a                           pulse-ILt6VM5RBbwh
```

3. 删除变量并重新赋值

对变量的定义主要是引用，不过在某些环境下对变量的定义并引用后需要重新赋值，如果是使用同样的变量名，就意味着赋值失败，有效的做法就是删除原先的变量值后重新赋值。

示例：定义变量 b=20，再输出 b 的值，随后删除变量 b 的值，再输出 b。

```
#!/bin/bash
b=20;
echo $b;
unset b;
echo $b;
```

授权并执行脚本：

```
[root@shell ~]#chmod u+x test7.sh
[root@shell ~]# ./test7.sh
```

20

通过输出,发现再次引用变量 b 的值时已不存在,其原因是使用 unset 命令清空了变量 b 的值。

26.4 变量的类型

Linux 操作系统下的变量有很多种类型,如环境变量和局部变量,此外还有特殊变量和系统内置变量,了解这些变量的特点和使用对于编写 shell 脚本很有必要。

26.4.1 环境变量

为了保证系统能够正常运行,需要定义一些永久性的变量,这些变量的值不会因程序结束或系统重启而失效,这类变量主要用于存储会话和工作环境的信息,如系统配置信息、用户账号以及其他数据信息等。

环境变量对每个进程都有效,并且能够被子进程调用,但调用变量的进程需要有权限才行,否则无法调用。

可以使用 env 命令查看环境变量。

```
[root@shell ~]# env
...
LANG=en_US.UTF-8
SELINUX_LEVEL_REQUESTED=
HISTCONTROL=ignoredups
SHLVL=1
HOME=/root
LOGNAME=root
CVS_RSH=ssh
SSH_CONNECTION=192.168.4.2 15932 192.168.1.181 22
LESSOPEN=|/usr/bin/lesspipe.sh %s
G_BROKEN_FILENAMES=1
_=/bin/env
```

对于系统的环境变量,有些变量用户并不一定有权限调用。另外,用户也有属于自己的变量。要查询当前用户的所有变量,可以使用 set 命令,比如使用 set 命令来获取带有 HIS 字符串的变量。

```
[root@shell ~]# set | grep ^HIS
HISTOCNTROL=ignoredups
HISTFILE=/root/.bash_history
HISFILESZIE=1000
HISTSIZE=1000
```

如果需要显示和设置变量,可以使用 export 命令。该命令可以将当前变量变成环境变量,如定义变量 HIS 的值并将其设置为环境变量。

```
[root@shell ~]# export HIS=yunwei
[root@shell ~]# env | grep ^HIS
HISTSIZE=1000
HIS=yunwei
HISTOCNTROL=ignoredups
```

　　需要注意的是，用这种方式设置的环境变量仅对当前窗口有效，因此在当前窗口中是可以调用的，而且在当前的窗口中只要不取消该变量就一直可以调用。

```
[root@shell ~]#echo $HIS
HIS=yunwei
[root@shell ~]#/bin/bash
[root@shell ~]#ps
PID      TTY         TIME    CMD
8106     pts/1      00:00:01    bash
8483     pts/1      00:00:00    bash
8492     pts/1      00:00:00    ps
[root@shell ~]#echo $HIS
HIS=yunwei
```

　　如果 HIS 这个变量未取消但要开启新的窗口并尝试引用它，就不会再调出这个变量。如果要在别的窗口中调用这个变量，就需要将此变量定义写入配置文件中。

26.4.2　局部变量

　　简单地说，局部变量（也称本地变量）就是存在生命周期的变量。局部变量只是在局部的进程中可见（也就是说只针对某段程序块有效），它们会在进程退出时随之消失。

　　操作系统本身为了能够给登录到系统的用户提供一个初始化的工作环境需要有自己的变量，可以通过 set 命令来获取系统所定义的最初变量。

```
[root@shell ~]# set
…
SHLVL=1
SSH_CLIENT='192.168.2.80 5242 22'
SSH_CONNECTION='192.168.2.80 5242 10.0.3.253 22'
SSH_TTY=/dev/pts/0
TERM=xterm
UID=0
USER=root
_=PATH
colors=/etc/DIR_COLORS
```

　　局部变量是所有用户和程序都能调用并且继承的，新建的用户默认能调用。下面对一些文件存储变量的类型进行介绍。

- $HOME/.bashrc: 当前用户的 bash 信息（aliase、umask 等）。
- $HOME/.bashprofile: 当前用户的环境变量。
- $HOME/.bashlogout: 每个用户退出当前 shell 时最后读取的文件。
- /etc/bashrc: 使用 bash shell 用户全局变量。
- /etc/profile: 系统和每个用户的环境变量信息。

　　其中，在文件前面使用 "." 的文件属于隐藏文件，可以使用带有选项-a 的 ls 命令查看。

```
[root@shell ~]# ls -a
.           .bash_history      .bash_profile    .gnome2      .vim
..          .bash_logout       .bashrc          .mozila      .viminfo
```

需要注意的是，每个用户的家目录下都有这些隐藏文件。其中，$HOME/.bashrc 文件是当前用户的 bash 信息（如 aliase、usmask 等），只针对当前用户生效，一般用于定义别名、默认权限和函数。

要使得一些变量对于某个用户一直生效，可以把变量定义到$HOME/.bashprofile 文件中，在该文件的相关变量仅对当前用户有效。例如，在名为 stul 用户主目录的.bashprofilew 文件中定义 HA 变量的值为 "hello world"。

在主目录下使用编辑器打开.bashprofilew 文件，并在编辑模式下使用 export 来定义变量，代码如下：

```
export HA='hello world'
```

完成后保存退出即可。在.bashprofile 文件中对变量进行定义后，变量是不能被调用的，需要执行 source 命令来加载配置，使更改文件立即生效才能引用。

```
[stul@localhost ~]# source .bash_profile
[stul@localhost ~]# echo $HA
hello world
```

这种方式定义的变量是不会因操作窗口改变而无法调用的，只要是在 stul 用户环境下就可以随时调用此变量。

26.4.3 特殊变量

特殊变量通常是指特殊符号，这些特殊符号所表示的是一些特定值。比较常见的特殊变量主要有$*和$@这两个，它们表示的是所有的位置参数。其中，$*所表示的是当前所指定的所有参数，$@所表示的是所指定的参数中的某个参数。

对于$*与$@，它们的每个参数都是由独立双引号引用的字符串，这使得在参数列表中的每个参数都被当成一个独立的值，而且这个值是没有被解释和扩展的（也就是说被引用的值能够被完整传递）。

26.4.4 系统内置变量

在 bash 中默认定义了许多内置变量，这些内置变量的设置会直接影响到 bash 脚本的行为，下面对部分 bash 内置变量进行说明。

- BASH 变量：完整路径名通常为/bin/bash，其指向 bash 的二进制执行文件的位置。
- BASH_ENV 变量：完成路径名为/bin/bash-ENV，其指向 bash 启动文件，仅在 bash 的非互动模式中适用。在执行 shell 脚本时，系统都会先对此文件进行检查，以便启动指定的文件。
- BASH_VERSINFO[n]变量：用于记录 bash 安装信息元素组。
- COLORS 变量：完整路径名为/etc/DIR_COLORS.xterm，用于设置文件的颜色，如可执行文件为绿色、压缩文件为红色等。
- DIRSTACK 变量：在目录栈中最上边的值（受到 pushd 和 popd 的影响），其与 dirs 命令保持一致，不过 dirs 命令是显示目录栈的全部内容。

- EDITOR 变量：脚本调用的默认编辑器，一般是 vi 或者 Emacs 编辑器。
- EUID 变量：定义用户 ID，即为有效的使用者 ID。实际上 EUID 并不一定与 UID 相同。
- GLOBIGNORE 变量：某个文件名的模式匹配列表，若在文件 globbing 中匹配到的文件包含这个列表，那么这个文件将从匹配列表中过滤掉。
- GROUPS 变量：此变量包含用户所属的组群列表，是一个数组变量。
- IFS 变量：内部域分隔符，用来决定 bash 在解释字符串时如何识别域，或是单词边界。IFS 默认为空白（如空格、tab 以及新行），不过可以根据实际情况来修改。
- HISTFILE 变量：设置历史脚本命令文件的路径，位于主目录下的.bash_history 文件中。
- HISTFILESIZE 变量：定义历史文件中所存储命令的最大行数。
- HOME 变量：用于设定用户家目录的位置，设置普通用户家目录的格式一般为/home+用户名，而系统管理员用户 root 的家目录位于/root 中。
- HOSTNAME 变量：用于设置主机名，hostname 命令位于一个 init 脚本中，在系统启动时分配一个系统名字。gethostname()函数用于设置 HOSTNAME 的内置变量。
- LANG 变量：用于设置当前系统语言的类型，如 en_US.UTF-8。
- LOGNAME 变量：用于设置登录系统的用户名。
- PATH 变量：用于定义外部命令的路径，系统一般将$PATH 的定义存储在/etc/processed 文件中。为了避免存在漏洞而导致误踩陷阱程序，一般不把当前目录加到 PATH 中，且执行程序时使用./格式。
- PIPESTATUS 变量：数组变量将保存最后一个运行在前台的退出码，不过这个退出码与最后一个命令所运行的退出码并不一定相同。PIPESTATUS 是一个不稳定变量，在任何命令插入并在管道询问后需要被立即捕捉到。
- PS1 变量：用于定义主要的提示符，如[\u@\h \W]\$。其中，\u 表示使用者名称，\@表示 24 小时制的时间格式，\h 表示主机名，\W 表示目前工作目录的主文件名部分，\$表示使用者的提示符，有 “#” 和 “$”。
- PS2 变量：定义次提示符，在额外输入时需要使用，默认为 “>”。例如，在终端提示符下的命令未输入完成而换行时将出现此符号。
- PS3 变量：定义第 3 个提示符，在 SELECT 循环中显示。
- PS4 变量：用于定义在跟踪程序时的各行的提示符号。
- PWD 变量：用于定义目前的工作目录，即当前使用者的目录。
- REPLY 变量：在 read 命令无变量的情况下，输入的字符将被保存在$REPLY 中，但只是提供选择的变量项目，而不是变量本身的值。
- SHELLOPTS 变量：此变量保存 shell 允许的选项，并且是只读的，其内容由 set – o 设为已开启的 shell 选项，以 “:” 隔开。
- SHLVL 变量：定义子 shell 的层数，如果使用命令行执行则为 1 层；使用命令行执行脚本则为 2 层，以此类推。
- TMOUT 变量：用于设置一个超时退出。TMOUT 设置一个非零时间值，在运行超过这个时间值后 shell 将提示超时并选择退出。

26.5 变量的其他定义方式

系统变量值按生存周期来划分，可以分为永久变量和临时变量这两类。定义永久变量时需要修改配置文件，使得变量永久生效；临时变量可以使用 export 命令声明，所声明的值在关闭 shell 时会失效。下面我们来看看这些变量的定义方法。

1. 在/etc/profile 文件中定义变量

在文件/etc/profile 中定义的变量将会对 Linux 系统下的所有用户有效，而且是"永久性存在的"。/etc/profile 文件的内容如下：

```
# /etc/profile
# System wide environment and startup programs, for login setup
# Functions and aliases go in /etc/bashrc
pathmunge () {
        if ! echo $PATH | /bin/egrep -q "(^|:)$1($|:)" ; then
            if [ "$2" = "after" ] ; then
                PATH=$PATH:$1
            else
                PATH=$1:$PATH
            fi
        fi
}
# Path manipulation
if [ `id -u` = 0 ]; then
        pathmunge /sbin
        pathmunge /usr/sbin
        pathmunge /usr/local/sbin
fi
pathmunge /usr/X11R6/bin after
# No core files by default
ulimit -S -c 0 > /dev/null 2>&1
USER="`id -un`"
LOGNAME=$USER
MAIL="/var/spool/mail/$USER"
HOSTNAME=`/bin/hostname`
HISTSIZE=1000
if [ -z "$INPUTRC" -a ! -f "$HOME/.inputrc" ]; then
    INPUTRC=/etc/inputrc
fi
export PATH USER LOGNAME MAIL HOSTNAME HISTSIZE INPUTRC
for i in /etc/profile.d/*.sh ; do
    if [ -r "$i" ]; then
        . $i
    fi
done
unset i
unset pathmunge
```

例如，需要在/etc/profile 文件中定义对系统所有用户有效的永久变量 CLASSPATH，则使用编辑器打开该文件并在编辑模式下使用 export 命令定义变量。

```
export CLASSPATH=./JAVA_HOME/lib;$JAVA_HOME/jre/lib
```

在完成修改/etc/profile 文件后，所设置的变量在下次启动系统时生效，若要立即生效则运行 source 命令。

```
[stul@localhost ~]# source /etc/profile
```

2. 在当前用户的.bash_profile 文件中定义

在.bash_profile 文件中所定义的变量只对单用户有效，也就是说属于个人使用的变量。在当前用户下的.bash_profile 文件中所定义的变量也属于永久变量。.bash_profile 文件的内容如下：

```
# .bash_profile
# Get the aliases and functions
if [ -f ~/.bashrc ]; then
        . ~/.bashrc
fi
# User specific environment and startup programs
PATH=$PATH:$HOME/bin
export PATH
#unset USERNAME
```

若需要编辑 root 用户目录（/root/）下的.bash_profile 文件，则添加变量 CLASSPATH2。

```
export CLASSPATH2=./JAVA_HOME/lib;$JAVA_HOME/jre/lib
```

修改文件后若需要设置立即生效，则运行命令行"source .bash_profile"，否则需要在下次重启系统时才生效。

3. 直接运行 export 命令定义变量

在终端提示符下，可以直接使用"export 变量名=变量值"的形式来定义变量，不过所定义的变量只对当前的 shell 有效，这种变量属于临时变量，关闭当前 shell 后所定义的变量会失效，若再需要使用则需重新定义。

26.6　shell 的脚本编程

Linux 系统下的每个 shell 程序被称为一个脚本，是一种很容易使用的工具，通过它可以将系统调用、公共程序、工具以及编译过的二进制程序粘合在一起并建立应用。事实上，所有的 Linux 系统的命令和工具再加上公共程序，对于 shell 脚本来说都是可调用的。shell 的内置命令也会给脚本添加强有力的支持以及增加灵活性。shell 脚本对于管理系统任务和其他重复工作的例程来说都表现得非常好。

26.6.1　什么是 shell 脚本

简单来说，shell 脚本就是将需要执行的命令保存到文本中，按照顺序执行。它是解释型的，意味着不需要编译。

准确叙述：若干命令+脚本的基本格式+脚本特定语法+思想= shell 脚本

我们把工作的命令写成脚本，以后仅仅执行脚本就能完成工作，可见 shell 脚本可以实现操作的自动化，在系统维护中经常使用，从而大大提高了工作效率。

一个 shell 脚本的基本格式如下：

```
#!/bin/bash           //脚本第一行 ，#! 特殊字符，指定执行脚本代码的程序，如 bash
#Name:脚本名字         //让后期维护人员看了就知道脚本的名称
#Desc:描述 describe    //告诉别人这个脚本的作用
#Path:存放路径         //脚本存放的位置
#Usage:用法            //执行脚本的方式
#Update:更新时间        //最近一次更改脚本的时间
//下面就是脚本的正文内容，就是脚本要实现的功能
date
hostname
```

如果要执行 shell 脚本，只需给脚本添加可执行权后即可，例如：

```
[root@localhost ~]# chmod +x shell_file_name
[root@localhost ~]# ./shell_file_name
```

也可以直接调用 shell 来执行，如下所示：

```
[root@localhost ~]# bash shell_file_name
```

运维前线

如果脚本文件没有可执行权限，可以直接调用 shell，不过在系统自动执行（调用）脚本时需要脚本有可执行权，因此建议授权脚本可执行权，以免在系统调用时因无权限而无法执行。

26.6.2 shell 中的通配符

Linux 系统下的命令行功能强大，可快速完成用户指定的操作，具有高效性、灵活性，更重要的是为机器节省了大量的资源，因此受到系统管理员的青睐。

事实上，包括内置和外部命令在内的 Linux 系统命令就有上千个，常用的命令也有上百个，要全部都记住并不容易，因此需要用一些方式来辅助记住这些命令。

通配符（wildcard，也称万能字符）是系统下匹配当前目录或相同名字文件的符号，通过这些通配符可以在很短的时间内找到需要操作的文件。在 CentOS 下其支持的通配符主要包括如下几个。

- *：匹配 0 个或 0 个以上的字符。
- ?：匹配一个且只有一个字符。
- [a~z]：匹配字符 a~z 范围内的所有字符。
- [^a~z]：不匹配字符 a~z 范围内的所有字符。
- [xyz]：匹配 x、y、z 中的任何一个字符。
- [^xyz]：不匹配不包括 x、y、z 中的所有字符。

这些通配符更多的是用于正则表达式或 shell 脚本中，在命令行中也常使用。可使用 "*" 通配符来匹配某个目录下的全部文件，如在 du 命令统计文件大小时结合 "*" 通配符来匹配当前目录下

的全部文件和目录。

```
[root@localhost ~]# du -sh *
…
48K install.log
12K install.log.syslog
4.0K    Music
4.0K    Pictures
4.0K    Public
4.0K    Templates
4.0K    Videos
```

如果是统计某个目录下的全部文件及目录，则可在"*"通配符前加上目录的路径，比如统计 /boot 目录下的文件和目录的大小，可使用如下命令行。

```
[root@localhost ~]# du -sh /boot *
…
48K install.log
12K install.log.syslog
4.0K    Music
4.0K    Pictures
4.0K    Public
4.0K    Templates
4.0K    Videos
```

通配符是在实际的操作中常用到的符号之一，在编写脚本时经常使用，因此对于一些常使用的通配符需要牢记，并熟悉这些通配符的相关作用。

要匹配一些指定字符串或多个字符中的某些字符时，需要使用到"[a~z]"的通配符来匹配；不匹配指定字符串或多个字符中的某些字符时，也可以使用"^[a~z]"来过滤不需要的字符。

26.6.3　shell 中的引号

在 shell 中使用的引号分为单引号（''）、双引号（""）和反引号（``）。

被单引号括起来的字符串（包括特殊字符在内）会失去特殊的意义而只作为普通字符解释；双引号括起来的字符串除"$""'"和""""仍保留特殊的功能外，其余字符均被视为普通字符；反引号括起来的字符串被 shell 解释为命令行，在执行时 shell 将其解释后直接输出不包括反引号在内的结果。

1. shell 中的单引号

在 shell 中定义字符串时会涉及空格或引用字符串原意的问题，在不使用引号而直接定义有空格的字符串时会出现定义失败，如果要直接引用字符串中特殊字符的原型，单引号就可以解决这个问题。

单引号括起来的字符串可以全部解释为普通字符串，并将解释后的字符串输出。例如，使用单引号来定义有空格的字符串，并将定义的字符串引用。

```
[root@localhost ~]# system='CentOS 6 x86'
[root@localhost ~]# echo $system
CentOS 6 x86_64
```

如果定义的字符串中含有空格而不使用引号，就会出现引用字符串失败的情况。

```
[root@localhost ~]# system=CentOS 6 x86
-bash: 6: command not found
```

在定义字符串失败的情况下引用字符串时会出现空值，反过来也说明字符串定义失败。单引号还有一个作用，就是阻止在其内的特殊字符被解释，也就是说在单引号内定义的字符串会直接把定义的全部字符串一成不变地输出。

2. shell 中的双引号

双引号作用与单引号类似，区别在于单引号会忽略其内的特殊字符（单引号直接引用字符串），双引号会对其内的"$""\""`"这三种特殊字符先解释，并将以解释后的含义替换字符本身的含义后输出。

```
[root@localhost ~]# kernel=2.6.32-431.el6.x86_64
[root@localhost ~]# echo "kernel version $kernel"
kernel version 2.6.32-431.el6.x86_64
```

在实例中涉及变量替换，相当于为变量赋值，因此会出现执行的先后顺序：shell 执行时对双引号内的字符串进行逐个读取，并在遇到"$kernel"时用 Kernel 所定义的字符串来替代，然后将替换后的传递给 echo，并由 echo 输出。

3. shell 中的反引号

反引号的作用和用法与在双引号内的变量引用相似，在 shell 中会将反引号内的字符视为命令来执行，并将执行后的结果输出，如果在反引号内的字符不能被识别，那么输出时就是空值。

```
[root@localhost ~]# echo `date`
Wed Dec 11 20:42:46 CST 2013
[root@localhost ~]# echo `ok`
-bash: ok: command not found
```

反引号可用在单引号和双引号内，不同的是在单引号内使用时会忽略对反引号的解释，而在双引号中时会对反引号内的字符先解释后再输出。

```
[root@localhost ~]# echo 'date : `date`'
date : `date`
[root@localhost ~]# echo "date : `date`"
date : Wed Dec 11 20:51:25 CST 2013
```

第 27 章

shell 编程的流程控制

shell 是一种为用户提供一个向 Linux 系统内核发送请求接口的系统级程序，同时也是一个遵循一定语法并将读入的命令加以解释后传给系统的命令行解释器，通过它就可以启动、挂起、停止服务甚至是编写和执行程序。与大多数编程语言类似，shell 编程也会遇到流程控制，其使用的语法有很多相似之处，本章我们来介绍 shell 编程的流程控制语法。

27.1　选择结构 shell 脚本

选择结构在 shell 编程中最为常见，这类脚本的应用范围比较广，本节主要介绍这种脚本的语法结构及其应用。

27.1.1　流程选择控制

在进入本节前先说一个趣事，一个程序员的妻子给他打电话：下班顺路买一斤包子带回来，如果看到卖西瓜的就买一个。当晚，程序员手捧一个包子进了家门……妻子怒道："你怎么就买了一个包子？"程序员答曰：因为看到了卖西瓜的。

对于上面的事件，通常理解为买包子，看到西瓜就买一个。从逻辑性的角度上看这段话确实存在问题，而程序员在写程序时需要考虑到各种可能，因此通过判断去做这个事被妻子骂属于正常现象。

从逻辑的角度上分析，程序员把妻子的话进行需求分析，顺路买一斤包子是一个确定无疑的起初需求，因此程序员需要做的就是买一斤包子。问题就出现在"如果"这段话，如果看到卖西瓜的就买一个是属于一个条件判断，判断后面的"买一个"是一个模糊不清的需求，由于没有具体说清楚，因此程序员就理解成买包子，也就是看到卖西瓜的就买一个包子，否则就买一斤。

综上所述，比较可能的结果分析如下：

1 看到卖西瓜的，再买一个西瓜	2 看到卖西瓜的，买一个包子
如果看到卖西瓜的	如果看到卖西瓜的
那么	那么
买一个西瓜	买一个包子
否则	
只买一斤包子	

将上述需求转换成判断语句就是一个 if 结构语句。if 语句结构的脚本用于判断一个条件的真假性，并根据条件的结果选择继续执行或直接退出。在 if 语句结构中有多种不同的结构类型，每种类型都有不同的功能和作用。

先来了解一个比较简单的语句结构，这种语句结构就是 if-then-fi。这种结构的语句在条件不满足时就会退出，即不执行代码中指定的操作。

语法 1（一个条件）：

```
if condition                        如果 条件
then                                那么
    command1                        命令1（要做的事）
    command2                        命令2
    …                               …
fi                                  条件结束（final）
```

这种语法的流程结构如图 27-1 所示。

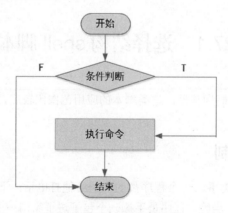

图 27-1　if-then-fi 条件结构

这种结构的 if 语句在条件满足时执行指定的操作，直到这些指定的操作执行一遍后退出。如果条件不满足，就会直接退出而不会执行命令。这样的语法结构可以直接写成单行，即：

```
if [ condition ]; then command; fi
```

接下来了解 if-then-else-fi 结构的 if 语句结构。在这种语句结构中，如果满足第一个就执行，否则就执行另一个，也就是必须有输出。

语法 2（两个条件）：

```
if condition
then
```

```
    command1
    command2
    ...
else                        否则
    command
fi
```

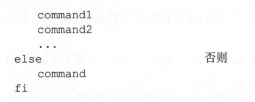

if-then-else-fi 结构语句的流程图如图 27-2 所示。

在 if 语句结构中,还存在有一种更多分支的语法结构。在这类语句结构中,若测试的结果为真,则执行相应的命令表,否则将进入另一个测试条件或结束退出条件的测试,其命令格式如下。

语法 3(多个条件):

图 27-2　if-then-else-fi 条件结构

```
if condition1
then
    command1
elif condition2
then
command2
elif condition3
then
command3
…
else
    commandN
fi
```

对于这种多条件的 if 语句,其流程图如图 27-3 所示。

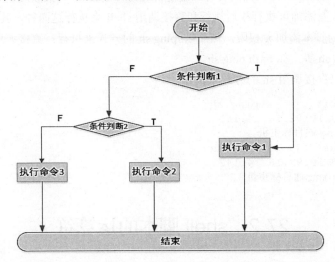

图 27-3　多条件的 if 语句流程图

27.1.2　案例解析

需求:通过 ping 命令来测试当前主机与远程主机的网络是否相通。

思路：使用 ping 命令来实现网络的相通性测试，根据命令的执行结果状态来判断网络状态；根据逻辑和语法结构来编写脚本。

通常 ping 命令后接的是目标（远程）主机的 IP 地址，比如使用该命令对远程主机 192.168.14.141 与当前主机的网络连通性测试，测试过程如下：

```
[root@localhost ~]# ping 192.168.14.141
PING 192.168.14.141 (192.168.14.141) 56(84) bytes of data.
64 bytes from 192.168.14.141: icmp_seq=1 ttl=64 time=0.024 ms
64 bytes from 192.168.14.141: icmp_seq=1 ttl=64 time=0.049 ms
^C
- - - 192.168.14.141 ping statistics - - -
2 packets transmitted, 2 received, 0% packet loss, time 1859ms
rtt min/avg/max/mdev = 0.024/0.036/0.049/0.013 ms
```

通过 ping 命令的测试可以确定当前主机和远程主机的网络是相通的，现在以 ping 命令来写一个脚本，脚本的主要作用是根据输入的 IP 地址测试主机与当前主机的网络相通性，脚本名称为 ping.sh，其代码如下。

```
#!/bin/bash
read -p "请输入判断的主机IP:" IP
ping -c 3 $ip &>/dev/null
if [ $? -eq 0 ] ; then
  echo "当前主机可以 ping 通目标主机"
else
  echo "当前主机不可以 ping 通目标主机"
fi
```

在脚本中使用 "-c 3" 选项，其作用是只 ping 三次。使用 "&>" 符号，意思是把输出都重定向到指定的文件中。/dev/null 称为黑洞文件，功能好比是 Windows 的回收站。

脚本执行的方式有添加可执行权后执行和直接调用 shell 来执行这两种。其中，添加可执行权时使用 chmod 命令为脚本添加 x 权限，然后以 ./ping.sh 的方式来执行；直接调用 shell 的方式来执行，可以使用 bash、sh 等，如 bash ping.sh。

下面的例子是以直接调用 sh 的方式来执行：

```
[root@localhost ~]# sh ping.sh
请输入判断的主机IP:92.18.14.141
当前主机可以 ping 通目标主机
[root@localhost ~]# sh ping.sh
请输入判断的主机IP:92.18.14.142
当前主机不可以 ping 通目标主机
```

27.2　shell 脚本的运算符

shell 的运算符和其他编程语言一样，常见的有算术运算符、关系运算符、逻辑运算符、字符串运算符、文件测试运算符等。本节将对这些运算符的基本概念和应用进行讲解。

27.2.1　算术运算符

常见的算术运算主要有加、减、乘和除这 4 类，在这 4 类算术运算中最简单的是单纯的运算，但在实际的运算中通常会涉及各类运算符的混合运算甚至是变量和扩展的运算，不管是哪种类型的算术运算，它们在本质上都是变量的组合。表 27-1 列出了常用的算术运算符，并假定变量 a 的值为 10、变量 b 的值为 20。

表27-1　常用算术运算符

运 算 符	说　明	列　举
+	加法	`expr $a + $b` 结果为 30
-	减法	`expr $a - $b` 结果为-10
*	乘法	`expr $a \* $b` 结果为 200
/	除法	`expr $b / $a` 结果为 2
%	取余　10%3=1	`expr $b % $a` 结果为 0
=	赋值	a=$b 将把变量 b 的值赋给 a
==	相等。用于比较两个数字，相同则返回 true（真）	[$a == $b]返回 false（假）
!=	不相等。用于比较两个数字，不相同则返回 true	[$a != $b]返回 true

注意，条件表达式要放在方括号之间，并且要有空格，例如[$a==$b] 是错误的，必须写成 [$a == $b]。

原生 bash 不支持简单的算术运算，但是可以通过其他命令来实现，例如 awk 和 expr，其中 expr 最为常用。

expr 是一个表达式计算工具，使用它能完成表达式的求值操作。

例如，两个数相加（注意使用的是反引号 ` 而不是单引号 '）：

```
#!/bin/bash
val=`expr 2 + 2`
echo "两数之和为 : $val"
```

注意：

- 表达式和运算符之间要有空格，例如 "2+2" 是不对的，必须写成 "2 + 2"，这与我们熟悉的大多数编程语言不一样。
- 完整的表达式要被 `` 包含，这个字符不是常用的单引号，其在 Esc 键下边。

下面通过例子来说明基本的算术运算，为了能够进行统一处理和相互对比，因此创建脚本文件 test8.sh。该脚本的代码如下：

```
#!/bin/bash
# 定义两个变量, a=10, b=20
a=10;
b=20;
echo "a = $a , b = $b";
echo "";
#开始进行相关的算术运算符操作
echo "a + b =" `expr $a + $b`;
```

```
echo "a - b =" `expr $a - $b`;
echo "a * b =" `expr $a \* $b`;
echo "a / b =" `expr $a / $b`;
echo "a % b =" `expr $a % $b`;
#a=$b;  赋值操作可以临时注释掉，否则影响后续操作
echo $a;

#判断两个值是否相等
if [ $a == $b ]
then
  echo "当前主机可以 ping 通目标主机"
else
  echo "俩值相等"
fi
```

其中，在 ""a * b =" `expr $a \* $b`" 这行中的 "\" 是转义符，它把特殊符号（通配符）"*" 转为乘号，否则 "*" 会被识别为通配符，这行代码也就失去了原先的意义，从而影响到整体预想的测试结果。

授予脚本可执行权：

```
[root@localhost ~]# chmod +x test8.sh
```

执行脚本：

```
[root@localhost ~]# ./test8.sh
```

以下是执行得到的结果：

```
a = 10 , b = 20

a + b = 30
a - b = -10
a * b = 200
a / b = 2
a % b = 0
10
俩值不相等
```

尝试写一个简单的 shell，实现计算器的加、减、乘、除功能。

脚本代码如下：

```
#!/bin/bash
read -p "请输入第一个数字："a
read -p "请输入运算符："b
read -p "输入第二个数字："c
if ["$b" == "+" ]
then
  echo "$a + $c = `expr $a + $c`"
elif [ "$b" == "-" ]
then
  echo "$a - $c = `expr $a - $c`"
elif [ "$b" == "*" ]
then
  echo "$a * $c = `expr $a \* $c`"
elif [ "$b" == "/" ]
then
```

```
    echo "$a / $c = `expr $a / $c`"
fi
```

27.2.2　关系运算符

关系运算符只支持数字运算，不支持字符串，除非字符串的值是数字。表 27-2 列出了常用的关系运算符。

表27-2　常用的关系运算符

运 算 符	说　明	举　例
-eq（equal，相等）	检测两个数是否相等，相等返回 true	[$a -eq $b] 返回 false
-ne（not equal，不相等）	检测两个数是否不相等，不相等返回 true	[$a -ne $b] 返回 true
-gt（great than，大于）	检测左边的数是否大于右边的，如果是就返回 true	[$a -gt $b] 返回 false
-lt（less than，小于）	检测左边的数是否小于右边的，如果是就返回 true	[$a -lt $b] 返回 true
-ge（great than or equal，大于或者等于）	检测左边的数是否大于等于右边的，如果是就返回 true	[$a -ge $b] 返回 false
-le（less than or equal，小于或者等于）	检测左边的数是否小于等于右边的，如果是就返回 true	[$a -le $b] 返回 true

下面通过示例来说明关系运算符的基本应用，假定变量 a 的值为 10、变量 b 的值为 20。脚本名称为 test9.sh，脚本代码如下：

```
#!/bin/bash
# 定义变量 a=10, b=20
a=10;
b=20;
echo "a = $a , b = $b";
echo ""
# 进行关系运算符的计算
if [ $a -eq $b ]
then
  echo "a 等于 b";
fi
if [ $a -ne $b ]
then
  echo "a 不等于 b";
fi
if [ $a -gt $b ]
then
  echo "a 大于 b";
fi
if [ $a -lt $b ]
then
  echo "a 小于 b";
fi
if [ $a -ge $b ]
then
  echo "a 大于等于 b";
```

```
fi
if [ $a -le $b ]
then
  echo "a 小于等于 b";
fi
```

授予脚本可执行权：

```
[root@localhost ~]# chmod +x test9.sh
```

执行脚本：

```
[root@localhost ~]# ./test9.sh
```

以下是执行得到的结果：

```
a = 10, b = 20

a 不等于 b
a 小于 b
a 小于等于 b
```

27.2.3 逻辑运算符

逻辑运算包括与、或和非这三种，在对数字进行逻辑运算时通常需要先将要运算的十进制数值换成二进制数值，并在完成逻辑运算后再换成十进制数，这个十进制数就是逻辑运算的结果。

表 27-3 是对逻辑运算符的说明，假定变量 a 的值为 10、变量 b 的值为 20。

表27-3 逻辑运算符

运 算 符	说 明	举 例
!	非运算，表达式为 true 就返回 false，否则返回 true	[! false]返回 true
-o	或（或者）运算，有一个表达式为 true 就返回 true	[$a -lt 20 -o $b -gt 100]返回 true
-a	与（并且）运算，两个表达式都为 true 才返回 true	[$a -lt 20 -a $b -gt 100]返回 false

或运算：一个为真即为真，全部为假才是假。

与运算：一个为假即为假，全部为真才是真。

下面演示非运算，通过判断文件是否存在来输出值。为了配合测试，先创建 a.txt 文件，并在与 a.txt 同级目录下创建脚本文件 luoji.sh。以下是该脚本文件的代码：

```
#!/bin/bash
if [ ! -f a.txt ]
then
  echo "true"
else
  echo "false"
fi
```

执行脚本及执行的结果。

```
[root@localhost ~]# sh luoji.sh
false
```

下面演示在脚本中使用-o 和-a 选项时会有什么效果。创建脚本文件 luoji01.sh 并在该文件中写入以下代码：

```
#!/bin/bash
#定义变量
a=10
b=20
echo "a=$a,b=$b"

if [ $a -lt 20 -o $b -gt 100 ]
then
    echo "true"
fi

if [ $a -lt 20 -a $b -gt 100 ]
then
    echo "true"
else
    echo "false"
fi
```

执行脚本的结果：

```
[root@localhost ~]# sh luoji01.sh
a=10,b=20
true
false
```

27.2.4　字符串运算符

字符串就是由一连串字符所组成的混合体，这些组成字符串的字符可以是相同或不同的。

对字符串进行测试是一种判断并获取错误信息非常重要的工作，特别是在测试用户的输入或者变量的对比工作时尤为重要。对字符串的测试，主要是测试字符串是否相等或是否为空。测试时使用运算符测试字符，表 27-4 列出了常用的字符串运算符，假定变量 a 的值为"abc"、变量 b 的值为 "efg"。

表27-4　字符串运算符

运 算 符	说　　明	举　　例
=	检测两个字符串是否相等，相等返回 true	[$a = $b] 返回 false
!=	检测两个字符串是否不相等，不相等返回 true	[$a != $b] 返回 true
-z	检测字符串长度是否为 0，为 0 返回 true	[-z $a] 返回 false
-n	检测字符串长度是否不为 0，不为 0 返回 true	[-n $a] 返回 true
str	检测字符串是否为空，不为空返回 true	[$a] 返回 true

下面通过示例来说明字符串运算符的基本应用，脚本名称为 test12.sh，代码如下：

```
#!/bin/bash
# 定义两个变量
a="abc"
b="efg"

if [ $a = $b ]
then
```

```
    echo "a 与 b 相同";
else
    echo "a 与 b 不同";
fi

if [ $a != $b ]
then
    echo "a 与 b 不相同";
else
    echo "a 与 b 相同";
fi

if [ -z $a ]
then
    echo "a 的长度为 0";
else
    echo "a 的长度不为 0";
fi

if [ -n $a ]
then
    echo "a 的长度不为 0";
else
    echo "a 的长度为 0";
fi

if [ $a ]
then
    echo "a 不为空";
else
    echo "a 为空";
fi
```

以下是脚本执行的结果:

```
[root@localhost ~]# sh test12.sh
a 与 b 不同
a 与 b 不相同
a 的长度不为 0
a 与 b 不为空
```

27.2.5 文件测试运算符

对于文件系统中的文件,可以通过输出真假值来判断该文件是否存在,或直接输出提示信息来判断文件是否存在。判断文件是否存在一般使用判断式进行,最为常用的判断式即为单元判断式,其格式一般是运算符后指定操作的文件名称。

文件测试运算符用于检测文件的各种属性等,相关的属性检测运算符如表 27-5 所示。

表27-5　文件测试运算符

运 算 符	说 明	举 例
-b file	检测文件是否是块设备文件,如果是就返回 true	[-b $file]返回 false
-c file	检测文件是否是字符设备文件,如果是就返回 true	[-c $file]返回 false

（续表）

运 算 符	说　明	举　例
-d file	检测文件是否是目录，如果是就返回 true	[-d $file]返回 false
-f file	检测文件是否是普通文本文件，如果是就返回 true	[-f $file]返回 true
-g file	检测文件是否设置了 SGID 位，如果是就返回 true	[-g $file]返回 false
-k file	检测文件是否设置了粘着位（Sticky Bit），如果是就返回 true	[-k $file]返回 false
-p file	检测文件是否是有名管道，如果是就返回 true	[-p $file]返回 false
-u file	检测文件是否设置了 SUID 位，如果是就返回 true	[-u $file]返回 false
-r file	检测文件是否可读，如果是就返回 true	[-r $file]返回 true
-w file	检测文件是否可写，如果是就返回 true	[-w $file]返回 true
-x file	检测文件是否可执行，如果是就返回 true	[-x $file]返回 true
-s file	检测文件大小是否大于 0，如果大于就返回 true	[-s $file]返回 true
-e file	检测文件（包括目录）是否存在，如果是就返回 true	[-e $file]返回 true

下面通过例子来说明这些符号的基本应用。

```bash
#!/bin/bash
# 定义两个路径，一个是普通文件的，一个是目录文件的
filepath="/tmp/20190814.docx"
dirpath="/root/wertyuio"
#判断两个文件是否为目录
if [ -d $filepath ]
then
  echo "是目录";
else
  echo "不是目录";
fi

#判断两个文件是否为普通文件
if [ -d $filepath ]
then
  echo "是文件";
else
  echo "不是文件";
fi

#判断两个文件是否具有读权限
if [ -d $filepath ]
then
  echo "可读";
else
  echo "不可读";
fi

#判断两个目录文件是否存在
if [ -d $dirpath ]
then
  echo "存在";
else
  echo "不存在";
```

```
fi
```

以下是脚本执行的结果：

```
[root@localhost shell]# sh test13.sh
不是目录
是文件
可读
不存在
```

注意，对于权限判断，如果只有一个部分符合，则认为是有权限的。

编程练习

输入一个用户名称，通过脚本判断该用户是否存在。

编写脚本代码：

```
#! /bin/bash
read -p "请输入需要判断的用户名: "user
id $user &>/dev/null
[ $? -eq ] && echo "该用户$user 存在" || echo "该用户$user 不存在"
```

脚本执行：

```
sh user.sh user_name
```

27.3　脚本中的参数传递

通常在脚本中能够做很多事情，比如从脚本自身寻找所需要的数值后运行，直到出现想要的结果。在一些交互式的脚本中通常需要人为介入，处理一些根据环境变动的参数输出（如使用 tail 命令输出指定行数的信息），从而得到想要的结果。

例如，处理一些带有参数的命令或动态获取信息的命令，这样的脚本中通常会使用到一些特殊的变量。例如，在生产环境下需要输出 10 行的日志信息，也可能过一会需要输出 12 行的日志信息，这种需求可以引入参数来解决，如$0、$1 及$2 等（其中，$0 表示脚本文件的名称，$1 表示第一个参数，$2 表示第二个参数），10 以上就使用{}括起来，如${10}。事实上，使用{}标记法是一种使用位置参数的好方式。

另外，在脚本中还引入了一种特殊的变量，主要有$*和$@这两个，表示所有的位置参数。下面对这些参数和变量进行简单介绍，脚本代码如下：

```
#!/bin/bash
echo "The name of this script is \"$0\"."
if [ -n $1 ]
then
  echo "The first parameter is $1."
fi
if [ -n $2 ]
```

```
1then
  echo "The second parameter is $2."
fi
if [ -n $3 ]
then
  echo "The third parameter is $3."
fi
echo "all the command_line parameters arg is : "$*"."
```

上述脚本中，$0 表示脚本本身的名字，$1 表示传递给脚本的第一个参数，$2 表示传递的第二个参数，以此类推。最后使用$*变量来匹配所有参数的输出。

与$*同义的是$@，每个参数都是一个独立的双引号引用的字符串，这使得在参数列表中的每个参数都被当成一个独立的值，也就意味着这个值没有被解释和扩展而是被完整传递。事实上，$@也是可以作为工具使用的，可以对输入到脚本的参数进行过滤。当然，也接受从参数中指定的文件传入的输入。

回到问题的起点，如果需要输出某个文件中指定行数的信息怎么处理？这个问题使用参数就能够解决，即指定输出 10 行信息时可以给脚本传入一个参数 10，即脚本接收的第一个参数为 10 即可。

解决问题的步骤如下：

（1）调用 tail 命令。

（2）系统把后续参数传递给 tail 命令。

（3）tail 先去打开指定的文件。

（4）根据参数取出指定行数的信息。

那么，如果是自己写的 shell 是否也可以像内置命令一样传递参数呢？答案是可以的，传递方式与上述方法是一样的，关键是怎么接收。例如：

传递：

```
#./test.sh a b c
```

接收：

在脚本中可以用“$1”来表示 a、“$2”来表示 b，以此类推。

接收可以用“$”加上选项对应的序号（0 表示脚本自身的名字）。

下面通过一个简单的例子来说明如何传递参数。

编写脚本为 test14.sh，并对脚本传递 a、b、c 这三个参数，脚本代码如下：

```
#!/bin/bash
echo "$0 $1 $2 $3";
```

在执行时需要指定给脚本传递的参数：

```
[root@localhost shell]# sh test14.sh a b c
test14.sh a b c
```

从输出中获知，其中$0 表示脚本的名称，$1 表示第一个参数，$2 表示第二个参数，$3 表示第三个参数。

如果指定 4 个参数那么会输出什么结果？看下面的例子：

```
[root@localhost shell]# sh test14.sh a b c d
test14.sh a b c
```

由于脚本中只能接收三个参数，因此第 4 个参数 d 被忽略而不输出。

27.4　循环语句

循环就是重复执行某些命令或某些代码块，直到条件不满足时退出。循环语句主要包括 for 循环和 while 循环这两类，它们都预先读取条件并在条件满足后执行预设的命令或代码块。

27.4.1　for 循环语句

for 循环基于继续执行循环或者结束循环的方式，它在执行命令前会先检查所要执行的列表中所指定的值是否还有未被使用的，若有未被使用的值就取其值并执行列表，直到列表中的值全部被使用后退出。

for 语句结构的流程示意图如图 27-4 所示。

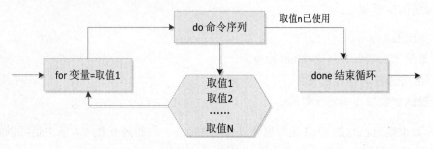

图 27-4　循环语句的流程图

for 循环的语法结构如下所示：

```
for  变量名 in  列表值
do
  命令语句 1
  命令语句 2
  …
  命令语句 N
done
```

下面对 for 循环的语句结构进行介绍。

1. 列表循环

列表 for 循环用于对一组命令执行已知的次数，直到列表中的数值读取完成后退出循环。下面是这种 for 循环语句的基本格式。

```
for variable in {list}
do
  command
  command
```

```
  …
done
```

for 循环的次数取决于列表中的数值数量，比如以一星期为值进行读取，此时就会循环 7 次。

```
#!/bin/bash
for week in Monday Tuesday Wednesday Thursday Friday Saturday Sunday
do
  echo $week
done
```

其中，每次读到的值都会先放在 week 中再输出，直到读取结束。

对于在 for 循环中的变量值定义，也可以使用以下方式：

```
for I in {1..5} ; do echo $i; done
```

语句中{1..5}的意思就是读取 1~5 这 5 个数字，并逐个输出。

2. 不带列表循环

不带列表的 for 循环执行时由用户指定参数和参数的个数，也就是执行的循环次数与执行时输入的参数多少有关。下面是不带列表的 for 循环的基本格式：

```
for variable
do
  command
  command
  …
done
```

下面通过一个例子来说明这种循环语句的应用。

```
#!/bin/bash
for i
do
  echo $i
done
```

for 语句会读取执行时指定的数据并暂存到变量 i 中，接着将它们逐个输出。

```
[root@localhost ~]# sh for1.sh 1 2 3 4
1
2
3
4
```

3. 类 C 风格的 for 循环

实际上使用 for 语句也能够实现 C 语言的风格，如 for((expr1; expr2; expr3)) 就是一种使用 for 语句实现的 C 风格循环。在表达式中，第一个表达式表示的是初值，循环次数是由第二个表达式决定的，第三个表达式则用来控制初值变化。

```
for(( expr1; expr2; expr3 ))
do
  command
```

```
    command
    …
done
```

先来看一个简单的例子，脚本中将在初始值符合条件的情况下执行，并在执行完成后 i 的值累加 1 再进行比较后运算输出，直到条件不再满足时结束退出。

```
#!/bin/bash
for ((i=1;i<=5;i++))
do
  echo $i
done
```

脚本输出如下：

```
[root@localhost ~]# sh for2.sh
1
2
3
4
5
6
```

4. 循环控制语句 break 和 continue

通常情况下循环体只有执行完成后才结束退出，要提前结束循环时可通过循环控制语句来提前跳出循环语句，循环控制语句主要有 break 和 continue。

（1）break 语句

如果在循环体中使用 break 语句，那么只要程序执行到 break 语句时就会跳出循环。break 语句支持跳出多层循环，在一个多层循环的脚本程序中可通过在该语句后设定要跳出的层数实现提前结束循环。

下面是一个关于 break 语句的 shell 脚本程序，该脚本程序在执行到满足 if 结构中的条件时跳去循环体（跳出 2 层循环，分别是跳出 for 和 while 循环），脚本程序如下：

```
#!/bin/sh
while x=1
do
  for (( y=1;y<=10;y++ )) ; do
    count=$((x+y))
    if [ $count = 6 ] ; then
      break 2
    fi
    echo $count
  done
done
```

（2）continue 语句

与 break 语句不同的是，continue 语句会跳过本次循环后接着开始新的循环，直到条件满足时结束退出。

下面是一个关于 continue 语句的 shell 脚本程序，实现在满足 if 中的条件时（变量 output 的值

等于 4 时）跳出第 2 层循环并执行新的循环,直到 for 的值读取完毕后结束,脚本的代码程序如下:

```
#!/bin/sh
for input in a b c d e
do
  echo "group $input:"
for output in 1 2 3 4 5 6 7
  do
    if [ $output -eq 4 ] ; then
      continue 2
    fi
    echo $output
  done
done
```

27.4.2 until 循环语句

until 循环也是执行一系列的命令,不过它是在循环体的顶部判断条件,直到判断到条件为真时结束。until 的语法结构如下:

```
until   执行条件
do
  命令语句 1
  命令语句 2
  …
  命令语句 N
done
```

until 语句结构的流程示意图如图 27-5 所示。

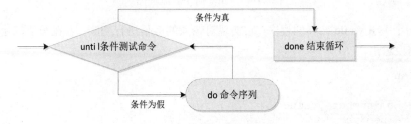

图 27-5 until 语句结构的流程图

下面是一个关于 until 循环的 shell 脚本程序,它会不断地判断累加值后再进行乘法运算,直到这个累加的值超过设定的值时结束退出。

```
#!/bin/sh
i=0
echo -n "Enter a number: "
read number
until [ "$i" -gt $number ] ; do
  let "square=i*i"
  echo "$i * $i = $square"
  let "i++"
done
```

脚本将变量 i 的值与设定的值进行对比,如果条件不满足就进行乘法运算;接着 i 的值增加 1,

然后与设定的值进行对比再做乘法运算，一直执行这个动作直到条件满足。

27.4.3　while 循环语句

while 循环语句是一种执行一系列命令的语句结构，它所执行的命令由条件所决定。在该语句中执行的命令通常是在条件为真时将条件下的命令全部执行一遍并回到开始处，接着再次对条件进行判断，直到条件为假时才结束退出循环。

while 循环的语法结构如下：

```
while 条件
do
  命令语句 1
  命令语句 2
  …
  命令语句 N
done
```

while 循环的流程示意图如图 27-6 所示。

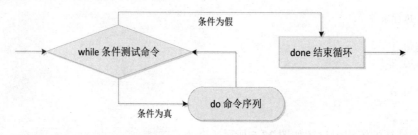

图 27-6　while 循序的流程图

下面是一个关于 while 循环的程序，它实现对输入的数值进行判断，并在数值满足条件时不断循环，否则结束退出。

```
#!/bin/sh
var=0
while echo "number=$value"
echo ; value=$var
[ $var -lt 4 ]
do
  echo -n "Enter a number:"
  read var
  if [ -f $var ] || [ $var -gt 4 ]; then
    echo "No input anything or Value is too large,exit..."
    echo ; exit 1
  fi
  echo "value -eq $var"
done
```

27.4.4　循环语句实例——随机数应用

从定义上说，随机数是专门的随机试验结果，不过它产生的方法有多种。对于 bash 而言，默认有一个 $RANDOM 变量，它能够定义的随机数值范围默认是 0~32767，使用 echo $RANDOM 可

以产生一个随机数，使用 set |grep RANDOM 能够查看上一次产生的随机数。

```
[root@localhost ~]# echo $RANDOM
10266
[root@localhost ~]# set | grep $RANDOM
RANDOM=10266
```

产生 0~1 之间的随机数：echo $[$RANDOM%2]。

产生 0~2 之间的随机数：echo $[$RANDOM%3]。

产生 0~3 之间的随机数：echo $[$RANDOM%4]。

……

产生 0~100 内的随机数：echo $[$RANDOM%101]。

本例我们编写一个 while 循环语句的脚本 shujishu.sh，该脚本能够产生一个 phonenum.txt 文件，并将随机产生以 139 开头的 100 个手机号，以每个一行的方式写入 phonenum.txt 文件中。脚本如下：

```
#!/bin/bash
count=0
while true
do
  n1=$[$RANDOM%10]
  n2=$[$RANDOM%10]
  n3=$[$RANDOM%10]
  n4=$[$RANDOM%10]
  n5=$[$RANDOM%10]
  n6=$[$RANDOM%10]
  n7=$[$RANDOM%10]
  n8=$[$RANDOM%10]
echo "139$n1$n2$n3$n4$n5$n6$n7$n8" >> phonenum.txt && let count++
[ $count -eq 100 ] && break
done
```

脚本文件 shujishu.sh 授予可执行权，授权后就可以执行：

```
[root@localhost ~]# ./shujishu.sh
```

为了能够确定产生的随机数个数，可以使用 wc 命令来统计：

```
[root@localhost ~]# wc -l phonenum.txt
100 phonenum.txt
```

上面的例子随机获取到 100 个手机号码，现在要从这 100 个号码中抽出 5 个幸运号码，并将这 5 个幸运号码显示出来，但是每个幸运号码只显示头 3 个数和尾号的 4 个数，中间的数字都使用 *符号来代替。

问题解决思路：确定幸运号码所在的行，将电话号码提取出来，显示前 3 个和后 4 个数。

以下是实现这个需求的代码：

```
#!/bin/bash
for ((i=1;i<=5;i++)) ; do
    file=phonenum.txt
    line=`cat phonenum.txt |wc -l`
    luckline=$[$RANDOM%$line+1]
```

```
    phone=`cat phonenum.txt|head -$luckline|tail -1`
    echo "幸运号码为:${phone:0:3}****${phone:7:4}"
    sed -i "/$phone/d" $file
done
```

脚本执行结果如下:

```
[root@localhost ~]# sh xingmu.sh
幸运号码为: 139****1825
幸运号码为: 139****1200
幸运号码为: 139****5559
幸运号码为: 139****0455
幸运号码为: 139****9434
```

27.4.5 嵌套循环语句

在一个循环体中还允许内嵌入其他的循环体,这种循环称为嵌套循环。在嵌套循环中,内部循环体的每次执行都受到外部循环体执行时的触发,直到内部循环执行结束。在这种循环体中,外部循环体执行的次数与内部循环体执行的次数并不一定相等,除非是外部循环比内部循环先结束。

对于嵌套循环体,在使用时需要注意以下事项:

● 对于循环体内的变量,内部循环和外部循环的变量不能相同。
● 在书写循环嵌套结构时,最好采用"右缩进"格式,以便体现循环层次的关系。
● 尽量避免太多和太复杂的循环嵌套结构。

为了更加清楚地介绍嵌套循环语句,下面通过例子进一步进行讲解。通过脚本来实现如下图案并将其打印出来:

```
1
12
123
1234
12345
```

需求分析:

(1)当打印 1 时换一行。
(2)换新行时要多打印一个数字。
(3)数字以连续、递增的形式出现。

本例可通过双层循环来实现,内层和外层循环的作用如下:

● 外层循环:只换行,不打印数字。
● 内层循环:只打印数字,不换行。

由于涉及横纵坐标的问题,因此横坐标用 x 表示、纵坐标用 y 表示。这时 y 表示换行,x 表示需要打印的内容,即 1、12、123、1234、12345。

根据上述分析,写出实现这个需求的代码:

```
#!/bin/bash
for ((y=1;y<=5;y++)) ; do
```

```
for ((x=1;x<=$y;x++))
    do
    echo -n $x
    done
echo
done
```

在外层循环中定义 y 的初始值为 1，当 y 的值符合小于等于 5 时就会触发内部循环执行一次，故换行的次数为 5 次。

在内层循环中定义 x 初始值为 1，在 x<=$y 的条件下打印，打印 1 次退到外部循环中由外部循环决定是否再继续。

以下是脚本运行的结果。

```
[root@localhost ~]# sh qiaotao.sh
1
12
123
1234
12345
```

使用嵌套循环打印九九乘法表，脚本代码如下：

```
#!/bin/bash
for ((y=1;y<=9;y++))
do
  for (( x=1;x<=$y;x++ ))
  do
    echo -ne "$x*$y=$[$x*$y]\t"
  done
  echo
  echo
done
```

运行的结果如图 27-7 所示。

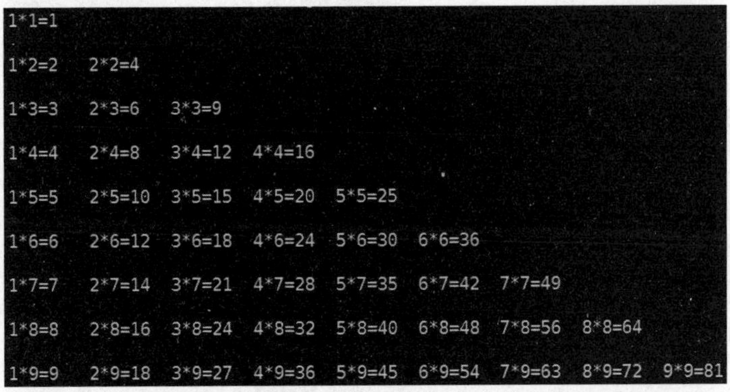

图 27-7　运行结果

第 28 章

case 语句、函数与正则表达式

本章主要介绍 shell 编程中的 case 语句、函数及正则表达式，这三者在 shell 编程中是比较常用的，它们相互协作来简化脚本，并且能够实现更复杂的功能。

28.1　case 语句

若是需要判断条件的数量达到一定量而选择使用 if 语句来实现，则语句会变得不易编写且代码量沉长，同时也会给日后的维护工作带来不便。

case 语句的出现在很大程度上弥补了 if 语句的不足，case 语句允许通过条件的判断选择执行不同的代码块。需要注意的是，case 对变量的使用不是强制性的，并且每个语句都是以右小括号结尾的，每个代码块都以两个分号结尾。

case 的语法格式如下：

```
case 待测试的变量或值 in
    条件测试区 1 )
        命令区域 1;
    条件测试区 2 )
        命令区域 2;
    …
    条件测试区 N )
        命令区域 N;
    ; ;
esac
```

下面来看一个实例，本例实现将参数 start、stop、reload 传入程序中，并分别执行相应命令后输出结果，脚本的代码如下：

```
#!/bin/bash
case $1 in
    start|S)
```

```
        echo "service is running..."
        ;;
        stop|P)
        echo "service is stoped..."
        ;;
        reload|R)
        echo "service is reloading..."
        ;;
        *)
        echo "usage:$0 start|stop|reload..."
        ;;
    esac
```

在脚本中对 start 的定义等同于 S，而 stop 等同于 P，reload 等同于 R，也就是说它们是可以相互替换的。在执行脚本时需要指定参数，简单说就是给脚本传递参数，让它知道要做什么动作。以下是运行的结果：

```
[root@localhost ~]# sh 33.sh P
service is stoped...
```

从脚本代码来看，case 与 if 的结构很相似，功能也基本相同，但是以 if 结构来实现结构会比较复杂，且在维护上有一定难度，用 case 实现起来简洁易懂，维护也不麻烦。

下面再来看一个更加复杂的基本代码，模拟一个多任务维护界面。执行某程序时先显示总菜单，进行相应选择后再进入子菜单。

```
#!/bin/bash
echo "*****************************"
echo "****欢迎进入总菜单*****"
echo "    操作类型    "
echo "   1-----系统    "
echo "   2-----程序    "
echo "   3-----数据库  "
echo "   0-----退出    "
echo "*****************************"
read -p "请选择操作类型 :" choose
echo
    case "$choose" in
    0)
    echo "谢谢使用，如有问题联系管理员:Muroot@yunwei.com"
    ;;
    1)
    echo "欢迎进入红帽子系统"
    ;;
    2)
    echo "程序维护中"
    ;;
    3)
    clear
    echo "********欢迎来到子菜单**********"
    echo "**********操作类型**********"
    echo "        1----备份        "
    echo "        2----维护        "
    echo "        3----优化        "
    echo "        0----退出        "
```

```
echo "********************************"
        read -p "请选择操作类型:" choose1
        case "$choose1" in
            1)
            echo backup
            ;;
            0)
            echo "谢谢使用!"
            ;;
            *)
            echo "请选择操作类型"
            ;;
        esac
        ;;
        *)
        echo "how are you ?"
        ;;
esac
```

28.2 函数及应用

与其他编程语言一样，shell 也有属于自己的函数，只不过 shell 的函数在使用上有所限制。事实上，一个 shell 函数相当于一个子程序，是指由一组命令集或语句形成的一个可用的代码块（code block），或者说是用于完成特定任务的"黑盒子"。

28.2.1 函数的基本概念

函数（function）表示的是一种对应关系，即每个输入值都对应于一个唯一的输出值。在一个函数定义中，其包含某个函数所有输入值的集合，这个集合被称作这个函数的定义域，包含所有输出值的集合则称作值域。

在函数（代码块）中，标题就是函数名，函数体则为函数内的命令集合。在一个程序中，标题名应是唯一存在的，否则会造成运行结果混淆，这是因为系统在查看并在调用函数前会先搜索函数调用相应的 shell 后才完成相关的任务。

函数定义的命令格式如下：

函数名 ()	函数名 () {	function 函数名 ()	function 函数名 () {
{	命令 1	{	命令 1
命令 1	命令 2	命令 1	命令 2
命令 2	…	命令 2	…
…	}	…	}
}		}	

可以任选 4 种格式中的一种。当然，在一个脚本程序中函数的定义允许使用不同的方式。

其实可以把函数看作是 shell 脚本程序中的一段代码块，只不过在函数执行时它会保留当前 shell 的相关内容。此外，如果执行或调用一个脚本文件中的一段代码，将自动去除原脚本中所定义的所有变量后创建一个单独的 shell。

通过以下脚本来了解函数体基本的定义形式：

```
#!/bin/sh
hello ()
{
echo "Hello, today is `date`"
echo "Welcome back!"
}
hello
```

脚本中的 hello()是函数，其下由{}括起来的是函数的代码，这些是函数具体功能的体现，在最后的 hello 则表示调用函数。如果要调用一个函数，那么被调用的函数必须先被声明，否则会调用失败。

28.2.2 函数的调用方式

函数的调用方式有两种：从程序中调用；从一个独立的文件中调用（为了管理方便，使用这种方式来调用函数时通常会有一个专用于存放函数文件的库）。

要实现从脚本中调用函数就必须先定义函数，在同一个脚本程序文件中允许定义多个函数体。在定义函数之后，要确保函数在脚本中的 shell 先读取后再决定何时调用，否则函数会调用失败。通常，函数都应在任何脚本的开始处进行定义，在脚本的主体中调用。

以下的 shell 脚本是将函数定义在脚本中，检查指定的文件在当前目录中是否存在，如果存在就结束脚本，否则就新建一个文件，直到输入的文件存在才结束退出。

```
#!/bin/sh
IS_A_FILE ()
{
 _FILES_NAEM=$1
  echo "the files is exist..."
  if [ ! -f $_FILES_NAME ] ; then
    return 1
  else
    return 0
  fi
}
for files in *
do
  echo  -n "enter the file name:"
  read DIREC
  if [ -f $DIREC ] ; then
   break 2
  else
    touch $DIREC
    echo "create $DIREC, please wait..."
  fi
done
IS_A_FILE
```

在脚本中的 IS_A_FILE 是函数名，通过 IS_A_FILE()和{}来定义函数体，也就是在{}内的就是函数体的代码，而在最后的 IS_A_FILE 表示调用函数，并由函数体来处理各种问题。在脚本执行时会先显示 for 循环的内容，并在最后调用函数 IS_A_FILE 来处理具体的事情，包括文件存在时输出提示信息，否则就告诉 for 循环中的 if 语句创建文件。

上面的这种函数调用的方式是从脚本内部调用的，也就是从独立的文件中调用函数，简单地说就是把函数定义在一个独立的文件中并授予相关的权限。还有一种调用方式，就是从外部调用（集中存放函数文件的目录称为函数库），这种方式的调用就是在需要调用函数时在 shell 脚本程序中指定被调用函数的绝对路径，通常是在脚本头部指定函数的绝对路径。

调用独立的函数体这种调用方式在很多地方都能够使用，而且可以重复使用，在很大程度上解决了代码重复使用的问题，简化管理的复杂度。下面的例子是根据上一个脚本更改而来，变成从独立的文件（函数文件绝对路径为/home/cat/funky.sh）中调用函数，其中函数体的定义如下：

```
IS_A_FILE () {
  _FILES_NAEM=$1
  echo "the files is exist..."
if [ ! -f $_FILES__NAME ] ; then
    return 1
  else
    return 0
  fi
  error_mgs() {
    echo -e "\007"
    echo $@
    echo -e "\007"
    return 0
  }
  touch_file() {
    touch
  }
}
```

在完成函数声明后编写脚本来实现对函数体的调用，在调用函数体的脚本程序文件中所要调用的函数路径位于脚本开始处。以下是调用函数体的脚本代码：

```
#!/bin/bash
. /home/cat/funky.sh
for files in *
do
  echo -n "Enter the file name:"
  read f_name
  if [ -f $f_name ] ; then
    echo "check files..."
    break 2
  else
    echo "no such file..."
    echo "create file, please wait..."
    touch file2
    echo "finish, new file name is file2."
  fi
done
  if [ $? != 0 ] ; then
    error_msg
    exit 1
  fi
IS_A_FILE
```

注意，在调用函数体前，还需要给函数体文件授予可执行权，否则无法执行。

使用此方法的好处是：不需要再创建另一个 shell 程序，并且所有的函数都在当前的 shell 下执行。

28.3　正则表达式

正则表达式的使用已超出了某种语言或某个系统的局限，几乎能在所有的 Linux/UNIX 系统工具中找到它的身影。其实，可将正则表达式看作是一种可用于模式匹配和替换的工具，通过它可以构造一些特殊字符来对目标对象进行匹配操作。

28.3.1　正则表达式简述

在 Linux 系统中，当需要从一个文件或命令的输出中抽取或对文件字符进行过滤时，使用 shell 很难实现这个操作。但在 Linux 系统中操作文本和数据，通过使用正则表达式（regular expressions，RE）以匹配字符的方式进行工作，可更快地完成任务。使用正则表达式时需要遵守一些规则，这些规则是由一些特殊字符或进行模式匹配操作时使用的元字符组成的。

一个正式表达式属于一个字符串，而字符串里的字符被称为元字符。这些元字符所表示的含义可能比字面上的意思更加丰富。例如，一个引用符号可能表示引用一个人演讲中的话，或者表示下面将要讲到的引申表示的意思，而在正则表达式中是一个字符或/ 和元字符组合成的字符集，它们匹配（或指定）的是一个模式。

系统自带大多数的文本过滤工具，在某种模式下都支持正则表达式的使用，也包括一些扩展的元字符集（以字符出现的情况进行匹配的表达式），原因是一些系统将这类模式划分为一组形成基本元字符的集合。

正则表达式是在 20 世纪 40 年代由两位神经学家所研究出来的一种模拟神经系统在神经元层面上工作的模型，在若干年后数学家 Stephen Kleene 在代数学中对这种模型进行了描述，使得正则表达式得以实现，不过当时称为 regular sets（正则集合）。

28.3.2　正则表达式所解决的问题

当对文本和数据进行操作且使用手动的方式处理一些工作量不大的数据时，并不会感到太多的乏味，若是对工作量非常大的文本和数据进行处理，特别是在一个行数非常多的文本中寻找某行符合条件的信息行时，使用手动的方式进行操作不仅乏味，而且还会消耗大量的时间。

正则表达式的引入使得对文本和数据的操作更为简单且提高了处理的效率。处理需要大量的数据时，以正则表达式的匹配模式来进行是不错的选择。正则表达式可完成的工作包括如下几项。

1. 匹配字符串的某个模式

在一个文件中查找以某个字符或者字符串开头的行时，可以利用正则表达式的匹配模式进行匹配测试，如在/etc/passwd 文件中查找以 root 开头的行或含有 root 字符串的行，或使用$来匹配行尾字符串，都可以使用正则表达式。

```
[root@localhost ~]# cat /etc/passwd | grep ^root
 root:x:0:0:root:/root:/bin/bash
[root@localhost ~]# cat /etc/passwd | grep root*
```

```
root:x:0:0:root:/root:/bin/bash
operator:x:11:0:operator:/root:/sbin/nologin
[root@localhost ~]# cat /etc/passwd | grep bash$
root:x:0:0:root:/root:/bin/bash
netdump:x:34:34:Network Crash Dump user:/var/crash:/bin/bash
cat:x:500:500:A Super Cat:/home/cat:/bin/bash
```

2. 字符串匹配

对文件中的某个字符或字符串进行替换、删除等操作时，可以在文件中使用正则表达式来标识特定字符（串），然后全部将其删除或替换为其他的字符或字符串，以及在原字符串上添加其他字符串。如下代码所示：

```
#!/bin/bash
strings=ABCDEF12345
echo "-- delete characters --"
echo ${strings#A*D}
echo "-- replace characters --"
echo ${strings/A*D/abcd}
echo "-- add characters --"
echo ${strings/%/add}
```

脚本运行后的结果如下所示：

```
[root@localhost ~]# bash test.sh
-- delete characters --
EF12345
-- replace characters --
    abcdEF12345
-- add characters --
    ABCDEF12345add
```

3. 匹配单个字符

正则表达式由多个部分构成，起初它提供了匹配单个字符的方式，而后经过添加额外的 meta 字符来支持匹配多个字符操作。

正则表达式匹配的单个字符包括文字、数字字符、大多数的空白字符以及标点符号字符。其中，标点符号中的点号 "." 匹配任意的一个字符，不过更多的是使用在 meta 的环境下。

还有一种匹配单个字符的方式，即方括号 "[]" 表达式（bracket expression）。使用方括号来匹配字符时，最简单的方式是将所要匹配的字符放在方括号内。例如，[abcd]就表示这 4 个小写字母中的任意一个，a[bcde]f 就表示在字母 a 和 f 之间可以使用 bcde 中的任意一个字母来组成一个字符串。还有一种方式，就是不使用方括号中的所有字符，也就是取反操作（使用 "^" 号。例如，a[^bcde]f 表示不使用方括号内的任何一个字符。需要注意的是，字符的匹配是区分大小写的。

28.3.3 正则表达式的元字符和应用

完整的正则表达式由两种字符构成，即特殊字符（special characters，元字符）和普通文本字符（normal text characters）。正则表达式能够具有强大的功能，更多的主要还是依靠其元字符提供的、更为强有力的描述能力。

元字符（metacharacter，也称通配符）也属于字符，只不过这些字符都是一些特殊含义的字符，现在的许多工具都提供了表示某些控制字符的元字符，不过有些元字符不易观察到且不容易输入，如表 28-1 所示。

表28-1　元字符及作用

元字符	作用	说明
\a	发出警报声	八进制编码为 007，通常对应 ASCII 中的\<BEL\>字符
\b	退格	八进制编码为 010，通常对应 ASCII 中的\<BS\>字符
\e	Escape 字符	八进制编码为 033，通常对应 ASCII 中的\<ESC\>字符
\f	进制字符	八进制编码为 014，通常对应 ASCII 中的\<FF\>字符
\n	换行字符	八进制编码为 012，通常对应 ASCII 中的\<LF\>字符
\t	水平制表符	八进制编码为 011，通常对应 ASCII 中的\<HT\>字符
\v	垂直制表符	八进制编码为 013，通常对应 ASCII 中的\<VT\>字符

另外，除了单个的元字符外，还存在由多个元字符所组成的字符组（character set），如[a-z]、[^1-9]等。需要注意的是，元字符所规定的字符在字符组的内外是有差别的，如在字符组内的"*"永远不是元字符，而"_"通常都是元字符；有些元序列在字符组内外所表示的意思是不一样的，如\b。

在使用正则表达式时，通常会使用一些元字符来操作。表 28-2 给出了在正则表达式中经常使用的元字符。

表28-2　正则表达式中常用的元字符

元字符	说明	元字符	说明
^	从行首开始匹配	^......$	匹配包括 6 个字符的行
$	从行尾开始匹配	[a-z A-Z]	包括大小写在内的任意一个字符
\.	匹配带点的行	[123]	匹配 1~3 中的任意一个数字
^[^l]	排除关联目录和目录列表	[^0-9\$]	匹配非数字或非$标识符
[.*0]	在 0 之前或之后加任意字符	\^q	匹配以\^q 开始的行
[nN]	对大写或小写字母匹配	^.$	匹配仅有一个字符的行
[^$]	匹配一个空行	^\.[0-9]	对一个点和任意一个数字匹配
[^.*$]	对行中的任意字符串匹配	[^.*$]	匹配任意的行

元字符在 shell 编程中的应用非常普遍，下面我们介绍元字符的使用。

（1）点"."匹配任意单个字符，并将符合条件的字符（串）输出。

```
[root@localhost ~]# grep go. zz.txt
gogogogogogogogogo
gogle
google
grooogle
groooogle
grooooogle
groooooogle
```

（2）星号（*）能够匹配一个或一个以上的字符（串）。

```
[root@localhost ~]# grep go* zz.txt
gogogogogogogogogogo
ggle
gogle
google
gooogle
goooogle
gooooogle
goooooogle
jingdong.com
dingdingdongdong.com
```

（3）.*匹配任意长度的字符。

```
[root@localhost ~]# grep tao.* zz.txt
taobao.com
taotaobaobao.com
[root@localhost ~]# grep go.* zz.txt
gogogogogogogogogogo
gogle
google
gooogle
goooogle
gooooogle
```

（4）^匹配任意字符行的开头。

```
[root@localhost ~]# grep '^hello' 1.txt
hello world
helloworld
```

（5）$匹配行的结尾。

```
[root@localhost ~]# grep '\.com$' 1.txt
taobao.com
jindong.com
dingdingdong.com
```

（6）^$匹配空行。

```
[root@localhost ~]# grep '^$' 1.txt
```

（7）[ ]匹配指定字符组内的任一字符。

```
[root@localhost ~]# grep [abc] 1.txt
taobao.com
taobaotabob68
jindong.com
dingdingdong.com
Axwsddsfscwecfrass/3rf
```

（8）[^]匹配不在指定字符组内的任一字符。

```
[root@localhost ~]# grep [^abc] 1.txt
4314343
```

```
frskjdfhskjgfk6JKKJ
```

（9）^[ ]匹配以指定字符组内的任一字符开头。

```
[root@localhost ~]# grep ^[abc] 1.txt
acb
abc
cba
abcdew
```

（10）^[^] 匹配不以指定字符组内的任一字符开头。

```
[root@localhost ~]# grep ^[^abc] 1.txt
gogle
google
gooogle
goooogle
gooooogle
goooooogle
gogogogogogogogogogo
taobao.com
```

（11）\< 取单词的头。

```
[root@localhost ~]# grep '\<hello' 1.txt
hello world
helloworld
```

（12）\> 取单词的尾。

```
[root@localhost ~]# grep 'world\>' 1.txt
gello world
world
hello world
helloworld
```

（13）\<　\> 精确匹配符号。

```
[root@localhost ~]# grep '\<wolrd\>' 1.txt
gello world
world
hello world
```

第 29 章

shell 编程常用工具

Linux 系统主要是依靠各种工具（命令）来管理的，有些工具的功能非常强大，而且使用概率也很高。本章主要介绍在 shell 编程中常用的工具 sed 和 awk。

29.1 sed 工具及其应用

sed 是一种非交互式的编辑器，能执行与编辑器 vi 和 ex 相同的编辑工作，使用时在命令行输入编辑命令、指定文件名等，执行结果会输出到屏幕上。默认情况下 sed 命令的所有结果都被输出到屏幕上，并且不具备修改文件内容的能力，除非使用重定向来更改输出路径。

29.1.1 sed 的工作流程

Sed 可编辑文件或标准输入导出的文本副件。标准输入可能是来自键盘、文件重定向、字符串或变量，也有可能是来自一个管道的文本。sed 可以随意编辑大小不同的文件，并且可以一次性处理所有改变。有许多 sed 命令可用来执行编辑和删除操作，并且能够自动完成而不需要人为介入。

sed 的工作流程如图 29-1 所示。

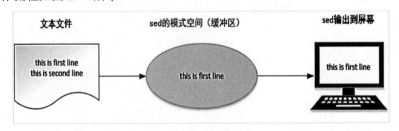

图 29-1 sed 的工作过程

（1）sed 把当前正在处理的行保存在一个临时缓存区中（也称为模式空间），然后处理临时缓冲区中的行，完成后把该行发送到屏幕上。

（2）sed 每处理完一行就将其从临时缓冲区中删除，然后读取下一行进行处理和显示。处理完输入文件的最后一行后，sed 便结束运行。

（3）sed 把每一行存在临时缓冲区中，对这个副本进行编辑，所以不会修改原文件。

（4）sed 主要用来自动编辑一个或多个文件、简化对文件的反复操作、编写转换程序等。

29.1.2　sed 的语法格式

对于 sed 命令的调用，既可以在命令行输入 sed 命令，也可以在一个文件中写入命令。需要注意的是，无论怎样使用 sed 命令，该命令都不与初始化文件打交道，它操作的只是一个副本，然后将所有的改动输出，输出的方式可能是重定向到一个文件，或输出到屏幕。sed 命令的语法格式如下：

```
sed  [选项]…{命令表达式}  [输入文件]…
```

在命令表达式中最为常用的表达式是在一个文件中指定数据行的范围内对某一个模式进行抽取，并使用新的模式来替换它。这个命令表达式的通用格式为"s/旧模式/新模式/标志"。其中，s 是 substitute 的首写字母，最为常用的标志则为 g（globally 的首写字母，表示要替换每行所出现的模式）和 n（告诉 sed 要替换 n 行前所出现的模式）。

sed 作为一个重要的文本操作工具，可以过滤文本和文本内容，并且可以通过一行命令或管道与 grep 或者 awk 命令结合。在使用 sed 操作时，常用到的 sed 编辑命令如表 29-1 所示。

表29-1　sed常用编辑命令

选　项	使用说明	选　项	使用说明
a\	在定位行号后附加新文本信息	p	将匹配的行打印
c\	用新文本替换定位文本	q	在一个模式匹配后推出
d	对定位行进行删除	r	从一个文本中读取文本
g	将模式 2 粘贴到/模式 n/	s	用替换模式将相应的模式替换
i\	在定位行后插入新文本信息	w	将文本写到另一个文本中
l	显示与八进制 ASCII 码等价的控制字符	y	传送字符
n	在另一个文件中读取下一行，并附加在文本的下一行	{}	在定位行中执行命令组
m	允许跨行模式的语句	=	显示文本行号

29.1.3　sed 命令的基本应用

1. 打印和删除操作

使用 sed 命令来打印和删除，使用的选项分别是-p（打印行）和-d（删除行）。为了演示操作过程，先创建操作的文件。将/etc/passwd 文件复制并重命名为/root/1.txt 文件，目的是保证不对源文件造成损害，影响到系统的正常运行。

```
[root@localhost~]# cp /etc/passwd /root/1.txt
```

使用选项-p 来打印指定的行。

```
[root@localhost~]# sed '1p' 1.txt
```

```
root:x:0:0:root:/root:/bin/bash
bin:x:1:1:bin:/bin:/sbin/nologin
deamon:x:3:4:adm:/var/adm:/sbin/nologin
…
```

sed 命令本身默认输出一行，通过使用-n 参数就可以指定输出的行数。这两者也可以结合使用，如果-n 不指定具体的数值范围，那么默认只输出一行。

```
[root@localhost~]# sed -n '1p' 1.txt
root:x:0:0:root:/root:/bin/bash
```

可以通过-n 选项指定要打印的行或范围，比如打印第二行到第五行的信息。

```
[root@localhost~]# sed -n '2,5p' 1.txt
bin:x:1:1:bin:/bin:/sbin/nologin
deamon:x:2:2:deamon:/sbin/:/sbin/nologin
adm:x:3:4:adm:/var/adm:/sbin/nologin
lp:x:4:7:lp:/var/spool/lpd:/sbin/nologin
```

使用-d 选项可以将指定文件内的行删除，如删除文件的第一行信息。

```
[root@localhost~]# sed '1d' 1.txt
bin:x:1:1:bin:/bin:/sbin/nologin
deamon:x:2:2:deamon:/sbin/:/sbin/nologin
adm:x:3:4:adm:/var/adm:/sbin/nologin
lp:x:4:7:lp:/var/spool/lpd:/sbin/nologin
```

2. 在文件中插入行

以上介绍了打印和删除行，下面将介绍如何在文件中插入行。下面在 1.txt 文件中插入"hello world"，其中的 1 表示第一行，i 表示插入。

```
[root@localhost~]# sed '1ihello world' 1.txt
hello world
root:x:0:0:root:/root:/bin/bash
bin:x:1:1:bin:/bin:/sbin/nologin
…
```

如果插入的是多行但都在一行命令中写完，就可以使用\n 选项来达到换行的目的，比如插入"hello world"到 1.txt 文件后变成两行，就可以使用以下命令：

```
[root@localhost~]# sed '1ihello\nworld' 1.txt
hello
world
root:x:0:0:root:/root:/bin/bash
bin:x:1:1:bin:/bin:/sbin/nologin
…
```

如果需要插入到别的行，比如插入到第 5 行，只需要把 1 改成 5 即可。另外，如果只是用"\"而不是用"\n"就无法换行而是等待输入。实际上，在需要输入过长的命令行时会使用"\"符号来换行继续输入，这样至少不容易出错，而且容易看懂。

在文件中隔行插入时，可以使用 a 或 i 选项，不同的是 a 是从第二行开始隔行插入，i 是从第一行开始隔行插入。例如，在 1.txt 文件中从第二行开始隔行插入 shell 的字符串，就可以使用以下命令：

```
[root@localhost~]# sed 'ashell' 1.txt
bin:x:1:1:bin:/bin:/sbin/nologin
shell
deamon:x:2:2:deamon:/sbin/:/sbin/nologin
shell
adm:x:3:4:adm:/var/adm:/sbin/nologin
...
```

如果直接在文件的最后插入内容，就不可能去数一下文件有多少行，可以使用$来协助。例如，在 1.txt 文件的末尾插入 shell 字符串，可以使用以下命令。

```
[root@localhost~]# sed '$ishell' 1.txt
```

需要注意的是，在使用 a 和 i 在文件的末尾插入内容时，i 是在文件最后一行的前面插入，a 是在文件最后一行的后面插入。

3. 替换文件中的行

替换操作可以是替换字符，也可以是替换字符串。在使用 sed 命令进行替换时，并不会改变文本的内容，并且所输出的内容也只是暂时的，若想保存输出，则可使用重定向操作。

替换操作可以使用 c 选项，它会根据指定的行数对该行进行替换并输出，比如将 1.txt 文件中第三行的内容替换成"hello world"。

```
[root@localhost~]# sed '3chello world' 1.txt
root:x:0:0:root:/root:/bin/bash
bin:x:1:1:bin:/bin:/sbin/nologin
hello world
adm:x:3:4:adm:/var/adm:/sbin/nologin
...
```

在插入内容时换行，可以使用"\"来协助，比如使用"hello world"来替换第三行，并且多加一行。

```
[root@localhost~]# sed '3chello\world' 1.txt
root:x:0:0:root:/root:/bin/bash
bin:x:1:1:bin:/bin:/sbin/nologin
hello
world
adm:x:3:4:adm:/var/adm:/sbin/nologin
...
```

4. 添加描述信息

输出 sed 信息时，可以在每行的输出信息中添加一些描述性信息。下面将/etc/group 文件复制重命名为/root/group 后进行操作，即在/root/group 文件每行的前面添加"The line is:"描述性信息并输出到屏幕上。

```
[root@localhost~]# cat group | sed 's/^/The line is: /g' | head -4
The line is: root:x:0:root
The line is: bin:x:1:root,bin,daemon
The line is: daemon:x:2:root,bin,daemon
The line is: sys:x:3:root,bin,adm
```

也可以将这些描述性的信息添加到在每行的行尾处，例如：

```
[root@localhost~]# cat group | sed 's/$/ : This is a line /g' | head -9
root:x:0:root : This is a line
bin:x:1:root,bin,daemon : This is a line
daemon:x:2:root,bin,daemon : This is a line
sys:x:3:root,bin,adm : This is a line
adm:x:4:root,adm,daemon : This is a line
```

5. 删除空行操作

文件中存在空行是不可避免的事情，对于空行的删除也是一项工作。使用 sed 命令就能够把空行删除。

Linux 系统中的空行是使用^$来表示的，需要将文件中的空行删除时只需要针对这个符号来操作就可以。为了演示操作且不对系统产生影响，先将/etc/hosts 文件复制到/root/目录下，进入/root/hosts 文件的编辑模式使用回车键来制造空行：

```
# Do not remove the following line, or various programs

 # that require network functionality will fail.

 127.0.0.1               cat.super.com cat localhost.localdomain localhost
```

完成上述操作后，就可以使用 sed 命令将 hosts 文件中的空行进行删除操作了。

```
[root@localhost~]#sed '/^$/d' hosts
```

6. 对文件的匹配搜索操作

定址用于决定对哪些行进行编辑，定址的形式可以是数字、正则表达式或二者的结合，如果没有指定 sed 命令将处理输入文件的所有行。下面介绍一些常用的功能及它们的作用说明。

```
x                       指定 x 行号，即匹配某行
x,y                     指定 x 到 y 行号，即指定行数的范围
/key/                   查询包含关键字的行，即全文搜索匹配
```

要对文件中需要的字符或字符串进行定位，应该要知道如何搜索想要的关键字。对于文件中关键字的搜索，可以使用-n 选项来协助，如搜索 1.txt 文件中包含关键字 root 的行，可以使用以下命令。

```
[root@localhost~]# sed -n '/root/p' 1.txt
root:x:0:0:root:/root:/bin/bash
Gavin:x:500:500:root:/home/Gavin:/bin/bash
```

如果要搜索 1.txt 文件中匹配以 root 为开头的行，可以使用以下命令：

```
[root@localhost~]# sed -n '/^root/p' 1.txt
root:x:0:0:root:/root:/bin/bash
```

上面是从第 1 行开始匹配，如果需要从别的行开始，如从 1.txt 文件中的第 5 行开始匹配 stu 开头的行，可以使用以下命令：

```
[root@localhost~]# sed -n '5./^stu/p' 1.txt
```

在文件中同时匹配多个关键字时，可以使用以下命令来实现：

```
/key1/,/key2/          匹配包含两个关键字之间的行
```

例如，要匹配以 lp 开头或以 mail 开头的行，就可以使用以下命令行。

```
[root@localhost~]# sed -rn '/^lp|^mail/p' 1.txt
lp:x:4:7:lp:/var/spool/lpd:/sbin/nologin
mail:x:8:12:mail:var/spool/mail:/sbin/nologin
```

或者使用以下命令行。

```
[root@localhost~]# sed -n '/^lp|p;/^mail/' 1.txt
```

7. 删除文件中特定的符号

对于文件中存在的一些符号，如果手动逐个删除，会给工作带来很大的麻烦。为了能够简化工作的复杂度，可以借助 sed 工具来处理。

比如，通过 sed 将指定文件中的某个符号删除，就可以匹配到某个符号。例如，要将 111.txt 文件中的 "#" 删除，就可以使用以下命令来实现。

```
[root@localhost~]# sed -n 's/^#//gp' 111.txt
bin:x:1:1:bin:/bin:/sbin/nologin
daemon:x:1:1:daemon:/sbin:/sbin/nologin
adm:x:4:root,adm,daemon:/sbin:/sbin/nologin
lp:x:4:7:lp:/var/spool/lpd:/sbin/nologin
...
```

如果需要对大量的文件进行处理，建议编写脚本，以便能够在短时间内处理这些大量的文件。

29.1.4 sed 的综合运用

对 sed 命令有了初步的了解后，本节介绍一些 sed 综合性应用。

（1）正则表达式必须以 "/" 前后规范间隔。例如：

```
sed '/root/d' file
sed '/^root/d' file
```

（2）如果匹配的是扩展正则表达式，就需要使用-r 选项来扩展 sed。注意：在正则表达式中出现特殊字符(^$.*/[])时，需要以前导符"\"做转义。例如：

```
sed '/\$foo/p' file
```

（3）逗号分隔符，例如：

```
sed '5,7d' file 删除第 5 到 7 行
```

sed '/root/,/ftp/d' file，删除第一个匹配字符串"root"到第一个匹配字符串"ftp"的所有行。

（4）组合方式，例如：

```
sed '1,/foo/d' file        删除第一行到第一个匹配字符串"foo"的所有行
sed '/foo/,+4d' file       删除从匹配字符串"foo"开始到其后四行为止的行
sed '/foo/,~3d' file       删除从匹配字符串"foo"开始删除到 3 的倍数行（文件中）
sed '1~5d' file            从第一行开始每五行删除一行
```

```
sed -n '/foo|bar/p' file    显示配置字符串"foo"或"bar"的行
sed -n '/foo/,/bar/p' file  显示匹配从 foo 到 bar 的行
sed '1~2d' file             删除奇数行
sed '0-2d' file             删除偶数行 sed '1~2!d'  file
```

（5）特殊情况，例如：

```
sed '$d' file 删除最后一行
sed '1d' file 删除第一行
```

（6）其他，例如：

```
sed 's/.//' a.txt           删除每一行中的第一个字符
sed 's/.//2' a.txt          删除每一行中的第二个字符
sed 's/.//N' a.txt          从文件中第 N 行开始，删除每行中第 N 个字符（N>2）
sed 's/.$//' a.txt          删除每一行中的最后一个字符
```

29.2　awk 工具及其应用

在 Linux 系统中，有一个功能强大且非常重要的编程工具 awk，它是一个用来分析和处理正文文件的编程工具和脚本命令。

29.2.1　awk 的基本使用

1. awk 的命令格式

在处理文本和数据的方式方面，awk 能够进行逐行扫描文件（默认从第一行到最后一行）来寻找匹配的特定模式的行，并在这些行上根据指定的动作进行操作。

awk 处理的内容可以来自标准输入（<）、一个或多个文本文件或管道。

awk 命令的格式如下：

```
awk [options] 'commands' file(s)
```

（1）options 部分的常用选项

主要有以下两项：

- -F: 定义字段分割符号。
- -v: 定义变量并赋值。

在 shell 编程中，awk 脚本是由各种操作和模式组成的。在命令中调用 awk 时，如果设置了-F 选项，则 awk 每次读一条记录或一行，并使用指定的分隔符分隔指定域；如果未设置-F 选项，awk 默认空格为域分隔符，并保持这个设置直到发现一个新行。当新行出现时，awk 命令获悉已读完整条记录，然后在下一个记录启动读命令，这个读进程将持续到文件尾或文件不再存在。

（2）command 部分

command 真正的命令部分，可以是正则表达式或{awk 命令语句 1;awk 命令语句 2;}，或模式与动作的组合。

动作是由在大括号里面的一条或多条语句组成的，语句之间使用分号隔开。

模式可以理解为条件，比如"找谁"；动作可以理解为"干啥"，即找到人之后你要做什么。如图 29-2 所示。

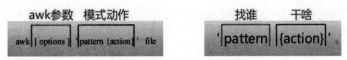

图 29-2　awk 命令的使用模式

Command 还可以是范围说明，如 BEGIN、END，逻辑表达式或者为空。

如果是 awk 命令，则使用分号间隔。如果是引用 shell 变量需用双引号括起。

（3）file(s)部分

主要作用是指定要操作的文件。

在 awk 操作中，除了常用选项外，还会结合一些操作符来使用，如表 29-2 所示。

表29-2　awk命令的常用操作符及说明

操 作 符	说　明	操 作 符	说　明
<	小于	>=	大于等于
<=	小于等于	~	匹配正则表达式
==	等于	!~	不匹配正则表达式
!=	不等于		

2. awk 打印文件的字段

在字段分割及相关变量的应用上，通常可以结合$1、$2、$3 等参数的使用。在 awk 中，使用该顺序形式表示 files 中每行以间隔符号分割的各列的不同字段，其中：第一列是$1，第二列是$2，以此类推；$0 表示所处理的文本本身（文件的名称）。

awk 命令默认以空格符为间隔符号将每行分割为单独的字段，也可以使用内置变量 FS 定义间隔符号。下面是关于 awk 命令符号的相关说明：

- NF: 表示当前记录的字段数（列数）。
- $NF: 最后一列。
- $(NF-1): 倒数第二列。
- FNR/NR: 行号。
- FILENAME: 文件名。
- "\t": 制表符。
- "\n": 换行符。
- RS: 换行符。
- "": 打印字符串。
- FS: 定义间隔符 print 打印函数。

为了方便演示，先准备一些操作文件，即将/etc/passwd 文件复制到/root/目录下并重命名为1.txt，即/root/1.txt。

使用-F 选项来对文件进行字段定义和字段分割，即将文件 1.txt 中的第一列内容输出，操作命令行如下（命令中的$1 表示第一列）：

```
[root@localhost~]# awk -F: '{print $1}' 1.txt
root
bin
daemon
adm
lp
...
```

如果只是将 1.txt 文件中的最后一列打印出来，可以使用$NF 选项：

```
[root@localhost~]# awk -F: '{print $NF}' 1.txt
/bin/bash
/sbin/nologin
/sbin/nologin
/sbin/nologin
...
```

注意，由于存在内容一致的行，且命令不会对重复行合并，因此全部输出。

要将文件中倒数第二行的内容打印出来，可以使用以下命令：

```
[root@localhost~]# awk -F: '{print $(NF-1)}' 1.txt
/root
/bin
/sbin
/var/adm
/var/spool/lpd
...
```

在编辑文件时行比较多且容易出错或统计文件的行数时，可以使用以下命令来将行号输出。

```
[root@localhost~]# awk -F: '{print NR"\n"$1}' 1.txt
1
root
2
bin
3
daemon
4
adm
...
```

或者使用以下命令：

```
[root@localhost~]# awk -F: '{print NR,RS$1}' 1.txt
```

在输出行号和内容时加备注信息的话可以使用以下命令：

```
[root@localhost~]# awk -F: '{print "第"NR"行:\n" $1}' 1.txt
第 1 行
root
第 2 行
bin
```

第 3 行
daemon
第 4 行
…

3. awk 中变量的使用

变量是在 Linux 系统中使用比较多的，是灵活引用参数的方式之一。因此，如何使用变量是一个比较重要的工作。下面对在 awk 命令中使用变量的操作进行介绍。

示例如下：

```
[root@localhost~]# awk -v i=3 -F: '{ print i }' 1.txt
5
5
5
5
5
…
```

注意，-v 选项用于对变量的定义赋值。在 awk 命令行中调用变量不需要加$号，可以直接使用数字来表示列数。

以上命令先定义变量值并直接引用，因此不需要使用$符号。

当然，还可以使用以下命令：

```
[root@localhost~]# awk -v i=4 '{print i}' 1.txt
4
4
4
5
…
```

4. awk 中定址的使用

在 awk 命令行中涉及定址的问题，通常需要使用一些关键字来协助命令的执行。通常包括以下几个关键字：

（1）BEGIN：表示在程序开始前执行。

（2）END：表示所有文件处理完后执行。

（3）BEGIN 和 END 之间用";"分号隔开。

下面通过例子来说明。例如，要打印 1.txt 文件中最后一列和倒数第二列的内容，可以使用以下命令行：

```
[root@localhost~]# awk -F: '{print $NF,$(NF-1)}' 1.txt
/bin/bash   /root
/sbin/nologin  /bin
/sbin/nologin  /sbin
/sbin/nologin  /var/adm
…
```

如果需要添加备注信息，可以使用以下命令行：

```
[root@localhost~]# awk 'BEGIN{FS=":"}{print $NF"@@@@"$(NF-1)}' 1.txt
```

```
/bin/bash@@@@  /root
/sbin/nologin@@@@  /bin
/sbin/nologin@@@@  /sbin
/sbin/nologin@@@@  /var/adm
...
```

关于定址，还可以使用以下方式来实现：

- 使用普通字符定位：awk '/root/{print $1}' passwd
- 使用正则表达式定位：awk '$0 ~ /^root/ {print $1}' passwd

注意，正则需要用"/xx/"包住。

从第一行开始匹配到以 lp 开头。

```
[root@localhost~]# awk -F: 'NR==1,/^lp/{print $0 }' passwd
bin:x:1:1:bin:/bin:/sbin/nologin
daemon:x:1:1:daemon:/sbin:/sbin/nologin
adm:x:4:root,adm,daemon:/sbin:/sbin/nologin
lp:x:4:7:lp:/var/spool/lpd:/sbin/nologin
...
```

5. awk 在算术中的应用

使用 awk 结合 for 循环来实现算术的运算，如使用 awk 来计算数值的和。

```
[root@localhost~]# for ((i=1;i<=5;i++));do echo $i;done
1
2
3
4
5
[root@localhost~]# for ((i=1;i<=5;i++));do echo $i;done|awk
'{j=j+$1};END{print j}'
15
[root@localhost~]# for ((i=1;i<=5;i++));do echo $i;done|awk '{j=j+$1};{print j}'
1
3
6
10
15
```

也可以使用 awk 结合 sed 命令来打印数值和。

```
[root@localhost~]# seq 1 2 10|awk '{i+=$1};END{print i}'
25
[root@localhost~]# seq 2 2 10|awk '{i+=$1};END{print i}'
30
```

6. awk 的综合应用

下面将 awk 命令与其他命令结合使用，从而实现更多的功能。

从指定文件中提取指定的行可以使用以下命令来实现。

（1）以下命令行实现从 lp 开头的行开始匹配直到第 10 行。

```
awk -F: 'NR==1,NR==5{print $0 }' passwd
```

（2）以下命令行从以 root 开头的行匹配到以 lp 开头的行。

```
awk -F: '/^lp/,NR==10 {print $0 }' passwd
```

（3）以下命令行实现打印以 root 开头或者以 lp 开头的行。

```
awk -F: '/^root/,/^lp/{print $0}' passwd
```

提取 IP 地址时，可以使用以下命令行来实现：

```
ifconfig eth0|awk 'NR>1 {print $2}'|awk -F':' 'NR<2 {print $2}'
ifconfig eth0|grep Bcast|awk -F':' '{print $2}'|awk '{print $1}'
ifconfig eth0|grep Bcast|awk '{print $2}'|awk -F: '{print $2}'
ifconfig eth0|awk NR==2|awk -F '[ :]+' '{print $4RS$6RS$8}'
ifconfig eth0|awk "-F[ :]+" '/inet addr:/{print $4}'
```

29.2.2　awk 的脚本编程

包含有 awk 命令的脚本实际上就是程序。可以在 awk 命令中引入一些对程序流程控制的语句，如分支（条件）语句、循环语句等，并借助带有 awk 命令的循环语句来获取一些指定的信息。

1. 在 if 语句中使用 awk 命令

在程序的流程控制中可以使用 awk 命令，下面介绍如何在 if 语句中使用 awk 命令辅助工作并完成特定信息的获取和输出。

（1）判断是否为管理员（对 uid 进行判断）：

```
[root@localhost~]# awk -F: '{if($3==0) {print $1 " is administrator."}}'
/etc/passwd
root is administrator.
```

（2）统计系统用户数：

```
[root@localhost~]# awk -F: '{if($3>0 && $3<500){count++;}} END{print count}'
/etc/passwd
```

（3）对数据进行统计和输出时进行备注：

```
[root@localhost~]# awk -F: '{if($3==0){count++} else{i++}} END{print "管理员
个数: "count ; print "系统用户数: "i}' /etc/passwd
管理员个数: 1
系统用户数: 35
awk -F: '{if($3==0){i++} else if($3>=500){k++} else{j++}} END{print i; print
k; print j}' /etc/passwd
[root@localhost~]# awk -F: '{if($3==0){i++} else if($3>999){k++} else{j++}}
END{print "管理员个数: "i; print "普通用户个数: "k; print "系统用户: "j}' /etc/passwd
管理员个数: 1
普通用户个数: 3
系统用户数: 35
```

2. 在 while、for 循环语句中使用 awk 命令

下面介绍如何在 while、for 循环语句中使用 awk 命令来辅助工作，并完成特定信息的获取和输出。

（1）在 while 循环中使用 awk 命令并以换行方式打印 1~5 的数字：

```
[root@localhost~]# awk 'BEGIN{i=1; while(i<=10){print i; i++}}'
1
2
3
4
5
```

或者使用以下命令行：

```
awk 'BEGIN {i=1;while(i<=10) {print i;i++}}'
```

（2）在 for 循环中使用 awk 命令并以换行方式打印 1~5 的数字：

```
[root@localhost~]# awk 'BEGIN{for(i=1;i<=5;i++) print i}'
1
2
3
4
5
```

打印 1~10 的奇数：

```
[root@localhost~]# awk 'BEGIN{for(i=1;i<=10;i=i+2) print i}'
1
3
5
7
9
```

或者使用 while 语句来实现：

```
awk 'BEGIN {i=1;while(i<=10) {print i;i+=2}}'
```

（3）将指定文件中的每行打印 10 次：

```
[root@localhost~]# awk -F: '{i=1; while(i<=10) {print $0;i++}}' /etc/passwd
root:x:0:0:root:/root:/bin/bash
root:x:0:0:root:/root:/bin/bash
root:x:0:0:root:/root:/bin/bash
...
```

（4）从循环中跳出。在 for 循环中，在没有结束条件判断前都会一直执行。如果要提前退出，可以使用 break 来实现，而中结合 awk 命令的使用就能够在循环一次输出一次结果。

```
[root@localhost~]# awk 'BEGIN{for(i=1;i<=5;i++){if(i==3) break;print i}}'
1
2
```

同样，在 continue 中也可以使用 awk 命令：

```
[root@localhost~]# awk 'BEGIN{for(i=1;i<=5;i++){if(i==3) continue;print i}}'
1
2
3
4
5
```

在 while 中同样也可以使用 awk 命令：

```
[root@localhost~]# awk 'BEGIN{i=1;while(i<=5){if(i==3) break;print i;i++}}'
1
2
[root@localhost~]# awk 'BEGIN{i=0;while(i<5){i++;if(i==3) continue;print i}}'
1
2
3
4
5
```

3. 算数运算

使用 awk 来协助完成计算也是其中解决算术的方法。+、-、*、/和%（模）、^（幂 2^3）等都可以在模式中结合 awk 来执行计算，不过 awk 将全部按照浮点数方式执行算术运算。下面介绍一些简单的例子，通过 awk 命令来参与实现。

```
[root@localhost~]# awk 'BEGIN{print 1+1}'
2
[root@localhost~]# awk 'BEGIN{print 1**1}'
1
[root@localhost~]# awk 'BEGIN{print 2**3}'
8
[root@localhost~]# awk 'BEGIN{print 2/3}'
0.666667
```

29.3　提取网卡的 IP 地址

从网络中发展起来的 Linux 操作系统如今已拥有非常强大、稳健的网络功能以及众多的应用软件。在 TCP/IP 网络协议实现尤为成熟的今天，Linux 系统在网络方面的应用特别是服务器方面的应用越来越广泛。

对于系统中所配置的 IP 地址，在完成网卡设备的配置并重启后，通常在正式使用前会进行可用测试；对于 IP 地址的可用性测试，可以使用 ping 命令来完成，该命令是用于查看网络上的主机网卡是否在工作。

要对 IP 地址进行测试，首先是要获取 IP 地址的相关信息。直接打开配置文件，或使用 ip a 命令用命令网卡信息中 IP 地址提取出来，也可以借助 awk 命令来完成。

比如，通过 ip a 命令的输出获取 IP 地址的位置，如何再通过 awk 命令来提取，以下的信息是 ip a 命令的输出。

```
[root@wusir ~]# ip a
```

```
1: lo: <LOOPBACK, UP, LOWER_UP> mtu 65536 qdisc noqueue state UNKNOWN group default qlen 1000
   link/loopback 00: 00: 00: 00: 00: 00 brd 00: 00: 00: 00: 00: 00
   inet 127.0.0.1/8 scope host lo
      valid_lft forever preferred_lft forever
   inet6 ::1/128 scope host
      valid_lft forever preferred_lft forever
2: ens33: <BROADCAST, MULTICAST, UP, LOWER_UP> mtu 1500 qdisc pfifo_fast state UP group default qlen 1000
   link/ether 00: 0c: 29: f3: 14: 7a brd ff: ff: ff: ff: ff: ff
   inet 192.168.40.169/24 brd 192.168.40.255 scope global noprefixroute dynamic ens33
      valid_lft 1336sec preferred_lft 1336sec
   inet6 fe80:: ed25: ee5a: 1e8d: 41a1/64 scope link noprefixroute
      valid_lft forever preferred_lft forever
3: virbr0: <NO- CARRIER, BROADCAST, MULTICAST, UP> mtu 1500 qdisc noqueue state DOWN group default qlen 1000
   link/ether 52: 54: 00: 5e: de: 76 brd ff: ff: ff: ff: ff: ff
   inet 192.168.122.1/24 brd 192.168.122.255 scope global virbr0
      valid_lft forever preferred_lft forever
4: virbr0- nic: <BROADCAST, MULTICAST> mtu 1500 qdisc pfifo_fast master virbr0 state DOWN group default qlen 1000
   link/ether 52: 54: 00: 5e: de: 76 brd ff: ff: ff: ff: ff: ff
```

第一种方法：

```
[root@wusir ~]# ip a | awk -F ' +' 'NR==9{print $3}' | awk -F '/' '{print $1}'
192.168.40.169
```

第二种方法：

```
[root@wusir ~]# ip a | grep -E '^ +.*inet\>.*' | awk -F ' +|/' 'NR==2{print $3}'
192.168.40.169
```

第三种方法：

```
[root@wusir ~]#  ip a | grep brd.*glo | awk -F ' +|/' '{print $3}'
192.168.40.169
192.168.122.1
```

第四种方法：

```
[root@wusir ~]# ip a | grep brd.*glo | awk -F ' +|/' '{print $3}'
192.168.40.169
192.168.122.1
```